출제기준 **2025년 개정판**

◎ 핵심이론 및 과년도 문제해설

Ⅰ. 시공 및 시방서
Ⅱ. 적산 및 내역서
Ⅲ. 공정표 및 공정계획
Ⅳ. 품질관리
Ⅴ. 안전관리
Ⅵ. 공사감리

실내건축
기사·산업기사

시공실무 실기

안동훈·이병억 共著

📺 동영상 강의
www.inup.co.kr

2025 시험대비 솔루션!
- 새로운 시대의 교재
- 해설과 표, 그림, 학습의 이해력 증진
- 최근 과년도 출제문제 수록
- 학습 질의·응답

실내건축분야 **베스트**

2025 개정판

한솔아카데미
H/A/N/S/O/L//A/C/A/D/E/M/Y

Preface

21세기 경제성장과 과학기술의 발달은 실내건축에 대한 인간의 많은 욕구와 다양성을 반영하도록 하고 있다.

과거 보다 더욱 짧은 시기에 새로운 재료의 개발과 기계공구의 개발, 공법의 발전 등은 실내건축 발전에 많은 기여를 하고 있다.

따라서 실내건축에 대한 관심과 흥미를 갖고 공부하려는 학생이나 전문직종으로서 실내건축 분야에 진출하려는 사람들은 이러한 욕구와 발전에 부합하여 보다 더 많은 능력과 소양을 키워나가야 할 것이다.

이와 관련하여 실내건축에 관한 자격증을 취득하려는 수험생은 소정의 시간에 관련 과목을 효과적으로 정리 습득해야 하므로 적절한 교재의 선택이 필수적이라 느껴진다.

이에 본 학습서는 『실내건축기사』, 『실내건축산업기사』 실기시험에 대비한 학습서로서 짧은 시간에 최대한 효과를 얻을 수 있도록 다음 사항에 유념하여 준비하도록 하였다.

> **• 본 학습서의 특징**
> 1. 2022년부터 실내건축기사·실내건축산업기사의 2차 실기과목 출제기준의 변경을 반영하여 Ⅰ. 시공 및 시방서, Ⅱ. 적산 및 내역서, Ⅲ. 공정표 및 공정계획, Ⅳ. 품질관리 Ⅴ. 안전관리, Ⅵ 공사감리 부분으로 총 6개 부분으로 재구성 및 내용 보충을 하였다.
>   [※ 실내건축기사 자격증을 준비하는 학생 및 실내건축에 관해 보다 포괄적이고, 전문적인 지식을 필요로 하는 학생은 6개 부분의 학습을 필요로 하며, 실내건축산업기사 자격증을 준비하는 학생은 1개 부분(Ⅰ. 시공 및 시방서 부분 - 실내디자인 마감계획 사항)의 학습을 필요로 한다.]
> 2. 각 단원별 학습시 중요사항에 대한 안내자 역할을 하도록 학습방향을 제시함
> 3. 알찬 해설과 표, 그림, 용어해설로 학습의 이해력을 증진하도록 함
> 4. 각 단원별 기출 및 예상문제, 최근 과년도 기출문제를 통해서 문제 풀이에 대한 적응력을 높이도록 구성함

본 저자들로서는 나름대로 주어진 시간에 최선을 다한다고 노력하였으나 학문적 역량과 깊이가 부족하여 미진한 점이 있으므로 차후 부족한 점은 여러분들의 관심과 조언을 받아서 보다 완벽한 학습서가 되도록 하겠다.

모든 독자들이 본 학습서를 통해서 반드시 소기의 성과를 거두기를 진심으로 바란다.

끝으로 이 책이 출판될 수 있도록 물심양면으로 보살펴 주신 한솔아카데미의 한병천 대표님, 이종권 사장님과 관계직원 여러분들의 많은 노고에도 다시 한번 감사드립니다.

저자 씀

출제기준 실기

직무분야	건설	중직무분야	건축	자격종목	실내건축기사	적용기간	2025. 1. 1. ~ 2027. 12. 31.
직무내용	기능적, 미적요소를 고려하여 건축 실내공간을 계획하고, 제반 설계도서를 작성하며, 완료된 설계도서에 따라 시공 및 공정관리를 총괄하는 직무이다.							
필기검정방법	복합형			시험시간	7시간 (필답형: 1시간 / 작업형: 6시간)		

필기과목명	주요항목	세부항목
실내디자인 실무	1. 실내디자인 자료 조사 분석	1. 실내공간 자료 조사하기 2. 관계 법령 분석하기 3. 관련자료 분석하기
	2. 실내디자인 기획	1. 사용자 요구사항 파악하기 2. 설계 개념 설정하기 3. 공간 프로그램 적용하기
	3. 실내디자인 세부공간계획	1. 주거세부공간 계획하기 2. 업무세부공간 계획하기 3. 상업세부공간 계획하기
	4. 실내디자인 기본 계획	1. 공간 기본구상하기 2. 공간 기본 계획하기 3. 기본 설계도면 작성하기
	5. 실내디자인 실무도서 작성	1. 내역서 작성하기 2. 시방서 작성하기 3. 공정표 작성하기
	6. 실내디자인 설계도서 작성	1. 실시설계 도서작성 수집 하기 2. 실시설계도면 작성하기 3. 마감재 도서 작성하기
	7. 실내건축설계 프레젠테이션	1. 프레젠테이션 기획하기 2. 보고서 작성하기 3. 프레젠테이션하기
	8. 실내디자인 시공관리	1. 공정 계획하기 2. 현장 관리하기 3. 안전 관리하기 4. 시공 감리하기

직무분야	건설	중직무분야	건축	자격종목	실내건축산업기사	적용기간	2025. 1. 1. ~ 2027. 12. 31.
직무내용	기능적, 미적요소를 고려하여 건축 실내공간을 계획하고, 제반 설계도서를 작성하며, 완료된 설계도서에 따라 시공 및 공정관리를 총괄하는 직무이다.						
필기검정방법	복합형			시험시간	6시간 (필답형: 1시간 / 작업형: 5시간)		

필기과목명	주요항목	세부항목
실내디자인 실무	1. 실내디자인 자료 조사 분석	1. 실내공간 자료 조사하기 2. 관계 법령 분석하기 3. 관련자료 분석하기
	2. 실내디자인 마감계획	1. 마감재 조사·분석 2. 마감재 적용 검토 3. 마감계획
	3. 실내디자인 색채계획	1. 색채 구상 2. 색채 적용 검토 3. 색채 계획
	4. 실내디자인 가구계획	1. 가구 자료 조사 2. 가구 적용 검토 3. 가구 계획
	5. 실내디자인 조명계획	1. 실내조명 자료 조사 2. 실내조명 적용 검토 3. 실내조명 계획
	6. 실내디자인 설비계획	1. 설비 조사·분석 2. 설비 적용 검토 3. 설비 계획
	7. 실내디자인 기본 계획	1. 공간 기본구상 2. 공간 기본 계획 3. 기본 설계도면 작성
	8. 실내건축설계 시각화 작업	1. 2D표현 2. 3D표현 3. 모형제작
	9. 실내디자인 시공관리	1. 공정 계획하기 2. 현장 관리하기 3. 안전 관리하기 4. 시공 감리하기

I편 시공 및 시방서

01 가설공사 — 2

01 가설공사 ——————————————————— 2
1. 개요 — 2
2. 종류 — 2

02 시멘트 창고 ——————————————————— 3
03 비계 공사 ——————————————————— 3
■ 기출 및 예상문제 ——————————————————— 7

02 조적공사 — 11

01 벽돌공사 ——————————————————— 11
1. 벽돌의 종류 — 11
2. 벽돌의 규격 — 11
3. 벽돌의 마름질(Cutting) — 11
4. 모르타르 및 줄눈 — 12
5. 벽돌 쌓기법 — 13
6. 벽돌 쌓기 순서 — 14
7. 벽돌 쌓기의 일반적 주의 사항 — 15
8. 각 부 벽돌 쌓기 — 15
9. 벽돌벽의 균열 — 17
10. 백화 현상 — 17
11. 조적 벽체에서 물이 새는 원인 — 18

02 블록 공사 ——————————————————— 18
1. 블록의 치수와 종류 — 18
2. 블록 쌓기 — 18
3. 보강 블록조 — 19
4. 인방보와 테두리보 — 20
5. ALC(Autoclaved Light-weight Concreate) 블록 — 20

03 돌 공사 ——————————————————— 21
1. 암석의 석질(성상)에 따른 분류 — 21
2. 석재의 종류와 특성 — 21
3. 석재 표면 가공과 갈기 마무리 종류 — 21

4. 표면 마무리 특수공법	23
5. 모치기(모접기, Chamfer)	23
6. 바닥돌 깔기의 종류	23
7. 돌쌓기	23
8. 돌 붙임공법	25
9. 가공 후 검사 내용	26
10. 석재 공사시 주의사항	26
11. 테라코타(terra cotta)	26
■ 기출 및 예상문제	28

03 목공사 — 37

01 일반 사항 — 37
1. 목재의 분류 — 37
2. 목재의 규격 — 37
3. 목재의 검수 및 저장 — 38

02 목재의 구조 및 성질 — 38
1. 목재의 구조 — 38
2. 나무결(무늬) — 39
3. 목재의 함수율 — 39
4. 수축·팽창 — 40
5. 강도 — 40
6. 목재의 흠 — 40

03 목재의 건조, 방부, 방화 — 41
1. 건조의 목적 — 41
2. 목재의 건조방법 — 41
3. 방부(防腐)법 — 41
4. 방화 및 방염법 — 42

04 목재의 가공 — 43
1. 가공순서 — 43
2. 먹매김 부호 — 43
3. 마무리 정도 및 모접기 — 43

05 목재의 접합법 — 44
1. 이음 — 44
2. 맞춤 — 45
3. 쪽매 — 45
4. 목재 접합시 주의 사항 — 46

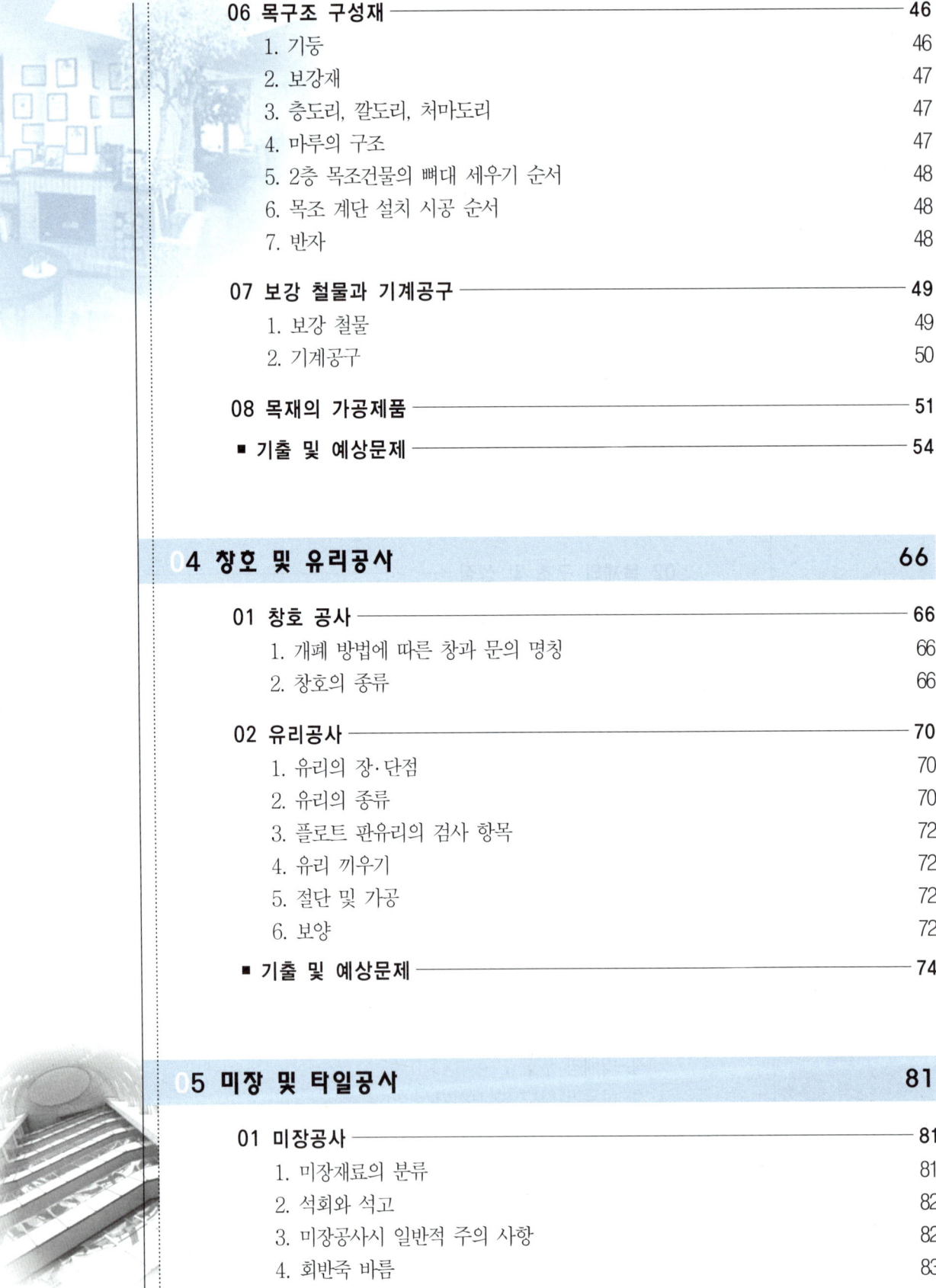

06 목구조 구성재 — 46
　　1. 기둥　46
　　2. 보강재　47
　　3. 층도리, 깔도리, 처마도리　47
　　4. 마루의 구조　47
　　5. 2층 목조건물의 뼈대 세우기 순서　48
　　6. 목조 계단 설치 시공 순서　48
　　7. 반자　48

07 보강 철물과 기계공구 — 49
　　1. 보강 철물　49
　　2. 기계공구　50

08 목재의 가공제품 — 51

■ 기출 및 예상문제 — 54

04 창호 및 유리공사　66

01 창호 공사 — 66
　　1. 개폐 방법에 따른 창과 문의 명칭　66
　　2. 창호의 종류　66

02 유리공사 — 70
　　1. 유리의 장·단점　70
　　2. 유리의 종류　70
　　3. 플로트 판유리의 검사 항목　72
　　4. 유리 끼우기　72
　　5. 절단 및 가공　72
　　6. 보양　72

■ 기출 및 예상문제 — 74

05 미장 및 타일공사　81

01 미장공사 — 81
　　1. 미장재료의 분류　81
　　2. 석회와 석고　82
　　3. 미장공사시 일반적 주의 사항　82
　　4. 회반죽 바름　83

5. 석고플라스터　　　　　　　　　　　　　　　　　　　83
　　　6. 시멘트 모르타르 바름　　　　　　　　　　　　　　 84
　　　7. 인조석・테라조(Terrazzo) 바름　　　　　　　　　　85
　　　8. 셀프 레벨링(Self Leveling, SL)재　　　　　　　　　85

　02 타일 공사 ─────────────────────── 86
　　　1. 개요　　　　　　　　　　　　　　　　　　　　　　86
　　　2. 타일 붙이기　　　　　　　　　　　　　　　　　　 87
　　　3. 타일 붙이기 공법　　　　　　　　　　　　　　　　88
　　　4. 거푸집 면 타일 먼저 붙이기 공법　　　　　　　　　89
　　　5. 타일의 탈락(박리)　　　　　　　　　　　　　　　 89
　　　6. 타일 시공시 동결(凍結) 현상과 방지법　　　　　　 90

　■ 기출 및 예상문제 ──────────────────── 93

06 금속공사　　　　　　　　　　　　　　　　　　　　101

　01 기성제품 ──────────────────────── 101
　02 비철금속 ──────────────────────── 102
　　　1. 구리와 구리합금　　　　　　　　　　　　　　　　102
　　　2. 알루미늄　　　　　　　　　　　　　　　　　　　 103
　　　3. 주석, 납, 아연　　　　　　　　　　　　　　　　 103

　■ 기출 및 예상문제 ──────────────────── 104

07 합성수지(Plastic) 공사　　　　　　　　　　　　　　107

　01 일반 ────────────────────────── 107
　　　1. 개요　　　　　　　　　　　　　　　　　　　　　107
　　　2. 특성　　　　　　　　　　　　　　　　　　　　　107
　　　3. 성형방법　　　　　　　　　　　　　　　　　　　107

　02 합성수지의 종류와 특징 ────────────────── 107
　　　1. 열가소성 수지　　　　　　　　　　　　　　　　　107
　　　2. 열경화성 수지　　　　　　　　　　　　　　　　　108
　　　3. 합성수지의 시공온도　　　　　　　　　　　　　　110
　　　4. 합성수지(플라스틱)재의 시공시 일반적인 주의 사항　110

　03 합성수지계 바닥 재료의 구분 ──────────────── 110
　04 접착제 ──────────────────────── 111
　　　1. 일반　　　　　　　　　　　　　　　　　　　　　111
　　　2. 접착제의 종류 및 특성　　　　　　　　　　　　　111

　■ 기출 및 예상문제 ──────────────────── 114

08 도장공사　　　　　　　　　　　　　　　　　　　117

01 일반 사항 ─────────────────── 117
　　1. 도장의 목적　　　　　　　　　　　　　　117
　　2. 도료 선택시 고려 사항　　　　　　　　　117
　　3. 도료 보관상 주의 사항　　　　　　　　　117
　　4. 도료(paint)의 종류　　　　　　　　　　　117

02 각종 도료 ─────────────────── 118
　　1. 수성 페인트(water paint)　　　　　　　118
　　2. 유성 페인트(oil paint)　　　　　　　　118
　　3. 바니시(varnish)　　　　　　　　　　　 119
　　4. 유성 에나멜 페인트　　　　　　　　　　120
　　5. 합성수지 페인트(도료)　　　　　　　　　120
　　6. 녹막이(방청) 도료　　　　　　　　　　　121
　　7. 방화(防火) 도료　　　　　　　　　　　　121
　　8. 본타일　　　　　　　　　　　　　　　　121

04 도장 방법(칠 공법) ───────────────── 122
05 도장면 바탕 만들기 ───────────────── 122
　　1. 개요　　　　　　　　　　　　　　　　　122
　　2. 목부 바탕처리　　　　　　　　　　　　　122
　　3. 철부 바탕처리　　　　　　　　　　　　　123
　　4. 콘크리트, 모르타르 등의 바탕처리　　　　123

06 도장시공 순서 ──────────────────── 123
07 도장공사시 결함 ──────────────────── 124
08 도장 작업시 주의 사항 ────────────────── 124

　■ 기출 및 예상문제 ───────────────── 126

09 내장 및 기타 공사　　　　　　　　　　　　　　133

01 내장 재료 ─────────────────── 133
　　1. 일반사항　　　　　　　　　　　　　　　133
　　2. 단열재료　　　　　　　　　　　　　　　134
　　3. 방음(흡음) 재료　　　　　　　　　　　　134

02 경량철골 반자틀 ──────────────── 135
　　1. 반자(Ceiling)의 설치 목적　　　　　　　135
　　2. 경량철골 천정틀　　　　　　　　　　　　135
　　3. 설치공법　　　　　　　　　　　　　　　135

03 드라이비트(Dry-vit) 공사 — 137
1. 구성 요소 — 137
2. 특징 — 137
3. 시공시 주의 사항 — 137

04 액세스플로어(access floor) 공사 — 138

05 내화피복 공법 — 138
1. 습식 내화피복 공법 — 138
2. 건식 내화피복 공법 — 139

06 석고보드 공사 — 140
1. 일반 — 140
2. 특징 — 140
3. 종류(분류) — 140
4. 시공시 주의 사항 — 140
5. 이음새 시공순서 — 141

07 S.G.P 경량칸막이 공사 — 141
1. 구성 요소 — 141
2. 특징 — 141
3. 시공 방법 — 142

08 방수 공사 — 142

09 도배 공사 — 143
1. 벽 도배 — 143
2. 리놀륨(linoleum) 깔기 순서 — 144

10 카펫(capet) 공사 — 144
1. 장단점 — 144
2. 카펫 파일(pile)의 종류 — 144
3. 깔기 공법 — 145
4. 카펫타일 접합시 유의 사항 — 145

11 커튼, 블라인드 공사 — 145
1. 커튼 — 145
2. 블라인드(blind) — 147

12 공사장의 폐자재 처리 — 147
1. 의의 — 147
2. 폐자재 재활용 방안 — 147
3. 폐자재 처리시 유의사항 — 147

■ 기출 및 예상문제 — 149

10 시방서 — 156

- 01 시방서의 의의 — 156
- 02 시방서의 종류 — 156
- 03 시방서의 기술내용 — 157
- 04 시방서의 작성시의 주의사항 — 157
- 05 공사시방서의 작성방법 — 157
- ■ 기출 및 예상문제 — 158

II편 적산 및 내역서

01 총론 — 160

- 01 일반 사항 — 160
    - 1. 적산과 견적 — 160
    - 2. 견적(적산)의 종류 — 160
    - 3. 공사비의 구성 — 161
- 02 수량 산출 적용기준 — 163
    - 1. 수량 산출의 종류 — 163
    - 2. 재료별 할증률 — 163
- 03 수량의 계산 기준 — 163
- 04 수량 산출시 주의사항 — 164
- ■ 기출 및 예상문제 — 165

02 가설공사 — 169

- 01 비계 면적 — 169
    - 1. 내부 비계 면적 — 169
    - 2. 외부 비계 면적 — 169
- ■ 기출 및 예상문제 — 170

03 조적공사 — 173

01 벽돌공사 — 173
1. 벽돌량 — 173
2. 쌓기 모르타르 량 — 174

02 블록 공사 — 174
1. 블록량 — 174
2. 단위수량 — 174
3. 단위수량 산출법 — 174

03 타일공사 — 175
1. 수량 산출방법 — 175
2. 단위수량(1m² 당) 산출법 — 175
3. 타일의 모르타르 소요량 — 175
4. 기타 적산량 — 175
- 기출 및 예상문제 — 177

04 목공사 — 182

01 일반 사항 — 182
02 수량산출 — 182
- 기출 및 예상문제 — 184

05 거푸집 및 콘크리트공사 — 187

01 거푸집량 산출 — 187
02 콘크리트량 산출 — 187

06 페인트공사 — 189

07 수장공사 — 190

01 일반 사항 — 190
02 수장공사 적산 일반 — 190
03 수장공사 공종별 수량산출 — 191
- 기출 및 예상문제 — 195

III편 공정표 및 공정계

01 공정계획 — 198

01 공정표의 정의 — 198
02 공정표의 종류 — 198
  1. 사선식 공정표(절전 공정표, Graphic chart) — 198
  2. 횡선식 막대 공정표(Bar chart, Gantt chart) — 198
  3. 열기식 공정표 — 199
  4. 네트워크(net work) 공정표 — 199

03 네트워크(Network) 공정표의 용어 — 201
  1. 기본 용어 — 201
  2. Path(경로) — 201
  3. 시각(Time) — 201
  4. 공기 — 202
  5. 여유시간 — 202

■ 기출 및 예상문제 — 203

02 네트워크 공정표의 작성 — 207

01 작성법 — 207
  1. 기본원칙(공정표의 중요 요소) — 207
  2. 일반원칙 — 208
  3. 네트워크 공정표의 적절한 표현방법의 예시 — 208

02 일정 계산 — 211
  1. CPM 기법에 의한 일정 계산 — 211
  2. PERT 기법에 의한 일정 계산 — 214
  3. CPM과 PERT의 일정 계산의 관계 — 215

■ 기출 및 예상문제 — 217

03 공기 단축 — 226

01 일반 — 226
  1. 공기단축 시기 — 226
  2. 공사비와 공기와의 관계 — 226

02 비용구배(cost slope)와 공기단축 — 226

03 공기조절(정)의 검토 순서 ——————————————————— 227
　■ 기출 및 예상문제 ———————————————————————— 228

IV편　품질관리

01 품질관리　　　　　　　　　　　　　　　　　　　　　　232

01 일반 사항 ———————————————————————— 232
　1. 관리의 정의　　　　　　　　　　　　　　　　　　　232
　2. 관리 사이클의 4단계(PDCA)　　　　　　　　　　　232
　3. 관리의 제반 요인　　　　　　　　　　　　　　　　232
　4. 관리의 3대 목표와 수단　　　　　　　　　　　　　232

02 품질관리 계획 및 검사, 시험 ——————————————— 233
　1. 「건설기술진흥법」에 따른 건설공사의 품질관리　　233
　2. 검사 및 시험 및 모니터링 관리　　　　　　　　　　233

03 자재의 품질관리 ———————————————————— 233
　1. 비강도와 경제강도(안전율)　　　　　　　　　　　　233
　2. 목재의 시험　　　　　　　　　　　　　　　　　　　234
　3. 골재의 시험　　　　　　　　　　　　　　　　　　　234
　4. 콘크리트의 시험　　　　　　　　　　　　　　　　　235
　5. 품질관리의 일반적인 순서　　　　　　　　　　　　235
　6. 품질관리(QC, Quality Control)에 관한 도구　　　235

　■ 기출 및 예상문제 ———————————————————————— 238

V편　안전관리

01 안전관리　　　　　　　　　　　　　　　　　　　　　　244

01 일반 사항 ———————————————————————— 244
　1. 건설안전관리　　　　　　　　　　　　　　　　　　244
　2. 재해　　　　　　　　　　　　　　　　　　　　　　244
　3. 사고 발생의 원인　　　　　　　　　　　　　　　　247
　4. 안전사고 방지시설　　　　　　　　　　　　　　　　249
　5. 보호구　　　　　　　　　　　　　　　　　　　　　250
　6. 위험예지훈련　　　　　　　　　　　　　　　　　　251

7. 안전관련 규정	252
8. 안전점검	255
■ 기출 및 예상문제	258

VI편 공사감리

01 공사감리 — 262

01 일반 사항 — 262
1. 공사감리의 의의 — 262
2. 「건축법」에 따른 감리 규정 — 262
3. 「주택법」에 따른 감리 규정 — 268

■ 기출 및 예상문제 — 275

VII편 부록1

실내건축기사 기출문제 — 278

01 2013년 실내건축기사 기출문제 — 278
02 2014년 실내건축기사 기출문제 — 287
03 2015년 실내건축기사 기출문제 — 296
04 2016년 실내건축기사 기출문제 — 307
05 2017년 실내건축기사 기출문제 — 316
06 2018년 실내건축기사 기출문제 — 329
07 2019년 실내건축기사 기출문제 — 338
08 2020년 실내건축기사 기출문제 — 348
09 2021년 실내건축기사 기출문제 — 358
10 2022년 실내건축기사 기출문제 — 367
11 2023년 실내건축기사 기출문제 — 377
12 2024년 실내건축기사 기출문제 — 388

Ⅷ편 부록2

실내건축산업기사 기출문제   398

01 2018년 실내건축산업기사 기출문제 ——— 398
02 2019년 실내건축산업기사 기출문제 ——— 406
03 2020년 실내건축산업기사 기출문제 ——— 415
04 2021년 실내건축산업기사 기출문제 ——— 425
05 2022년 실내건축산업기사 기출문제 ——— 434
06 2023년 실내건축산업기사 기출문제 ——— 438
07 2024년 실내건축산업기사 기출문제 ——— 441

01

시공 및 시방서

- 01 가설공사
- 02 조적공사
- 03 목공사
- 04 창호 및 유리공사
- 05 미장 및 타일공사
- 06 금속공사
- 07 합성수지(Plastic) 공사
- 08 도장공사
- 09 내장 및 기타공사
- 10 시방서

# 01 가설공사

학습방향
비계의 종류와 부속철물에 대하여 숙지하도록 한다.

1 가설공사

1 개요

공사 기간 중 필요한 임시적인 시설물로 본 공사가 끝나면 해체, 철거, 정리하게 되는 제반 공사 시설이다.

2 종류

1. 공통 가설공사
공사 전반에 걸쳐 공통으로 사용되는 공사용 기계, 공사관리에 필요한 시설
① 가설 운반로
② 가설 울타리
③ 가설창고
④ 현장사무실
⑤ 임시 화장실
⑥ 공사용수 설비
⑦ 공사용 동력설비 등

2. 직접 가설공사
본 공사의 직접적인 수행을 위한 시설
① 규준틀
② 비계
③ 안전시설 등

☞ 거푸집 설치는 본 공사의 거푸집 공사에 해당한다.

3. 가설 공사 계획시 고려 대상
① 공사의 규모, 시공 정밀도 및 공사내용
② 가설물의 면적 및 배치
③ 가설자재의 반입량 및 배치
④ 운반 및 교통사항
⑤ 공사 후 철거

2 시멘트 창고

1. 시멘트의 저장 및 관리방법
① 쌓기 포대 수는 13포 이하로 한다.(장기 저장시 : 7포 이하)
② 습기를 방지하기 위하여 바닥의 높이는 지면에서 30cm 이상 높인다.
③ 벽은 공기 유통을 적게 하기 위하여 개구부는 되도록 작게 한다.
④ 창고 주위에는 배수 도랑을 두어 우수의 침입을 방지한다.
⑤ 지붕은 비가 새지 않는 구조로 한다.

3 비계 공사

1. 비계의 용도(설치 목적)
① 작업의 용이
② 재료의 운반
③ 작업원의 통로
④ 작업발판의 역할

2. 비계의 종류
(1) 재료상 분류
① 통나무 비계
② 파이프 비계
  ㉠ 단관 비계
  ㉡ 틀비계

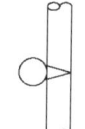

그림. 외줄비계

(2) 위치상 분류
① 외부 비계
  ㉠ 외줄비계
  ㉡ 겹비계
  ㉢ 쌍줄비계
  ㉣ 달비계
② 내부 비계
  ㉠ 수평비계
  ㉡ 말비계(말목, 발돋음)
③ 비계다리

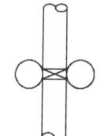

그림. 겹비계

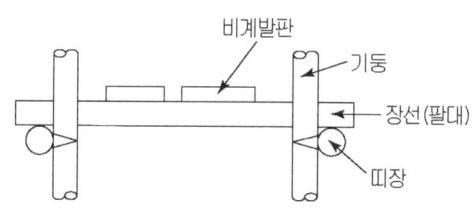

그림. 쌍줄비계

(3) 매는 형식상 분류
① 외줄비계
② 겹비계
③ 쌍줄비계

3. 통나무 비계
(1) 재료
① 종류 : 낙엽송, 삼나무 등
② 직경 10~20cm 이내, 끝 마구리 지름 3.5cm 이상
③ 길이 : 720cm 이상

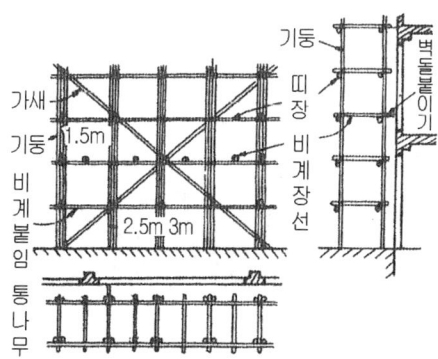

그림. 통나무 비계

(2) 결속선 : #8~10 철선을 불에 구운 것을 사용

(3) 기둥 간격 : 1.5~1.8m

(4) 띠장 설치 간격

① 지상에서 제1 띠장은 2m 이하 높이에 설치

② 제2 띠장부터는 1.5m 정도 간격으로 설치

(5) 비계장선

① 지름 9cm 이상   ② 길이 2m 정도

③ 간격 1.5m 정도

(6) 가새, 버팀대

수평간격 14m 내외로 45° 각도로 기둥, 띠장에 연결

(7) 벽체와의 연결 간격

수직 5.5m, 수평 7.5m 이하

(8) 비계발판

① 단면 3.6×25cm, 길이 3.6m의 널재나 구멍 철판을 사용

② 설치 : 장선에서 20cm 이하로 내밀고, 겹치는 경우 30cm 이상 되게 하고, 널 사이의 간격은 3cm 이하로 하여 비계장선에 고정한다.

4. 파이프(pipe) 비계

(1) 단관비계(단식파이프 비계)

① 비계기둥 간격

㉠ 보(간사이) 방향 : 0.9~1.5m

㉡ 도리방향 : 1.5~1.8m

② 띠장

㉠ 지상 제1 띠장은 2~3m 정도의 높이에 설치

㉡ 제2 띠장부터는 1.5m 정도 간격으로 설치

③ 가새 : 수평간격 14m 내외, 각도 45°로 기둥, 띠장에 연결

④ 구조체와의 간격 : 수직, 수평 5m 내외

⑤ 하중한도

㉠ 비계기둥 1본의 하중한도 700kg 이내

㉡ 비계기둥 사이의 적재하중 400kg 이내

⑥ 부속철물

㉠ 커플러(capuler, 연결철물) : 직교형, 자재형, 특수형

㉡ 베이스 플레이트(base plate) : 고정형, 조절형

㉢ 이음철물

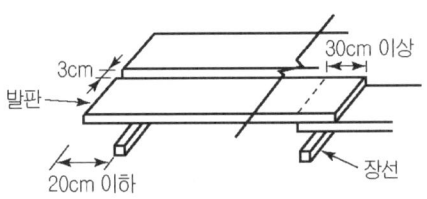

그림. 비계 발판

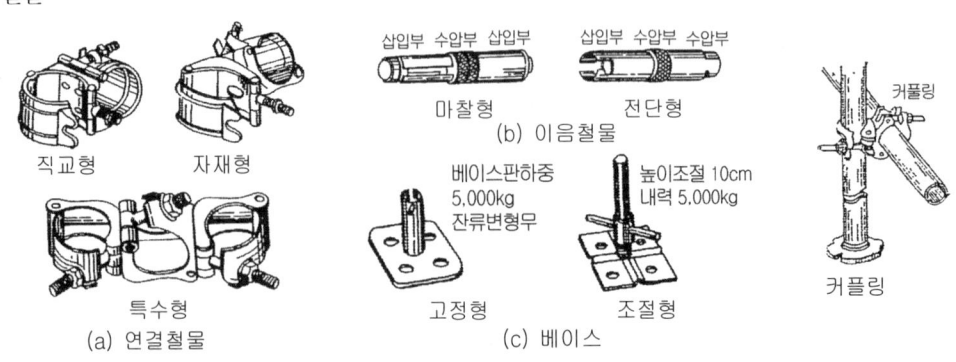

그림. 파이프 비계의 부속철물

(2) 강관틀 비계(틀 파이프 비계) : 현장 조립 및 해체가 용이
  ① 최고 높이 : 45m 이내
  ② 구조체와의 연결간격 : 수직 6m, 수평 8m 내외
  ③ 하중한도
    ㉠ 비계기둥 1본의 하중한도 2,500kg 이내
    ㉡ 틀간격 1.8m 이내일 때 틀 사이의 적재하중 400kg 이내
  ④ 중요부품
    ㉠ 수평틀(띠장틀)
    ㉡ 세로틀
    ㉢ 교차가새
    ㉣ 베이스(base)

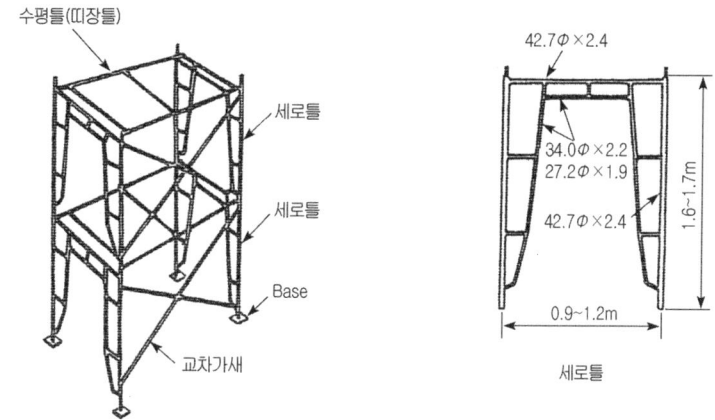

그림. 강관틀 비계

5. 비계다리

① 설치기준 : 바닥면적 1,600m² 마다 1개씩
② 나비 90cm 이상, 경사도는 30° 이하
③ 1.5×3cm 정도의 각재를 이용한 미끄럼막이를 30cm 간격으로 설치
④ 되돌음, 참 높이 : 7m 이내
⑤ 위험한 곳은 높이 75cm 이상의 난간 설치

6. 달비계

건물에 고정된 돌출보 등에서 와이어로프(wire rope)로 매단 작업대로 동력 윈치(winch)로 상·하로 이동할 수 있도록 되어 있으며 외부 마감공사, 외벽 청소 등의 고층 건물 유지관리에 편리한 비계의 일종이다.

7. 비계의 설치 순서

① 현장 반입   ② 비계기둥 설치
③ 띠장 결속   ④ 가새 및 버팀대 설치
⑤ 장선 설치   ⑥ 발판 설치

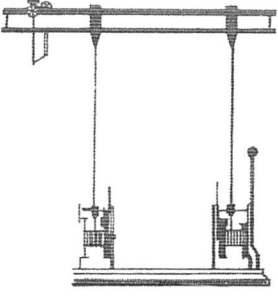

그림. 달비계

8. 낙하물 방지망

① 경사 : 수평면에 대하여 15°~45°(보통 : 30°)
② 높이 : 지상 2층(약 6m) 바닥 부분에 일차적으로 설치하고 그 위로부터는 6층(약 15~18m) 이내마다 설치한다.
③ 망 : 눈의 크기 6~30mm 정도의 철망 등을 설치한다.

용어해설

1. **말비계(말목, 발돋음)**
   양쪽에 삼각형이나 정자형으로 지지받침대를 만들어 위에 발판을 걸쳐댄 것으로 실내의 다소 높은 곳의 작업용 비계의 일종이다. 최근에는 알루미늄 재질로 접을 수 있도록 제작된 것도 있다.

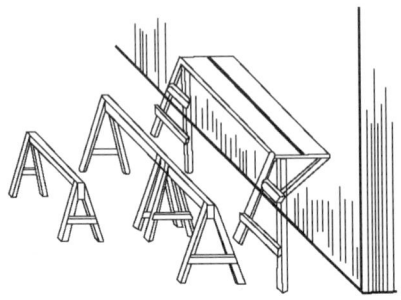

그림. 말목　　　그림. 벽걸이말

2. **벤치마크(bench mark, 기준점)**
   건물의 높이 및 위치의 기준이 되는 표식으로 건물의 위치 결정에 편리하고 잘 보이는 곳에 설치하는 것이다.

3. **규준틀**
   건물의 위치, 기초 구덩이의 넓이, 깊이 등을 결정하기 위한 것으로 규준말뚝, 규준대를 말한다.

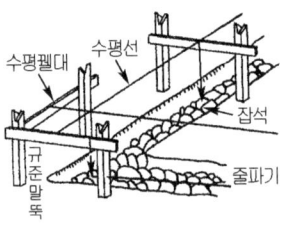

그림. 수평규준틀과 기초공사

4. **보우 빔(bow beam)**
   강재의 인장력을 이용하여 만든 조립보로 받침 기둥이 필요 없는 가설 수평지지보이다.

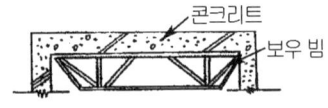

그림. 보우 빔

5. **페코 빔(pecco beam)**
   강재의 인장력을 이용하여 만든 조립보로 받침 기둥이 필요 없는 좌·우로 신축이 가능한 가설 수평지지보이다.

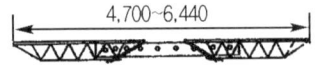

그림. 페코 빔

6. **데크 플레이트(deck plate)**
   철골조 보에 걸어서 지주 없이 쓰이는 골 모양의 철재 바닥판

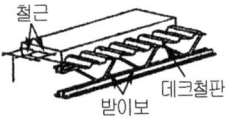

그림. 데크 플레이트

기출 및 예상문제
Ⅰ. 시공 및 시방서

1. 시멘트의 창고 저장시 저장 및 관리방법에 대하여 4가지만 쓰시오. (4점) [97 기]

① _____
② _____
③ _____
④ _____

2. 높아서 손이 닿지 않아 작업하기가 어려울 때 필요한 면적을 확보한 가설물을 무엇이라 하는가? (2점) [98, 99 산]

_____

3. 비계의 용도에 대하여 3가지만 쓰시오. (3점)

① _____ ② _____ ③ _____

4. 재료에 대한 비계의 종류 3가지를 쓰시오. (3점) [99 기]

① _____ ② _____ ③ _____

5. 비계를 재료면에서 분류하면 (①), (②)로 나눌 수 있고, 비계를 매는 형식에서 분류하면 (③), (④), (⑤)로 나눌 수 있다. (4점) [96 기]

① _____ ② _____ ③ _____
④ _____ ⑤ _____

6. 건축 공사용 비계의 종류를 5가지 쓰시오. (4점) [92, 01 산, 99 기]

① _____ ② _____ ③ _____
④ _____ ⑤ _____

7. 외부비계의 종류 4가지를 쓰시오. (3점) [93, 99 산]

① _____ ② _____
③ _____ ④ _____

정 답

정답 1
① 쌓기 포대 수는 13포 이하로 한다. (장기 저장시 : 7포 이하)
② 습기를 방지하기 위하여 바닥의 높이는 지면에서 30cm이상 높인다.
③ 벽은 공기 유통을 적게 하기 위하여 개구부는 되도록 작게 한다.
④ 창고 주위에는 배수 도랑을 두어 우수의 침입을 방지한다.
  * 지붕은 비가 새지 않는 구조로 한다.

정답 2
비계

정답 3
① 작업의 용이
② 재료의 운반
③ 작업원의 통로
  * 작업발판

정답 4
① 통나무비계
② 단관비계(단식 파이프비계)
③ 강관틀 비계(틀 파이프 비계)

정답 5
① 통나무비계
② 파이프비계
③ 외줄비계
④ 겹비계
⑤ 쌍줄비계

정답 6
① 외줄비계
② 쌍줄비계
③ 겹비계
④ 강관틀비계
⑤ 달비계

정답 7
① 외줄비계
② 겹비계
③ 쌍줄비계
④ 달비계

제1장 가설공사 7

기출 및 예상문제

I. 시공 및 시방서

8. 비계공사에 사용되는 외부비계(3종)와 내부비계(1종)를 쓰시오. (4점)

(가) 외부비계 : ① _____ ② _____ ③ _____

(나) 내부비계 : ④ _____

정답 8
(가) 외부비계 : ① 외줄비계
　　　　　　② 겹비계
　　　　　　③ 쌍줄비계
(나) 내부비계 : ④ 수평비계

9. 다음의 비계와 용도가 서로 관련 있는 것끼리 번호로 연결하시오. (4점)

① 외줄비계　　　(가) 고층 건물의 외벽에 중량의 마감공사
② 쌍줄비계　　　(나) 설치가 비교적 간단하고 외부공사에 이용
③ 틀비계　　　　(다) 45m 이하의 높이로 현장조립이 용이
④ 달비계　　　　(라) 외벽의 청소 및 마감 공사에 많이 이용
⑤ 말비계(발도음)　(마) 내부 천정공사에 많이 이용
⑥ 수평비계　　　(바) 이동이 용이하며, 높지 않은 간단한 내부공사

① _____　② _____　③ _____

④ _____　⑤ _____　⑥ _____

정답 9
①-(나), ②-(가), ③-(다)
④-(라), ⑤-(바), ⑥-(마)

10. 달비계에 관해 기술 하시오. (4점)　[94, 96산, 96기]

_____
_____
_____

정답 10
• 달비계
건물에 고정된 돌출보 등에서 와이어로프(wire rope)로 매단 작업대로 동력 윈치(winch)로 상하로 이동할 수 있도록 되어 있으며 외부 마감공사, 외벽 청소 등의 고층 건물 유지관리에 편리한 비계의 일종이다.

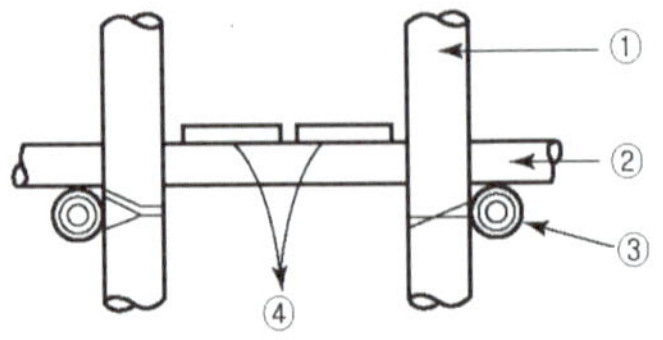

11. 다음 ( ) 안에 알맞은 말을 쓰시오. (4점)　[94, 97산]

통나무 비계에서 비계발판은 수직방향 (①), 수평방향 (②) 이하의 간격으로 건축물의 구조체에 연결하고 가새는 수평간격 (③) 내외, 각도는 (④)로 걸쳐대어 비계 기둥에 결속한다.

① _____　② _____　③ _____　④ _____

정답 11
① 5.5m　② 7.5m
③ 14m　④ 45°

12. 다음 그림과 같은 통나무 비계의 명칭을 쓰시오. (4점)　[94, 98, 01산]

① _____　② _____

③ _____　④ _____

정답 12
① (비계)기둥
② 장선
③ 띠장
④ 비계발판

13. 다음은 통나무 비계에 대한 설명이다. 괄호 안을 채우시오. (4점) [00산]

<보기>
비계용 통나무는 직경 10~12cm 이내 끝마무리 지름 3.5cm, 길이 (①)cm 정도의 (②), 삼나무를 사용한다. 결속선은 철선 #(③)~(④)을 달구어 쓴다.

① _____ ② _____ ③ _____ ④ _____

정답 13
① 720
② 낙엽송
③ 8
④ 10

14. 다음 <보기>는 비계의 설치순서이다. 순서대로 나열하시오. (3점) [00산, 94기]

<보기>
① 띠장　② 가새 및 버팀대　③ 장선
④ 비계기둥　⑤ 재료 현장반입　⑥ 발판

• 순서 : _____

정답 14
⑤ → ④ → ① → ② → ③ → ⑥

15. 다음 ( ) 안에 알맞은 답을 쓰시오. (6점) [95기]

(가) 가설공사 중에서 강관비계 기둥의 간격은 (①)이고 간사이 방향으로 (②)로 한다.
(나) 가새의 수평간격은 (③) 내외로 하고, 각도는 (④)로 걸쳐대고 비계기둥에 결속한다.
(다) 띠장의 간격은 (⑤) 내외로 하고, 지상 제1 띠장은 지상에서 (⑥) 이하의 위치에 설치한다.

① _____ ② _____ ③ _____
④ _____ ⑤ _____ ⑥ _____

정답 15
① 1.5~1.8m
② 0.9~1.5m
③ 14m
④ 45°
⑤ 1.5m
⑥ 2m

16. 강관파이프 비계의 연결철물 3가지를 쓰시오. (3점)

① _____ ② _____ ③ _____

정답 16
① 직교형
② 자재형
③ 특수형

17. 다음 강관비계 설치시 필요한 부속철물 종류 3가지만 쓰시오. (3점) [95산]

① _____ ② _____ ③ _____

정답 17
① 커플링(연결철물)
② 이음철물
③ 베이스(base)

기출 및 예상문제

I. 시공 및 시방서

18. 실내시공에서 간단히 조립 할 수 있는 강관틀 비계의 중요 부품을 3가지만 쓰시오. (3점) [92 산]

① _____ ② _____ ③ _____

정답 18
① 수평틀(띠장틀)
② 세로틀
③ 교차가새
 * 베이스(base)

19. 다음 ( ) 안에 알맞은 값을 쓰시오. (4점) [96, 97 산, 95, 00 기]

비계다리는 너비 (①) 이상, 경사는 (②) 이하를 표준으로 하되 되돌림 또는 참을 (③) 이내마다 설치하고 높이 (④) 이상의 난간 손스침을 설치한다.

① _____ ② _____ ③ _____ ④ _____

정답 19
① 90cm
② 30°
③ 7m
④ 75cm

20. 다음 용어에 대하여 간단히 설명하시오. (4점) [96 산, 93 기]

① 페코 빔(pecco beam) : _____

② 데크플레이트(deck plate) : _____

정답 20
① 페코 빔(pecco beam) : 강재의 인장력을 이용하여 만든 조립보로 받침 기둥이 필요 없는 좌우로 신축이 가능한 가설 수평지지보
② 데크플레이트(deck plate) : 철골조 보에 걸어서 지주 없이 쓰이는 골 모양의 철재 바닥판

02 조적공사

> **학습방향**
> - 줄눈의 종류와 벽돌쌓기법의 특징에 대하여 그림과 함께 숙지하도록 한다.
> - 벽돌의 균열 원인과 백화현상도 자주 출제된다.
> - 석재의 표면 마무리 순서와 사용되는 공구에 대하여 정리한다.

1 벽돌공사

1 벽돌의 종류

① 보통벽돌
  ㉠ 소성벽돌 : 붉은 벽돌, 검정벽돌
  ㉡ 시멘트 벽돌
② 이형벽돌 : 형태상으로 특수하게 제작된 벽돌
③ 내화벽돌 : 높은 온도를 요하는 장소에서 사용되는 벽돌
④ 경량벽돌 : 다공(porous) 벽돌

2 벽돌의 규격

(단위 : mm)

구 분	길 이	나 비	두 께	표 기 법
기존형(구형)	210	100	60	210×100×60
표준형(신형)	190	90	57	190×90×57

※ 길이와 나비치수의 허용오차 한계 : ±3%

3 벽돌의 마름질(Cutting)

① 온장
(whole)

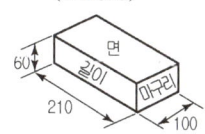

② 칠오토막
(three quarter bat)

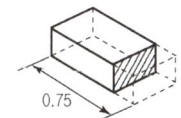

③ 이오토막
(quarter, closer)

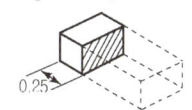

④ 반격지
(split soap)

⑤ 반토막
(half bat)

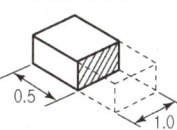

⑥ 반절
(queen closer)

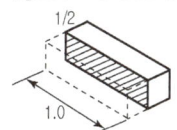

⑦ 반반절
(queen closer-quarter)

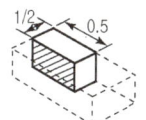

⑧ 경사반절
(bevelled closer)

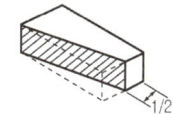

그림. 벽돌의 마름질

4 모르타르 및 줄눈

1. 모르타르
① 모르타르는 시멘트와 모래를 적당히 용적 배합하여 물을 부어 사용하며 굳은 후에는 벽돌 강도 이상이 되는 것을 원칙으로 한다.
② 물을 붓고 난 1시간 이후에는 응결이 시작되어 10시간 정도면 응결이 되므로 가급적 응결 시작되기 전에 적당량을 배합하여 사용하도록 한다.
③ 모르타르의 배합비
　㉠ 조적용 배합비＝1 : 3
　㉡ 아치 쌓기용＝1 : 2
　㉢ 치장 줄눈용＝1 : 1

2. 줄눈
① 벽돌과 벽돌 사이의 모르타르 부분을 줄눈이라 한다.
② 줄눈 두께는 일반 벽돌은 10mm, 내화 벽돌은 6mm를 표준으로 한다.
③ 줄눈의 종류
　㉠ 막힌 줄눈 : 세로 방향의 줄눈이 막혀서 막힌 줄눈이라고 하며, 상부의 하중을 하부로 고르게 분포 시킬 수 있어서 구조 내력상 유리하다.
　㉡ 통줄눈 : 세로 방향의 줄눈이 서로 연결되어 있어서 통줄눈이라고 하며, 상부의 하중이 하부의 벽돌 면으로만 집중되어서 구조 내력상 불리하다.

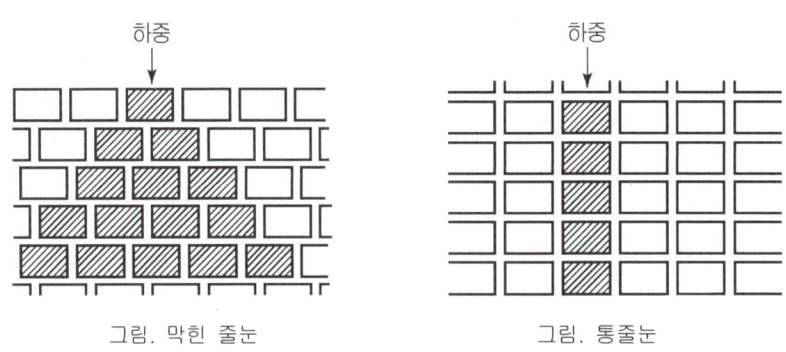

그림. 막힌 줄눈　　　　　그림. 통줄눈

　㉢ 치장줄눈 : 줄눈이 완전히 굳기 전에 벽돌 벽면의 줄눈부를 약 10mm 정도 파내고 시멘트와 모래의 배합비 1 : 1 정도의 모르타르를 정성들여 바르는 것으로 단면의 모양에 따라서 여러 명칭이 있다.

3. 치장줄눈의 형태와 의장적 효과

(1) 치장줄눈의 형태

① 평줄눈　　② 볼록줄눈　　③ 엇빗줄눈　　④ 내민줄눈　　⑤ 내민 둥근줄눈

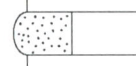 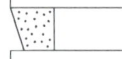 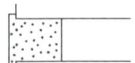 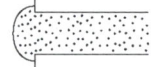

⑥ 민줄눈　　⑦ 오목줄눈　　⑧ 빗줄눈　　⑨ 들인 둥근줄눈　　⑩ 홈줄눈

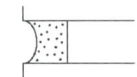 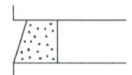 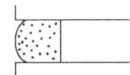 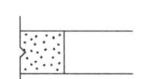

그림. 치장줄눈의 형태

(2) 의장적 효과

종 류	용 도	효 과	비 고
평 줄눈 빗 줄눈	•벽돌의 형태가 고르지 않을 때	•질감의 거침 •벽면의 음영차 분명 •질감의 강조	
내민 줄눈	•벽면이 고르지 않을 때	•줄눈의 효과를 확실히 함 •평줄눈, 빗줄눈에 대해 상대적으로 비슷한 질감 연출 가능	•전통 건축의 사괴석을 석회로 마감할 때 사용
볼록 줄눈	•면이 깨끗하고 반듯한 벽돌	•순하고 부드러운 느낌 •여성적인 선의 흐름	
오목 줄눈	•면이 깨끗한 벽돌	•약한 음영 표시 •여성적 느낌 •평줄눈, 민줄눈의 중간적 효과	
민 줄눈	•형태가 고르고 깨끗한 벽돌	•질감을 깨끗하게 연출 •일반적 줄눈 형태	

5 벽돌 쌓기법

1. 각국의 벽돌 쌓기법

분 류	특 징
영국식 쌓기	길이 쌓기와 마구리 쌓기를 한 켜식 번갈아 쌓아 올리며, 벽의 끝이나 모서리에는 이오토막 또는 반절을 사용한다. 통줄눈이 거의 생기지 않아 가장 튼튼한 쌓기 방법이다.
화란식 쌓기 (네델란드식 쌓기)	영식 쌓기와 비슷하나 벽의 끝이나 모서리에는 칠오토막을 사용한다. 통줄눈이 적은편이다.
불식 쌓기 (프랑스식 쌓기)	매 켜에 길이와 마구리가 번갈아 되게 쌓는 방식으로 통줄눈이 많이 생겨서 구조적으로는 튼튼하지 않으나 외관이 아름답다.
미식 쌓기	5~6켜 정도는 길이쌓기로 하고 다음 1켜는 마구리쌓기로 하여 뒷면에 영식 쌓기로 한 면과 물리도록 한 쌓기법 이다.

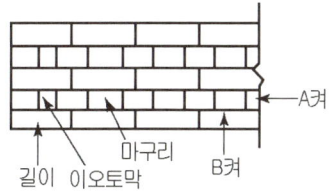

그림. 영국식 벽돌쌓기

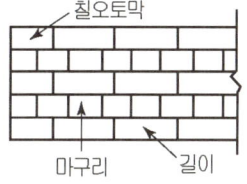

그림. 네덜란드식 벽돌쌓기

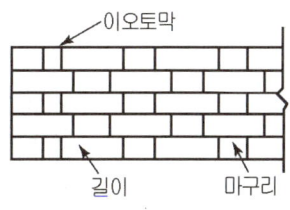

그림. 프랑스식 벽돌쌓기

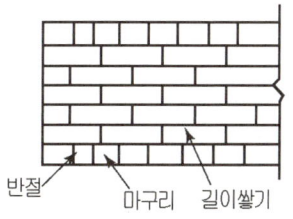

그림. 미국식 벽돌쌓기

2. 기타 벽돌쌓기

쌓기 종류	쌓는 방법	사용 개소
마구리쌓기	벽돌의 마구리면이 보이도록 쌓는 것	벽 두께가 1B 이상 내력벽 쌓기
길이쌓기	벽돌의 길이면이 보이도록 쌓는 것	벽 두께가 0.5B 칸막이 쌓기
세워쌓기 (길이 세워쌓기)	벽돌 벽면을 길이면으로 세워 쌓는다.	내력벽, 장식적인 벽
옆 세워쌓기 (마구리 세워쌓기)	벽돌 벽면을 마구리면으로 세워 쌓는다.	내력벽, 장식적인 벽
엇모 쌓기	45° 각도로 모서리가 벽면에서 나오도록 쌓는다.	벽면에 변화와 음영감 장식적인 벽
영롱 쌓기	벽돌벽면에 +형 등의 구멍을 내며 쌓는다.	장식적인 벽
무늬 쌓기	벽돌벽면에 이질적인 색의 벽돌을 이용하여 쌓는다.	장식적인 벽
층단 떼어쌓기	연속되는 벽체를 하루에 다 쌓을 수 없을 때 중간을 계단처럼 남겨 놓고 쌓는 방법이다.	벽돌 간에 모르타르가 잘 접착되기 위함
켜걸름 들여쌓기	교차벽 등에서 하루에 다 쌓을 수 없을 때 한쪽 벽을 남겨두고 쌓는 방식이다.	벽돌 간에 모르타르가 잘 접착되기 위함

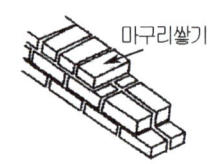 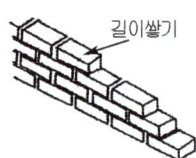 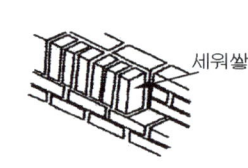 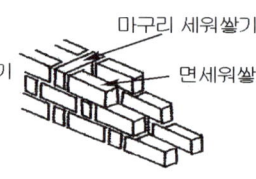

그림. 엇모 쌓기   그림. 영롱 쌓기   그림. 층단 떼어쌓기   그림. 켜걸름 들여쌓기

6 벽돌 쌓기 순서

① 청소 → ② 벽돌 물축이기 → ③ 모르타르 건비빔
→ ④ 세로 규준틀 설치 → ⑤ 벽돌 나누기 → ⑥ 기준(규준) 벽돌 쌓기
→ ⑦ 수평실 치기 → ⑧ 중간부 쌓기 → ⑨ 줄눈 누르기 → ⑩ 줄눈 파기
→ ⑪ 치장줄눈 → ⑫ 양생

☞ 세로 기준틀에 기입하는 사항(내용)

① 쌓기단수 및 줄눈표시
② 창문틀의 위치 및 규격
③ 매립철물 및 나무벽돌의 위치
④ 테두리보 설치 위치

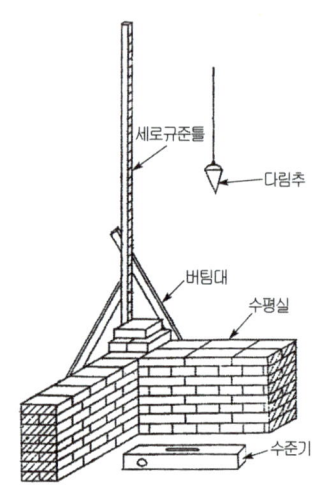

그림. 벽돌 시공도

7 벽돌 쌓기의 일반적 주의 사항

① 굳기 시작한 모르타르는 사용하지 않는다.
② 벽돌의 부착면 전면(全面)에 모르타르가 고루 퍼지도록 하여 쌓는다.
③ 건조시에는 충분히 물을 축여서 쌓는다.
④ 1일 쌓기 높이는 1.2m~1.5m (17~20켜) 정도로 한다.
⑤ 벽돌 벽체의 수장을 위해서 나무 벽돌, 고정 철물 등은 미리 설치하여 둔다.
⑥ 쌓기 작업이 끝난 후에는 적절히 보양하고 무리한 충격 또는 압력이 가해지지 않도록 한다.

8 각 부 벽돌 쌓기

1. 내 쌓기

① 벽면에 마루널을 설치하거나 수평띠 등의 모양들을 내기 위해서 벽면에서 벽돌을 내밀어 쌓는 것이다.
② 내 쌓기는 마구리쌓기로 하는 것이 좋다.
③ 1켜씩 내 쌓을 경우에는 1/8B, 두 켜씩 내 쌓을 경우에는 1/4B 내어 쌓는다.(B : 벽돌면의 길이)
④ 내 쌓기의 내민 한도는 2B로 한다.

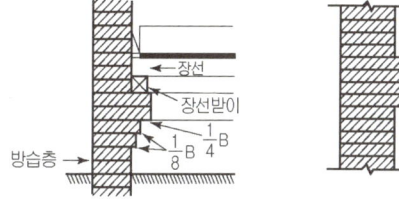
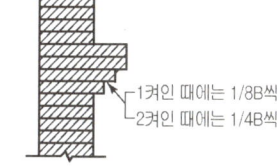

그림. 내쌓기

2. 공간 쌓기(중공벽)

① 공간 쌓기 목적
  ㉠ 방습
  ㉡ 방음
  ㉢ 단열 효과
② 공간 너비 : 5~7cm
③ 연결재 : 벽돌, 철물, 4.2mm 정도 두께의 철선 가공
④ 연결재 간격
  ㉠ 세로 방향 : 최대 수직거리는 6켜(45cm) 이내
  ㉡ 가로 방향 : 최대 수평거리는 90~100cm 이내

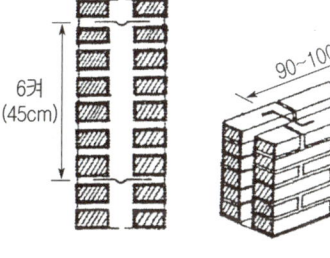
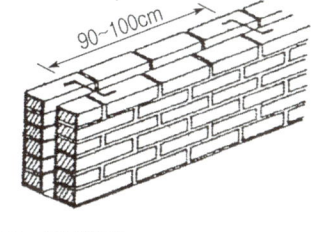

그림. 공간쌓기

3. 창대 쌓기

① 창대 벽돌의 윗면을 15° 내외로 경사지게 쌓는다.
② 창대 벽돌의 앞 끝은 벽면에서 B/4~B/8 정도 내밀어 쌓는다.
③ 창대 벽돌의 앞 끝은 창대 밑에 1.5cm 정도 들어가 물리게 한다.
④ 창틀 주위로 물이 스며들지 않도록 창틀 주위에 방수 모르타르를 틈새 없이 시공한다.

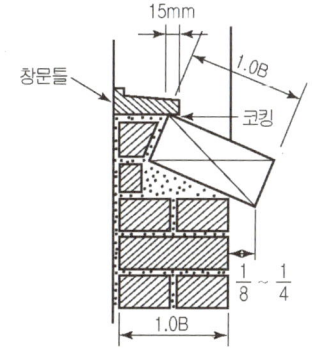

그림. 창대 쌓기

4. 아치(Arch) 쌓기

① 개구부 상부에서 오는 하중을 아치 축선에 따라 나누어 직압력으로 전달되게 하여 부재의 하부에 인장력이 생기지 않게 하고, 모든 줄눈은 원의 중심에 모이도록 시공한다.

② 아치 쌓기의 종류

　㉠ 본 아치 : 아치 벽돌을 공장에서 특별히 주문 제작한 벽돌로 쌓은 아치
　㉡ 막만든 아치 : 보통 벽돌을 쐐기 모양으로 다듬어 쌓은 아치
　㉢ 거친 아치 : 아치 쌓기에서 보통 벽돌을 사용하고 줄눈을 쐐기 모양으로 하여 쌓은 아치
　㉣ 층두리 아치 : 아치 나비가 넓은 경우에 반장정도 층을 지어 겹쳐 쌓는 아치

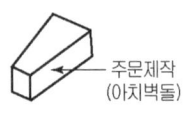
그림. 본 아치

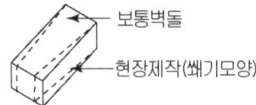
그림. 막만든 아치

그림. 거친 아치

③ 모양에 따른 아치의 종류

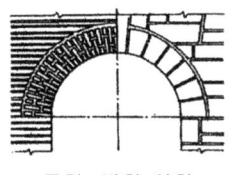
그림. 반원 아치

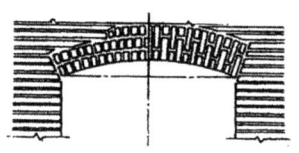
그림. 결원 아치

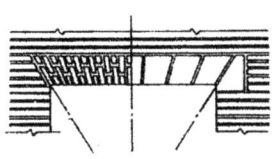
그림. 평 아치

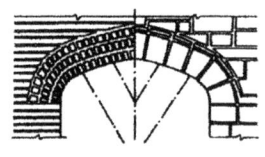
그림. 뾰족 아치

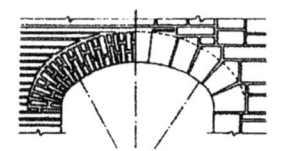
그림. 타원 아치

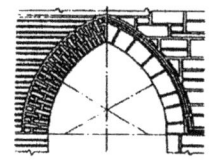
그림. 고딕 아치

5. 기초 쌓기

① 1/4B씩 한 켜 또는 두 켜씩 내들여 쌓는다.
② 기초 맨 밑의 너비는 벽두께의 2배 정도로 쌓는다.
③ 밑 켜는 길이쌓기로 한다.

그림. 기초쌓기

6. 벽체의 개구부 쌓기

① 개구부 길이의 합계는 당해 벽 길이의 1/2 이하가 되도록 한다.
② 개구부 상호간, 또는 개구부와 대린벽 중심과의 수평거리는 그 벽두께의 2배 이상으로 해야 한다.
③ 문꼴 상하 수직 거리는 60cm 이상이 되도록 한다.
④ 개구부 폭이 1.8m 이상인 때에는 상부에 철근콘크리트 인방을 설치한다.
⑤ 가로 홈의 깊이는 벽두께의 1/3 이하 길이는 3m 이하가 되도록 한다.
⑥ 세로 홈은 층 높이의 3/4 이상 연속된 홈을 설치할 때에는 홈의 깊이는 벽두께의 1/3 이하가 되도록 한다.

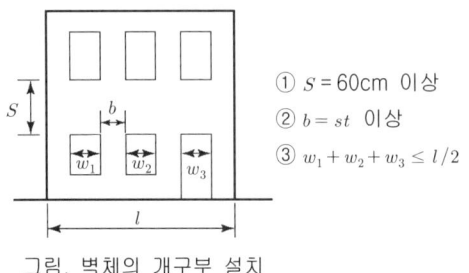
그림. 벽체의 개구부 설치

① $S = 60cm$ 이상
② $b = st$ 이상
③ $w_1 + w_2 + w_3 \leq l/2$

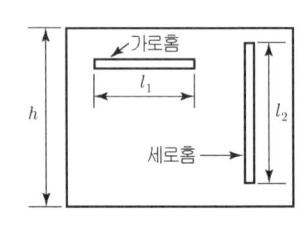
그림. 벽체의 홈파기

· l_1 = 세로홈길이 $3/4h$ 이상일 때 홈깊이 $1/3t$ 이하
· l_2 = 가로홈길이 3m 이하일 때 홈깊이 $1/3t$ 이하
· h = 층 높이
· t = 벽 두께

7. 방습층의 설치
① 목적 : 지반의 습기가 벽돌 벽체를 타고 상승하는 것을 막기 위해 설치한다.
② 위치 : 지반과 마루 밑 또는 콘크리트 바닥 사이에 설치한다.
③ 재료
  ㉠ 방수 모르타르 또는 아스팔트 모르타르를 1~2cm 두께로 바른다.
  ㉡ 아스팔트를 도포 후 아스팔트 펠트를 깐다.

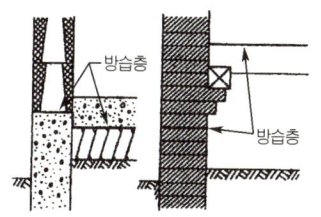

그림. 방습층의 설치

8. 바닥 벽돌 깔기법
① 평깔기
② 옆세워깔기
③ 반절깔기

평깔기

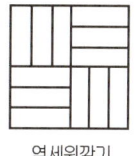
옆세워깔기

그림. 바닥 벽돌 깔기

9 벽돌벽의 균열

1. 계획, 설계상 미비로 인한 균열
① 기초의 부동침하
② 건물의 평면, 입면의 불균형 및 벽의 불합리한 배치
③ 벽돌벽의 길이, 높이, 두께에 대한 벽돌 벽체의 강도 부족
④ 큰 집중하중, 횡하중 등을 받게 설계된 부분
⑤ 문꼴 크기의 불합리 및 불균형 배치 등

2. 시공상 결함으로 인한 균열
① 벽돌 및 모르타르 자체의 강도 부족과 신축성
② 벽돌벽의 부분적 시공 결함
③ 이질재와의 접합부
④ 칸막이 벽(장막벽) 상부의 모르타르 다져 넣기 부족
⑤ 모르타르 바름시 들뜨기 등

☞ 벽돌 벽면의 균열 원인 대·소
부동 침하 발생 > 개구부 > 하중이 큼 > 벽돌의 수축

10 백화 현상

조적조 벽면이나 시멘트 모르타르의 표면 등에 흰가루가 생기는 현상이다.

1. 원인
① 줄눈 모르타르의 성분 중 시멘트의 산화칼슘(CaO)이 물(H_2O)과 공기 중의 탄산가스(CO_2)에 의해 반응하여 희게 나타난다.
② 벽돌의 황산나트륨과 모르타르의 소석회가 화학반응을 일으켜서 나타나는 현상이다.

2. 백화 현상의 대책(방지법)
① 소성이 잘된 양질의 벽돌을 사용한다.
② 줄눈 모르타르 사춤을 빈틈없이 다져 넣는다.
③ 벽돌 벽면을 파라핀 도료 등을 발라 방수처리 한다.
④ 벽면에 적절히 비막이 시설을 한다.

11 조적 벽체에서 물이 새는 원인

① 사춤 모르타르가 불충분하게 시공되었을 때
② 조적방법이 불완전하게 되었을 때
③ 비계장선의 구멍 메우기가 충분히 이루어지지 않았을 때
④ 치장줄눈이 불완전하게 시공되었을 때
⑤ 이질재와의 접합부
⑥ 물흘림, 물끊기 및 빗물막이 시설의 불완전

2 블록 공사

1 블록의 치수와 종류

1. 기본형 시멘트 블록의 치수

(단위 : mm)

형 상	치 수			허용 값	
	길 이	높 이	두 께	길이/두께	높 이
기본형	390	190	100 150 190 210	±2	±3

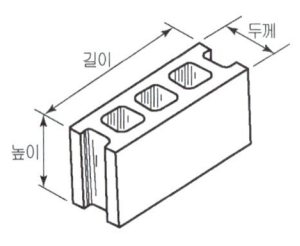

2. 블록의 종류

① 기본블록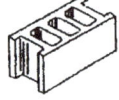
② 반블록
③ 한마구리평블록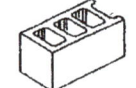
④ 창쌤블록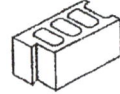

⑤ 가로근용블록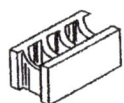
⑥ 양마구리평블록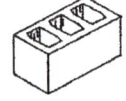
⑦ 창대블록
⑧ 인방블록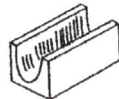

그림. 블록의 종류

2 블록 쌓기

1. 시공도 작성시 기입사항

① 블록의 종류
② 벽의 중심간 치수
③ 창문틀 등 개구부의 안목 치수
④ 철근의 삽입 및 이음 위치, 철근의 지름 및 개소
⑤ 나무벽돌, 앵커볼트, 급·배수관, 전기 배관 등의 위치

2. 블록 쌓기시 주의사항

① 블록은 살 두께가 두꺼운 쪽이 위로 가게 쌓는다.
② 하루에 쌓는 높이는 1.2~1.5m (6~7켜) 정도로 쌓는다.
③ 블록의 모르타르 접착면은 적당히 물축여 쌓는다.
④ 모르타르의 배합비는 1 : 3(시멘트 : 모래) 정도를 사용한다.
⑤ 일반 블록 쌓기는 막힌줄눈, 보강 블록조 쌓기는 통줄눈으로 시공한다.

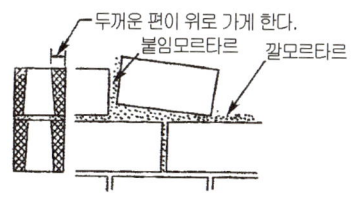
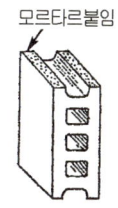
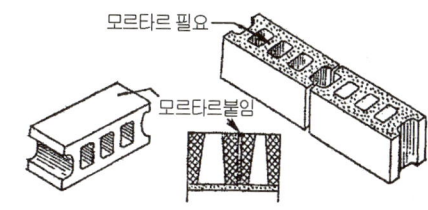

그림. 일반 블록 쌓기

3 보강 블록조

1. 특징

① 블록의 중공부에 철근을 대어 보강한 구조물이다.
② 블록 구조 중 튼튼한 구조법으로 잘 시공하면 3~5층 정도도 가능하다.

2. 쌓기 방법

① 일반적으로 줄눈은 철근의 배근이 용이하도록 통줄눈으로 시공한다.
② 내력벽의 두께는 15cm 이상이 되게 한다.
③ 배근
　㉠ 세로근
　　• D10(Ø9), D13(Ø12)을 사용한다.
　　• 철근의 간격은 40~80cm 정도로 한다.
　　• 벽의 모서리, 교차부, 개구부 주위에는 D13(Ø12)을 사용한다.
　　• 이어대지 않고 기초보 하단에서 테두리보 상단까지 40d 이상 정착시킨다.
　㉡ 가로근
　　• D10(Ø9) 이상을 사용한다.
　　• 철근의 간격은 60~80cm (3~4켜) 정도로 한다.
　　• 이음 길이는 25d 이상이 되게 한다.
　　• 세로근의 교차부 마다 결속 철선으로 결속한다.
　　• 가로근이 놓이게 되는 곳은 가로근용 블록을 사용한다.
④ 철근은 굵은 것보다 가는 것을 많이 사용하는 것이 좋다.
⑤ 세로 철근을 쓴 부분은 반드시 콘크리트를 채운다.
⑥ 사춤은 3~4켜 쌓을 때 마다 모르타르를 넣어 잘 다지며 윗부분은 5cm 이상 남겨 두어 다음 철근 연결 후 부어 넣는다.

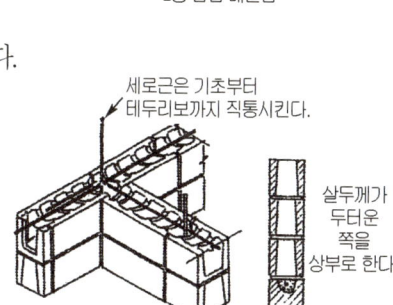

그림. 보강 블록조 쌓기

> ☞ 보강블록조 시공시 반드시 사춤모르타르를 채워 넣어야 할 부위
> 　① 모서리　　② 교차부
> 　③ 개구부 주위　　④ 벽 끝

4 인방보와 테두리보

1. 인방보
인방 블록(인방보)은 좌우 벽면에 20cm 이상 걸치고 철근은 40d 이상 정착시킨다.

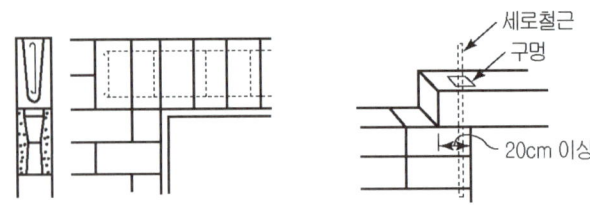

그림. 인방보

2. 테두리보(Wall Girder)
① 테두리보의 설치 목적
  ㉠ 분산된 벽체를 일체로 하여 하중을 균등히 분포시킴
  ㉡ 수직 균열 방지
  ㉢ 세로 철근의 정착
  ㉣ 집중하중을 받는 부분을 보강
② 테두리보의 춤과 나비(폭)
  ㉠ 테두리보의 춤 : 벽 두께의 1.5배 이상 또는 30cm 이상
  ㉡ 나비(폭) : 벽 두께 이상

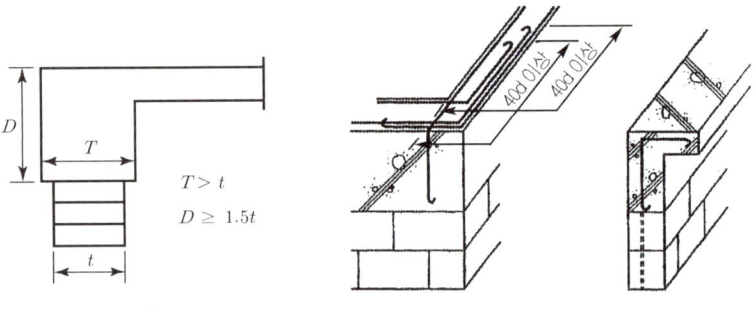

그림. 테두리보

5 ALC(Autoclaved Light-weight Concrete) 블록

① 고온 고압하에서 증기 양생한 경량기포 콘크리트 제품이다.
② 원료로는 생석회, 규사, 시멘트, 플라이 애쉬, 알루미늄 분말 등이다.
③ 장점
  ㉠ 경량성 : 기건 비중은 콘크리트의 1/4정도로 가볍다.
  ㉡ 단열성 : 열전도율은 보통 콘크리트의 1/10 정도로 단열 효과가 좋다.
  ㉢ 흡음, 차음성 : 흡음성, 차음성이 우수하다.
  ㉣ 불연성 : 불연재료인 동시에 내화구조 재료이다.
  ㉤ 시공성 : 경량으로 취급이 용이하며 현장에서 절단 및 가공이 용이하다.
  ㉥ 건조 수축률이 작고, 균열 발생이 적다.
④ 단점
  ㉠ 강도가 비교적 약하다.(압축강도 : 40kgf/cm^2)
  ㉡ 다공성 제품으로 흡수성이 크며 동해에 대한 방수·방습 처리가 필요하다.

3 돌 공사

1 암석의 석질(성상)에 따른 분류

구 분	종 류
화성암	화강암, 안산암, 현무암, 화산암, 감람석
수성암(퇴적암)	사암, 응회암, 점판암, 석회석
변성암	• 화성암계 : 사문석, 반석 • 수성암계 : 대리석, 트래버틴

2 석재의 종류와 특성

① 화강암 : 내·외장용, 내구성과 압축 강도가 우수하다.
② 대리석 : 내장용, 압축 강도는 양호하는 산과 열에는 약하다.
③ 안산암 : 내·외장용, 광택이 없으며 석리현상으로 대재(大材)를 구하기 어렵다.
④ 사암 : 내장용, 경량 골재용, 내화성은 우수하나 흡수율이 크고 내구력이 약하다.
⑤ 응회암 : 내장용, 경량 골재용, 강도가 약하며 내구력이 떨어진다.
⑥ 점판암 : 얇게 쪼개지는 성질이 있어 지붕 재료 등에 쓰인다.

> ☞ 석재의 특성비교
>
> ① 압축강도 : 화강암 > 대리석 > 안산암 > 사암 > 응회암
> ② 흡수율 : 응회암 > 사암 > 안산암 > 점판암, 화강암 > 대리석
> ③ 내화도 : 화산암 > 응회암, 사암 > 안산암 > 화강암, 대리석

3 석재 표면 가공과 갈기 마무리 종류

1. 석재 표면 가공

① 메다듬(혹두기) : 쇠메로 대충 다듬은 것
② 정다듬 : 망치와 정으로 쪼아 어느 정도 평평하게 처리한 것
③ 도드락다듬 : 도드락망치를 이용하여 정다듬한 면을 더욱 평탄하게 하는 것
④ 잔다듬 : 날망치를 이용하여 세부를 정성들여 다듬는 것
⑤ 물갈기 : 금강사, 숫돌 등을 물을 뿌려가면서 돌 표면을 매끈하게 가는 것

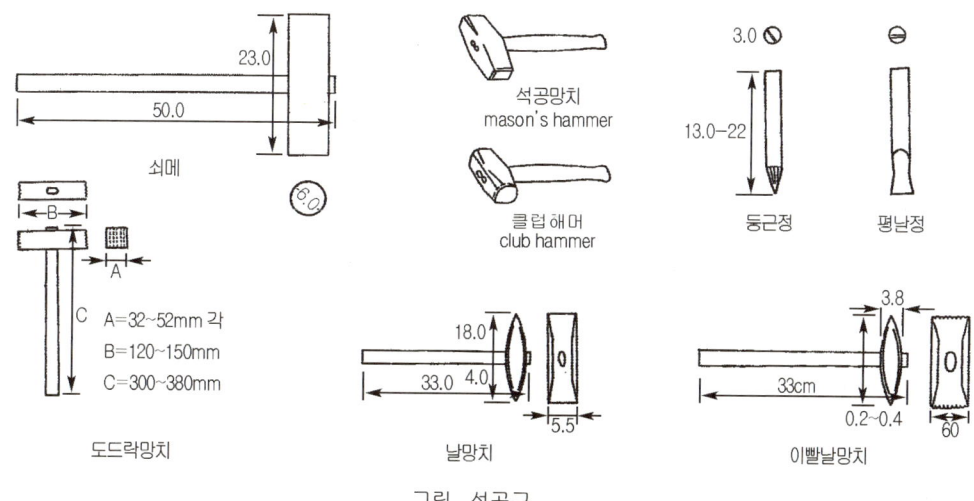

그림. 석공구

2. 갈기 마무리의 종류

(1) 경질석재 갈기 마무리의 종류

<table>
<tr><th colspan="3">가공 공정
마무리 종류</th><th>바 탕</th><th>갈 기(기계 가공)</th></tr>
<tr><td rowspan="8">갈
기</td><td rowspan="4">떼
낸
돌</td><td colspan="2">① 거친갈기</td><td rowspan="4">도드락
(100눈)</td><td>최종 #60의 쇳가루 또는 카아버런덤을 사용하고 원반(맷돌)에 걸어 돌린다.</td></tr>
<tr><td colspan="2">② 물갈기</td><td>최종 #180의 카아버런덤을 원반에 걸어 마무리 한다.</td></tr>
<tr><td rowspan="2">③ 본갈기</td><td>광 없이</td><td>최종 #F (#600~1,500)의 카아버런덤을 원반에 걸어 마무리 한다.</td></tr>
<tr><td>광내기</td><td>최종 #F의 카아버런덤을 원반에 걸어 마무리 한다.
다시 광내기 가루를 사용하여 퍼프(Puff)로 마무리한다.</td></tr>
<tr><td rowspan="4">켜
낸
돌</td><td colspan="2">① 거친갈기</td><td rowspan="4">켜낸 돌</td><td>쇳가루를 사용하여 원반으로 마무리 한다.</td></tr>
<tr><td colspan="2">② 물갈기</td><td>최종 #180의 카아버런덤을 사용하고 원반에 걸어 마무리 한다.</td></tr>
<tr><td rowspan="2">③ 본갈기</td><td>광 없이</td><td>최종 #F (#600~1,500)의 카아버런덤을 사용하고 원반에 걸어 마무리 한다.</td></tr>
<tr><td>광내기</td><td>최종 #F의 카아버런덤을 원반에 걸어 마무리 한다.
다시 광내기 가루를 사용하여 퍼프(Puff)로 마무리 한다.</td></tr>
</table>

(2) 대리석 갈기 마무리의 종류

<table>
<tr><th rowspan="2">가공 공정
마무리 종류</th><th colspan="2">바 탕</th><th rowspan="2">갈 기(기계 가공)</th></tr>
<tr><th>평 면</th><th>쇠시리면</th></tr>
<tr><td>① 거친갈기</td><td rowspan="3">최종 #80의 카아버런덤 숫돌로 간다.</td><td rowspan="3">#40 다음에 #80의 카아버런덤 숫돌로 간다.</td><td>#180의 카아버런덤 숫돌로 간다.</td></tr>
<tr><td>② 물갈기</td><td>#220의 카아버런덤 숫돌로 간다.
쇠시리면은 고운 숫돌로 간다.</td></tr>
<tr><td>③ 본갈기</td><td>고운 숫돌·숫가루를 사용하고 원반에 걸어 마무리 한다.
다시 광내기 가루를 사용하여 퍼프(Puff)로 마무리 한다.</td></tr>
</table>

(3) 인조석(모조석) 갈기 마무리의 종류

<table>
<tr><th>가공 공정
마무리 종류</th><th>바 탕</th><th>갈 기(기계 가공)</th></tr>
<tr><td>① 거친갈기</td><td rowspan="3">모래류로 원반 거친갈기 또는 도드락다듬 (100눈)</td><td>최종 #40~60의 강모래를 사용하여 원반에 간다.</td></tr>
<tr><td>② 물갈기</td><td>최종 #180의 카아버런덤을 사용하여 원반에 간다.</td></tr>
<tr><td>③ 잔다듬</td><td>잔다듬 1회 이상 실시한다.</td></tr>
</table>

4 표면 마무리 특수공법

① 모래 분사법 : 석재의 표면에 고압으로 모래를 분출시켜 면을 곱게 마무리하는 방법
② 화염 분사(버너구이)법 : 버너 등으로 석재면을 달군 다음 찬물을 뿌려 급랭시켜서 표면을 다소 거친면으로 마무리 하는 방법
③ 플래너 마감법 : 석재 면을 가공기계를 이용하여 매끄럽게 깎아내어 다듬는 마감법
④ 착색법 : 석재의 흡수성을 이용하여 석재의 내부까지 착색시키는 방법

5 모치기(모접기, chamfer)

다듬은 돌의 모서리를 접는 것을 모치기 또는 모접기라고 한다. 일반적으로 모접기는 잔다듬으로 하며, 그 종류에는 둥근모치기, 빗모치기, 두모치기, 세모치기 등 다양하다.

① 둥근모치기　　② 빗모치기　　③ 두모치기　　④ 세모치기

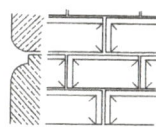 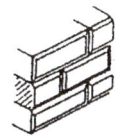 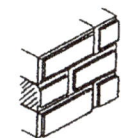 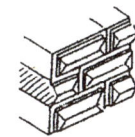

그림. 석재의 모치기

6 바닥돌 깔기의 종류

① 원형 깔기　　② 마름모깔기　　③ 바둑무늬 깔기　　④ 삿자리무늬 깔기

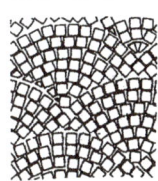 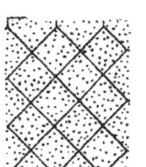 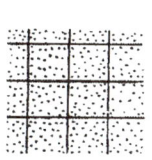 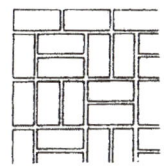

⑤ 어금 깔기　　⑥ 우물마루식 깔기　　⑦ 자연석 깔기　　⑧ 빗 깔기

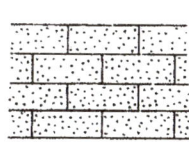 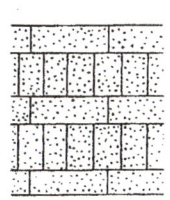 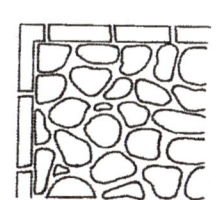 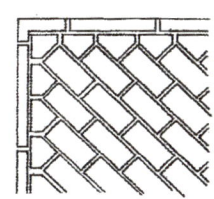

그림. 바닥돌 깔기

7 돌쌓기

돌쌓기에 쓰이는 석재는 막돌(거친돌), 마름돌 및 다듬돌로 대별되고, 켜낸돌(판돌)은 벽이나 바닥의 붙임돌로 주로 쓰인다.

1. 일반 쌓기

돌쌓기의 일반방식은 다음과 같이 구별하고, 쌓는 석재의 모양과 쓰이는 석재의 이름을 붙여서 호칭하는 것이 보통이다.

① 바른층 쌓기
　돌쌓기의 1켜의 높이는 모두 동일한 것을 쓰고 수평줄눈이 일직선으로 연결되도록 쌓는 것을 말한다.

② 허튼층 쌓기
　면이 네모진 돌을 수평줄눈이 부분적으로만 연속되게 쌓으며, 일부 상하 세로줄눈이 통하게 된 것을 말한다. 완자 쌓기라고도 한다.
③ 층지어 쌓기
　막돌, 둥근 돌 등을 중간 켜에서는 돌의 모양대로 수평·수직 줄눈에 관계없이 흐트려 쌓되 2~3켜 마다 수평줄눈이 일직선으로 연속되게 쌓는 것을 말한다.
④ 막쌓기
　막돌, 잡석, 둥근돌, 야산석 등을 수평·수직 줄눈에 관계없이 돌의 생김새대로 쌓는 것을 말하며 허튼 쌓기라고도 한다.

2. 기타 쌓기

① 오늬무늬 쌓기
　면이 비교적 장방형의 돌을 서로 빗대어 오늬무늬 형태로 쌓는 것을 말하며 엇모쌓기라고도 한다.
② 마름모 쌓기
　방형 또는 장방형의 돌을 45° 각도로 경사 방향으로 빗놓아 쌓는 것을 말하며 빗쌓기, 대각선쌓기라고도 한다.
③ 바자무늬 쌓기
　면이 장방형인 돌을 가로세로 놓아 쌓아서 바자무늬 형태로 쌓는 것을 말한다.
④ 귀갑무늬 쌓기
　면을 6각형으로 다듬어서 귀갑모양의 형태로 쌓는 것을 말한다.

① 다듬돌 바른층쌓기	② 다듬돌 바른층쌓기	③ 판돌 통줄눈 붙임	④ 네모막돌 바른층쌓기
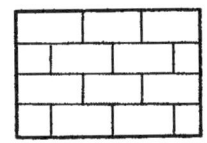	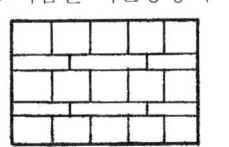	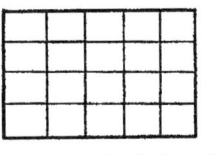	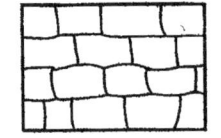
⑤ 마름돌 허튼층쌓기	⑥ 네모막돌 허튼층쌓기	⑦ 거친돌 층지어쌓기	⑧ 거친돌 막쌓기
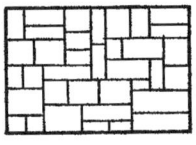	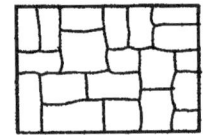	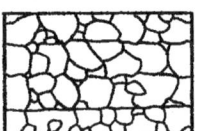	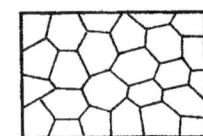
⑨ 엇모쌓기	⑩ 마름모 쌓기		
	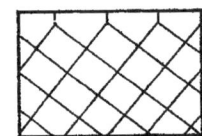		

그림. 돌쌓기 종류

3. 줄눈

① 줄눈의 폭
　돌쌓기에서 줄눈은 일반적으로 맞댄 면의 마무리 정도가 곱고 세밀할수록 줄눈 나비를 좁게하고, 거칠수록 넓게 한다.

표면 마무리 정도	줄눈 폭(mm)
갈기 마무리	0~1mm
잔다듬	2~3mm
정다듬	6~9mm
거친돌 막쌓기	10~20mm (보통 15mm)

② 줄눈의 종류

줄눈의 형태에 따른 종류에는 맞댄 줄눈, 실 줄눈과 기타 벽돌쌓기의 줄눈과 동일하다.

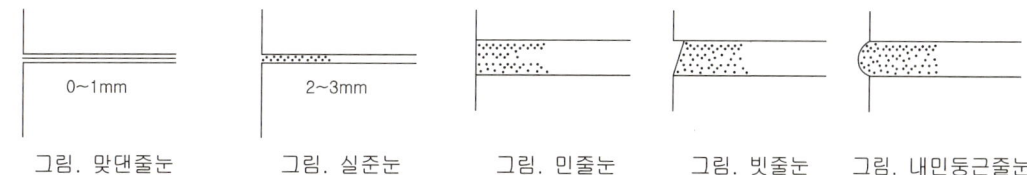

그림. 맞댄줄눈   그림. 실줄눈   그림. 민줄눈   그림. 빗줄눈   그림. 내민둥근줄눈

8 돌 붙임공법

1. 습식공법

구조체와 석재면 사이에 모르타르와 연결철물(꺽쇠, 꽂임촉, 은장 등)을 사용하여 일체화 시킨 공법으로 주요 특징은 다음과 같다.

① 비교적 공서비가 저렴하고 고도의 기술을 요하지 않는 주택, 소규모 건축물에 적합하다.
② 모르타르의 충진 확인이 어렵고 백화 및 동해의 우려가 있다.
③ 모르타르의 경화지연으로 인한 시공능률이 떨어진다.
④ 구조체와 석재면 사이에는 30~40mm 정도의 간격이 필요하다.

2. 건식공법

(1) 본드 공법

본드공법은 규격재의 석재를 에폭시계 본드 등으로 붙여 마감하는 공법이다.

① 규격재의 석재는 가로세로 300~600mm, 두께 10~20mm 정도의 패널타입이 많이 사용된다.
② 본드공법의 사용은 내벽에 사용되며 습기가 많은 곳의 사용은 삼간다.
③ 수직면은 사용되는 석재판의 두께가 비교적 얇으므로 높이 2.5m 이하일 경우에 시공한다.
④ 줄눈의 폭은 1~3mm 정도로 많이 시공되며 3mm 이상일 경우 실링공사를 한다.

(2) 앵커긴결 공법

건물 구조체에 단위 석재를 앵커(Anchor)와 파스너(Fastener)에 의해 독립적으로 설치하는 공법으로 앵커체가 단위재를 지지하기 때문에 상부하중이 하부로 전달되지 않는다. 주요 특징은 다음과 같다.

① 석재면 뒤에 모르타르를 충진하지 않으므로 동절기 시공이 가능하며 백화현상 방지에 유리하다.
② 파스너(Fastener) 설치 방식에 따라 싱글 파스너(Single Fastener), 더블 파스너(Double Fastener) 방식으로 구분할 수 있다.
③ 실링재의 내구성, 내후성 등을 검토할 필요가 있다.
④ 구조체와 석재면 사이에는 70~80mm 정도의 간격이 필요하므로 사전에 공간 치수에 대한 배려가 필요하다.

(3) 강재트러스 지지공법(Steel Back Frame System)

① 방청페인트 또는 아연도금한 각 파이프를 구조체에 먼저 긴결시킨 후 여기에 석재판을 파스너(Fastener)로 긴결시키는 공법이다.
② 커튼월 공법의 멀리온(Mullion) 방식과 같은 개념으로 구조적으로 안전성을 충분히 검토할 필요가 있다.

3. 돌선부착 PC공법(Granite Veneer Precast Concrete)

강재 거푸집에 화강석 석재를 배치하고, 석재 뒷면에 긴결철물을 설치한 후 콘크리트를 타설하여 석재와 콘크리트를 일체화 시킨 PC판으로 제작하는 공법이다.

9 가공 후 검사 내용

① 마무리 치수의 정도
② 다듬기 정도
③ 면의 평활도
④ 모서리각 여부

10 석재 공사시 주의사항

① 인장력에는 약하므로 압축력을 받는 곳에만 사용한다.
② 석재는 중량이 크므로 운반, 취급상의 제한을 고려하여 최대치수를 정한다.
③ 산지에 따라 같은 부류의 돌이라도 성분과 색상 등이 차이가 있으므로 공급량을 확인한다.
④ $1m^3$ 이상이 되는 석재는 높은 곳에 사용하지 않는다.
⑤ 내화성능이 필요한 곳에는 열에 강한 것을 사용한다.
⑥ 가공시 예각을 피한다.

11 테라코타(terra cotta)

1. 정의
고급 점토를 이용하여 만든 속이 빈 대형의 점토제품으로 구조용과 장식용이 있다.

2. 특징
① 일반 석재보다 가볍다
② 석재 조각물대신 사용되는 장식용 점토제품이다.
③ 압축강도 800~900kgf/cm^2로 화강암의 1/2 정도이다.
④ 현장 절단, 구멍 뚫기가 어려우므로 미리 연결구멍을 뚫어 제작한다.
⑤ 화강암보다 내화력이 강하고 대리석보다 풍화에 강해 외장용에 적당하다.

3. 용도
주두, 난간벽, 돌림대 등의 장식용품

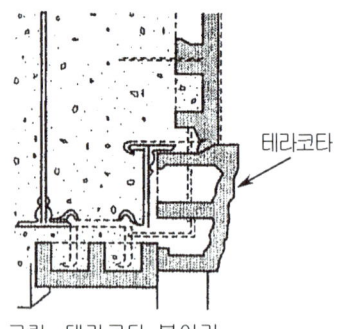

그림. 테라코타 붙이기

☞ 석재면의 백화현상 발생원인 3가지

① 설계미비 원인
② 재료결함 원인
③ 시공불량 원인

용어해설

1. 과소품 벽돌
   지나치게 높은 온도로 구운 벽돌로 모양이 바르지 않으나 강도는 우수한 벽돌

2. 포도 벽돌
   내마모성이 우수하고 흡수율이 적어 도로 포장용 등으로 사용되는 벽돌

3. 마름질(Cutting)
   벽돌을 일정한 크기로 자르는 것

4. 내력벽
   상부의 고정하중(벽체, 바닥, 지붕 등의 무게) 및 적재하중(사람, 가구 등의 무게)을 받아 하부의 기초에 전달하는 벽

5. 장막벽(비내력벽)
   상부 하중을 받지 않고 자체의 하중만을 받는 벽

6. 인방 블록
   문꼴 위에 쌓아 철근과 콘크리트를 다져 넣어 보강하는 U자형 블록

7. 창쌤 블록
   창문틀 옆에 창문이 잘 설치될 수 있는 형상으로 제작된 블록

8. 창대 블록
   창문틀의 밑에 설치하여 빗물 등이 잘 처리되도록 제작된 블록

9. 중량블록
   기건 비중이 1.9 이상인 속빈 콘크리트 블록

10. 모조석(의석)
    백시멘트, 종석, 안료를 혼합하여 천연석과 유사한 외관으로 만든 인조석이다.

11. 트래버틴(Travertin)
    대리석의 일종으로 다공질이고 반문(斑紋)이 있어 특이한 느낌을 주는 실내 장식용으로 이용된다.

12. 벽량
    수평(x) 방향 또는 수직(y) 방향의 내력벽 길이의 합계를 그 층의 바닥 면적으로 나눈 값
    $$\therefore\ (x,\ y방향)\ 벽량 = \frac{내력벽의\ 길이}{바닥면적}\ (cm/m^2)$$

13. 응결
    콘크리트나 모르타르의 시멘트가 물과 수화 반응하여 굳기 시작하는 것(상태)으로 재령 1시간에서 10시간 사이에 이루어진다.

14. 경화
    콘크리트나 모르타르 등이 응결 후 시일의 경과에 따라 강도를 나타내는 것으로 우리나라의 봄, 가을 날씨에서는 4주 정도가 되면 강도 증가가 크게 증가하지 않는다.

15. 내화 벽돌의 S.K
    내화 벽돌의 S.K는 내화 벽돌의 내화도를 나타내는 번호이다. 제거콘(Seger cone:1886년 독일의 도공 제거가 고안한 추)을 이용하여 화로 속에 넣은 제거콘의 연화상태(軟化狀態)에 따라 거기에 붙은 번호로 내화도를 나타내는 것이다. 내화 벽돌은 KS의 기준에 따른 시험에 의해 내화도를 측정을 했을 때 SK26(1580℃) 이상의 내화도를 가진 벽돌 재료로 만든 벽돌을 말한다. SK32, SK34는 내화점토질 벽돌에 해당하고, SK36 이상은 알루미나질 벽돌에 해당한다.

기출 및 예상문제

I. 시공 및 시방서

정 답

1. 벽돌의 마름질(cutting)의 종류 5가지를 쓰시오. (3점)

① _____ ② _____

③ _____ ④ _____

⑤ _____

정답 1
① 이오토막
② 칠오토막
③ 반토막
④ 반절
⑤ 반반절
* 경사반절

2. 점토 벽돌의 품질에 따른 종류 4가지를 쓰시오. (4점) [99㉮]

① _____ ② _____

③ _____ ④ _____

정답 2
① 보통벽돌
② 이형벽돌
③ 내화벽돌
④ 경량벽돌

3. ( ) 안에 벽돌쌓기 방식을 쓰시오. (4점) [94㉯, 93㉮]

① 한 켜는 마구리쌓기, 다음 켜는 길이쌓기로 하고, 마구리쌓기 층의 모서리에 이오토막을 사용한다. ( )

② 영식 쌓기와 같으나 길이 층 모서리에 칠오토막을 사용한다. ( )

③ 매 켜에 길이쌓기와 마구리쌓기가 번갈아 나오게 쌓는 방식이다. ( )

① _____ ② _____ ③ _____

정답 3
① 영식쌓기
② 화란식쌓기
③ 불식쌓기

4. 다음 보기의 벽돌 쌓기와 서로 관련된 것을 연결하시오. (4점) [94㉯, 93㉮]

─── <보기> ───
① 영식쌓기   ② 불식쌓기   ③ 미식쌓기   ④ 화란식쌓기

(가) 한 켜는 마구리 쌓기, 한 켜는 길이 쌓기로 하고 이오토막을 사용한다. ( )

(나) 표면에 치장벽돌로 5켜 길이쌓기, 1켜는 마구리쌓기로 쌓는다. ( )

(다) 길이쌓기 모서리 층에 칠오토막을 사용한다. ( )

(라) 길이쌓기와 마구리쌓기가 번갈아 나오게 쌓는 방식이다. ( )

(가) _____ (나) _____ (다) _____ (라) _____

정답 4
(가)-①
(나)-③
(다)-④
(라)-②

5. 설명에 적합한 조적 쌓기 종류를 쓰시오. (4점) [97②]

　(가) 마구리면이 보이게 쌓는 것 : _____

　(나) 길이면이 보이게 쌓는 것 : _____

　(다) 마구리를 세워 쌓는 것 : _____

　(라) 길이를 세워 쌓는 것 : _____

정답 5
(가) 마구리쌓기
(나) 길이쌓기
(다) 옆세워쌓기
(라) 길이세워쌓기

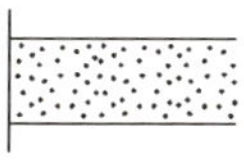

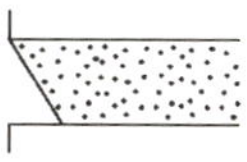

6. 다음 그림을 보고 조적 줄눈의 명칭을 쓰시오. (3점) [94⑤]

① _____ ② _____ ③ _____

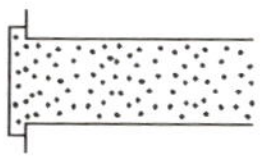

정답 6
① 민줄눈
② 엇빗줄눈
③ 내민줄눈

7. 조적공사에 있어서 치장줄눈 6가지를 쓰시오. (6점) [93, 00⑤, 00②]

① _____ ② _____ ③ _____

정답 7
① 평줄눈　② 오목줄눈
③ 볼록줄눈　④ 민줄눈
⑤ 내민줄눈　⑥ 빗줄눈

8. 다음은 조적조의 치장줄눈을 나타낸 것이다. 각각의 명칭을 쓰시오. (6점) [97, 00]

① _____ ② _____ ③ _____ 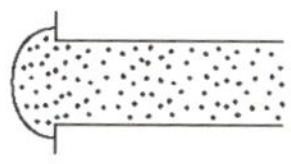
④ 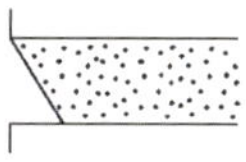 _____ ⑤ _____ ⑥ _____

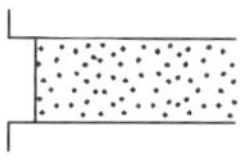

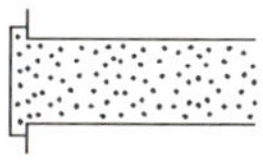

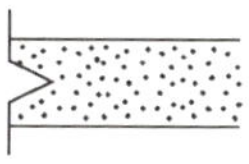

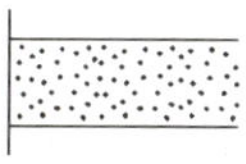

정답 8
① 평줄눈　② 내민줄눈
③ 내민둥근줄눈　④ 엇빗줄눈
⑤ 홈(V)줄눈　⑥ 민줄눈

9. 다음 벽돌줄눈의 특징 중 알맞은 것을 〈보기〉에서 고르시오. (4점) [93②]

　〈보기〉
　① 볼록줄눈　② 오목줄눈　③ 민줄눈　④ 평줄눈　⑤ 내민줄눈

	사용경우	의장성
(가)	벽돌의 형태가 고르지 않을 경우	질감(Texture)의 거침
(나)	면이 깨끗하고 반듯한 벽돌	순하고 부드러운 느낌, 여성적 선의 흐름
(다)	벽면이 고르지 않을 경우	줄눈의 효과를 확실히 함
(라)	면이 깨끗한 벽돌	약한 음영표시, 여성적 느낌, 평줄눈과 민줄눈의 중간적 성격
(마)	형태가 고르고 깨끗한 벽돌	질감을 깨끗하게 연출, 일반적인 형태

(가) _____ (나) _____ (다) _____ (라) _____ (마) _____

정답 9
(가) ④, (나) ①, (다) ⑤
(라) ②, (마) ③

기출 및 예상문제

I. 시공 및 시방서

10. 다음 벽돌 쌓기시 주의사항 5가지를 기술하시오. (5점) [95 산]

① _____
② _____
③ _____
④ _____
⑤ _____

11. 벽돌쌓기 공사에서 공간 쌓기의 효과를 3가지 쓰시오. (3점) [92 산]

① _____ ② _____ ③ _____

12. 다음 ( ) 안에 알맞은 말을 〈보기〉 중에서 골라 써 넣으시오. (4점) [97, 01 ㉮]

— 〈보기〉
① 본아치 ② 층두리 아치 ③ 막만든 아치 ④ 거친아치

벽돌을 주문 제작한 것을 사용해서 쌓은 아치를 ((가)), 보통 벽돌을 쐐기 모양으로 다듬어 쓰는 것을 ((나)), 현장에서 보통 벽돌을 써서 줄눈을 쐐기 모양으로 한 ((다)), 아치 너비가 넓을 때에는 반장별로 층을 지어 겹쳐 쌓는 ((라))가 있다.

(가) _____ (나) _____ (다) _____ (라) _____

13. 아치의 모양에 따른 종류 4가지를 쓰시오. (4점) [92, 96 ㉮]

① _____ ② _____
③ _____ ④ _____

14. 아치 쌓기에 대한 설명이다. ( ) 안에 알맞은 말을 써 넣으시오. (3점)

벽돌의 아치 쌓기는 상부에서 오는 하중을 아치축선에 따라 (①)으로 작용하도록 하고, 아치 하부에 (②)이 작용하지 않도록 하는데 이 때 아치의 모든 줄눈은 (③)에 모이도록 한다.

① _____ ② _____ ③ _____

정답

정답 10
① 굳기 시작한 모르타르는 사용하지 않는다.
② 벽돌의 부착면 전면(全面)에 모르타르가 고루 퍼지도록 하여 쌓는다.
③ 건조시에는 충분히 물을 축여서 쌓는다.
④ 1일 쌓기 높이는 1.2m~1.5m (17~20켜) 정도로 한다.
⑤ 벽돌 벽체의 수장을 위해서 나무 벽돌, 고정 철물 등은 미리 설치하여 둔다.
* 쌓기 작업이 끝난 후에는 적절히 보양하고 무리한 충격 또는 압력이 가해지지 않도록 한다.

정답 11
① 방습 ② 방음 ③ 단열

정답 12
(가)-①, (나)-③
(다)-④, (라)-②

정답 13
① 반원아치
② 결원아치
③ 평아치
④ 뾰족아치

정답 14
① 압축력
② 인장력
③ 원호 중심

15. 벽돌쌓기에 대한 설명이다. ( ) 안에 알맞은 말을 써 넣으시오. (3점) [97 산]

벽돌 1일 쌓기 높이는 (①)m 이하, 보통 (②)m, 공간 쌓기 할 때는 (③)m 이하로 쌓는다.

① _____ ② _____ ③ _____

정답 15
① 1.2~1.5m
② 1.2m
③ 3.6m

16. 다음 벽의 홈파기에서 ( ) 안에 알맞은 숫자를 기록하시오. (4점) [95 산]

가로 홈의 깊이는 벽두께의 (①) 이하로 하며 가로홈의 길이는 (②) 이하로 한다.
세로 홈의 길이는 층높이의 (③) 이하로 하며 깊이는 벽두께의 (④) 이하로 한다.

① _____ ② _____ ③ _____ ④ _____

정답 16
① 1/3
② 3m
③ 3/4
④ 1/3

17. 백화현상에 대해 설명하시오. (3점) [94 산]

_____
_____

정답 17
조적조 벽면이나 시멘트 모르타르의 표면 등에 흰가루가 생기는 현상이다.

18. 백화의 원인과 대책을 각각 2가지씩 쓰시오. (4점) [94 기]

(가) 원인
① _____
② _____

(나) 대책
① _____
② _____

정답 18
(가) 원인
① 줄눈 모르타르의 시멘트의 산화칼슘(CaO)이 물(H_2O)과 공기 중의 탄산가스(CO_2)에 의해 반응하여 희게 나타난다.
② 벽돌의 황산나트륨과 모르타르의 소석회가 화학반응을 일으켜서 나타나는 현상이다.
(나) 대책
① 소성이 잘된 양질의 벽돌을 사용한다.
② 줄눈 모르타르 사춤을 빈틈없이 다져 넣는다.
* 벽돌 벽면을 파라핀 도료 등을 발라 방수처리 한다.
* 벽면에 적절히 비막이 시설을 한다.

19. 블록 쌓기시 줄눈의 두께는 얼마정도가 적당한가? (2점) [98 산]

_____

정답 19
10mm

기출 및 예상문제

I. 시공 및 시방서

20. 콘크리트 블록 쌓기에 대한 것으로서 알맞은 용어를 ( ) 안에 쓰시오. (4점) [97산, 97기]

콘크리트 블록 쌓기에 있어서 1일 쌓는 높이는 최고 (①)m 높이, (②)켜로 한다. 쌓기용 모르타르 배합은 1 : (③)으로 한다. 그리고 블록의 살 두께가 (④)부분이 위로 가게 쌓는다.

① _____ ② _____ ③ _____ ④ _____

정답 20
① 1.5
② 7
③ 3
④ 두꺼운

21. 조적조에서 테두리보를 설치하는 목적 3가지만 쓰시오. (3점)

① _____
② _____
③ _____

정답 21
① 분산된 벽체를 일체로 하여 하중을 균등히 분포시킨다.
② 수직 균열 방지
③ 세로 철근의 장착
  * 집중하중을 받는 부분을 보강

22. 건축공사에 이용되는 ALC 블록의 특징을 4가지만 쓰시오. (4점)

① _____
② _____
③ _____
④ _____

정답 22
· ALC 블록의 특징
① 기건 비중은 콘크리트의 1/4정도로 가볍다.
② 열전도율은 보통 콘크리트의 1/10 정도로 단열 효과가 좋다.
③ 흡음성, 차음성이 우수하다.
④ 불연재료인 동시에 내화구조 재료이다.
  * 경량으로 취급이 용이하며 현장에서 절단 및 가공이 용이하다.

23. 벽돌공사시 지면에 접하는 방습층을 설치하는 목적과 위치, 재료에 대하여 간단히 설명하시오. (4점) [95, 97기]

① 목적 : _____
② 위치 : _____
③ 재료 : _____

정답 23
① 목적 : 지반의 습기가 벽돌 벽체를 타고 상승하는 것을 막기 위해 설치한다.
② 위치 : 지반과 마루 밑 또는 콘크리트 바닥 사이에 설치한다.
③ 재료 : 방수 모르타르 또는 아스팔트 모르타르를 1~2cm 두께로 바른다.
  * 아스팔트를 도포 후 아스팔트 펠트를 깐다.

24. 조적조 벽돌벽의 균열 원인을 설계·계획적 측면에서의 문제점을 5가지 기술하시오. (5점) [99기]

① _____
② _____
③ _____
④ _____
⑤ _____

정답 24
① 기초의 부동침하
② 건물의 평면, 입면의 불균형 및 벽의 불합리한 배치
③ 벽돌벽의 길이, 높이, 두께에 대한 벽돌 벽체의 강도 부족
④ 큰 집중하중, 횡하중 등을 받게 설계된 부분
⑤ 문꼴 크기의 불합리 및 불균형 배치 등

25. 벽돌조 건물에서 시공상 결함에 의해 생기는 균열의 원인을 5가지 쓰시오. (5점) [97②, 99㉮]

① _____

② _____

③ _____

④ _____

⑤ _____

정답 25
① 벽돌 및 모르타르 자체의 강도 부족과 신축성
② 벽돌벽의 부분적 시공 결함
③ 이질재와의 접합부
④ 칸막이 벽(장막벽) 상부의 모르타르 다져 넣기 부족
⑤ 모르타르 바름시 들뜨기

26. 다음 〈보기〉의 석재의 흡수율과 강도가 큰 순서의 번호를 쓰시오. (4점)

─〈보기〉─
(가) 화강석   (나) 응회암   (다) 대리석
(라) 안산암   (마) 사암

① 흡수율 : _____

② 강 도 : _____

정답 26
① 흡수율 : (나)-(마)-(라)-(가)-(다)
② 강도 : (가)-(다)-(라)-(마)-(나)

27. 다음 〈보기〉의 암석 종류를 성인별로 찾아 기호를 쓰시오. (4점)

─〈보기〉─
① 점판암   ② 화강암   ③ 대리석   ④ 사문석
⑤ 석회암   ⑥ 현무암   ⑦ 안산암   ⑧ 사암

(가) 화성암 : _____ (나) 수성암 : _____ (다) 변성암 : _____

정답 27
(가) ②, ⑥, ⑦
(나) ①, ⑤, ⑧
(다) ③, ④

28. 다음은 석재의 가공순서이다. 시공순서에 맞게 번호를 배열 하시오. (5점) [94, 01②]

① 정다듬   ② 메다듬   ③ 도드락다듬   ④ 물갈기   ⑤ 잔다듬

정답 28
②-①-③-⑤-④

기출 및 예상문제

I. 시공 및 시방서

29. 〈보기〉의 석재의 표면 가공에 따른 적절한 사용공구를 서로 연결하시오. (4점)

```
─〈보기〉─────────────────
  ① 메다듬    ② 정다듬    ③ 도드락다듬
  ④ 잔다듬    ⑤ 물갈기
```

(가) 날망치   (나) 도드락망치   (다) 금강사
(라) 쇠메   (마) 망치와 정

(가) _____ (나) _____ (다) _____ (라) _____ (마) _____

정답 29
(가) – ④
(나) – ③
(다) – ⑤
(라) – ①
(마) – ②

30. 석재 가공시 특수공구 3가지를 쓰고 각각에 대해 설명을 쓰시오. (3점) [00 ㉠]

① _____
② _____
③ _____

정답 30
① 쇠메 : 건친 돌을 제일 처음 다듬을 때 사용하는 공구로 다듬은 표면은 양감이 있다.
② 도드락망치 : 망치의 표면에 여러 개의 작은 돌기가 있으며 표면이 다소 거치나 평평하게 다듬을 때 사용한다.
③ 날망치 : 도끼처럼 날이 있으며 돌의 표면을 일정한 방향으로 쪼아 곱게 다듬을 때 사용한다.

31. 석재의 표면 형상에 모치기의 종류를 3가지 쓰시오. (3점) [99 ㉠]

① _____ ② _____ ③ _____

정답 31
① 둥근모치기
② 빗모치기
③ 두모치기
  * 세모치기

32. 석재의 표면 마무리 특수공법을 3가지만 쓰시오. (3점)

① _____ ② _____ ③ _____

정답 32
① 모래 분사법
② 화염 분사(버너구이)법
③ 착색법

33. 바닥돌 깔기의 종류를 5가지만 쓰시오. (4점)

① _____ ② _____ ③ _____
④ _____ ⑤ _____

정답 33
① 원형 깔기
② 마름모깔기
③ 바둑무늬 깔기
④ 삿자리무늬 깔기
⑤ 어금 깔기
  * 우물마루식 깔기

34. 돌쌓기의 종류를 5가지만 쓰시오. (4점)

① _____ ② _____ ③ _____
④ _____ ⑤ _____

정답 34
① 바른층 쌓기
② 허튼층 쌓기
③ 층지어 쌓기
④ 막쌓기
⑤ 엇모(오늬무늬) 쌓기
  * 마름모(빗) 쌓기, 바자무늬 쌓기, 귀갑무늬 쌓기

35. 장식용 테라코타의 용도 3가지를 쓰시오. (3점) [94 산, 98 기]

① _____ ② _____ ③ _____

정답 35
① 주두
② 돌림대
③ 난간두겁

36. 테라코타의 특징과 용도를 각각 3가지씩 기술하시오. (3점) [98 산]

(1) 테라코타의 특징

① _____

② _____

③ _____

(2) 테라코타의 용도

① _____ ② _____ ③ _____

정답 36
(1) 테라코타의 특징
 ① 일반 석재보다 가볍다.
 ② 화강암보다 내화력이 좋다.
 ③ 대리석보다 풍화에 강하므로 외장에 적당하다.
(2) 테라코타의 용도
 ① 주두
 ② 돌림대
 ③ 난간 두겁

37. 다음 벽돌 쌓기에 대하여 간략히 쓰시오. (4점) [94, 99 기]

(가) 영식쌓기 : _____

(나) 불식쌓기 : _____

(다) 화란식 쌓기 : _____

(마) 미식쌓기 : _____

정답 37
(가) 영식쌓기 : 길이 쌓기와 마구리 쌓기를 한 켜식 번갈아 쌓아 올리며, 벽의 끝이나 모서리에는 이오토막 또는 반절을 사용한다. 통줄눈이 거의 생기지 않아 가장 튼튼한 쌓기 방법이다.
(나) 불식쌓기 : 매 켜에 길이와 마구리가 번갈아 되게 쌓는 방식으로 통줄눈이 많이 생겨서 구조적으로는 튼튼하지 않으나 외관이 아름답다.
(다) 화란식 쌓기 : 영식 쌓기와 비슷하나 벽의 끝이나 모서리에는 칠오토막을 사용한다. 통줄눈이 적은편이다.
(마) 미식쌓기 : 5~6켜 정도는 길이 쌓기로 하고 다음 1켜는 마구리 쌓기로 하여 뒷면에 영식 쌓기로 한 면과 물리도록 한 쌓기 방법이다.

38. 다음은 아치 쌓기의 종류이다. 용어들을 간단히 설명하시오. (4점) [97, 00 기]

(가) 본아치 : _____

(나) 막만든아치 : _____

(다) 거친아치 : _____

(라) 층두리아치 : _____

정답 38
(가) 본아치 : 아치 벽돌을 공장에서 특별히 주문 제작한 벽돌로 쌓은 아치
(나) 막만든 아치 : 보통 벽돌을 쐐기 모양으로 다듬어 쌓은 아치
(다) 거친아치 : 아치 쌓기에서 보통 벽돌을 사용하고 줄눈을 쐐기 모양으로 하여 쌓은 아치
(라) 층두리아치 : 아치 나비가 넓은 경우에 반장정도 층을 지어 겹쳐 쌓는 아치

기출 및 예상문제 — I. 시공 및 시방서

39. 다음 벽돌벽의 용어를 설명하시오. (3점) [96, 01 산, 98 기]

① 내력벽 : _____

② 장막벽 : _____

③ 중공벽 : _____

정 답

정답 39

① 내력벽 : 상부의 고정하중 및 적재하중을 받아 하부의 기초에 전달하는 벽

② 장막벽 : 상부 하중을 받지 않고 자체의 하중만을 받는 벽

③ 중공벽 : 외벽에 방습, 방음, 단열 등의 목적으로 벽체의 중간에 공간을 두어 이중벽으로 쌓는 벽

03 목공사

> **학습방향**
> - 목재의 함수율에 따른 특성을 이해하고 목재의 흠의 종류에 대하여 숙지한다.
> - 목재의 건조법과 방부제 처리법의 종류에 대하여 정리해둔다.
> - 목재의 이음, 맞춤, 쪽매의 정의와 종류가 자주 출제되므로 그림과 함께 숙지하도록 한다.

1 일반 사항

1 목재의 분류

1. 수종에 의한 분류
① 침엽수
  ㉠ 용도 : 건축용 구조재로 많이 이용
  ㉡ 종류 : 소나무, 노송나무, 전나무, 삼나무, 낙엽송, 잣나무, 측백나무, 편백나무, 비자나무 등
② 활엽수
  ㉠ 용도 : 치장재, 가구재로 많이 이용
  ㉡ 종류 : 참나무, 단풍나무(maple), 느티나무, 떡갈나무, 밤나무, 버드나무, 오동나무, 은행나무, 나왕, 티크 등

2. 용도에 의한 분류
① 구조용(재)의 요구 성능
  ㉠ 강도가 크고, 곧고 길 것
  ㉡ 수축과 팽창의 변형이 적을 것
  ㉢ 충해에 대한 저항성이 클 것
  ㉣ 질이 좋고 공작이 용이할 것
② 수장용(재)의 요구 성능
  ㉠ 결, 무늬, 빛깔 등이 아름다울 것
  ㉡ 변형(굽음, 비틀림, 수축 등)이 없을 것
  ㉢ 재질감이 우수할 것
  ㉣ 건조가 잘 된 것일 것

2 목재의 규격

1. 목재의 정척길이
① 정척물 : 길이가 1.8m, 2.7m, 3.6m인 것
② 장척물 : 길이가 정척물 보다 0.9m씩 긴 4.5m, 5.4m, 6.3m인 것
③ 단척물 : 길이가 1.8m 미만인 것
④ 난척물 : 길이가 정척물이 아닌 것

2. 목재의 취급단위

① 1재(才) = 1치 × 1치 × 12자 = 0.00324m³ (1m³ ≒ 300재)
② 1석(石) = 1자 × 1자 × 10자 = 0.27826m³ = 83.33재
※ 1치 ≒ 3cm, 1자 ≒ 30cm

3 목재의 검수 및 저장

1. 검수(사)
① 목재의 치수와 길이가 맞는지 확인한다.
② 목재에 흠(굽음, 비틀림, 갈램)이 있는지 확인한다.
③ 주문한 수량과 수종이 맞는지 확인한다.

2. 보관시 주의 사항
① 직접 땅에 닿지 않게 저장한다.
② 오염, 손상, 변색, 썩음을 방지할 수 있도록 저장한다.
③ 건조가 잘되게 저장한다.
④ 습기가 차지 않도록 저장한다.
⑤ 흙, 먼지, 시멘트 가루 등이 묻지 않도록 저장한다.
⑥ 종류, 규격, 용도별로 저장한다.

2 목재의 구조 및 성질

1 목재의 구조

① 마구리 : 가로(섬유방향과 직각)로 절단한 단면을 말한다.
② 껍질 : 수액이 많은 표피부분이다.
③ 수심(고갱이) : 나이테의 맨 중심부로 무른 부분이다.
④ 나이테 : 수심을 중심으로 동심원 모양의 층을 말한다.
⑤ 심재와 변재
  ㉠ 심재 : 나무줄기의 중앙부분으로 수분이 적고 단단하다.
  ㉡ 변재 : 껍질에 가까운 부분으로 부피가 많고 심재보다 무르다.

☞ 심재와 변재

구분 \ 내용	심재	변재
비중	크다.	작다.
신축성(수축율)	적다.	크다.
내구성, 강도	크다.	작다.
흡수성	적다.	크다.

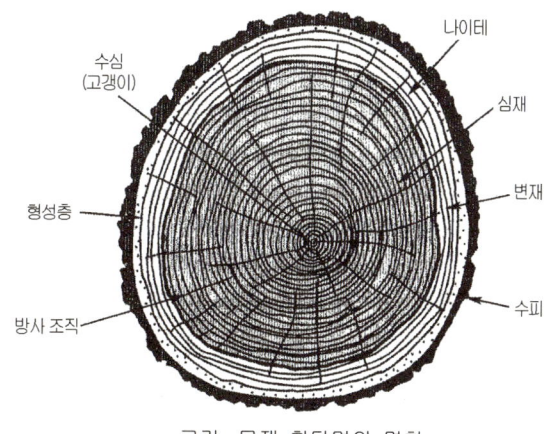

그림. 목재 횡단면의 명칭

2 나무결(무늬)

① 곧은결 : 원목을 반지름 방향으로 켜서 직선의 나이테가 평행으로 나란히 있는 결
② 널 결 : 원목을 나이테의 접선방향으로 켜서 나타나는 결
③ 엇 결 : 제재목의 결이 심히 경사진 결(휘어진 나무를 켠 것)

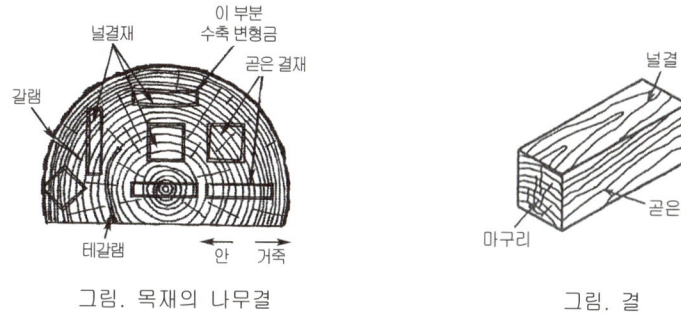

그림. 목재의 나무결 　　　　　　 그림. 결

3 목재의 함수율

1. 함수율에 따른 구분

목 재	함수율	특 성
전건재	0%	가장 강도가 우수하여 특수 구조재로 사용
기건재	10~15%	함수율이 클수록 강도가 저하
섬유포화점	30%	함수율이 30% 이상에서는 강도의 변화가 거의 없다.

2. 함수율에 따른 용도

① 일반적인 구조용재의 함수율 : 20% 정도
② 가구재, 창호재 : 15% 정도

3. 함수율의 증감에 따른 성질

① 함수율의 증감에 따라 팽창, 수축되어 갈라짐, 휨, 뒤틀림 등의 변형이 생기기 쉽다.
② 목재의 강도는 섬유포화점 이상의 함수상태에서는 함수율이 변하여도 목재의 강도는 일정하나 섬유 포화점 이하에서 함수율이 감소하면 강도는 증가하고 탄성은 감소한다.
③ 팽창, 수축은 그 함수율이 섬유포화점 이상에서는 생기지 않으나, 그 이하가 되면 거의 함수율에 비례하여 신축하며, 같은 목재라 하더라도 변재가 심재보다 크고, 또 비중이 클수록 크다.

4 수축·팽창

① 변재부는 심재부보다 신축변형이 크다.
② 수축팽창의 크기 : 널결 > 곧은결 > 목재의 섬유방향
③ 비중이 큰 목재일수록 팽창과 수축의 변형은 크다.
④ 목재의 방향에 따른 변형
  ㉠ 축 방향(0.35% 정도) : 제일 작다.
  ㉡ 지름 방향 : (8% 정도) : 축 방향의 5~10배 정도이다.
  ㉢ 촉 방향(나이테의 접선 방향) : 축 방향의 10~20배 정도로 가장 크다.

> ☞ 목재의 방향과 신축관계
> 촉 방향(나이테의 접선 방향) > 지름 방향 > 축 방향

그림. 목재의 방향과 신축

5 강도

① 비중과 강도 : 목재의 강도는 비중과 비례한다.
② 함수율과 강도 : 함수율이 섬유 포화점 이상에서는 강도는 일정하고 섬유 포화점 이하에서는 함수율의 감소에 따라 강도가 커진다.
③ 흠과 강도 : 목재에 옹이, 갈라짐, 썩정이 등의 흠이 있으면 강도가 떨어진다.
④ 가력 방향과 강도 : 섬유질에 평행 방향의 강도가 섬유질에 직각 방향의 강도보다 크다.
⑤ 심재와 변재의 강도 : 심재가 변재보다 강도가 크다.

6 목재의 흠

① 옹이 : 나뭇가지의 밑둥이 부분이 남은 것
② 갈라짐(갈램) : 수목이 성장할 때 심재부의 섬유세포가 죽으면서 점차 함수량이 줄어들어 수축 되어 나타나는 것
③ 껍질박이(입피) : 수목 성장 도중 나무껍질이 상한 상태로 있다가 상처가 아물 때 그 일부가 목질부 속으로 말려들어간 것
④ 썩정이 : 부패균이 목재의 내부에 침입하여, 섬유를 파괴시켜 갈색이나 흰색으로 변색되고, 부패되어 무게, 강도 등이 감소된 것
⑤ 죽 : 제재목의 일부에 피죽이 남아 수피가 표면에 붙어있는 것

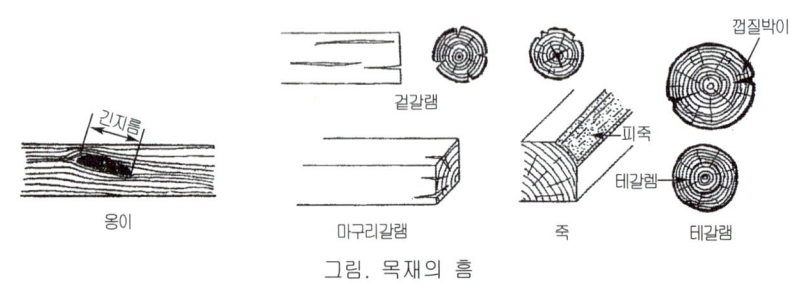

그림. 목재의 흠

3 목재의 건조, 방부, 방화

1 건조의 목적

① 목재의 중량을 가볍게 한다.
② 목재의 부패를 방지한다.
③ 수축, 균열, 뒤틀림 등을 방지
④ 도장이나 약재처리가 용이하게 한다.
⑤ 강도를 다소 증가시킨다.

2 목재의 건조방법

1. 자연건조법

① 대기 건조법 : 목재를 옥외에 엇갈리게 수직으로 쌓거나, 일광이나 비에 직접 닿지 않도록 옥내에서 건조시키는 방법으로 가장 간단하므로 널리 쓰인다.
② 침수 건조법 : 생목을 수중에 약 3~4주 정도 침수 시켜 수액을 뺀 후 대기에 건조시키는 방법으로 건조 시간을 단축시킬 수 있다.

2. 인공건조법

① 증기법 : 건조실을 증기로 가열하여 건조시키는 방법으로 가장 많이 쓰인다.
② 훈연법 : 짚이나 톱밥 등을 태운 연기를 건조실에 도입하여 건조시키는 방법
③ 열기법 : 건조실 내의 공기를 가열하거나 가열공기를 넣어 건조시키는 방법
④ 진공법 : 원통형 탱크 속에 목재를 넣고 밀폐하여 고온저압 상태에서 수분을 제거하는 방법
⑤ 고주파 건조법 : 고주파 에너지를 목재에 투사하여 생기는 발열을 이용 건조시키는 방법으로 속도가 가장 빠르다.
⑥ 자비법 : 열탕에 넣고 찐 후 공기 건조시키는 방법

3 방부(防腐)법

1. 목재의 부패 조건

① 온도 : 부패균은 25℃~35℃ 사이에서 가장 왕성하고, 4℃ 이하, 55℃ 이상에서는 거의 번식하지 못한다.
② 수분(습도) : 부패균이 발육할 수 있는 최고 습도는 80% 정도이고, 목재의 함수율이 20% 이상이 되면 균이 발육하기 시작하여 40~50%에서 가장 왕성하고, 15% 이하로 건조하면 번식이 중단 된다.
③ 공기 : 부패균이 호기성이기 때문에 완전히 수중에 잠기면 부식되지 않는다.
④ 양분 : 부패균은 목재의 섬유세포를 영양분으로 해서 번식 및 성장하므로 방부제 등으로 처리한다.

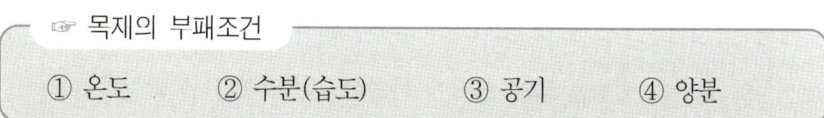

☞ 목재의 부패조건
① 온도　　② 수분(습도)　　③ 공기　　④ 양분

2. 방부제의 요건

① 목재에 침투가 잘 되고 효과가 강하며 영구적일 것
② 가격이 저렴하고 방부처리가 용이할 것
③ 인체, 가축 등에 피해가 없고, 금속을 부식 시키지 않을 것

④ 목재를 손상시키지 않고, 방부 처리 후 표면에 도장(칠)을 할 수 있을 것
⑤ 인화성과 흡수성이 적을 것

3. 방부제 처리법

종류	내용
① 도포법	크레오소트 등을 솔 등을 이용하여 도포
② 침지법	방부제 용액에 일정시간 및 기간동안 담금질
③ 상압 주입법	보통 압력 하에서 방부제를 주입
④ 가압 주입법	7~12압의 고압 하에서 방부제를 주입
⑤ 생리적 주입법	벌목전 생목근에 방부제를 주입하여 목질부 내에 침투

4. 방부제의 종류

종류	방부제	특성
유성 방부제	① 크레오소트	㉠ 방부력이 우수하고 내습성도 있다. ㉡ 값이 싸고 미관을 고려하지 않는 외부에 많이 쓰인다. ㉢ 침투성이 좋아서 목재 깊이 주입한다.(전주, 침목 등에 사용) ㉣ 도장(칠)을 할 수 없고, 좋지 않은 냄새가 나므로 실내 사용이 곤란하다.
	② 콜타르	㉠ 방부력이 약하고 흑색이어서 사용 장소가 제한된다. ㉡ 상온에서 침투가 잘 되지 않고 도포용으로만 사용
	③ 유성페인트	목재 표면에 유성 페인트를 칠하여 공기의 접촉을 막는다.
수용성 방부제	① 황산구리	남색 결정체로 1% 정도의 수용액을 만들어 사용하나 철을 부식시킨다.
	② 염화아연	㉠ 2~5%의 수용액은 살균의 효과가 크다. ㉡ 흡수성이 있어 그 위에 페인트칠을 할 수 없다.
	③ PF 방부제	㉠ 페놀류·무기플루오르화물계 방부제를 말한다. ㉡ 처리재는 황록색을 띠며 도장이 가능하나 독성이 있다. ㉢ 토대의 부패 방지 등에 이용된다.
	④ CCA 방부제	㉠ 크롬·구리·비소화합물계 방부제를 말한다. ㉡ 처리재는 녹색을 띠며 도장이 가능하나 독성이 있다. ㉢ 토대의 부패 방지 등에 이용된다.
유용성 방부제	PCP (펜타크롤페놀)	㉠ 도장(칠)이 가능하다. ㉡ 무색이고 방부력이 가장 우수하다. ㉢ 값이 비싸고 석유 등의 용제에 녹여 써야 한다.

4 방화 및 방염법

1. 방법
① 목재의 표면에 불연성 도료를 칠하여 불꽃의 접촉을 막는 동시에 가연성 가스의 발산을 막는다.
② 목재에 방화제를 주입시켜 인화점을 높인다.

2. 방화(염)제
① 인산암모늄 ② 황산암모늄 ③ 규산나트륨 ④ 탄산나트륨 ⑤ 붕사

4 목재의 가공

1 가공순서

순 서	정 의
① 먹매김	목재의 마름질, 바심질을 위하여 심먹을 넣고 가공 형태를 그리는 것이다.
② 마름질	목재를 크기에 따라 소요 치수로 자르는 것이다.
③ 바심질	이음, 맞춤, 장부 등을 깎아내기 하고, 구멍파기, 볼트구멍 뚫기, 대패질 등을 하는 것이다.

2 먹매김 부호

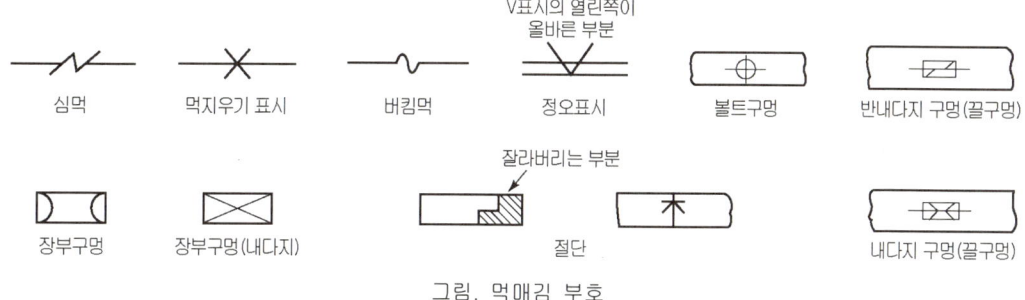

그림. 먹매김 부호

3 마무리 정도 및 모접기

1. 마무리 정도(대패질 순서)

① 막대패질(거친 대패질) : 제재 톱자국이 간신히 없어질 정도의 대패질
② 중대패질 : 제재 톱자국이 완전 없어지고 평활한 정도의 대패질
③ 마무리 대패질(고운 대패질) : 미끈하여 완전 평활한 대패질

2. 모접기(면접기, moulding)

대패질한 목재는 사용 개소에 따라 적절히 모접기를 한다.

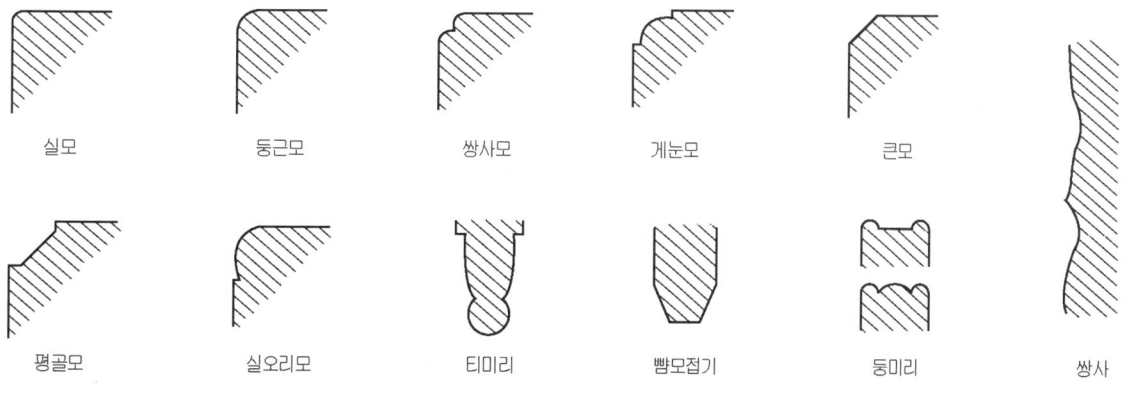

그림. 각종 모접기(면접기)

5 목재의 접합법

1 이음

1. 정의
부재를 길이 방향으로 길게 접합하는 것

2. 위치별 이음의 종류
① 심이음 : 부재의 중심에서 이음한 것
② 내이음 : 중심에서 벗어난 위치에서 이음을 한 것
③ 베개이음 : 가로 받침대를 대고 이음한 것
④ 보아지 이음 : 심이음에 보아지를 댄 것

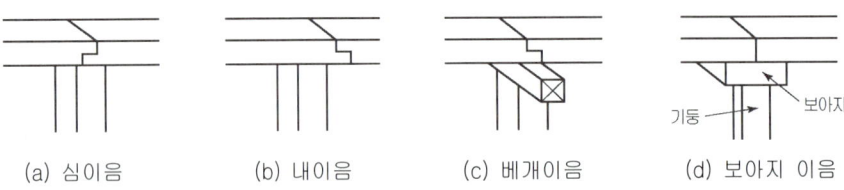

그림. 위치별 이음의 종류

3. 이음의 종류

구 분	방 법	용 도
① 겹친이음	재를 겹쳐대고 못, 볼트, 듀벨 등을 친 것	간단한 구조, 통나무 비계
② 맞댄이음	재를 서로 맞대고 덧판(널, 철판)을 써서 볼트 또는 못 치기한 것	평보 등
③ 반턱이음	서로 턱을 내어 재를 겹쳐대고 못, 볼트, 듀벨 등을 친 것	장선 등
④ 주먹장이음	가장 손쉽고 비교적 좋은 이음	토대, 멍에, 중도리, 도리
⑤ 엇빗이음	재의 한 반을 갈라서 서로 반대 경사로 빗 이음한 것	반자틀, 반자살대
⑥ 빗이음	경사로 맞대어 잇는 방법	서까래, 지붕널
⑦ 턱솔이음	옆으로 물러나는 것을 막을 목적으로 하는 이음촉	일반 수장재 이음
⑧ 은장이음	두 부재의 접합부에 나비형의 촉을 끼워 넣는 것	수장재 및 계단난간 이음

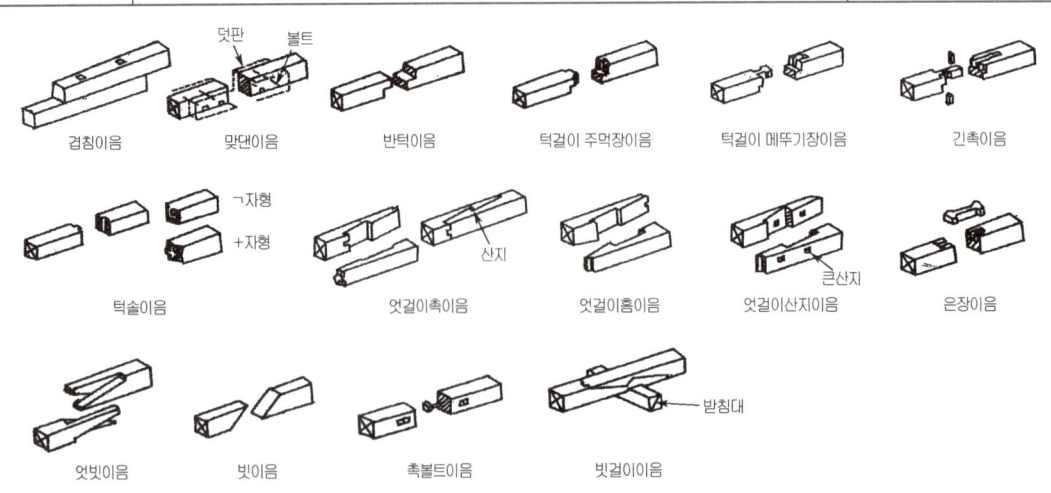

그림. 이음의 종류

2 맞춤

1. 정의
부재를 직각이나 경사를 두어 접합하는 것

2. 종류

구 분	방 법	용 도
① 반턱맞춤	가장 간단한 직교재의 모서리 부분의 맞춤	일반용
② 걸침턱맞춤	부재의 턱을 따내고 직교하는 재가 내려 끼이게 되도록 한 것	• 지붕보와 도리 • 층보와 장선 등
③ 주먹장부맞춤	장부의 모양이 주먹장형으로 된 것	• 토대의 T형 부분 • 토대와 멍에 • 달대공
④ 턱장부맞춤	장부에 작은 턱을 붙인 것	토대, 창문 등의 모서리
⑤ 안장맞춤	작은 재를 두 갈래로 중간을 파내고 큰 재의 쌍으로 파낸 부위에 끼워 맞추는 것	평보와 ㅅ자보
⑥ 연귀맞춤	• 직교되거나 경사로 교차되는 부재의 마구리가 보이지 않게 45° 빗 잘라 대는 것 • 종류 ㉠ 반연귀 ㉡ 안촉연귀 ㉢ 밖촉연귀 ㉣ 사개연귀	가구, 창문 등의 모서리

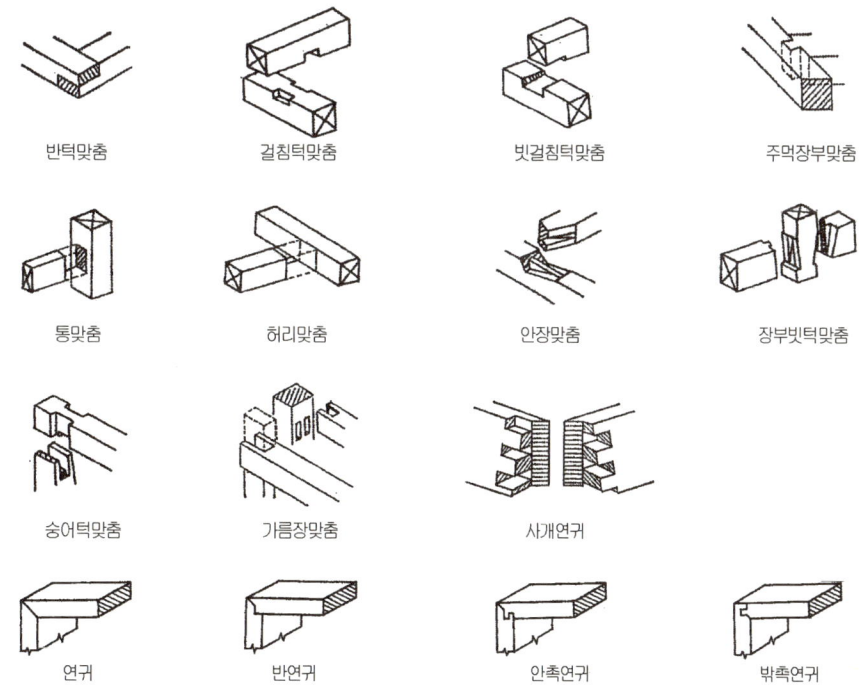

그림. 맞춤의 종류

3 쪽매

1. 정의
부재를 옆으로 섬유 방향과 평행으로 옆 대어 붙이는 것

2. 종류

구 분	방 법	용 도
① 맞댄쪽매	널을 단순히 맞댄 것	경미한 구조, 툇마루 널 깔기
② 빗쪽매	널을 빗대게 다듬은 후 설치하는 것	간단한 지붕, 반자널 쪽매 등
③ 반턱쪽매	반턱을 내어 서로 물리게 한 것	15mm 미만의 널, 거푸집
④ 제혀쪽매	• 널 한 쪽에 홈을 파고 딴 쪽에는 혀를 내어 물리게 한 것 • 혀 위에서 빗 못질하여 못의 머리가 감추어지고 진동으로 인해 못이 솟아 올라오는 일이 적은 것	마루 널 깔기에 가장 적당
⑤ 오니쪽매	두 재의 양면을 오니 모양으로 다듬어 맞대는 것	흙막이 널 말뚝
⑥ 틈막이쪽매	널의 양면에 반턱을 내어서 틈막이대를 설치하고 서로 맞대는 것	징두리판벽
⑦ 딴혀쪽매	널의 양면 중앙부에 홈을 어서 딴혀의 틈막이대를 설치하고 서로 맞대어 끼우는 것	마루 널 깔기

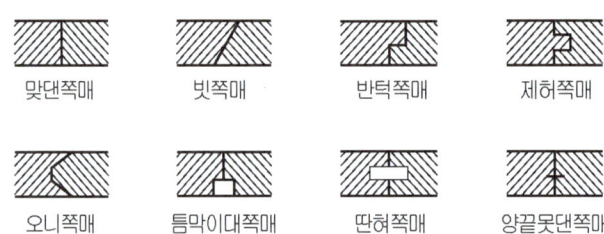

그림. 쪽매의 종류

4 목재 접합시 주의 사항

① 접합은 응력이 적은 곳에서 만들 것
② 목재는 될 수 있는 한 적게 깎아내어 약하게 되지 않게 할 것
③ 접합의 단면은 응력 방향과 직각 방향으로 할 것
④ 공작이 간단한 것을 쓰고 모양에 치중하지 말 것
⑤ 응력이 균등하게 전달되게 할 것

6 목구조 구성재

1 기둥

1. 본기둥
① 통재기둥 : 밑층에서 위층까지 1개의 부재로 상·하층 기둥이 되는 것이다.
② 평기둥 : 1층 높이의 기둥이다.

2. 샛기둥
본 기둥 사이에 설치하는 본 기둥의 1/2 또는 1/3 정도 단면의 기둥으로 벽체를 이루는 뼈대가 되는 경우 1.8m 정도로 설치하며 가새의 옆 휨을 막는 데에도 유효하다.

2 보강재

① 가새 : 수평력에 견디게 하고 안정한 구조로 하기 위하여 설치하는 부재
② 버팀대 : 버팀대는 뼈대의 모서리를 고정시키기 위하여 빗대는 부재
③ 귀잡이 : 가로재(토대, 보, 도리 등)가 서로 수평으로 맞추어지는 귀를 안정한 삼각형의 구조로 하기 위하여 빗 방향 수평으로 대는 부재

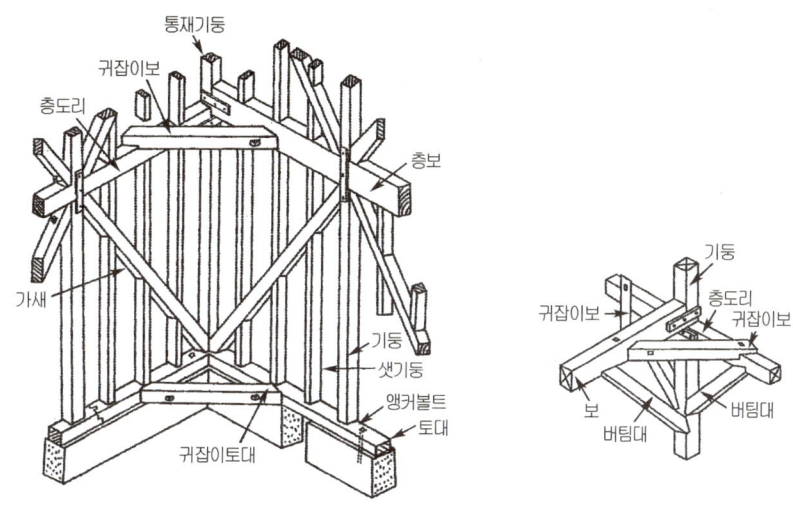

그림. 목재 기둥과 보강재

3 층도리, 깔도리, 처마도리

1. 층도리
2층 마룻바닥이 있는 부분에 수평으로 대는 가로 방향의 부재(도리)

2. 깔도리
기둥 또는 벽 위에 설치하여 지붕보(평보)를 받는 도리

3. 처마도리
① 변두리벽 위에 건너대어 서까래를 받는 도리
② 깔도리와 같은 방향으로 설치한다.

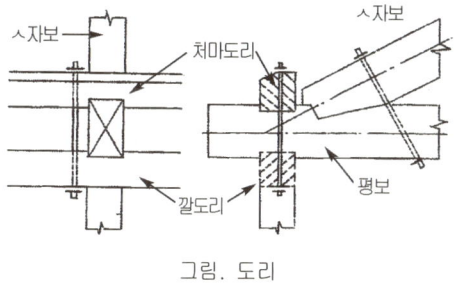

그림. 도리

4 마루의 구조

1. 1층 마루의 구조
① 동바리 마루 : 동바리 돌(주춧돌) → 동바리 → 멍에 → 장선 → 마루널
② 납작마루 : 동바리 돌(주춧돌) → 멍에 → 장선 → 마루널

※ 마루널 이중깔기 순서
① 동바리 → ② 멍에 → ③ 장선 → ④ 밑창널 깔기 → ⑤ 방수지 깔기 → ⑥ 마루널 깔기

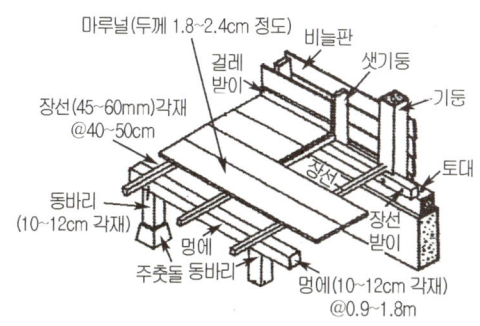

그림. 동바리 마루

2. 2층 마루의 구조

① 홑 마루
- ㉠ 보를 쓰지 않고 층도리와 간 막이 도리에 장선을 약 45cm 간격으로 걸쳐대고 그 위에 마루 널을 까는 방식의 마루로서 간 사이(span)가 적은 경우에 이용된다.
- ㉡ 세우기 순서 : 장선 → 마루널

② 보 마루
- ㉠ 일반적인 마루 구조로서 보를 걸고 그 위에 장선을 걸친 후 마루 널을 까는 방식이다.
- ㉡ 보통 간 사이가 2.5m 이상일 때 쓰이며 보의 간격은 2.0m 이내로 한다.
- ㉢ 장선은 45cm 정도의 간격으로 걸처댄다.
- ㉣ 세우기 순서 : 보 → 장선 → 마루널

③ 짠 마루
- ㉠ 간 사이가 6.4m 이상일 때 큰 보를 간 사이가 작은 쪽에 2.7~3.6m 정도의 간격으로 걸쳐 대고, 그 위에 직각 방향으로 작은 보를 1.8m 정도 간격으로 걸쳐 댄 후 다시 그 위에 장선을 걸고 마루 널을 까는 방식이다.
- ㉡ 큰 보에 실리는 하중이 크므로 적당히 보강하고, 큰 보의 따내기를 적게 하기 위해서 안장쇠 등을 이용하는 것이 좋다.
- ㉢ 세우기 순서 : 큰 보 → 작은 보 → 장선 → 마루널

3. 플로어링 판(board) 깔기

① 장선에 직접 붙여 깔 때의 장선간격은 450mm 정도를 표준으로 한다.
② 장선의 상단은 두드러짐이나 턱솔이 없고 일매진 바탕이 되도록 설치한다.
③ 2층 마루바닥의 깔기의 경우에는 짠마루 바닥 깔기에 따른다.

5 2층 목조건물의 뼈대 세우기 순서

① 토대 → ② 1층 벽체 뼈대 → ③ 2층 마루틀 → ④ 2층 벽체 뼈대 → ⑤ 지붕틀

※ 벽체 뼈대 : 기둥 → 인방보 → 층도리 → 큰보

6 목조 계단 설치 시공 순서

① 1층에 멍에, 계단참, 2층 받이보 설치
② 계단옆판, 난간 어미기둥 설치
③ 디딤판, 챌판 설치
④ 난간동자 설치
⑤ 난간두겁 설치

7 반자

1. 반자의 종류

① 널반자 : 반자틀 밑에 널을 대어 설치한 반자
② 우물 반자 : 반자틀을 네모형의 격자 모양으로 하여 틀을 짜서 만든 반자
③ 건축판 반자 : 합판, 각종 섬유재, 석면 시멘트판, 금속판 등을 적당한 크기로 맞추어 설치한 반자
④ 구성 반자 : 응접실, 거실 등에 모양을 내고, 간접조명 등을 설치 할 수 있도록 층을 두어 입체적으로 설치한 반자
⑤ 제물 반자 : 회반죽 등으로 반자를 마감한 바름 반자

2. 반자틀 설치 순서

① 달대 받이
② 반자 돌림대
③ 반자틀 받이
④ 반자틀
⑤ 달대
⑥ 반자

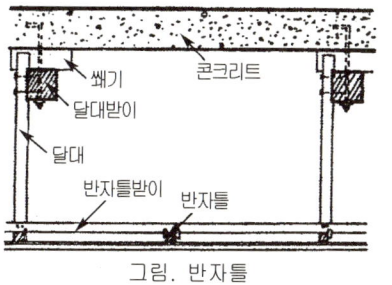
그림. 반자틀

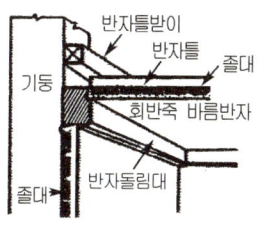
그림. 회반죽 반자

7 보강 철물과 기계공구

1 보강 철물

1. 못

① 못의 길이는 널 두께의 2.5~3.0배, 재의 마구리면에 박는 것은 3~3.5배로 한다.
② 못은 15° 정도 기울여 박는 것이 좋다.

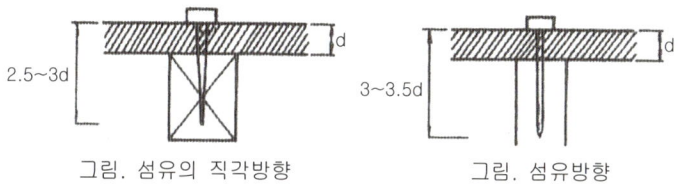
그림. 섬유의 직각방향 　　그림. 섬유방향

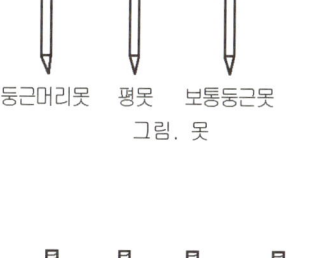
그림. 볼트·너트

2. 볼트(bolt), 너트(nut)

① 목재에 사용되는 볼트는 인장력을 받을 때 사용한다.
② 볼트 구멍은 볼트 지름보다 3mm 이상 커서는 안 된다.
③ 구조용은 12mm 이상, 경미한 곳은 9mm 정도의 지름을 사용한다.
④ 볼트 상호간의 거리 간격은 볼트 지름의 7배 이상으로 한다.
※ 주걱볼트 : 기둥과 깔도리의 이음 등에 사용

3. 듀벨

① 목재에서 두 재의 접합부에 끼워 볼트와 같이 써서 전단력에 견디도록 한 보강철물이다.
② 듀벨의 배치는 동일 섬유 방향에 대하여 엇갈리게 배치하도록 한다.
③ 목재의 건조 수축에 대비하여 볼트는 수시로 조여 주도록 한다.

링듀벨　　톱니 링듀벨　　듀벨못　　듀벨못 배치
그림. 듀벨

4. 기타 철물

① 꺾쇠(clamp) : 평꺾쇠, 엇꺾쇠, 주걱 꺾쇠 등이 있다.
② 띠쇠 : 기둥과 층도리, ㅅ자 보와 왕대공의 맞춤부
③ ㄱ 자쇠 : 모서리 기둥과 층도리 맞춤부
④ 감잡이쇠 : 왕대공과 평보의 연결부

⑤ 안장쇠 : 큰 보와 작은 보의 연결

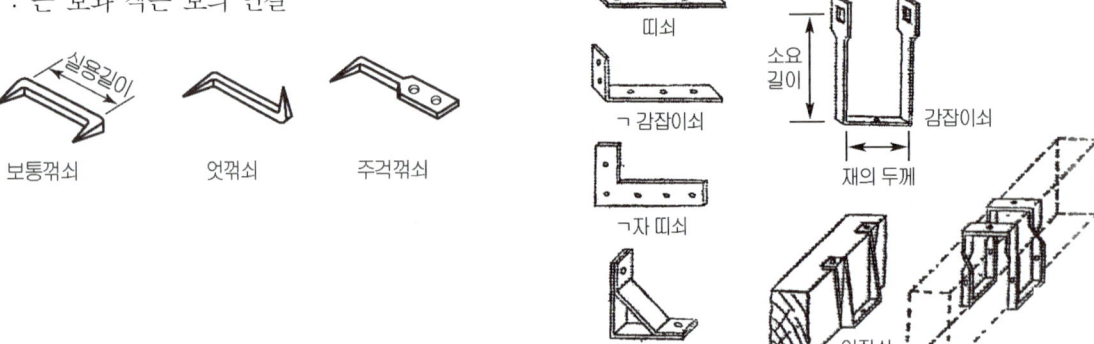

그림. 기타 철물

2 기계공구

① 끌 : 홈, 구멍을 파는데 이용
② 대패
  ㉠ 목재면을 평활하게 하거나 긴 홈을 만드는 데 이용
  ㉡ 종류 : 일반 대패(수동), 자동 대패(전기 대패)
③ 톱
  ㉠ 목재를 절단하는데 이용
  ㉡ 일반 톱(수동), 전기를 이용하는 톱 : 띠톱, 둥근톱
④ 루터 : 목재의 몰딩이나 홈을 팔 때 쓰이는 공구
⑤ 직소 : 판재, 합판, M.D.F 등을 절단하는데 이용하는 전동공구
⑥ 타카(air tool) : 컴프레셔의 압축공기를 이용하여 망치 대신 사용하는 공구

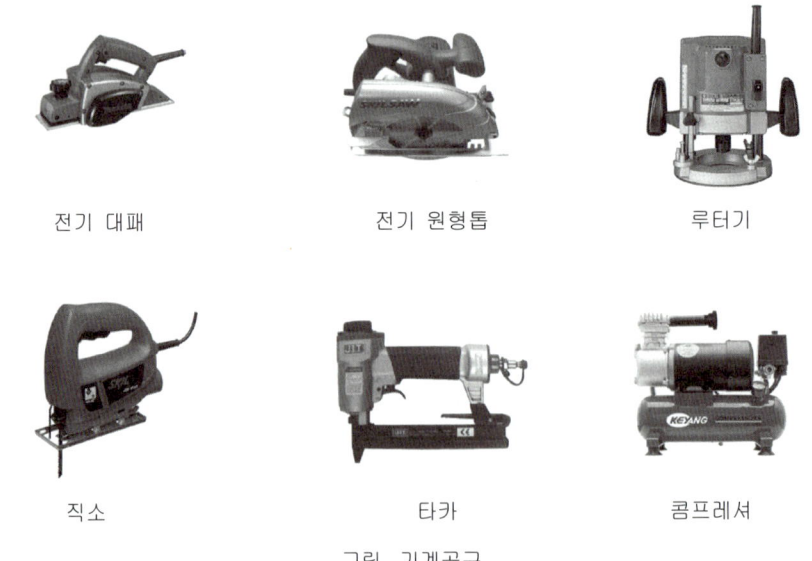

그림. 기계공구

8 목재의 가공제품

1. 합판

① 건조된 얇은 단판을 섬유방향이 서로 직교되게 3, 5, 7 장의 홀수 겹으로 겹쳐 붙여댄 것이다.

② 두께 및 치수

    ㉠ 두께 : 3, 6, 9, 12, ……, 24mm

    ㉡ 치수 : 3자×6자(91cm×182cm), 4자×8자(121cm×242cm)

③ 합판의 특징

    ㉠ 일반 판재에 비해 강도가 균질하며 나비가 큰 판을 얻을 수 있다.

    ㉡ 단판을 서로 직교하여 붙여서 잘 갈라지지 않는다.

    ㉢ 곡면판을 만들기가 쉽다.

    ㉣ 단판이 얇아서 건조가 빠르고 뒤틀림이 적다.

    ㉤ 값싸게 아름다운 무늬 합판을 얻을 수 있다.

☞ OSB(Oriented Strand Board) 합판

손가락 두 개 정도 크기의 얇은 나무 입자를 방수성 수지와 함께 압착하여 만든 인공 판재로 강도와 안정성이 우수하여 최근 목조주택 등의 지붕, 벽, 바닥 재료 등에 많이 사용되고 있다.

[OSB 합판]

---

2. 파티클 보드(Particle Board, Chip Board)

① 목재의 소편(小片, 작은 조각) 부스러기를 주원료로 하여 유기질 접착제로 성형, 열압하여 판재(board)로 만든 제품

② 특징

    ㉠ 강도의 방향성이 없다.

    ㉡ 큰 면적의 판을 제작할 수 있다.

    ㉢ 표면이 평탄하고 균질한 판재를 만들 수 있다.

    ㉣ 가공성이 양호하다.

    ㉤ 방충 및 방부성이 있다.

3. M.D.F(Medium Density Fireboard)

톱밥 등에 접착제를 투입한 후 압축 가공해서 합판 모양의 판재(board)로 만든 제품

4. 코르크 판(Cork Board)

코르크나무 껍질에서 채취한 소편을 증기 등으로 가열 가압하여 판재(board)로 만든 제품으로 흡음재, 단열재 등으로 사용

5. 집성 목재(Glue-Laminated Timber)

① 두께 15~50mm의 판재를 여러 장 겹쳐서 접착시켜 만든 것이다.

② 장점

　㉠ 큰 단면, 긴 부재를 만드는 것이 가능하다.

　㉡ 필요에 따라 아치와 같은 굽은 부재를 만들 수 있다.

　㉢ 목재의 강도를 인위적으로 조절할 수 있다.

　㉣ 응력에 따라 필요한 단면을 만들 수 있다.

6. 강화목(재) (Compressed Wooden)

① 합판에 페놀수지나 베이클라이트 등을 침투시켜 고온에서 압착시킨 목재이다.

② 보통 목재의 3~4배 정도의 강도를 갖고 있으며 경도(硬度)가 높다.

③ 두랄루민보다 가벼우며, 형상을 마음대로 만들 수 있어 금속재 대용으로 사용하기도 한다.

7. 경질 섬유판(Hard Board)

합판 제조 때의 폐재, 다른 목재의 폐재를 주원료로 양면을 열압 건조시킨 것

8. 플로오링 보드(Flooring Board)

무늬가 아름다운 긴 널의 양측 면에 제혀와 홈을 만든 것으로 두께는 15~21mm, 나비는 60~90mm 정도의 것

9. 플로오링 블록(Flooring Block)

플로오링 보드(flooring board)를 4~5장 정도를 서로 맞대어 300mm 정도의 정사각형 형태로 상호 접합한 것

10. 코펜하겐 리브(Copenhagen Rib)

보통 두께 3cm, 넓이 10cm 정도의 긴 판에 표면을 여러 가지 형태로 가공하여 강당, 극장, 집회장 등에 음향 조절 효과와 장식효과로 사용하는 것

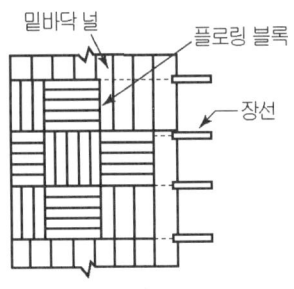

그림. 플로링 블록

그림. 코펜하겐 리브

용어해설

1. 제재 치수
   제재소에서 톱켜기 한 치수로 구조재, 수장재에 사용한다.

2. 마무리 치수
   창호재, 가구재에 쓰이는 대패질 마무리한 치수

3. 오리목
   가늘고 길게 켠 목재(각재)

4. 도편수
   목수직의 책임자

5. 편수
   일반 목수에 해당하는 직책

6. 대목
   구조 및 수장 일을 하는 목수

7. 소목
   창호 및 가구 등의 일을 하는 목수

8. 입주상량
   목재의 마름질, 바심질이 끝난 다음 기둥 세우기, 보, 도리 등의 짜 맞추기를 하는 것(일)

9. 징두리판벽(wainscoting)
   벽의 하부에서 1.2m 정도의 높이에 판재 등을 붙인 벽

10. 양판(panel board)
    걸레받이와 두겁대 사이에 끼우는
    넓고 길지 아니한 널판

11. 단 너비
    계단의 한 디딤단의 너비

12. 단 높이
    계단의 한단의 높이

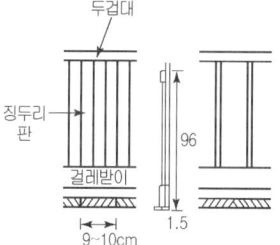
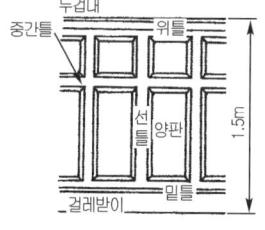

그림. 징두리판벽   그림. 양판붙임

13. 계단참
    계단을 오르내릴 때 쉬거나 돌아 올라가는 조금 넓게 된 계단의 한 부분

14. 계단실
    건물 내에서 계단이 점유하는 공간부분

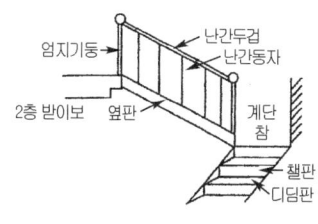

그림. 계단의 구성

기출 및 예상문제

I. 시공 및 시방서

1. 다음 〈보기〉의 목재를 침엽수와 활엽수로 분류하시오. (3점)   [01 기]

〈보기〉
① 노적송   ② 낙엽송   ③ 오동나무
④ 측백나무   ⑤ 느티나무   ⑥ 떡갈나무

(가) 침엽수 : _____

(나) 활엽수 : _____

정답 1
침엽수 : ①, ②, ④
활엽수 : ③, ⑤, ⑥

2. 목재 저장시 유의 사항 중 아래 사항을 채우시오. (3점)   [94 기]

① 직접 땅에 닿지 않게 저장한다.
② 오염, 손상, 변색, 썩음을 방지할 수 있도록 저장한다.
③ 건조가 잘되게 저장한다.
④ _____
⑤ _____
⑥ _____

정답 2
④ 습기가 차지 않도록 저장한다.
⑤ 흙, 먼지, 시멘트 가루 등이 묻지 않도록 저장한다.
⑥ 종류, 규격, 용도별로 저장한다.

3. 현장에서 주문 목재 반입 검수시 가장 중요한 확인사항을 2가지만 쓰시오. (2점)   [95, 00 기]

① _____
② _____

정답 3
① 목재의 치수와 길이가 맞는지 확인한다.
② 목재에 흠(굽음, 비틀림, 갈램)이 있는지 확인한다.
 * 주문한 수량과 수종이 맞는지 확인한다.

4. 다음은 목공사의 단면치수 표기법이다. ( ) 안에 알맞은 용어를 쓰시오. (3점)   [93, 98 산]

〈보기〉
목재의 단면을 표시하는 치수는 구조재, 수장재 나무는 (①)로 하고 창호재, 가구재의 단면치수는 (②)로 한다.

① _____ ② _____

정답 4
① 제재치수
② 마무리치수

5. 목재를 길이에 따라 4가지로 분류하고, 그 용어를 설명하시오. (4점) [99 ㉮]

① _____
② _____
③ _____
④ _____

정답 5
① 정척물 : 길이가 1.8m, 2.7m, 3.6m 인 것
② 장척물 : 길이가 정척물보다 0.9m씩 긴 4.5m, 5.4m, 6.3m인 것
③ 단척물 : 길이가 1.8m 미만인 것
④ 난척물 : 길이가 정척물이 아닌 것

6. 다음 ( ) 안에 알맞은 수치를 쓰시오. (4점) [00 ㉯]

목재의 함수율은 구조용재 (①)%, 기건재 (②)~(③)%, 섬유포화점 (④)% 이다.

① _____ ② _____ ③ _____ ④ _____

정답 6
① 20%
② 10%
③ 15%
④ 30%

7. 다음 ( ) 안에 알맞은 수치를 쓰시오. (3점) [92 ㉯]

목재의 함수율은 수장재인 경우는 (①)%, 구조재는 (②)%가 알맞다.

① _____ ② _____

정답 7
① 15%
② 20%

8. 목재 건조법 중 인공건조법 3가지를 쓰시오. (3점) [01 ㉯, 96, 98 ㉮]

① _____ ② _____ ③ _____

정답 8
① 증기법
② 훈연법
③ 열기법
  * 진공법, 고주파 건조법, 자비법

9. 다음 용어를 간단히 설명하시오. (4점)

① 널 결 : _____
② 곧은결 : _____
③ 엇 결 : _____

정답 9
① 널결 : 원목을 나이테의 접선방향으로 켜서 나타나는 결
② 곧은결 : 원목을 반지름 방향으로 켜서 직선의 나이테가 평행으로 나란히 있는 결
③ 엇결 : 제재목의 결이 심히 경사진 결 (휘어진 나무를 켠 것)

10. 다음과 같은 목재의 일반적인 강도를 큰 순서대로 번호를 나열하시오. (3점)

① 섬유방향의 인장강도 ② 섬유방향의 압축강도
③ 섬유 직각방향의 압축강도 ④ 휨강도
⑤ 전단강도

정답 10
①-④-②-③-⑤

기출 및 예상문제 — I. 시공 및 시방서

11. 목공사에서 구조용으로 사용되는 목재의 조건을 3가지를 기술하시오. (3점) [01 ㉮]

① _____
② _____
③ _____

정답 11
· 구조용 목재의 요구 성능
① 강도가 크고, 곧고 길 것
② 수축과 팽창의 변형이 적을 것
③ 충해에 대한 저항성이 클 것
  * 질이 좋고 공작이 용이할 것

12. 실내마감 목공사인 수장 공사에 사용하는 부재에 요구되는 사항 4가지를 기입하시오. (4점) [93, 00 ㉯]

① _____
② _____
③ _____
④ _____

정답 12
· 수장용 목재의 요구 성능
① 결, 무늬, 빛깔 등이 아름다울 것
② 변형(굽음, 비틀림, 수축 등)이 없을 것
③ 재질감이 우수할 것
④ 건조가 잘 된 것일 것

13. 목재의 결점 중의 하나인 부식의 원인이 되는 요인을 4가지만 쓰시오. (3점)

① _____ ② _____ ③ _____ ④ _____

정답 13
① 온도
② 습기(수분)
③ 공기
④ 양분

14. 목재의 부패(腐敗)를 방지하기 위해 사용하는 유성(油性) 방부제의 종류를 4가지 쓰시오. (4점) [96 ㉯]

① _____ ② _____ ③ _____ ④ _____

정답 14
① 크레오소트
② 콜타르
③ PCP
④ 유성페인트

15. 목재 방부처리 방법의 종류를 5가지 쓰시오. (4점) [98, 00 ㉯, 97 ㉮]

① _____ ② _____ ③ _____
④ _____ ⑤ _____

정답 15
① 도포법
② 침지법
③ 상압 주입법
④ 가압 주입법
⑤ 생리적 주입법

16. 목재의 방염재 4가지를 쓰시오. (4점) [00 ㉮]

① _____ ② _____
③ _____ ④ _____

정답 16
① 인산암모늄
② 황산암모늄
③ 규산나트륨
④ 탄산나트륨
 * 붕사

17. 다음 설명에 해당되는 용어를 기입하시오. (2점) [93 산]

① 구멍뚫기, 홈파기, 면접기 및 대피질로 목재를 다듬은 일 (　　)
② 목재를 크기에 따라 각 부재의 소요 길이로 잘라내는 일 (　　)

① _____　② _____

정답 17
① 바심질
② 마름질

18. 다음 보기에서 목공사의 시공 순서를 번호로 기입하시오. (3점) [92 산]

― <보기> ―
① 마름질　② 건조처리　③ 바심질　④ 먹매김

• 순서 : _____

정답 18
② → ④ → ① → ③

19. 다음 대패질 순서를 ( ) 안에 알맞은 용어를 쓰시오. (3점) [94 산]

(①) - (②) - (③)

① _____　② _____　③ _____

정답 19
① 막대패질
② 중대패질
③ 마무리 대패질

20. 다음 그림은 나무 모접기이다. 보기에서 알맞은 것을 골라 연결하시오. (4점) [95, 97, 00 산, 96 기]

― <보기> ―
① 큰모　② 실모　③ 쌍모접기　④ 뺨모접기

(가) _____　(나) _____　(다) _____　(라) _____

정답 20
(가) - ③
(나) - ①
(다) - ②
(라) - ④

21. 다음 목재의 먹매김 표시기호와 일치하는 것을 아래 보기에서 골라 번호를 쓰시오. (5점) [00 산]

― <보기> ―
(가) 중심먹　　(나) 먹지우기　　(다) 볼트구멍
(라) 내다지 장부구멍　(마) 반내다지 장부구멍　(바) 절단
(사) 북 방향으로 위치　(아) 잘못된 먹매김 위치표시

정답 21
① - (가)
② - (다)
③ - (나)
④ - (라)
⑤ - (마)
⑥ - (바)

기출 및 예상문제

I. 시공 및 시방서

① ≁ ② ⊖ ③ ✕
④ ▱ ⑤ ◊ ⑥ ✱

① _____ ② _____ ③ _____
④ _____ ⑤ _____ ⑥ _____

22. 다음 목공사에 있어서 바심질 시공 순서를 보기에서 골라 번호로 기입하시오. (3점) [92, 98 ㉯]

─〈보기〉─
① 필요한 번호, 기호 등을 입면에 기입
② 먹매김
③ 자르기와 이음, 맞춤 장부 등을 깎아내기
④ 세우기
⑤ 세우기 순서대로 정리
⑥ 구멍파기, 홈파기, 대패질, 구멍파기

• 순서 : _____

23. 다음의 용어를 기술하시오. (3점) [00 ㉯]

① 이음 : _____
② 맞춤 : _____

24. 목재의 접합시 주의 사항을 3가지만 쓰시오. (4점) [94, 98 ㉯]

① _____
② _____
③ _____

정답

정답 22
② → ③ → ⑥ → ① → ⑤ → ④

정답 23
① 이음 : 재의 길이 방향으로 길게 접합하는 것 또는 그 자리
② 맞춤 : 재와 서로 직각으로 접합하는 것 또는 그 자리

정답 24
① 접합은 응력이 적은 곳에서 만들 것
② 목재는 될 수 있는 한 적게 깎아내어 약하게 되지 않게 할 것
③ 접합의 단면은 응력 방향과 직각 방향으로 할 것
  * 공작이 간단한 것을 쓰고 모양에 치중하지 말 것
  * 응력이 균등하게 전달되게 할 것

25. 다음 보기에서 설명하는 내용의 용어를 쓰시오. (3점) [03 산]

〈보기〉
① 목재에서 두 재의 접합부에 끼워 볼트와 같이 써서 전단에 견디도록 한 보강철물
② 재와 서로 직각으로 접합하는 것 또는 그 자리
③ 재의 길이 방향으로 길게 접합하는 것 또는 그 자리

① _____ ② _____ ③ _____

정답 25
① 듀벨
② 맞춤
③ 이음

26. 다음 ( ) 안에 알맞은 말을 쓰시오. (3점) [95 산]

재의 길이방향으로 주재를 길게 접합 하는 것 또는 그 자리를 (①)(이)라고 하고, 재와 서로 직각으로 접합하는 것 또는 그 자리를 (②)(이)라 한다. 또 재를 섬유방향과 평행으로 옆 대어 넓게 붙이는 것을 (③)(이)라 한다.

① _____ ② _____ ③ _____

정답 26
① 이음
② 맞춤
③ 쪽매

27. 다음 각 부재간의 맞춤방법이 서로 맞는 것끼리 연결하시오. (4점)

① 기둥과 층도리   (가) 연귀맞춤
② 평보와 ㅅ자보   (나) 쌍장부맞춤
③ 토대와 멍에   (다) 주먹장부맞춤
④ 창호의 맞춤   (라) 안장맞춤
⑤ 마구리가 보이지 않는 맞춤 (마) 장부빗턱맞춤

① ____ ② ____ ③ ____ ④ ____ ⑤ ____

정답 27
①-(마)
②-(라)
③-(다)
④-(나)
⑤-(가)

28. 각 문제와 관련이 있는 것을 〈보기〉에서 골라 쓰시오. (4점) [99 산, 95 기]

〈보기〉
(가) 안장맞춤 (나) 엇빗이음 (다) 걸침턱 (라) 빗이음

① 반자틀, 반자실대 등에 쓰인다. ( )
② 서까래, 지붕널 등에 쓰인다. ( )
③ 지붕보와 도리, 층보와 장선 등의 맞춤에 쓰인다. ( )
④ 평보와 ㅅ자보에 쓰인다. ( )

① _____ ② _____ ③ _____ ④ _____

정답 28
①-(나)
②-(라)
③-(다)
④-(가)

기출 및 예상문제
I. 시공 및 시방서

29. <보기>와 관련 있는 것을 ( ) 안에 기호로 쓰시오. (4점) [01 ㉮]

―<보기>―
① 주먹장부맞춤 ② 안장맞춤 ③ 걸침턱맞춤 ④ 턱장부맞춤

(가) 평보와 ㅅ자보에 쓰인다. : (   )
(나) 지붕보와 도리, 층보와 장선 등의 맞춤에 쓰인다. : (   )
(다) 토대나 창호 등의 모서리 맞춤에 쓰인다. : (   )
(라) 토대의 T형 부분이나 토대와 멍에의 맞춤, 달대공의 맞춤에 쓰인다. (   )

(가) _____ (나) _____ (다) _____ (라) _____

정답 29
(가)-②
(나)-③
(다)-④
(라)-①

30. 목재의 연귀맞춤의 종류를 4가지만 쓰시오. (4점)

① _____ ② _____
③ _____ ④ _____

정답 30
① 반연귀
② 안촉연귀
③ 밖촉연귀
④ 사개연귀

31. 목재 가공시 사용되는 쪽매이다. 이름을 쓰시오. (4점) [94, 00 ㉯]

① _____ ② _____
③ _____ ④ _____

정답 31
① 반턱쪽매
② 틈막이대쪽매
③ 딴혀쪽매
④ 제혀쪽매

32. 다음 목재의 쪽매를 그림으로 그리시오. (4점) [94 ㉯]

① 제혀쪽매 ② 오늬쪽매

정답 32
①
②

33. 다음 쪽매와 그 사용 용도를 맞게 연결하시오. (4점) [01 ㉯]

① 빗쪽매 ② 오늬쪽매 ③ 틈막이대쪽매 ④ 제혀쪽매

―<보기>―
(가) 흙막이 널말뚝 (나) 징두리판벽 (다) 마루널 (라) 반자틀

① _____ ② _____ ③ _____ ④ _____

정답 33
①-(라)
②-(가)
③-(나)
④-(다)

34. 목구조체의 횡력에 대한 변형, 이동 등을 방지하기 위한 대표적인 보강 방법을 3가지만 쓰시오. (3점) [96, 01 산]

① _____ ② _____ ③ _____

정답 34
① 가새
② 버팀대
③ 귀잡이보

35. 공사현장에서 쓰이는 공구에 대한 설명이다. 설명에 해당하는 공구 이름을 쓰시오. (4점) [01 산]

① 압축공기를 빌려 망치 대신 사용하는 공구 : _____

② 목재의 몰딩이나 홈을 팔 때 쓰는 연장 : _____

정답 35
① 타커
② 루터

36. 건축에서 이용되는 목공구를 4가지만 쓰시오. (3점) [92 기]

① _____ ② _____
③ _____ ④ _____

정답 36
① 대패
② 톱
③ 끌
④ 타커
* 루터

37. 목재의 연결철물의 종류 4가지만 쓰시오. (3점)

① _____ ② _____
③ _____ ④ _____

정답 37
① 못
② 볼트
③ 듀벨
④ 띠쇠
* 꺽쇠

38. 다음의 ( ) 안에 알맞은 것은? (3점)

목공사에서 둥근 못을 박는데 필요한 못의 길이는 널재 두께의 (①)배이며 (②)° 정도 기울여 박는 것이 좋다.

① _____ ② _____

정답 38
① 2.5~3
② 15

39. 다음 보강철물과 사용 장소가 서로 맞는 것끼리 서로 연결하시오. (4점)

① 볼트   (가) ㅅ자보와 평보
② 띠쇠   (나) 왕대공의 ㅅ자보
③ 듀벨   (다) 평보의 맞춤시 전단력 보강용
④ 감잡이쇠   (라) 큰 보와 작은 보
⑤ 안장쇠   (마) 평보와 왕대공

① _____ ② _____ ③ _____ ④ _____ ⑤ _____

정답 39
①-(가)
②-(나)
③-(다)
④-(마)
⑤-(라)

기출 및 예상문제

I. 시공 및 시방서

40. 다음 설명에 알맞은 목재의 가공 제품명을 기입하시오. (4점) [93산]

(가) 3매 이상의 얇은 나무판을 1매마다 섬유방향에 직교하도록 접착제로 겹쳐서 붙여 놓은 것. (①)

(나) 식물 섬유질을 주원료로 하여 이를 섬유화, 펄프화하여 접착제를 섞어 판으로 만든 것. (②)

(다) 목재의 작은 조각 (③)로 합성수지 접착제를 첨가하여 열압 제판한 보드(Board)는 (④)이다.

① _____ ② _____ ③ _____ ④ _____

정답 40
① 합판
② 섬유판
③ 부스러기
④ 파티클 보드

41. 합판의 특징을 4가지만 쓰시오. (4점)

① _____
② _____
③ _____
④ _____

정답 41
① 일반 판재에 비해 강도가 균질하며 나비가 큰 판을 얻을 수 있다.
② 단판을 서로 직교하여 붙여서 잘 갈라지지 않는다.
③ 곡면판을 만들기가 쉽다.
④ 단판이 얇아서 건조가 빠르고 뒤틀림이 적다.
* 값싸게 아름다운 무늬 합판을 얻을 수 있다.

42. 집성목재의 장점을 3가지만 쓰시오. (4점)

① _____
② _____
③ _____

정답 42
① 큰 단면, 긴 부재를 만드는 것이 가능하다.
② 필요에 따라 아치와 같은 굽은 부재를 만들 수 있다.
③ 목재의 강도를 인위적으로 조절할 수 있다.
* 응력에 따라 필요한 단면을 만들 수 있다.

43. 다음은 2층 목조 건물의 뼈대 세우기 순서이다. ( ) 안에 알맞은 것을 쓰시오. (3점)

토대 → (①) → (②) → (③) → 지붕틀

① _____ ② _____ ③ _____

정답 43
① 1층 벽체 뼈대
② 2층 마루틀
③ 2층 벽체 뼈대

44. 다음 내용의 ( ) 안을 채우시오. (3점) [96산, 93기]

목조 양식구조는 (①) 위에 지붕틀을 얹고 지붕틀의 (②) 위에 얹고 깔도리와 같은 방향으로 (③)을 걸쳐 댄다.

① _____ ② _____ ③ _____

정답 44
① 깔도리
② 평보
③ 처마도리

45. 목재반자틀 시공 순서를 보기에서 골라 기호를 순서대로 기입하시오. (3점) [98㉠, 01㉮]

―〈보기〉―
① 달대받이   ② 반자틀   ③ 반자틀받이
④ 달대   ⑤ 반자돌림대

• 순서 : _____

정답 45
①→⑤→③→②→④

46. 1층 납작마루의 시공순서를 4가지로 쓰시오. (3점) [96㉮]

① (　　) → ② (　　) → ③ (　　) → ④ (　　)

정답 46
① 동바리 돌
② 멍에
③ 장선
④ 마루널

47. 다음 용어를 간단히 쓰시오. (4점)

① 보마루
_____

② 홀마루
_____

정답 47
① 보마루 : 일반적인 마루 구조로서 보를 걸고 그 위에 장선을 걸친 후 마루 널을 까는 방식이다.
② 홀마루 : 보를 쓰지 않고 층도리와 간막이 도리에 장선을 약 45cm 간격으로 걸쳐대고 그 위에 마루 널을 까는 방식의 마루로서 간사이(span)가 적은 경우에 이용된다.

48. 다음 보기는 마루널 2중 깔기 시공순서이다. 번호를 바르게 나열하시오. (3점) [94, 00㉠]

―〈보기〉―
① 멍에   ② 밑창널 깔기   ③ 동바리
④ 장선   ⑤ 마루널 깔기   ⑥ 방수지 깔기

• 순서 : _____

정답 48
③→①→④→②→⑥→⑤

49. 다음 (　) 안에 알맞은 용어를 쓰시오. (4점) [95㉠]

계단의 구성에서 계단이 있는 방을 (①)이라 하고, 계단의 한단의 바닥을 (②) 또는 디딤면이라 하고, 수직면을 (③)이라 한다. 또 중간에 단이 없게 넓게 된 다리쉼과 돌림에 쓰이는 부분을 (④)이라 한다.

① _____ ② _____ ③ _____ ④ _____

정답 49
① 계단실
② 디딤바닥
③ 챌판
④ 계단참

기출 및 예상문제

I. 시공 및 시방서

50. 목조계단 설치시공 순서를 〈보기〉에서 골라 번호를 쓰시오. (3점)

〈보기〉
① 난간두겁   ② 계단옆판, 난간어미기둥   ③ 난간동자
④ 디딤판, 챌판   ⑤ 1층 멍에, 계단참, 2층 받이보

• 순서 : _____

정답 50
⑤→②→④→③→①

51. 수장공사 중 다음 용어를 설명하시오. (4점)

① 징두리판벽(wainscoting)
_____

② 양판(panel board)
_____

③ 코펜하겐 리브(copenhagen rib)
_____
_____

정답 51
① 벽의 하부에서 1.2m 정도의 높이에 판재 등을 붙인 벽
② 넓고 길지 아니한 한쪽으로 된 널판
③ 보통 두께 3cm, 넓이 10cm 정도의 긴 판에 표면을 여러 가지 형태로 가공하여 강당, 극장, 집회장 등에 음향 조절 효과와 장식효과로 사용하는 것

52. 다음 용어를 설명하시오. (4점) [95 ㉯]

① 입주상량 : _____
_____

② 듀벨 : _____
_____

③ 바심질 : _____
_____

정답 52
① 입주상량 : 목재의 마름질, 바심질이 끝난 다음 기둥 세우기, 보, 도리 등의 짜 맞추기를 하는 것(일)
② 듀벨 : 목재에서 두 재의 접합부에 끼워 볼트와 같이 써서 전단에 견디도록 한 보강철물
③ 바심질 : 이음, 맞춤, 장부 등을 깎아내기 하고, 구멍파기, 볼트구멍 뚫기, 대패질 등을 하는 것

53. 다음 그림은 나무 모접기이다. 그림에 맞는 나무 모접기 명을 〈보기〉에서 골라 쓰시오. (5점) [01 ㉯]

〈보기〉
① 실모   ② 둥근모   ③ 쌍사모   ④ 게눈모
⑤ 큰모   ⑥ 평골모   ⑦ 실오리모   ⑧ 쇠시리

정답 53
(가) ①, (나) ②, (다) ③, (라) ④
(마) ⑤, (바) ⑦, (사) ⑥

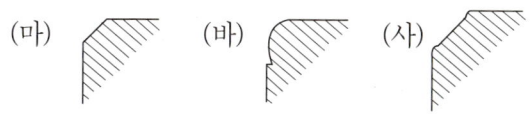

(가) _____ (나) _____ (다) _____ (라) _____

(마) _____ (바) _____ (사) _____

54. 목재의 결점 중의 하나인 부식의 원인이 되는 환경조건과 이에 대한 사용상 주의사항에 대해 기술하시오. (4점) [95 ㉮]

(가) 온도 : _____

(나) 습기 : _____

(다) 공기 : _____

(라) 양분 : _____

정답 54
(가) 온도 : 부패균은 25℃~35℃ 사이에서 가장 왕성하고, 4℃ 이하, 55℃ 이상에서는 거의 번식하지 못한다.
(나) 습기(수분) : 부패균이 발육할 수 있는 최고 습도는 80% 정도이고, 목재의 함수율이 20% 이상이 되면 균이 발육하기 시작하여 40~50%에서 가장 왕성하고, 15% 이하로 건조하면 번식이 중단 된다.
(다) 공기 : 부패균이 호기성이기 때문에 완전히 수중에 잠기면 부식되지 않는다.
(라) 양분 : 부패균은 목재의 섬유세포를 영양분으로 해서 번식 및 성장하므로 방부제 등으로 처리한다.

04 창호 및 유리공사

> **학습방향**
> - 창호의 개폐방법에 따른 명칭을 이해하고 창호철물의 종류와 쓰이는 창호를 알아둔다.
> - 유리의 종류와 특성 및 쓰이는 용도에 대하여 자주 출제되므로 숙지하도록 한다.
> - 유리 끼우기 종류와 공법에 대해서도 출제 빈도가 높은 편이다.

1 창호 공사

1 개폐 방법에 따른 창과 문의 명칭

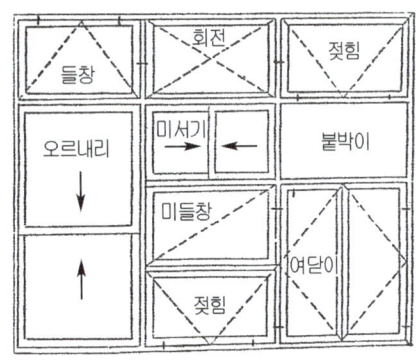

그림. 창호의 명칭

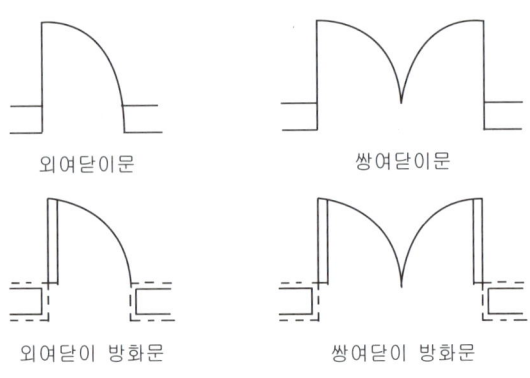

그림. 여닫이문의 종류(평면)

2 창호의 종류

1. 목재 창호

① 양판문 : 울거미의 중심에 넓은 판재를 댄 문이고 높이 1m 정도의 하부에만 판재로 댄 문을 징두리 양판문이라고 한다.

② 플러쉬문(flush door)
  ㉠ 보통 플러쉬문
   - 플러쉬문의 울거미는 단일부재로 짤 때와 가는 부재를 쪽매하여 쓸 때가 있다.
   - 울거미는 장부맞춤 또는 턱 따서 맞추고, 중간 띠장은 나비 2.5~3.5 정도의 재를 10~20cm 내외로 배치한다.
   - 표면의 합판은 3~4mm 정도의 내수합판을 사용하는 것이 좋다.
  ㉡ 벌집심(honycomb core) 플러쉬문 : 플러쉬문 울거미 속에 벌집 모양으로 된 종이, 나무, 합성수지 등의 심재(心材)를 넣어 표면에 합판 등을 교착하여 만든 문이다.

③ 널문 : 울거미의 중간에 널을 대어 만든 문으로 양면에 널을 댄 문을 플로링 도어(flooringdoor)라고 한다.

④ 합판문 : 울거미의 중간에 합판을 대어 만든 문

⑤ 비늘살문 : 채광 및 통풍이 잘 될 수 있게 얇은 널을 비늘 모양으로 댄 것으로 비늘살의 경사는 보통 45~60° 정도로 하고, 선대에 통 넣기로 한다.

⑥ 살창
  ㉠ 창 울거미를 짠 후 여러 개의 살들을 일정한 간격으로 모양을 내어 수직, 수평 방향 등으로 꽂아 만든 창이다.
  ㉡ 살창의 종류
    띠살, 아자살, 완자살, 용자살, 정자살, 빗살 등

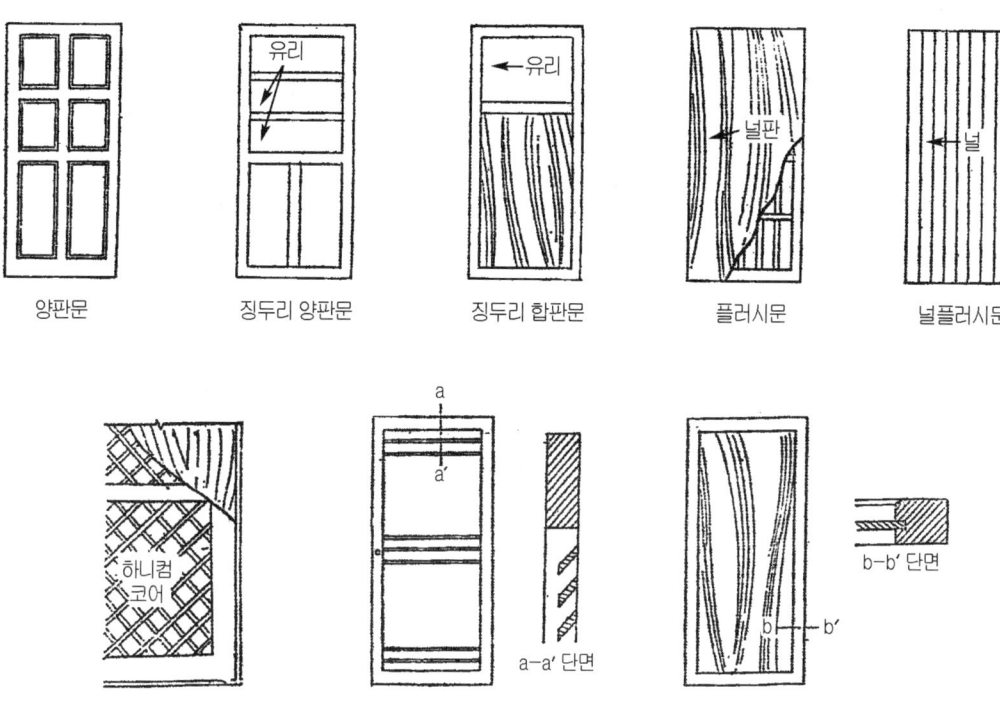

그림. 목재 창호

2. 알루미늄 창호(새시)

① 특징
  ㉠ 비중이 철의 1/3 정도로 가볍다.
  ㉡ 잘 녹슬지 않아 사용 내구연한이 길다.
  ㉢ 공작이 용이하다.
  ㉣ 여닫음이 경쾌하다.
  ㉤ 기밀성 유지에 유리하다.
② 공사시 주의 사항
  ㉠ 강도가 약하므로 취급시 주의한다.
  ㉡ 모르타르, 회반죽 등 알칼리성에 약하므로 직접적인 접촉은 피한다.
  ㉢ 이질 금속재와 접속되면 부식되므로 나사못, 창호철물 등은 동질의 것을 사용한다.

3. 철제 창호

① 일반사항
  ㉠ 변형, 흠, 녹이 없게 한다.
  ㉡ 녹슨 부위는 스크레이퍼, 와이어 브러시, 연마지 등으로 제거하고, 유류는 휘발유 등으로 딱아낸 후 녹막이 칠을 한다.
② 철제 창호의 제작 순서
  ㉠ 원척도 작성 → ㉡ 녹떨기 → ㉢ 변형 바로잡기 → ㉣ 금긋기 → ㉤ 절단 → ㉥ 구부리기 → ㉦ 조립 → ㉧ 용접 → ㉨ 접합부 검사 → ㉩ 마무리

③ 철제 창호의 시공 순서
㉠ 현장반입 → ㉡ 변형 바로잡기 → ㉢ 녹막이칠 → ㉣ 먹매김 → ㉤ 구멍파기, 따내기 → ㉥ 가설치 및 검사 → ㉦ 묻음발 고정(고정철물 설치) → ㉧ 창문틀 주위 사춤 → ㉨ 보양

4. 합성수지재 창호

① 합성수지의 제조 기술 등의 발달로 최근 주택 등을 중심으로 합성수지재 창호가 많이 사용 되고 있다.
② 합성수지재 창호는 PVC(PL) 창호라고도 불리며 문틀이나 창틀의 단면부위가 큰 경우에는 그 부분을 철재로 보강한 후 합성수지로 피복하여 생산된다.
③ 합성수지재 창호는 경량이고 수분 등에 의한 변형이 적으며, 착색이 용이하고 가격이 저렴한 것이 장점이나 내열성이 적은 것이 단점이다.

창-구조 단면

창-거실

문(ABS 도어)

5. 기타 창호

종 류	특 징	용 도
무테문	강화유리(12mm), 아크릴판(20mm) 등을 이용하여 양 옆의 울거미(frame) 없이 설치한 문	현관 출입구
회전문	회전 지도리를 사용하여 사람의 출입이 빈번한 장소에 방풍의 목적으로 사용되는 문	현관 출입구
주름문 (folding door)	금속을 이용하여 형태를 세모살, 마름모살의 형태로 구성하고 상·하부에 가이드레일을 설치한 문	방도용(防盜用)
행거 도어 (hanger door)	대형 문의 상부에 대형 호차와 레일을 설치하여 잘 여닫아지게 만든 문	창고, 차고, 격납고 등
어코디언 도어 (accordion door)	특수 합성수지나 천등을 이용하여 문이 어코디언처럼 접었다 펼치기 용이하도록 설치한 문	칸막이 대용
셔터 (shutter)	셔터 케이스, 홈대(guide rail), 핸들 박스(handle box), 슬랫(slat)	방도용, 방화용

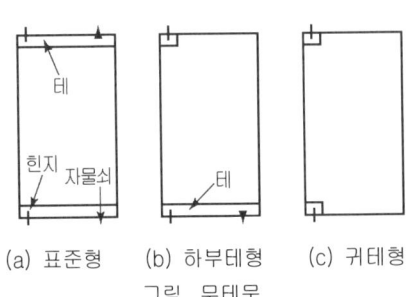
(a) 표준형　(b) 하부테형　(c) 귀테형
그림. 무테문

그림. 회전문

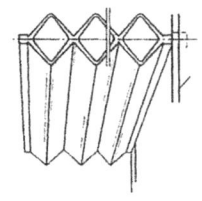
그림. 아코디언 도어

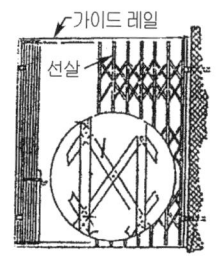
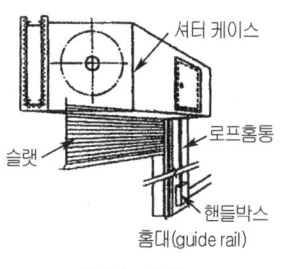

그림. 주름문　　　　　　　　그림. 셔터

6. 창호 철물의 종류와 특징

종 류	특 징	사 용 개 소
정(경)첩(hinge)	한쪽은 문틀에 다른 한 쪽은 문에 고정	여닫이 창·문
레일(rail)	문틀의 마모를 방지하고 바퀴가 잘 이동하도록 설치	미서기·미닫이 창·문 아코디언 문
바퀴(호차)	창호가 잘 움직이도록 설치	미서기·미닫이 창·문
오목손걸이	창이나 문의 손잡이 역할	미서기 창·문
크레센트 (crescent)	걸쇠(잠금장치)	미서기 창, 오르내리기창
도르래	창호의 하중을 감소	오르내리기창
지도리	회전문 등의 축으로 사용되는 철물	회전문
자유정첩	스프링이 설치되어 자동적으로 닫혀 지는 창호철물	자재문
플로어 힌지 (floor hinge)	오일 또는 스프링 유압 밸브를 장치하여 문을 열면 저절로 닫혀 지게 만든 힌지	무거운 여닫이문 (현관문)
피봇 힌지 (pivot hinge)	바닥에 플로어 힌지를 사용할 때 문 위쪽에 쓰이는 철물로써 경쾌한 개폐를 할 수 있도록 함	무거운 여닫이문 (현관문)
레버터리 힌지 (lavatory hinge)	일종의 스프링 힌지로 내부에서 잠금장치를 사용하지 않는 경우 10cm 정도 열려지는 창호철물	공중전화 출입문 공중 변소 등
도어 클로저 (door closer, door check)	문을 자동적으로 닫히게 하는 장치로서 스프링 정첩의 일종	현관문 상부
도어 스톱 (door stop, door holder)	열려진 문을 받아 벽과 문의 손잡이를 보호하고 문을 고정 하는 장치	• 여닫이문 하부 • 벽체

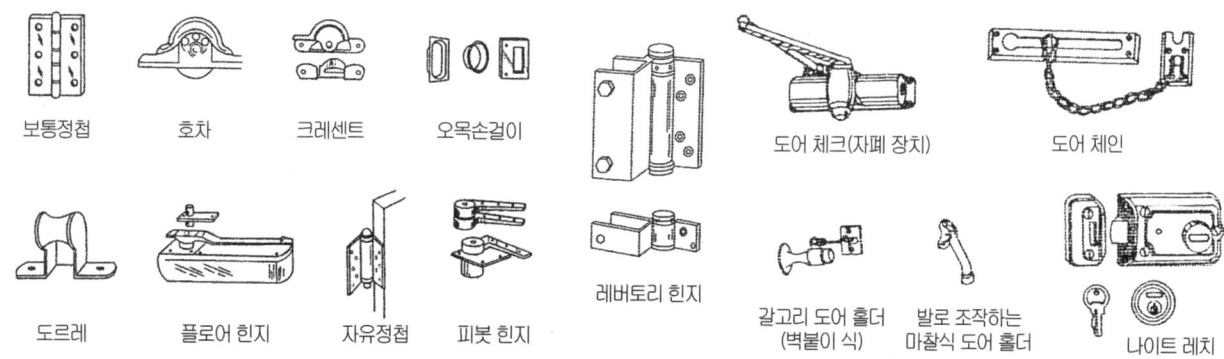

그림. 각종 창호 철물

2 유리공사

1 유리의 장·단점

장 점	단 점
① 내구성이 크고 반영구적이다. ② 불연재료이다. ③ 빛과 시선을 투과 시킨다.	① 충격에 약하여 파손되기 쉽다. ② 불에 약하다. ③ 파편이 예리하여 위험하다. ③ 두께가 얇으면 단열, 차음 효과가 작다.

2 유리의 종류

1. 보통 판유리

① 두께 : 2~5mm 정도가 많이 이용
② 박판(薄板) 유리 : 두께 6mm 미만의 유리
③ 후판(厚板) 유리 : 두께 6mm 이상의 판유리
④ 길이와 두께에 상관없이 9.29m²(100 평방피트)를 1상자로 하여 판매

2. 가공 판유리의 종류

① 형판(무늬) 유리
  ㉠ 두께 2~5mm의 반투명 유리
  ㉡ 판유리의 한 면에 각종 무늬를 만든 것
  ㉢ 거실 출입문, 스크린 용도 등에 이용
② 연마판(갈은) 유리
  ㉠ 보통 판유리의 양면이나 한 면을 샌드 블라스터(sand blast) 등으로 연마해서 광택을 낸 것
  ㉡ 고급 창유리나 거울 등에 이용

3. 기타 특수 유리의 종류

종 류	특 징	용 도
강화유리 (tempered glass)	• 성형 판유리를 500~600℃로 가열한 후 압착하여 만든 유리이다. • 강도가 보통 유리의 3~5배 크다. • 파손시 안전하다. • 내열성이 있다. • 현장 절단 가공이 어렵다.	• 자동차의 창유리 • 현관 등의 유리문 • 에스컬레이터의 옆판
복층유리 (pair glass)	• 2장의 유리사이에 건조한 공기를 넣은 후 밀봉한 유리 • 단열 성능이 있다. • 방음에도 유효하다. • 결로 방지 효과가 있다.	단열 창유리
망입유리 (wire glass)	• 유리판 중간에 철선 망을 넣어 만든다. • 화재 발생시 산란하는 위험 방지 • 현장에서 절단 가공이 가능	• 화재 방지용 • 도난 방지용
접합(합판)유리 (laminate glass)	• 2~3장 또는 2장 이상의 유리판을 합성수지로 붙여 댄 것으로 강도가 크다. • 두께가 두꺼운 것은 방탄유리로 사용된다. • 여러 겹이라 다소 하중이 크지만 견고하다. • 절단이 용이하다.	• 자동차의 창 • 고층 건물의 창 • 방탄용 유리

종 류	특 징	용 도
스테인드글라스 (stained glass)	I형 납 테두리로 여러 가지 모양을 만든 다음 그 사이에 색유리를 끼워서 만든 것	장식용으로 사용
부식유리 (etching glass)	• 유리면에 부식액의 방호막을 붙이고 이막을 모양에 맞게 오려내고 그 부분에 유리 부식액을 발라 소요 모양으로 만든 유리 • 유리에 새겨진 문양이 빛을 분산시켜 시선을 차단할 뿐 아니라 반투명의 채광효과로 은은한 분위기를 연출	장식용으로 사용
자외선투과 유리	위생상 좋은 자외선을 투과하는 유리	온실, 병원의 일광욕실
자외선차단 (흡수) 유리	• 태양광선 중 자외선을 흡수한다. • 철, 크롬, 망간 등의 산화물을 혼합하여 제조	• 상점, 박물관의 진열장 • 용접공의 보안경
열선흡수 유리 (단열 유리)	• 태양광선 중 적외선(열선)을 흡수한다.(엷은 청색을 나타냄) • 보통 판유리에 산화철, 니켈, 코발트를 첨가시켜 열선흡수를 크게 개선한 유리이다.	• 서향의 창 • 차량의 창
열반사 유리	반사막이 광선을 차단, 반사시켜 실내에서 외부를 볼 때에는 전혀 지장이 없으나 외부에서는 거울처럼 보이게 되는 유리	사무소 건물의 외벽유리 등
스팬드럴 유리 (spandrel glass)	• 유리의 한 면에 세라믹 도료를 바르고 고온에서 용착시킨 유리이다. • 휨강도가 보통 유리에 비해 3~5배 정도 강하다.	• 건물 외부 유리 • 내·외부 장식용
X선 차단 유리	• X선을 차단 • 산화납의 포함 한도는 6% 이내	X-Ray 촬영실의 창
유리블록 (glass block)	• 투명유리로서 열전도가 적고 상자형태 • 방음, 보온 효과가 크며 장식적 효과도 있으나, 환기가 안 되는 결점 • 열전도율이 벽돌의 1/4배	• 거실·계단실의 채광용 • 의장용·구조용 유리
프리즘 유리 (포도유리)	한 면이 톱날 모양의 홈이 있어 광선을 조절, 확산하여 실내를 밝게 하는 유리	지하실 채광용
유리 타일	• 광택이 좋고 비흡수성, 화학 저항성이 크다. • 접착불량, 균열 발생의 우려	벽면, 스크린
유리 섬유 (glass fiber)	• 용융된 유리액을 작은 구멍으로 분출시켜 냉각시켜 만든 것이다. • 가볍고 내화성, 단열성, 흡음성, 내식성, 내수성이 좋다.	• 각종 보온 및 단열 재료로 사용 • 최고 안전 사용온도는 500℃ 이내
기포 유리 (foam glass)	• 단열, 흡음률이 커서 보온, 흡음재료로사용 • 내구성, 내식성	• 단열재(마루, 벽, 천정) • 보온재(냉장고, 보일러)

• 로이(Low-e ; Low-emissivity) 유리
① 유리 표면에 금속 또는 금속산화물을 얇게 코팅하여 가시광선(빛)은 투과시키고 적외선(열선)은 방사하여 열의 이동을 최소화시켜주는 에너지 절약형 특수 유리이며 저방사 유리라고도 한다.
② 특성상 단판으로 사용하기보다는 복층으로 가공하며, 코팅면이 내판 유리의 바깥쪽으로 오도록 만든다.

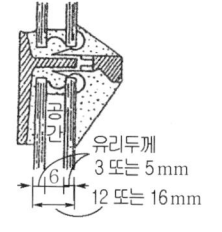
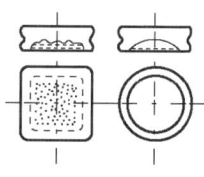
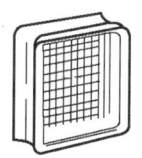

그림. 복층 유리　　　그림. 프리즘 유리　　　그림. 유리블록

☞ 안전유리의 종류

① 접합유리　② 강화유리　③ 망입유리

3 플로트 판유리의 검사 항목

① 만곡　　② 두께　　③ 치수　　④ 겉모양

4 유리 끼우기

1. 종류
① 반죽 퍼티 : 호분(胡粉), 아연화(亞鉛華), 연백(鉛白), 건성유(乾性油)
② 나무 퍼티 : 삼각형, 사각형, 둥근형
③ 가스켓 : 고무, 합성수지

2. 끼우기 공법
① 반죽퍼티 대기
② 나무퍼티 대기, 누름대 대기
③ 고무퍼티 대기
④ 부정형 실재(Sealant) 대기
　세팅블록(Setting Block)을 설치하여 유리를 고인 후 고정철물(나사못, 철사 클립, 철재 등)을 설치한 후 탄성 실란트(Sealant)로 고정하는 방법이다.

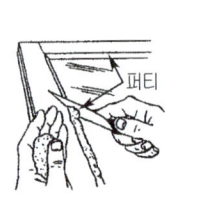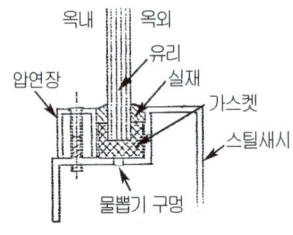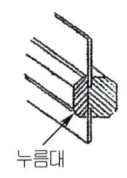

그림. 유리 끼우기

3. 서스펜션(suspension) 공법
대형 유리를 멀리온(mullion) 없이 유리만으로 세우는 공법으로 대형 유리의 상단에는 특수 철제물을 설치하고 유리의 접합부에는 직각으로 리브 유리(stiffner glass)로 보강하며 유리 사이의 틈새에는 실란트(sealant)로 메워 누름 하는 방법이다.

4. DPG (Dot Point Glazing System) 공법
① 4점을 지지하는 유리시공법으로 기존의 알루미늄 프레임(Frame)을 사용하지 않고 강화유리판에 구멍을 뚫어 특수 가공된 볼트와 연결철물을 사용하여 유리를 고정하는 방법이다.
② 유리 자체의 자연미와 개방감 및 채광효과가 좋다.

5 절단 및 가공

① 보통 판유리 : 유리칼(glass cutter, diamond cutter)로 절단한다.
② 두꺼운 유리 : 유리칼로 금을 수차례 긋고 뒷면에서 고무망치로 두드려 절단한다.
③ 접합[합판] 유리 : 양면을 유리칼로 자르고 필름은 면도칼로 절단하여 자른다.
④ 망입 유리 : 유리는 유리칼로 자르고 꺽기를 수차례 반복하여 철망을 절단한다.

> ☞ 공사 현장에서 절단이 불가능한 유리의 종류
> ① 강화유리　② 복층유리　③ 유리블록

6 보양

① 종이 붙이기　　② 판 붙이기　　③ 글자 붙이기

용어해설

1. 박배
   창문을 창문틀에 설치하는 작업

2. 주문치수
   설계도에 표시된 창호재 치수는 마무리된 치수이므로 도면 치수보다 3mm 정도 크게 주문한 치수

3. 마름질
   창문의 크기에 따라 부재를 소요 길이로 자르는 것

4. 바심질
   마름질한 부재를 대패질하여 구멍파기, 홈파기 등으로 다듬는 것

5. 마중대
   미닫이 또는 여닫이 문짝이 서로 맞닿는 선대

6. 여밈대
   미서기 또는 오르내리기창이 서로 여며지는 선대

7. 풍소란
   창호가 닫혀졌을 때 틈새로 바람이 들어오지 않도록 덧대어 주는 것

8. 멀리온(mullion)
   창 면적이 클 때 기존 창틀(window frame)을 보강하는 중간 선대

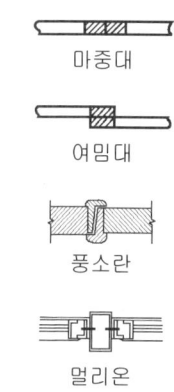

9. 세팅 블록(setting block)
   창틀에 유리판을 끼워 넣을 때 유리판의 파손을 방지하기 위하여 하단 아래쪽에 미리 삽입하는 나무, 고무, 합성수지 등의 재료에 의한 끼움재

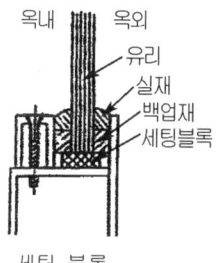

10. 에어 도어(air door)
    건물의 출입구에서 상·하로 분리시킨 공기층을 이용하여 건물 내·외의 공기 유통을 차단하는 장치가 설치된 특수 문

11. 정일푼 유리
    두께 3mm의 판유리

12. 컷 글라스(cut glass)
    판유리 가공품의 하나로써 표면에 광택이 있는 홈 줄을 새겨 모양을 낸 유리

13. 트리플렉스 유리(triplex glass)
    접합(합판) 유리의 일종으로 2겹 유리 사이에 투명 합성수지판을 댄 것

14. 샌드 블라스트(sand blast)
    모래나 기타 연마제를 물이나 압축 공기로 노즐을 통해 고속 분출하여 유리면 등의 표면을 다소 거친 면으로 처리하는 방법

기출 및 예상문제

Ⅰ. 시공 및 시방서

1. 다음은 창호의 도면 표기 방법이다. 각 명칭을 쓰시오. (5점) [97산]

① ② ③
④ ⑤

① _____ ② _____ ③ _____
④ _____ ⑤ _____

[정답] 1
① 들창
② 회전창
③ 미서기창
④ 미들창
⑤ 쌍여닫이창

2. 다음 창호의 용도로서 가장 상관성이 있는 한 가지씩 〈보기〉에서 골라 쓰시오. (4점) [96기]

― 〈보기〉 ―
① 주름문 ② 회전문 ③ 아코디언도어 ④ 무테문

(가) 방풍용 : (　　)　　(나) 현관용 일반 : (　　)
(다) 칸막이용 : (　　)　　(라) 방도용 : (　　)

[정답] 2
(가)-②
(나)-④
(다)-③
(라)-①

3. 철제 창호의 제작 순서이다. (　) 안에 알맞은 용어를 쓰시오. (4점)

원척도 작성 → (①) → 변형 바로잡기 → (②) → (③) → 구부리기 → (④) → (⑤) → 접합부 검사 → 마무리

① ____　② ____　③ ____　④ ____　⑤ ____

[정답] 3
① 녹떨기
② 금긋기
③ 절단
④ 조립
⑤ 용접

4. 철제 창호의 시공 순서이다. (　) 안에 알맞은 용어를 쓰시오. (4점)

현장반입 → (①) → (②) → (③) → 구멍파기, 따내기 → (④) → (⑤) → 창문틀 주위 사춤 → 보양

① _____ ② _____ ③ _____
④ _____ ⑤ _____

[정답] 4
① 변형 바로잡기
② 녹막이칠
③ 먹매김
④ 가설치 및 검사
⑤ 묻음발 고정

5. 다음 알루미늄 새시에 대한 유의 사항 3가지를 기술하시오. (4점) [94 산]

① _____
② _____
③ _____

정답 5
① 강도가 약하므로 취급시 주의한다.
② 모르타르, 회반죽 등 알칼리성에 약하므로 직접적인 접촉은 피한다.
③ 이질 금속재와 접속되면 부식되므로 나사못, 창호철물 등은 동질의 것을 사용한다.

6. 미서기 창에 필요한 철물 4가지를 쓰시오. (3점) [96, 98 가]

① _____ ② _____
③ _____ ④ _____

정답 6
① 바퀴(호차)
② 레일
③ 크레센트
④ 오목손걸이

7. 창호철물에 쓰이는 부속품 4가지를 쓰시오. (3점) [97 가]

① _____ ② _____
③ _____ ④ _____

정답 7
① 정첩
② 레일
③ 바퀴(호차)
④ 크레센트
　* 오목손걸이

8. 다음 창호 철물 중 가장 관계가 큰 것 하나씩을 보기에서 골라 그 번호를 쓰시오. (3점) [95, 96 산]

─── 〈보기〉 ───
① 레일　② 정첩　③ 도르래　④ 자유정첩　⑤ 지도리

(가) 여닫이문 - (　) 　(나) 자재문 - (　)
(다) 미닫이문 - (　) 　(라) 회전문 - (　)

(가) _____ (나) _____ (다) _____ (라) _____

정답 8
(가) - ②
(나) - ④
(다) - ①
(라) - ⑤

9. 다음 창호에 사용되는 창호철물로 가장 대표적인 것 하나씩을 〈보기〉에서 골라 번호로 쓰시오. (4점) [97, 00 산]

─── 〈보기〉 ───
① 플로어힌지　② 도르래　③ 정첩　④ 지도리　⑤ 레일

(가) 미서기창 : (　) 　　(나) 여닫이창 : (　)
(다) 자재여닫이 중량문 : (　) 　(라) 오르내리창 : (　)
(마) 회전문 : (　)

정답 9
(가) - ⑤
(나) - ③
(다) - ①
(라) - ②
(마) - ④

기출 및 예상문제

I. 시공 및 시방서

10. 다음 〈보기〉에서 관련된 것끼리 (   ) 안에 알맞은 번호를 기입하시오. (3점) [98, 99, 01 ㉆]

〈보기〉
① 복층유리   ② 강화유리   ③ 망입유리
④ 형판유리   ⑤ 접합유리

(가) 플러쉬문 : (   )   (나) 무테문 : (   )
(다) 아코디언문 : (   )   (라) 여닫이문 : (   )

정답 10
(가) - ①
(나) - ④
(다) - ②
(라) - ⑤

11. 셔터 시공시 설치 부품명을 3가지만 쓰시오. (3점)

① _____   ② _____   ③ _____

정답 11
① 셔터 케이스
② 홈대(guide rail)
③ 핸들 박스(handle box)
 * 슬랫(slat)

12. 다음 (   ) 안에 알맞은 말을 넣으시오. (3점)

보통 판유리의 두께는 2~5mm이며, 일반 창호에 쓰이는 두께는 6mm 이하의 것을 (①) 유리라 하고, 두께 6mm 이상의 것을 (②) 유리라 한다. 그리고 길이와 두께에 상관없이 (③)m²를 1상자로 하여 판매한다.

① _____   ② _____   ③ _____

정답 12
① 박판
② 후판
③ 9.929

13. 다음 (   ) 안에 알맞은 용어를 쓰시오. (2점) [96 ㉤]

보통 유리에 비하여 3~5배의 강도로써 내열성이 있어 200℃에서도 깨어지지 않고, 일단 금이 가면 전부 콩알만한 조각으로 깨어지는 유리를 (   )유리라고 한다.

정답 13
강화

14. 강화유리의 특징 4가지를 쓰시오. (4점) [99, 01 ㉤]

① _____
② _____
③ _____
④ _____

정답 14
① 파손시 모가 작아 안전하다.
② 강도가 일반 유리에 비해 크다.
③ 일반 유리에 비해 내열성이 있다.
④ 현장에서 재가공이 어렵다.

15. 복층유리의 특징 3가지만 쓰시오. (3점) [95, 98, 99 기]

① _____ ② _____ ③ _____

정답 15
① 단열
② 방음
③ 결로 방지

16. 합판유리의 특성 4가지를 쓰시오. (4점) [99, 01 기]

① _____
② _____
③ _____
④ _____

정답 16
① 2~3장 또는 2장 이상의 유리판을 합성수지로 붙여 댄 것으로 강도가 크다.
② 두께가 두꺼운 것은 방탄유리로 사용된다.
③ 여러 겹이라 다소 하중이 크지만 견고하다.
④ 절단이 용이하다.

17. 안전유리의 종류를 3가지 쓰시오. (3점) [99 산]

① _____ ② _____ ③ _____

정답 17
① 강화유리
② 망입유리
③ 접합유리

18. 건축 창호에 사용되는 유리의 종류 6가지를 쓰시오. (4점) [00 산]

① _____ ② _____ ③ _____
④ _____ ⑤ _____ ⑥ _____

정답 18
① 형판유리
② 복층유리
③ 망입유리
④ 강화유리
⑤ 접합유리
⑥ 자외선투과 유리

19. 다음은 유리공사에 관한 설명이다. 이에 알맞은 용어를 보기에서 골라 번호를 쓰시오. (3점) [98 산]

―〈 보기 〉―
(가) 복층유리   (나) 강화유리   (다) 망입유리
(라) 형판유리   (마) 접합유리

① 한쪽 면에 각종 무늬를 넣은 것 : _____
② 방도용 또는 화재, 기타 파손시 산란하는 위험을 방지하는데 쓰인다. : _____
③ 보온, 방음, 결로에 유리하다. : _____

정답 19
①-(라)
②-(다)
③-(가)

20. 다음의 설명에 해당되는 유리의 명칭을 쓰시오. (3점) [97 산]

① 한 면이 톱날형의 홈으로 된 판유리로서 광선을 조절, 확산하여 실내를 밝게 하는 용도로 사용 : _____
② 채광과 의장을 겸한 구조용 유리벽돌의 용도로 사용 : _____
③ 유리 중간에 금속 망을 넣은 것으로 화재, 기타 파손시 산란하는 위험을 방지하는 용도로 사용 : _____

정답 20
① 프리즘유리(prism glass)
② 유리블록(glass block)
③ 망입유리(figured glass)

기출 및 예상문제

I. 시공 및 시방서

21. 다음 유리에 관한 내용을 서로 상관관계가 있는 것끼리 연결하시오. (4점) [95산]

<보기>
① 접합유리   ② 프리즘유리   ③ 유리섬유
④ 유리블록   ⑤ 유리타일

(가) 벽돌모양으로 된 중공유리는 채광 및 의장성이 좋다. (　)
(나) 2~3장의 유리 사이에 합성수지를 끼워 접착한 유리. (　)
(다) 보온, 보음, 흡음 등의 효과가 있다. (　)
(라) 투사광선의 방향을 변화시키거나 집중, 확산시킬 목적으로 사용. (　)
(마) 불투명의 두꺼운 판유리를 소형으로 자른 것. (　)

정답 21
(가) - ④
(나) - ①
(다) - ③
(라) - ②
(마) - ⑤

22. 다음 보기에서 관계되는 것을 골라 쓰시오. (5점) [97, 00산, 00기]

<보기>
① 구조용 유리   ② 프리즘유리   ③ 유리블록
④ 유리타일   ⑤ 유리섬유

(가) 한 면이 톱날형의 홈으로 된 판유리 : _____
(나) 투명유리로서 상자 형으로 열전도율이 적음 : _____
(다) 광택이 좋고 비흡수성, 화학저항성, 균열발생 : _____
(라) 보온, 흡음, 방음재 : _____
(마) 불투명유리 : _____

정답 22
(가) - ②
(나) - ③
(다) - ④
(라) - ⑤
(마) - ①

23. 서로 관계있는 것끼리 번호로 연결하시오. (4점) [98, 01산]

(가) 유리블럭   ① 부식유리
(나) 방탄유리   ② 거울유리
(다) 장식장용 유리   ③ 복층유리
(라) 단열용 유리   ④ 프리즘유리
(마) 갈은 유리   ⑤ 합판유리
(바) 방화유리   ⑥ 망입유리

(가) _____ (나) _____ (다) _____
(라) _____ (마) _____ (바) _____

정답 23
(가) - ④
(나) - ⑤
(다) - ①
(라) - ③
(마) - ②
(바) - ⑥

24. 다음 유리의 특성을 쓰시오. (4점)

(가) 반사유리 :

(나) 접합유리 :

(다) 강화유리 :

(라) 망입유리 :

정답 24
(가) 반사유리 : 반사막이 광선을 차단, 반사시켜 실내에서 외부를 볼 때에는 전혀 지장이 없으나 외부에서는 거울처럼 보이게 되는 유리이다.
(나) 접합유리 : 2장 이상의 유리판을 합성수지로 붙여 댄 것으로 강도가 크며 두께가 두꺼운 것은 방탄유리로 사용된다.
(다) 강화유리 : 성형 판유리를 500~600℃로 가열한 후 압착하여 만든 유리로 강도가 보통 유리의 3~5배 크며 현장절단이 어렵다.
(라) 망입유리 : 유리판 중간에 철선망을 넣어 만든 유리로 화재나 충격시 파편이 산란하는 위험을 방지하는 유리이다.

25. 플로트 판유리의 검사항목 4가지를 쓰시오. (4점)

① _____ ② _____
③ _____ ④ _____

정답 25
① 치수
② 형상
③ 겉모양
④ 굴곡

26. 유리 끼우기에 사용되는 재료 3가지만 쓰시오. (3점)

① _____ ② _____ ③ _____

정답 26
① 반죽퍼티
② 나무퍼티
③ 고무퍼티

27. 유리 끼우기 공법 4가지를 쓰시오. (4점)

① _____ ② _____
③ _____ ④ _____

정답 27
① 반죽퍼티 대기
② 나무퍼티 대기
③ 고무퍼티 대기
④ 실재(Sealant) 대기

28. 창문틀이 클 경우 유리의 파손 방지책을 3가지만 쓰시오. (3점)

①
②
③

정답 28
① 나비가 큰 새시바를 사용한다.
② 중간틀을 보강한다.
③ 멀리온을 설치한다.

제4장 창호 및 유리공사

기출 및 예상문제

I. 시공 및 시방서

29. 다음 용어를 설명하시오. (3점)

① 에어 도어(air door) :

② 멀리온(mullion) :

30. 유리공사에 쓰이는 용어이다. 간단히 쓰시오. (4점) [98, 99 ㉮]

(가) 트리플렉스 유리(triplex glass) :

(나) 컷 글라스 (cut glass) :

31. 다음 유리공사에 대한 용어이다. 용어를 간단히 설명하시오. (3점)

① 샌드 블라스트(sand blast) :

② 세팅 블록(setting block) :

정 답

정답 29
① 건물의 출입구에서 상·하로 분리시킨 공기층을 이용하여 건물 내·외의 공기 유통을 차단하는 장치가 설치된 특수 문
② 창 면적이 클 때 기존 창틀(window frame)을 보강하는 중간 선대

정답 30
(가) 트리플렉스 유리(triplex glass) : 접합(합판) 유리의 일종으로 2겹 유리 사이에 투명 합성수지판을 댄 것
(나) 컷 글라스 (cut glass) : 판유리 가공품의 하나로써 표면에 광택이 있는 홈 줄을 새겨 모양을 낸 유리

정답 31
① 모래나 기타 연마제를 물이나 압축 공기로 노즐을 통해 고속 분출하여 유리면 등의 표면을 다소 거친 면으로 처리하는 방법
② 창틀에 유리판을 끼워 넣을 때 유리판의 파손을 방지하기 위하여 하단 아래쪽에 미리 삽입하는 나무, 고무, 합성수지 등의 재료에 의한 끼움재

05 | 미장 및 타일공사

> **학습방향**
> - 기경성·수경성 미장재료의 종류와 재료가 자주 출제되므로 구분하여 숙지하도록 한다.
> - 시멘트 모르타르 바름과 타일 붙이기 시공순서를 이해하도록 한다.
> - 타일 시공시 동해 방지법과 붙이기 공법에 대해서도 출제 빈도가 높은 편이다.

1 미장공사

1 미장재료의 분류

1. 기경성 미장재료
공기 중의 탄산가스(CO_2)와 작용하여 경화하는 미장재료(수축성)

기경성	진흙 바름	• 진흙+모래+짚여물의 물반죽 • 외역기 바탕의 흙벽 시공
	회반죽, 회사벽 바름	• 소석회+모래+여물+해초풀 • 물을 사용안함
	돌로마이트 플라스터 (마그네시아 석회)	• 돌로마이트 석회+모래+여물의 물 반죽 • 건조수축이 커서 균열 발생, 지하실에는 사용 안함

2. 수경성 미장재료
가수(加水)에 의해 경화하는 미장재료(팽창성)

수경성재료	순석고 플라스터	• 소석고+석회죽+모래+여물의 물반죽 • 경화가 빠르다.
	혼합석고 플라스터	• 혼합석고+모래+여물의 물반죽 • 약 알칼리성이다.
	경석고 플라스터 (킨즈 시멘트)	• 무수석고+모래+여물의 물반죽 • 경화가 빠르다.
	시멘트 모르타르 바름	• 시멘트+모래
	인조석 바름	• 백시멘트+돌가루(종석)+안료+물

3. 기타
마그네시아 시멘트 : 용해성 간수인 $MgCl_2$(염화마그네슘)을 물 대신 사용하고 철재를 녹슬게 하며 리그노이드(Lignoid)의 원료가 된다.

> ☞ 알칼리성을 띠는 미장재료
> ① 회반죽　　② 돌로마이트 플라스터
> ③ 시멘트 모르타르　　④ 혼합석고 플라스터

2 석회와 석고

1. 석회
① 석회석($CaCO_3$)을 분쇄하여 약 1,300℃ 정도로 가열하면 CO_2가 방출되고 생석회(CaO)가 생성되는데 이것에 물을 가하면 소석회가 된다.
② 소석회를 물과 반죽하여 벽면에 얇게 바르면 수분이 공기 중으로 증발하면서 소석회는 공기 중의 탄산가스(CO_2)와 반응하여 단단한 석회가 된다.
③ 성질
　㉠ 가소성이 크고, 경화시간이 늦다.
　㉡ 미세한 수축, 균열이 생기기 쉽다.
　㉢ 점도가 거의 없다.
　㉣ 습기에 약하여 내부에만 사용된다.

2. 석고
① 소석고 : 천연 석고를 150~190℃ 범위 내에서 천천히 가열하여 결정수가 3/4 방출된 석고
② 경석고 : 천연 석고를 400~500℃에서 가열하여 결정수가 모두 방출된 석고

☞ 석회와 석고질 재료의 특성비교

구 분	성 질
석회질	• 기경성이다. • 수축성이 있다.
석고질	• 수경성이다. • 팽창성이 있다.

3 미장공사시 일반적 주의 사항

① 양질의 재료를 사용하도록 한다.
② 배합은 정확하게, 혼합은 충분하게 한다.
③ 바탕면을 거칠게 하고, 적당한 물축임을 해둔다.
④ 바름 두께는 균일하게 시공한다.
⑤ 초벌 후 재벌까지의 기간을 충분히 잡는다.
⑥ 급격한 건조 및 진동을 피한다.

☞ 미장공사의 종류

① 시멘트 모르타르 바름
② 회반죽 바름
③ 인조석 바름
④ 석고플라스터 바름
⑤ 흙바름

4 회반죽 바름

① 재료
  ㉠ 소석회   ㉡ 모래
  ㉢ 여물   ㉣ 해초풀
② 공기 중의 탄산가스(CO_2)와 작용하여 경화하는 기경성 미장재료
③ 바름 두께는 벽면 15mm, 천장면은 12mm 정도
④ 시공순서
  ㉠ 반죽처리 → ㉡ 재료반죽 → ㉢ 바탕처리 → ㉣ 수염붙이기 →
  ㉤ 초벌바름 → ㉥ 재벌바름 → ㉦ 정벌바름 → ㉧ 마무리 및 보양
⑤ 시공시 주의사항
  ㉠ 작업 중에는 가능한 통풍이 없게 한다.
    (단, 초벌, 고름질, 정벌바름 후에는 적당한 통풍이 필요)
  ㉡ 심한 통풍이나 강한 일사광선은 피한다.
  ㉢ 실내온도가 2℃ 이하일 때는 공사를 중단하거나 난방을 하여 5℃ 이상으로 유지한다.
⑥ 특성
  ㉠ 건조시일이 많이 걸리고 연질이나 외관이 온유하다.
  ㉡ 균열, 탈락의 우려가 없고 값이 저렴한 재료이다.

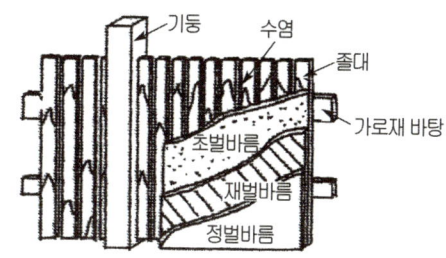

그림. 회반죽 바름벽(졸대바탕)

☞ 여물의 역할과 종류
① 역할 : 미장재료에 혼입하여 보강, 균열(잔금)방지의 역할을 하는 섬유질 재료이다.
② 종류 : 짚여물, 삼여물, 종이여물, 털여물 등이 있다.

> ☞ 해초풀의 역할(목적)
> ① 점도 증대
> ② 부착력 증대
> ③ 강도 증대
> ④ 점도를 높여주어 균열방지에 효과

5 석고플라스터

1. 시공시 주의사항
① 초벌바름에는 반드시 거치름눈(작살긋기)을 넣는다.
② 재벌바름은 나무흙손으로 하고, 졸대 바탕일 때에는 초벌바름이 완전히 건조되어 표면이 하얗게 되었을 때 (초벌바름 후 3~6일), 콘크리트 바탕일 때에는 반건조 되었을 때(초벌바름 후 1~2일)에 한다.
③ 정벌바름은 재벌바름이 반건조 되었을 때(수 시간~24시간) 물걷히기를 보아 마무리 흙손질 한다.
④ 수경성이고 경화가 빠르므로 재료는 혼합 후 즉시 이용하도록 한다.
  (가수(加水) 후 초벌용은 4시간, 정벌용은 2시간이상 경과된 것은 사용하지 않는다.)
⑤ 경화된 것을 다시 반죽하여 쓰면 균열, 박락(剝落)의 원인이 되므로 절대 사용하지 않는다.

2. 시공순서
① 바탕처리 → ② 재료반죽 → ③ 초벌바름 및 라스먹임 → ④ 고름질 및 재벌바름 → ⑤ 정벌바름

6 시멘트 모르타르 바름

1. 모르타르의 종류

종 류		용 도
보통 모르타르	시멘트 모르타르	일반 수장용
	백시멘트 모르타르	착색, 치장용
특수 모르타르	석면 모르타르	단열, 균열 방지용
	질석 모르타르	경량 구조, 단열, 흡음용
	합성수지계 모르타르	광택용
	바라이트 모르타르	방사선 차단용
방수 모르타르		방수용
아스팔트 모르타르		내산성 바닥용

2. 바름 두께

① 1회 바름 두께는 바닥을 제외하고 6mm를 표준으로 한다.
② 부위별 두께
    ㉠ 바깥벽, 바닥 : 24mm
    ㉡ 안벽 : 18mm
    ㉢ 천장 : 15mm

3. 바르기 순서

① 일반적 : 위 → 아래(밑)
② 실내 : 천장 → 벽 → 바닥
③ 외벽 : 옥상난간 → 지층

4. 시공순서

① 시멘트 모르타르 3회 벽 바름
    ㉠ 바탕처리 → ㉡ 물축이기 → ㉢ 초벌바름 → ㉣ 고름질 → ㉤ 재벌 → ㉥ 정벌
② 시멘트 모르타르 바닥 바름
    ㉠ 청소 및 물 씻기 → ㉡ 시멘트 풀(paste) 도포 → ㉢ 모르타르 바름 → ㉣ 규준대밀기 → ㉤ 나무흙손 고름질 → ㉥ 쇠흙손 마감

5. 표면(치장) 마무리 방법

① 뿜칠 마무리(Cement Spray) : 돌로마이트, 모래, 방수제 등을 혼합하여 사용하며 초벌 뿜칠 후 3시간 이내에 재벌 뿜칠을 한다.
② 긁어내기(Scratch) : 마감 바르기를 좀 두껍게(6mm 이상) 한 후 쇠주걱, 쇠빗 등으로 긁어내어 표면을 거칠게 마무리한다.
③ 흙손 마무리 : 흙손으로 표면을 평활하게 마무리하고, 물솔질 마무리로 흙손질을 없앤다.
④ 리신(규산석회) 마무리 : 백시멘트, 돌가루, 안료 등을 혼합하여 6mm 정도를 바르고 12시간 경과 후 쇠빗으로 긁어 마무리한다.
⑤ 색 모르타르 바름 : 백시멘트에 무기질 안료를 썩어 정벌바름 두께 6mm 정도 바른다.

7 인조석·테라조(Terrazzo) 바름

1. 재료
① 백시멘트, 시멘트
② 종석
③ 안료
④ 물

2. 테라조(Terrazzo) 현장 갈기 시공순서
① 바탕청소
② 황동줄눈대 대기
③ 테라조 바름
④ 양생 및 경화
⑤ 초벌갈기
⑥ 시멘트 풀(paste) 먹임
⑦ 정벌갈기
⑧ 왁스칠

3. 줄눈대(joiner)
① 설치 목적
  ㉠ 재료의 수축·팽창에 대한 균열방지
  ㉡ 바름 구획의 구분
  ㉢ 보수용이
② 줄눈대의 설치 : 황동제품이 주로 사용되며 최대 줄눈대의 간격은 2.0m 이하로 보통 90cm 각이 많이 이용된다.(면적은 1.2m² 이내)

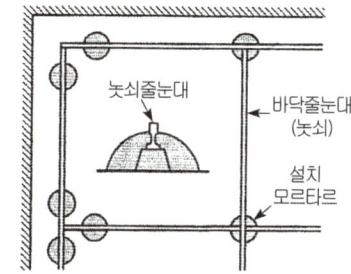

그림. 줄눈대 대기

4. 갈기
인조석 갈기는 손갈기 또는 기계갈기를 보통 3회로 한다. 고급으로 할 때에는 갈기 후 수산가루를 뿌려 닦아 내고, 왁스를 바르며, 광내기로 마무리를 한다.

8 셀프 레벨링(Self Leveling, SL)재

① 셀프 레벨링(SL)재는 석고계, 시멘트계가 있으며 자체 유동성이 있기 때문에 평탄하게 되는 성질을 이용하여 바닥마름질 공사 등에 사용하는 재료이다.

구 분	주 요 내 용
석고계	① 주재료 : 석고 + 모래 + 경화지연제, 유동화제 등을 첨가 ② 자체 평탄성이 있으며 주로 실내에만 사용된다. ③ 내구성, 내수성이 결점이라 고분자계통의 에멀젼을 혼합하여 개선한다.
시멘트계	① 주재료 : 포틀랜드 시멘트 + 모래 + 분산제, 유동화제, 팽창성 혼화제 등을 첨가 ② 강도발현이 늦고 수축 균열의 우려가 있다. ③ 실외에도 사용가능하다.

② 셀프 레벨링재의 표면에 물결무늬가 생기지 않도록 창문 등을 밀폐하여 통풍과 기류를 차단하도록 한다.
③ 시공 중이나 시공완료 후 기온이 5℃이하가 되지 않도록 한다.
※ 현장에서는 방, 거실 등의 바닥면을 한꺼번에 시공하므로 '방통'을 친다고 한다.

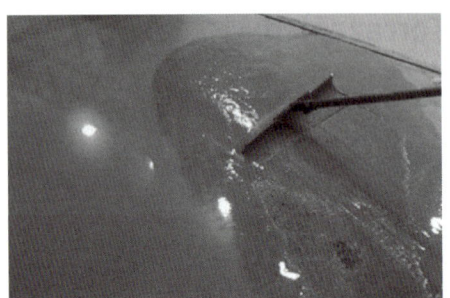

2 타일 공사

1 개요

1. 점토 제품의 분류

종 류	소성온도(℃)	소 지 흡수율(%)	소 지 색 깔	용 도
토 기	790~1,000	20 이상	유색	기와, 벽돌, 토관
도 기	1100~1,230	10~22	백색, 유색	내장 타일, 테라코타
석 기	1,160~1,350	1~10	유색	내·외장 타일, 클링커 타일
자 기	1,230~1,460	0~1	백색	자기질 타일, 위생 도기

☞ 점토 제품의 소성온도와 흡수율 비교
① 소성온도 : 자기>석기>도기>토기
② 흡수율 : 토기>도기>석기>자기

2. 타일의 제조법

명 칭	성형 방법	용 도
건식법	원재료를 건조 분말 상태(함수율 1~8%)로 하여 가압(press) 성형하여 제조	내장 타일 모자이크 타일 바닥 타일
습식법	원재료를 물 반죽 상태(함수율 20% 전후)로 하여 형틀에 넣고 압출 성형하여 제조	외장 타일 바닥 타일

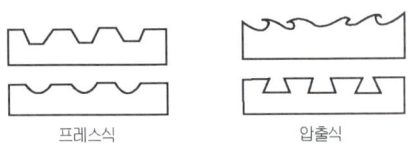

그림. 타일단면의 형상

3. 타일의 용도상 분류

종 류	요 구 성 능
① 외부 벽용 타일	㉠ 흡수성이 적을 것 ㉡ 외기에 저항력이 강하고 단단한 것
② 내부 벽용 타일	㉠ 흡수성이 다소 있는 것 ㉡ 미려하고 위생적이며 청소가 용이한 것
③ 내부 바닥용 타일	㉠ 단단하고 내구성이 강한 것 ㉡ 흡수성이 적은 것 ㉢ 내마모성이 좋고, 충격에 강한 것 ㉣ 표면이 미끄럽지 않은 것

2 타일 붙이기

1. 바탕처리시 주의사항
① 타일 부착 잘 되도록 표면은 약간 거칠게 처리 한다.
② 바탕처리 후 1주일 이상 경과 후 타일 붙이기하는 것이 원칙이다.
③ 바탕의 들뜸·균열 등은 미리 보수하고, 불순물 등은 제거·청소해 둔다.
④ 흡수성이 큰 타일은 미리 물을 뿌려두고, 바탕면에도 물축임 해둔다.

2. 모르타르 배합비
① 경질 타일 1:2 정도
② 연질 타일 1:3 정도
③ 치장줄눈 1:1 정도

3. 타일 줄눈나비의 표준

타일 구분	대형(외부)	대형(내부)	소형	모자이크
줄눈 나비	9mm	6mm	3mm	2mm

4. 타일나누기 주의사항
① 벽과 바닥을 동시에 계획하여 가능한 줄눈을 맞추도록 한다.
② 가능한 온장을 사용할 수 있도록 계획한다.
③ 수전 및 매설물의 위치를 파악한다.
④ 모서리 및 개구부는 특수타일로 계획한다.

5. 일반 타일 붙이기
① 붙임 모르타르의 바름 두께 : 벽 15~25mm, 바닥 20~30mm 정도가 적당하다.
② 벽타일의 1일 붙이기 높이는 1.2~1.5m 이하로 한다.
③ 벽타일 붙이기는 밑에서 위로 붙여 나간다.
④ 줄눈은 막힌 줄눈, 통 줄눈, 실 줄눈 등으로 한다.

6. 벽타일 붙이기 순서
① 바탕처리　　② 타일나누기
③ 벽타일 붙이기　④ 치장줄눈　⑤ 보양

7. 벽타일 줄눈파기 순서
① 세로 → ② 가로

8. 치장줄눈 및 보양
① 치장줄눈
　㉠ 타일을 붙인 후 3시간이 경과한 후 줄눈파기를 하고 줄눈부분을 충분히 청소한다.
　㉡ 24시간 경과한 때 붙임모르타르의 경화 정도를 보고 치장줄눈을 하되, 작업 직전에 줄눈 바탕에 물을 뿌려 습윤하게 한다.
　㉢ 치장줄눈의 너비가 5mm 이상일 때에는 고무 흙손으로 충분히 눌러 빈틈이 생기지 않게 하며, 2회로 나누어 줄눈을 채운다.

② 이질바탕의 접합부분이나 콘크리트를 수평방향으로 이어붓기한 부분 등 수축 균열이 생기기 쉬운 붙임면이 넓은 부분에는 신축 줄눈을 약 3m 간격으로 둔다.
⑩ 배합비 1 : 1로 벽은 3시간, 바닥은 6~12시간 경과 후 시공한다.
② 보양
 ㉠ 하중 제한 : 타일을 붙인 후 7일간 진동이나 보행을 금지한다.
 ㉡ 양생온도 : 2℃ 이하일 때에는 임시가설난방을 하여 보온을 유지한다.
 ㉢ 표면청소 : 물씻기를 한다.

8. 바닥 플라스틱재 타일의 시공순서
① 바탕 고르기
② 프라이머(primer) 도포
③ 접착제 도포
④ 타일 붙이기
⑤ 타일면 청소
⑥ 왁스 문지르기

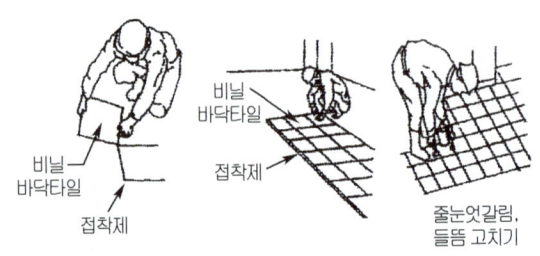

그림. 바닥 플라스틱 타일의 시공

3 타일 붙이기 공법

분류		내용
① 떠붙이기	떠붙임공법	타일 이면에 모르타르를 얹어서 바탕면에 직접 붙이는 방법
	개량 떠붙임공법	벽돌 벽면 또는 거친 콘크리트 면에 먼저 평활하게 미장 바름한 다음 타일 이면에도 모르타르를 3~6mm 정도 비교적 얇게 발라 붙이는 방법
② 압착 붙이기	압착붙임공법	바탕 면에는 먼저 평활하게 하고, 그 위에 접착 모르타르를 얇게 바른 후 타일을 한 장씩 눌러 붙이는 방법
	개량 압착붙임공법	바탕 면에 모르타르를 나무흙손으로 바름 한 후 타일 면과 바름면에 붙임 모르타르를 발라서 눌러 붙여 타일 주변에 모르타르가 빠져나오게 하는 방법
③ 접착제 붙임 공법		• 합성수지 접착제를 바탕면에 바르고 그 위에 타일을 붙이는 방법 • 시공시 주의 사항 ㉠ 바탕면을 충분히 건조한 후 시공한다. ㉡ 접착제 1회 바름은 2m² 이하로 한다.

	떠붙임	개량 떠붙임	압착붙임	개량 압착붙임
시공순서	바탕 콘크리트 / 타일 붙임 / 밑 모르타르 고르기 / 타일 / 붙임 모르타르 / 빗포질	바탕 콘크리트 / 타일 붙임 / 밑 모르타르 고르기 / 타일 / 붙임 모르타르 / 나무흙손 마무리	바탕 콘크리트 / 타일 붙임 / 밑 모르타르 고르기 / 붙임 모르타르 / 나무흙손 마무리	바탕 콘크리트 / 타일 붙임 / 밑 모르타르 고르기 / 타일 / 붙임 모르타르 / 나무흙손 마무리

☞ 떠붙임 공법과 압착 공법의 특징 비교

종류	떠붙임 공법	압착 공법
특징	① 타일과 붙임모르타르의 접착성이 비교적 양호함 ② 박리하는 경우가 비교적 적음 ③ 시공관리가 용이함 ④ 작업속도가 더디고 숙련을 요함	① 타일 이면에 공극이 적어 백화현상이 적음 ② 동해의 발생이 적음 ③ 직접 붙임 공법에 비해 비교적 숙련을 요하지 않음 ④ 작업속도가 빠르고 능률적임

4 거푸집 면 타일 먼저 붙이기 공법

① 타일 시트법 : 크라프트지(kraft paper) 또는 플라스틱 필름을 표지로 하여 타일 표면에 풀칠하여 붙이고 합판을 뒷받침한 타일 시트(tile sheet)를 만들어 거푸집 안면에 대는 방법이다.
② 줄눈대법 : 발포스치롤 또는 경질 고무로 줄눈 격자를 형성하여 타일 지지재로 하여 여기에 타일을 끼워 놓고 거푸집에 대거나, 또는 틀을 먼저 거푸집에 대고 타일을 끼우는 방법이다.
③ 줄눈틀법 : 거푸집에 먼저 줄눈대를 설치하고 여기에 대형 특수타일을 못 박아 고정하는 방법이다.
※ 유니트 타일 붙이기법 : 기성 콘크리트 판(PC panel)의 타일 먼저 붙이기에 이용

5 타일의 탈락(박리)

1. 원인
① 붙임시간(open time)의 불이행 (내장 타일 : 10분, 외장 타일 : 20분 이내)
② 바름 두께의 불균형
③ 붙임 모르타르 자체의 접착강도 부족
④ 모르타르 충진 불충분
⑤ 붙임 후 보양 불량
⑥ 바탕재와 타일의 신축·팽창의 정도에 따른 차이

2. 대책
① 붙임시간(open time)을 준수한다.
② 접착면적이 넓은 압출형 타일을 사용한다.
③ 바름 두께를 균일하게 실시한다.
④ 모르타르 배합비를 정확하게 한다. (적절한 접착제를 선택한다.)
⑤ 줄눈을 수밀하게 한다.
⑥ 적절한 보양을 실시한다.

3. 타일의 박리 조사 방법
① 타음법
  ㉠ 판정자가 테스트 헤미로 타일 표면을 타격하여 그 타음을 청각에 의해서 듣고, 타일의 박리 유무를 판정하는 것이다.
  ㉡ 가장 일반적으로 사용되는 진단 방법이나 판정자의 숙련도에 따라 판정결과에 큰 차이가 있다.
② 주입 시험법
  ㉠ 박리되었다고 판정된 벽면에 에폭시 수지나, 폴리머 시멘트 페이스트 등을 주입해서 주입 범위 및 두께 등을 조사하는 방법이다.
  ㉡ 주입 범위나 주입되는 두께를 바탕으로 박리와 범위를 조사한다.

③ 코아(Core) 채취법
  타일 붙임 벽체의 단면을 원통 형태로 직접 채취하여, 타일 및 모르타르의 부착상태나 바탕의 열화 상태 등을 조사하는 방법이다.
④ 인장 시험법
  ㉠ 타일 접착력 시험기를 사용하여 타일의 접착강도를 측정하는 것이다.
  ㉡ 시험체는 콘크리트 커터 등을 사용하여 바탕 구조체의 일부까지 줄눈 절단을 하여 타일 크기의 어태치먼트(attachment)를 타일과의 사이에 에폭시 등의 접착제를 사용하여 정확히 붙인다. 타일의 크기가 50mm 미만의 타일에 대해서는 타일 4매 이상을 1조로하여 어태치먼트를 붙여 인장 시험을 한다.

6 타일 시공시 동결(凍結) 현상과 방지법

1. 현상
① 박리 ② 균열
③ 백화 ④ 동해

2. 동해(凍害) 방지법
① 소성온도가 높은 타일을 사용한다.
② 흡수성이 낮은 타일을 사용한다.
③ 붙임용 모르타르 배합비를 정확히 한다.
④ 줄눈 누름을 충분히 하여 빗물의 침투를 방지한다.

용어해설

1. 수염
   목조의 졸대 바탕에 붙여서 회반죽이 떨어지는 것을 방지하기 위하여 대는 섬유질의 일종

2. 소석회의 경화
   석회석($CaCO_3$)을 분쇄하여 약 1,300℃ 정도로 가열하면 CO_2가 방출되고 생석회(CaO)가 생성되는데 이것에 물을 가하면 소석회가 되는 것

3. 바탕처리
   미장 공사시 요철 또는 변형이 심한 개소를 고르게 덧바르거나 깎아 내어 마감 두께가 균등하도록 조정하는 것

4. 라스먹임
   메탈라스, 와이어라스 등의 바탕에 최초로 미장을 발라 붙이는 작업

5. 덧먹임
   바르기의 접합부 또는 균열의 틈새, 구멍 등에 반죽된 재료를 밀어 넣는 작업

6. 눈먹임
   인조석 갈아내기나 테라조 현장갈기 공사에서 작업면에 종석이 빠져나간 구멍부분 및 기포를 메우기 위해 그 배합에서 종석을 제외하고 반죽한 것을 작업면에 발라 붙이는 작업

7. 숏크리트(shotcrete)
   모르타르를 압축 공기로 분사하여 바르는 것

8. 바라이트(barite) 모르타르
   바륨을 주원료로 하는 분말을 모래와 시멘트를 혼합하여 사용하며 방사선 차단능력이 있다.

9. 질석 모르타르
   질석을 약 1,100℃에서 가열 팽창시켜서 경량화한 것을 골재로 해서 사용하는 모르타르로서 경량, 방화, 단열, 흡음성이 뛰어나다.

10. 아스팔트 모르타르
    용융 아스팔트에 적당량의 모래, 시멘트 등을 혼합하여 바르는 것으로 아스팔트의 접착성, 내산성, 내수성을 필요로 하는 곳에 바른다.

11. 석면 모르타르
    일반 모르타르에 석면을 섞어 바르는 것이다.

12. 러프 코트(rough coat)
    시멘트, 모래, 잔자갈, 안료 등을 섞어 이긴 것을 바탕 바름이 마르기 전에 뿌려 붙이거나 거칠게 바르는 일종의 인조석 바름이다.

13. 리신 바름(lithin coat)
    돌로마이트에 화강석 부스러기, 색모래, 안료 등을 섞어 정벌바름하고 충분히 굳지 않은 때에 표면에 거친 솔, 얼레 빗 등으로 긁어진 거친면으로 마무리 하는 것으로 일종의 인조석 바름이다.

14. 리그노이드
    마그네시아 시멘트에 톱밥, 코르크 가루, 안료 등에 모르타르를 혼합 반죽한 것으로 탄성이 있어 건물, 차량, 선박 등의 마감 재료로 이용된다.

15. 시유(施釉) 타일
    표면에 유약을 바른 것으로 주로 외장용으로 많이 이용된다.

16. 무유(無釉) 타일
    표면에 유약을 바르지 않은 것으로 주로 바닥용으로 많이 이용된다.

17. 보더 타일(border tile)
    형상이 가늘고 긴 타이로 걸레받이, 징두리 등에 사용하는 타일

18. 모자이크 타일(mosaic tile)
    40mm 각 이하의 소형 타일

19. 아트 모자이크 타일(art mosaic tile)
    소형 타일을 이용하여 벽이나 바닥 등에 회화나 무늬를 만드는 경우에 사용되는 타일

20. 하드 롤지(hard rolled paper)
    모자이크 타일 뒷면의 종이로 보양용으로도 이용되기도 한다.

21. Open time
    타일 붙임 모르타르의 기본 접착 강도를 얻을 수 있는 최대의 한계 시간

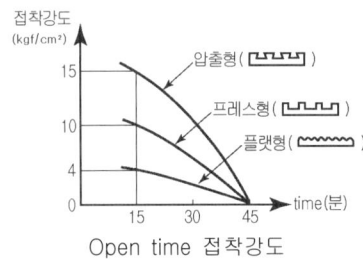
Open time 접착강도

22. 물시멘트비(W/C)
    ① 물시멘트비는 시멘트에 대한 물의 단위 용적 중량비를 말한다.
    ② 물시멘트비(W/C) = $\dfrac{\text{물의 단위용적 중량}}{\text{시멘트의 단위용적 중량}} \times 100(\%)$

23. 블리딩(bleeding)
    콘크리트 타설 직후 비중이 무거운 골재와 시멘트는 침하되고 물이 상승하는 현상

24. 레이턴스(laitance)
    블리딩 수의 상승으로 미세한 물질이 같이 상승하여 콘크리트 표면에 얇은 피막을 형성하는 물질

25. 프리팩트 콘크리트(Prepacked Concrete)
    굵은 골재를 거푸집에 먼저 넣고 그 사이에 시멘트 모르타르를 펌프로 주입하여 만드는 콘크리트

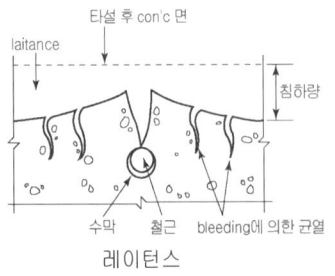
레이턴스

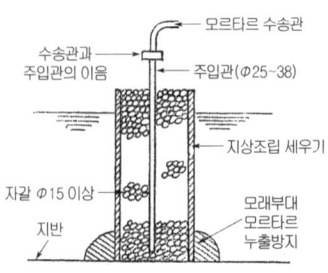
프리펙트 콘크리트

26. 슈링크 믹스트 콘크리트(Shrink mixed concrete)
    믹싱 플랜트에서 고정믹서로 어느 정도 비벼진 것을 트럭믹서에 실어 운반도중에 비벼 현장에 반입하는 콘크리트

기출 및 예상문제

I. 시공 및 시방서

1. 다음의 미장재료 중에서 수경성인 재료를 보기에서 골라 기호를 쓰시오. (4점) [94, 95 ㈜]

   〈보기〉
   ① 인조석 바름   ② 시멘트 바름
   ③ 회반죽   ④ 돌로마이트 플라스터

   _____

   정답 1
   ①, ②

2. 다음의 보기 중에서 기경성인 재료를 모두 골라 번호를 기입하시오. (3점)

   〈보기〉
   ① 킨즈시멘트   ② 돌로마이트 플라스터   ③ 마그네샤 시멘트
   ④ 시멘트 모르타르 ⑤ 진흙질   ⑥ 회반죽

   _____

   정답 2
   ②, ⑤, ⑥

3. 다음 보기는 미장공사에 사용되는 재료이다. 이 중에서 알칼리성을 갖는 것을 골라 기호로 쓰시오. (3점) [96, 98, 00, 01 ㈜]

   〈보기〉
   ① 석회석 플라스터   ② 시멘트 모르타르   ③ 순석고 플라스터
   ④ 돌로마이트 플라스터 ⑤ 회반죽   ⑥ 경석고 플라스터

   _____

   정답 3
   ②, ④, ⑤

4. 미장공사의 치장마무리 방법을 5가지만 쓰시오. (5점) [96 ㈜]

   ① _____ ② _____
   ③ _____ ④ _____
   ⑤ _____

   정답 4
   ① 뿜칠마무리
   ② 긁어내기
   ③ 흙손마무리
   ④ 리신(규산석회)마무리
   ⑤ 색모르타르 바름

5. 회반죽의 재료 종류 4가지를 쓰시오. (4점) [94, 01 ㈜]

   ① _____ ② _____
   ③ _____ ④ _____

   정답 5
   ① 소석회
   ② 모래
   ③ 여물
   ④ 해초풀

제5장 미장 및 타일공사 93

기출 및 예상문제

I. 시공 및 시방서

6. 회반죽에서 해초풀의 역할과 기능에 대하여 4가지를 쓰시오. (4점)

① _____ ② _____

③ _____ ④ _____

정답 6
① 점도 증대
② 부착력 증대
③ 강도 증대
④ 균열방지에도 효과

7. 미장재료에서 사용되는 여물 3가지를 쓰시오. (3점) [00산]

① _____ ② _____ ③ _____

정답 7
① 짚여물
② 삼여물
③ 종이여물
  *털여물

8. 다음은 목조 졸대 바탕의 회반죽 시공순서이다. ( ) 안을 채우시오. (4점)

반죽처리 → 재료반죽 → (①) → (②) → (③) → (④) → 마무리 및 보양

① _____ ② _____

③ _____ ④ _____

정답 8
① 바탕처리
② 수염붙이기
③ 초벌바름
④ 정벌바름

9. 미장재료에서 석회질과 석고질의 성질을 각각 2가지씩 쓰시오. (4점)

(가) 석회질 : ① _____ ② _____

(나) 석고질 : ① _____ ② _____

정답 9
(가) 석회질
 ① 기경성이다.
 ② 수축성이다.
(나) 석고질
 ① 수경성이다.
 ② 팽창성이다.

10. 다음 실내면의 미장 시공순서를 기입하시오. (3점) [99산]

〈보기〉
실내 3면의 시공순서는 (①), (②), (③)의 시공순서로 공사한다.

① _____ ② _____ ③ _____

정답 10
① 천장
② 벽
③ 바닥

11. 다음 ( ) 안에 알맞은 것을 보기에서 골라 번호를 쓰시오. (4점) [94, 97산]

〈보기〉
(가) 밑   (나) 위

미장 바르기 순서는 (①)에서부터 (②)의 순으로 한다. 또한, 벽타일 붙이기는 (③)에서부터 (④)의 순으로 한다.

① _____ ② _____ ③ _____ ④ _____

정답 11
①-(나)
②-(가)
③-(가)
④-(나)

12. 시멘트 모르타르(mortar)의 바름 두께를 해당 답란에 답하시오. (4점)

(가) 바닥 : (　　　)　　(나) 안벽 : (　　　)
(다) 바깥벽 : (　　　)　　(라) 천장 : (　　　)

정답 12
(가) 바닥 : 24mm
(나) 안벽 : 18mm
(다) 바깥벽 : 24mm
(라) 천장 : 15mm

---

13. 미장공사시 모르타르 바름 순서를 보기에서 골라 나열하시오. (3점)　[03 산]

〈보기〉
① 바탕면 보수　　② 바탕 청소
③ 우묵한 곳 살 보충하기　　④ 넓은면 바르기
⑤ 모서리 및 교차부 바르기

정답 13
② → ① → ③ → ⑤ → ④
※ 바닥면 바르기

---

14. 졸대 바탕벽 모르타르 바르기 순서를 바르게 나열하시오. (3점)　[98 산]

〈보기〉
① 바탕처리　　② 벽 전체 넓은 부분 바르기
③ 들어간 부분 메우기　　④ 졸대 세우기
⑤ 모서리부분 바르기　　⑥ 벽 보수하기

정답 14
⑥ → ① → ③ → ④ → ② → ⑤
※ 졸대바탕 벽면 바르기

---

15. 다음은 미장공사에 대한 기술이다. 알맞은 용어를 보기에서 골라 서로 연결하시오. (3점)　[00 산]

〈보기〉
① 메탈라스, 와이어라스 등의 바탕에 최초로 발라 붙이는 작업
② 방사선 차단용으로 시멘트, 바라이트 분말, 모래를 섞어 만든다.
③ 바르기의 접합부 또는 균열의 틈새, 구멍 등에 반죽된 재료를 밀어 넣는 작업

(가) 바라이트 : _____

(나) 라스먹임 : _____

(다) 덧먹임 : _____

정답 15
(가) - ②
(나) - ①
(다) - ③

기출 및 예상문제

Ⅰ. 시공 및 시방서

16. 다음은 미장공사시 사용되는 모르타르의 종류이다. 각각의 특성을 골라 연결하시오. (4점) [98 ㉮]

─〈보기〉─
① 광택   ② 방사선 차단   ③ 착색
④ 내산성   ⑤ 단열   ⑥ 방수

(가) 백시멘트 모르타르 : _____   (나) 바라이트 모르타르 : _____
(다) 석면 모르타르 : _____   (라) 방수 모르타르 : _____
(마) 합성수지계 모르타르 : _____   (바) 아스팔트 모르타르 : _____

정답 16
(가) ③
(나) ②
(다) ⑤
(라) ⑥
(마) ①
(바) ④

17. 테라조(Terazzo) 현장갈기 시공순서를 보기에서 골라 쓰시오. (4점)

─〈보기〉─
① 왁스칠   ② 시멘트풀 먹임   ③ 양생 및 경화
④ 초벌갈기   ⑤ 정벌갈기   ⑥ 테라조 종석바름
⑦ 황동줄눈대 대기

정답 17
⑦ → ⑥ → ③ → ④ → ② → ⑤ → ①

18. 바닥에 설치하는 줄눈대의 목적을 2가지만 쓰시오. (2점) [97 ㉯]
①
②

정답 18
① 재료의 수축, 팽창에 대한 균열방지
② 바름 구획의 구분
  * 보수용이

19. 미장공사의 치장 마무리 방법 4가지를 쓰시오. (4점) [00 ㉯]
①   ②
③   ④

정답 19
① 뿜칠 마무리
② 긁어내기
③ 흙손 마무리
④ 리신(규산석회) 마무리

20. 셀프 레벨링(Self Leveling, SL)재에 대해 간단히 설명하시오. (3점)

정답 20
셀프 레벨링(SL)재는 석고계, 시멘트계가 있으며 자체 유동성이 있기 때문에 평탄하게 되는 성질을 이용하여 바닥마름질 공사 등에 사용하는 재료이다.

21. 보기에서 흡수성이 큰 순서대로 나열하시오. (3점) [97, 00 산]

＜보기＞
| 토기 | 석기 | 자기 | 도기 |

정답 21
토기 > 도기 > 석기 > 자기

22. 다음 ( ) 안에 적당한 말을 써 넣으시오. (3점)

타일의 성형방법에는 건식과 습식의 2가지 방법이 있다. 건식은 원재료를 건조 분말하여 (①) 성형한 것이고, 습식은 원재료를 물반죽하여 형틀에 넣고 (②) 성형한 것이다.

① _____ ② _____

정답 22
① 가압(프레스)
② 압출

23. 다음 타일의 선정 및 선별에서 타일의 용도상 종류를 구별하여 3가지만 쓰시오. [92 산]

①
②
③

정답 23
① 외부 벽용 타일
② 내부 벽용 타일
③ 내부 바닥용 타일

24. 타일붙이기 공사에서 바탕처리 방법을 기술하시오. (4점) [96 산]

①
②

정답 24
① 타일 부착 잘 되도록 표면은 약간 거칠게 처리 한다.
② 바탕처리 후 1주일 이상 경과 후 타일 붙이기하는 것이 원칙이다.

25. 벽타일 붙이기 시공 순서를 쓰시오. (4점) [94, 95, 96, 01 산]

(①) － (②) － (③) － (④) － (⑤)

① _____ ② _____
③ _____ ④ _____
⑤ _____

정답 25
① 바탕처리
② 타일나누기
③ 타일붙이기
④ 치장줄눈
⑤ 보양

기출 및 예상문제 — I. 시공 및 시방서

26. 다음은 타일나누기 순서이다. 알맞게 번호로 나열하시오. (3점) [95 산]

<보기>
① 치장줄눈   ② 타일 나누기   ③ 벽타일 붙이기
④ 바탕처리   ⑤ 보양

정답 26
④ → ② → ③ → ① → ⑤

27. 타일의 동해 방지법 4가지만 쓰시오. (4점) [94 산]

①
②
③
④

정답 27
① 소성온도가 높은 타일을 사용한다.
② 흡수성이 낮은 타일을 사용한다.
③ 붙임용 모르타르 배합비를 정확히 한다.
④ 줄눈 누름을 충분히 하여 빗물의 침투를 방지한다.

28. 타일에 관한 용어를 설명하시오. (3점)

① Hard rolled지 :

② Art mosaic tile :

정답 28
① 모자이크 타일 뒷면의 종이로 보양용으로도 이용되기도 한다.
② 소형 타일을 이용하여 벽이나 바닥 등에 회화나 무늬를 만드는 경우에 사용되는 타일이다.

29. 내부 바닥용 타일이 갖추어야 할 성질 4가지를 쓰시오. (4점) [97, 00 산]

①
②
③
④

정답 29
① 단단하고 내구성이 강한 것
② 흡수성이 적은 것
③ 내마모성이 좋고, 충격에 강한 것
④ 표면이 미끄럽지 않은 것

30. 타일공법 중 압착공법의 장점에 대해 3가지를 기술하시오. (4점)

①
②
③

정답 30
① 타일 이면에 공극이 적으므로 백화현상이 적다.
② 직접 붙임공법에 비해 숙련도를 요하지 않는다.
③ 작업속도가 빠르고 능률적이다.

31. 타일공사에서 벽붙이기 공법의 종류를 4가지 쓰시오. (4점)

① _____
② _____
③ _____
④ _____

정답 31
① 떠붙임공법
② 개량 떠붙임공법
③ 압축붙임공법
④ 개량 압축붙임공법

32. 타일 붙이기공법 중 떠붙임공법의 장점에 대해 3가지만 기술하시오. (4점)

① _____
② _____
③ _____

정답 32
① 타일과 붙임모르타르의 접착성이 비교적 양호하다.
② 박리하는 경우가 비교적 적다.
③ 시공관리가 용이하다.
  * 작업속도가 더디고 숙련을 요한다.

33. 바닥 플라스틱재 타일의 시공 순서를 다음 보기에서 골라 순서대로 기호를 쓰시오. (4점)   [96 산]

〈보기〉
① 프라이머 도포   ② 접착제 도포
③ 바탕 고르기   ④ 타일 붙이기

_____

정답 33
③ → ① → ② → ④

34. 거푸집 면에 타일을 먼저 붙이는 공법을 3가지 쓰시오. (3점)

① _____ ② _____ ③ _____

정답 34
① 타일 시트법
② 줄눈대법
③ 줄눈틀법

35. 다음 설명에 대한 용어를 쓰시오. (3점)

① 부어넣기 직전의 모르타르 또는 콘크리트에 포함된 시멘트 풀 속의 시멘트에 대한 물의 중량백분율 : (   )
② 아직 굳지 않은 시멘트 풀, 모르타르 및 콘크리트에 있어서 물이 윗면에 스며 오르는 현상 : (   )
③ 콘크리트 타설 후 블리딩 수(水) 증발에 따라 표면에 나오는 백색의 미세물질 : (   )

① _____ ② _____ ③ _____

정답 35
① 물시멘트비
② 블리딩(bleeding)
③ 레이턴스(laitance)

기출 및 예상문제

I. 시공 및 시방서

36. 회반죽 시공시 다음 용어를 간단히 설명하시오. (3점) [95 ㉮]

(가) 수염 : _____

(나) 코너 비드 : _____

(다) 소석회의 경화 : _____

37. 다음 용어를 간단히 설명하시오. (4점) [97 ㉮]

(가) 프리팩트 콘크리트 : _____

(나) 슈링크 믹스트 콘크리트 : _____

정 답

정답 36

(가) 수염 : 목조의 졸대 바탕에 붙여서 회반죽이 떨어지는 것을 방지하기 위하여 대는 섬유질의 일종

(나) 코너 비드 : 기둥이나 벽 등의 모서리를 보호하기 위하여 대는 것

(다) 소석회의 경화 : 석회석($CaCO_3$)을 분쇄하여 약 1,300℃ 정도로 가열하면 CO_2가 방출되고 생석회(CaO)가 생성되는데 이것에 물을 가하면 소석회가 되는 것

정답 37

(가) 프리팩트 콘크리트 : 굵은 골재를 거푸집에 먼저 넣고 그 사이에 시멘트 모르타르를 펌프로 주입하여 만드는 콘크리트

(나) 슈링크 믹스트 콘크리트 : 믹싱 플랜트에서 고정믹서로 어느 정도 비벼진 것을 트럭 믹서에 실어 운반도중에 비벼 현장에 반입하는 콘크리트

06 금속공사

> **학습방향**
> - 기성제품들의 용어와 사용용도가 서술형으로 출제되므로 이것에 대비하도록 한다.
> - 청동과 황동의 합금 성분을 구분하여 알아두도록 한다.

1 기성제품

1. 인서트(insert)
콘크리트 바닥판 밑에 설치하여 반자틀 등을 달아 매고자할 때 볼트 또는 달대의 걸침이 되는 철물

2. 익스펜션 볼트(expansion bolt)
① 콘크리트, 벽돌 등의 면에 띠장, 문틀 등의 다른 부재를 고정하기 위하여 묻어두는 특수 볼트
② 확장 볼트 또는 팽창 볼트라고도 한다.

그림. 인서트

그림. 익스펜션 볼트

3. 논슬립(non-slip, 미끄럼 막이)
① 계단을 오르내릴 때 미끄러지는 것을 방지하기 위하여 계단 끝 부분에 설치하는 것
② 논슬립 고정 방법
    ㉠ 고정 매입법   ㉡ 나중 매입법   ㉢ 접착제법

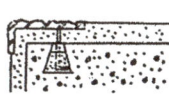 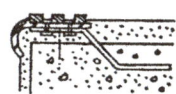 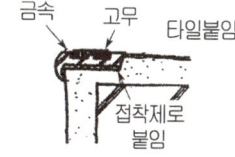

그림. 논슬립

4. 드라이비트(dry-vit) 건(gun) 및 드라이비트 핀(Pin)
① 드라이비트 건은 극소량의 화약을 이용하여 콘크리트, 벽돌면 등에 특수 못(드라이비트 핀)을 순간적으로 박아대는 공구로 못박기 총이라고도 한다.
② 장점
    ㉠ 노동력 경감
    ㉡ 시공 작업의 용이
    ㉢ 공기단축

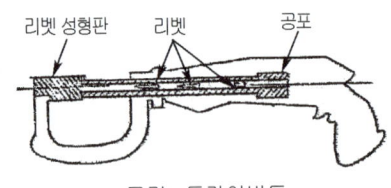
그림. 드라이비트

그림. 드라이브핀

5. 메탈 라스(metal lath)
박강판에 일정한 간격으로 자르는 자국을 내어 이것을 옆으로 잡아당겨 그물 모양으로 만든 것

6. 와이어 라스 (wire lath)
철선을 꼬아 만든 철망

7. 와이어 매쉬(wire mesh)
연강철선을 직교시켜 전기 용접한 철선망

8. 펀칭메탈(punching metal)
두께 1.2mm 이하의 박강판에 여러 가지 무늬로 구멍을 뚫어 만든 것

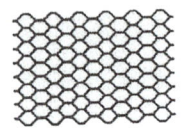
그림. 메탈라스

그림. 와이어라스

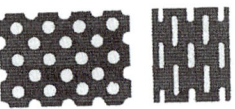
그림. 펀칭 메탈

9. 조이너(joiner)
① 텍스, 보드, 금속판 등의 이음새에 마감이 보기 좋도록 대어 붙이는 것이다.
② 알루미늄, 황동, 철재, 플라스틱 등으로 만든 제품이 있다.

10. 코너비드(corner bead)
① 기둥이나 벽 등의 모서리를 보호하기 위하여 대는 것을 말한다.
② 재료는 스테인레스, 황동, 합성수지 제품이 많이 이용된다.

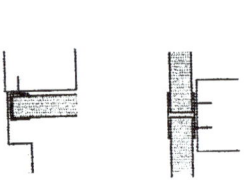
그림. 조이너

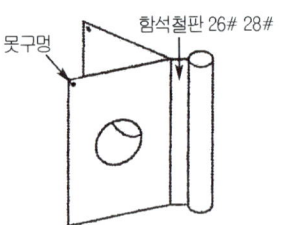
그림. 코너 비드(못질용)

그림. 코너 비드(바름용)

2 비철금속

1 구리와 구리합금

구 분	특 성
구 리	① 연성과 전성이 크다. ② 열이나 전기 전도율이 크다. ③ 건조한 공기 중에서는 산화 되지 않는다.

구 분		특 성
구 리		④ 습기를 받으면 이산화탄소와 부식하여 녹청색이 된다.(표면만 부식됨) ⑤ 알칼리성(암모니아) 용액에 침식이 잘 된다. ⑥ 산성(아세트산, 진한 황산) 용액에 잘 융해된다.
구리 합금	황동	① 구리에 아연(Zn)을 10~45% 정도를 혼합하여 만든 합금물 ② 구리보다 단단하고 주조가 잘 되며, 가공하기 쉽다. ③ 내식성이 크고 외관이 아름답다. ④ 용도 : 창호 철물
	청동	① 구리에 주석(Sn)을 4~12% 정도를 혼합하여 만든 합금 ② 황동보다 내식성이 크고 주조하기 쉽다. ③ 표면은 특유의 아름다운 청록색이다. ④ 용도 : 장식 철물, 공예 재료

2 알루미늄

원광석인 보크사이트로부터 알루미나를 만들고 이것을 다시 전기분해하여 만든 은백색의 가벼운 금속

구 분	특 성
알루미늄	① 경금속이다.(비중 : 2.7, 철의 1/3) ② 강도, 탄성 계수가 작다.(강의 1/2~1/3 정도) ③ 가공이 용이하다. ④ 전기나 열전도율이 높다. ⑤ 은백색의 광택이 있다. ⑥ 용융점이 낮다.(640~660℃) ⑦ 열팽창 계수가 크다.(철근 콘크리트의 약 2배) ⑦ 알칼리에 약하므로 콘크리트의 접촉 부위에는 방식처리를 한다.

3 주석, 납, 아연

구 분	특 성
주석	① 전성과 연성이 커서 주소성이 좋다. ② 청동의 재료로도 이용된다. ③ 녹이 슬지 않으나 알칼리에는 약하다.
납	① 금속 중에서 가장 비중이 크고 연하다. (비중 11.4) ② 주조 가공성 및 단조성이 풍부하다 ③ 열전도율이 작으나 온도 변화에 따른 신축이 크다. ④ X선을 차단하는 성능이 있다. ⑤ 산에는 강하나 알칼리에는 침식된다.
아연	① 강도가 크다. ② 연성 및 내식성이 양호하다. ③ 황동의 재료로도 이용된다. ④ 공기 중에서 거의 산화하지 않는다.

☞ 금속의 부식방지법

① 상이한 재질의 금속은 서로 접촉 시키지 않는다.
② 표면은 깨끗한 건조상태로 유지한다.
③ 도료 등 내식성이 큰 재료로 보호 피막을 만든다.

기출 및 예상문제

I. 시공 및 시방서

1. 다음 용어에 대해 간단히 기술하시오. (4점)   [94, 99 산]

① Non Slip

② Coner bead

정답 1
① Non Slip : 계단을 오르내릴 때 미끄러지는 것을 방지하기 위하여 계단 끝 부분에 설치하는 것
② Corner bead : 기둥이나 벽 등의 모서리를 보호하기 위하여 대는 것

2. 다음 용어를 설명하시오. (3점)

인서트(insert) :

정답 2
콘크리트 바닥판 밑에 설치하여 반자틀 등을 달아 매고자할 때 볼트 또는 달대의 걸침이 되는 철물

3. 다음 용어를 설명하시오. (4점)   [97, 00 산]

① 미끄럼막이(Non-slip) :

② 익스펜션 볼트(expansion bolt) :

정답 3
① 미끄럼 막이(Non-slip) : 계단을 오르내릴 때 미끄러지는 것을 방지하기 위하여 계단끝 부분에 설치하는 것
② 익스펜션 볼트(expansion bolt) : 콘크리트, 벽돌 등의 면에 띠장, 문틀 등의 다른 부재를 고정하기 위하여 묻어두는 특수 볼트

4. 논 슬립 고정 방법 3가지를 쓰시오. (3점)

① _____ ② _____ ③ _____

정답 4
① 고정 매입법
② 나중 매입법
③ 접착제법

5. 다음은 논 슬립의 사용 및 시공에 관한 용어이다. ( ) 안을 채우시오. (3점)

논 슬립은 계단의 (①) 끝에 대어 (②)의 역할을 하며 계단 폭 끝에서 (③) 정도 떼어 시공하기도 한다.

① _____ ② _____ ③ _____

정답 5
① 디딤판
② 미끄럼 방지
③ 5cm

6. 다음 설명이 의미하는 철물명을 쓰시오. (4점)

① 철선을 꼬아 만든 철망 : (　　)
② 얇은 철판에 각종 모양을 도려낸 것 : (　　)
③ 얇은 철판에 자른 금을 내어 당겨 늘린 것 : (　　)
④ 연강선을 직교시켜 전기용접한 철선망 : (　　)

① _____ ② _____
③ _____ ④ _____

정답 6
① 와이어 라스
② 펀칭메탈
③ 메탈라스
④ 와이어 매시

---

7. 다음 〈보기〉의 금속제품 중 고정 철물로 이용되는 것을 고르시오. (3점)

── 〈보기〉 ──
① 펀칭메탈   ② 인서트   ③ 와이어 라스   ④ 코너비드
⑤ 익스펜션 볼트   ⑥ 조이너   ⑦ 넌 슬립   ⑧ 드라이 비트

정답 7
②, ⑤, ⑧

---

8. 다음 용어를 간략히 설명하시오. (2점)　　　　[00 ㉮]

조이너 :

정답 8
조이너(joiner): 텍스, 보드, 금속판 등의 이음새에 마감이 보기 좋도록 대어 붙이는 것

---

9. 다음 용어에 대해서 간략히 설명하시오. (3점)

드라이비트(dryvit) 건(Gun) :

정답 9
드라이 비트(dry-vit) 건(gun)은 극소량의 화약을 이용하여 콘크리트, 벽돌면 등에 특수 못(드라이비트 핀)을 순간적으로 박아대는 공구로 못박기 총이라고도 한다.

기출 및 예상문제

I. 시공 및 시방서

10. 다음은 금속공사에 사용되는 철물의 용어이다. 간략히 설명하시오. (4점)
[96 ⓢ, 98, 99 ㉮]

(가) 와이어 매시 :

(나) 펀칭메탈 :

(다) 메탈라스 :

(라) 와이어 라스 :

정답 10
(가) 와이어 매시 : 연강선을 직교시켜 전기용접한 철선망
(나) 펀칭메탈 : 얇은 철판에 각종 모양을 도려낸 것
(다) 메탈라스 : 얇은 철판에 자른 금을 내어 당겨 늘린 것
(라) 와이어 라스 : 철선을 꼬아 만든 철망

11. 다음 ( ) 안에 적당한 용어를 적으시오. (4점) [93, 01 ⓢ]

(가) 황동은 동과 (①)을 합금하여 강도가 크며 (②)이 크다.
(나) 청동은 동과 (③)을 합금하여 대기 중에서 (④)이 우수하다.

① _____ ② _____
③ _____ ④ _____

정답 11
① 아연
② 내구성
③ 주석
④ 내식성

12. 다음은 비철금속에 대한 특징이다. ( ) 안에 적당한 비철금속의 명칭을 보기에서 고르시오. (4점)

― <보기> ―
(가) 납   (나) 주석   (다) 아연
(라) 알루미늄   (마) 청동

① 전성과 연성이 커서 주소성이 좋으며 청동의 제조에도 이용된다.( )
② 금속 중에서 가장 비중이 크고 연하며 X을 차단하는 성능이 있다.( )
③ 경금속으로 은백색의 광택이 있으며 창호 재료로 많이 이용된다.( )
④ 강도가 크고 연성 및 내식성이 양호하며 황동의 재료로도 이용된다.( )

① _____ ② _____ ③ _____ ④ _____

정답 12
①-(나)
②-(가)
③-(라)
④-(다)

07 합성수지(Plastic) 공사

> **학습방향**
> • 열가소성수지와 열경화성수지의 종류를 구분하는 문제가 자주 출제되므로 숙지하도록 한다.
> • 목재에 사용되는 접착제의 종류 및 접착력과 내수성의 크기를 알아두도록 한다.

1 일반

1 개요

합성수지란 석탄, 석유, 유지, 녹말, 섬유소, 고무 등의 원료를 인공적으로 합성시켜 만든 분자 화합물의 일종으로 일정한 온도 범위 안에서 여러 가지 모양의 물체를 만들기 쉬운 성질 즉, 가소성이 있기 때문에 플라스틱(plastic)이라고도 한다.

2 특성

장 점	단 점
① 우수한 가공성으로 성형, 가공이 쉽다. ② 내구, 내수, 내식성이 강하다. ③ 경량이고 착색이 용이하다. ④ 접착성, 전기 절연성이 있다. ⑤ 비강도 값이 크다.	① 열에 의한 팽창 수축이 크다. ② 내마모성과 표면강도가 약하다. ③ 내열성, 내후성이 약하다. ④ 인장강도, 탄성계수가 작다.

※ 합성수지의 비중은 1.0~2.0 정도이고,
인장강도는 300~900kgf/cm² (약 30~40(MPa)), 압축강도는 700~2,400kgf/cm² (약 70~240(MPa)),
가시광선 투과율은 아크릴 수지는 90%이고, 비닐수지는 85~90% 정도이다.

3 성형방법

① 압축성형 ② 압출성형
③ 사출성형 ④ 주조성형

2 합성수지의 종류와 특징

1 열가소성 수지

1. 열가소성 수지의 특징
고형체에 열을 가하면 연화 또는 용융하여 가소성 및 점성이 생기며 냉각하면 다시 고형체로 되는 합성수지(중합반응)

① 자유로운 형상으로 성형이 가능하다.
② 강도 및 연화점이 낮다.
③ 유기 용제에 녹고 2차 성형도 가능하다.
④ 일반적으로 투광성이 좋다.
⑤ 구조 재료로는 적당하지 않고 주로 마감 재료에 사용된다.

2. 열가소성 수지의 종류

종류 \ 구분	성 질	용 도
염화비닐 수지 (PVC)	• 비중 1.4, 휨강도 1,000kgf/cm², 인장강도 600kgf/cm² • 전기절연성, 내약품성이 양호하다. • 내수성이 크며, 유기용제에 잘 녹지 않는다. • -10℃ 정도의 저온이 되면 유연성이 줄어들고 70~80℃의 고온에서는 연화된다.	• 필름, 시트, 판재, 파이프 등 • 스펀지, 시트, 레일, 브라인드, 도료, 접착제 등
폴리에틸렌 수지	• 비중이 0.94인 유백색의 불투명수지이다. • 상온에서 유연성이 크고 취약 온도는 -60℃ 이하이다.(내충격성이 크다.) • 내화학 약품성, 전기절연성, 내수성 등이 매우 양호하다.	• 방수, 방습 시트, 포장 필름, 전선 피복, 일용잡화 등에 쓰인다. • 상온에서는 완전히 녹일 수 있는 용제가 없으므로 도료로서의 사용은 곤란
폴리프로필렌 수지	• 비중(0.9)이 작다. • 인장강도가 뛰어나고 내열성, 전기적 성능, 내화학성, 광택, 투명도 등이 우수하다.	• 섬유제품, 필름, 기계공업, 정밀부분품, 화학 장치, 의료기구, 가정용품 등
폴리스틸렌 수지 (스치로폴 수지)	• 비점이 145.2℃인 무색, 투명한 액체이다. • 내수, 내화성, 전기 절연성, 가공성이 우수하다.	• 스티로폼의 주원료 • 벽타일, 천정재, 블라인드, 도료, 전기용품 등
아크릴 수지 (메타크릴 수지)	• 투명성, 유연성, 내후성, 내화학성이 우수하다. (유기유리라고 한다.) • 착색이 자유롭다. • 내충격 강도는 대략 유리의 8~10배 정도로 크다. • 열팽창성이 크다.	• 도료, 접착제, 의치, 항공기의 방풍 유리 등에 쓰이고 시멘트혼화 재료로도 이용
불소 수지	• 만능수지라 불리며 250°~-100℃에서도 사용이 가능한 내열성이 강한 합성수지이다. • 내약품성, 전기 절연성, 내마찰성이 우수하나 다른 물질과 접착성이 떨어진다.	• 강판이나 알루미늄의 피복재

2 열경화성 수지

1. 열경화성 수지의 특징

고형체에 열을 가하면 잘 연화하지 않는 합성수지(축합반응)
① 강도 및 열 경화점이 높다.
② 내후성이 좋다.
③ 가격이 비싸며 성형성은 부족하다.

2. 열경화성 수지의 종류

종류 \ 구분		성 질	용 도
페놀수지 (베이클라이트)		• 전기 절연성, 내후성, 내수성, 접착성이 양호하다. • 내 알칼리성이 작다.	• 전기, 통신선의 절연재, 피복재 등 • 1급 내수 합판 접착제
요소 수지		• 무색이며 착색이 자유롭고, 내열성은 페놀 보다 약간 떨어진다. • 약 산, 약 알칼리에 견디고 여러 가지유류에는 거의 침해 받지 않는다. • 강도, 전기적 성질은 페놀 수지 보다 약간 떨어진다. • 내수성이 있다.	• 내수합판 접착시 사용 • 완구, 장식품 등의 일용잡화 등
멜라민 수지		• 무색투명하며 착색이 자유롭고 내수성, 내약품성, 내용제성이 뛰어나다. • 내열성이 있다. • 기계적 강도, 전기적 성질 및 내노화성이 우수하다.	• 벽판, 천정판, 카운터, 조리대, 냉장고, 실험대 등
폴리 에스테르 수지	포화 폴리에스테르 수지 (알키드수지)	• 합성하는 유지, 수지의 종류 및 양에 따라 성질의 범위가 다양하다. • 내후성, 밀착성, 가요성이 우수하나 내수성, 내알칼리성은 약하다.	• 주로 도료의 원료
	불포화 폴리에스테르 수지(FRP)	• 강도가 우수하다.	• 차량, 항공기 등의 구조재, 아케이드 천창, 루버, 칸막이 등
실리콘 수지		• 내열성이 있다. • 전기절연성, 내수성, 발수성이 좋다.	• 액체는 윤활유, 절연유, 방수제 등 • 고무는 고온, 저온에서 탄성이 있으므로 개스킷, 패킹재 등 • 수지는 성형품(기포성 보온재), 접착제, 전기 절연재료 등
에폭시수지		• 접착성이 매우 우수하다. (금속, 유리, 플라스틱, 도자기, 목재, 고무 등) • 알루미늄과 같은 경금속 접착에 가장 좋다. • 내수성, 내약품성, 내용제성, 전기절연성이 뛰어나고, 산·알칼리에 강하다	• 접착제와 도료 • 최근에는 방수재료, 바닥벽, 천정 등의 내 외장 재료로 널리 사용
폴리우레탄 수지		• 열경화성 수지로 발포 시킨 것은 내노화성(耐老化性), 내약품성이 좋다. • 공기 중의 수분과 작용하는 경우 저온과 저습에서 경화가 늦으므로 5℃ 이하에서는 촉진제를 사용하도록 한다.	• 도막 방수제 • 보온재, 단열 방음재 • 쿠션재 • 실링제 등

※ ABS 수지
- ABS 수지는 아크릴로니트릴(Acrylonitrile), 부타디엔(Butadiene), 스틸렌(Styrene)의 3가지 성분을 적절히 조합하여 만든 합성수지로 3가지 성분의 첫 자를 따서 붙여진 명칭이다.
- 아크릴로니트릴(Acrylonitrile)이 갖는 강성내약품성 및 뛰어난 기계적 성질을, 부타디엔(Butadiene)이 갖는 내충격성을, 스틸렌(Styrene)이 갖는 광택과 성형성의 장점을 부여시킨 종합형 플라스틱(합성수지)이라고 말할 수 있다.

☞ 합성수지의 구분

열가소성 수지	열경화성 수지
① 염화비닐수지(P.V.C) ② 폴리에틸렌 수지 ③ 폴리프로필렌 수지 ④ 폴리스틸렌 수지(스치로폴 수지) ⑤ 아크릴 수지 ⑥ 불소수지 ⑦ 초산비닐수지	① 페놀수지 ② 요소수지 ③ 멜라민수지 ④ 폴리에스테르 수지 ⑤ 실리콘 수지 ⑥ 에폭시 수지 ⑦ 폴리우레탄 수지 ⑧ 석탄산 수지

3 합성수지의 시공온도

① 열가소성 수지 : 50℃ (단시간 60℃) 이상 초과하지 않도록 한다.
② 열경화성 수지

종 류	시공온도의 한계
경화 폴리에스테르	80℃(단시간 100℃) 이하
요 소	
페 놀	100℃(단시간 120℃) 이하
멜라민	

4 합성수지(플라스틱)재의 시공시 일반적인 주의 사항

① 열가소성 플라스틱 재료들은 열팽창계수가 크므로 팽창 및 수축의 여유를 고려한다.
② 열가소성 플라스틱 재료들은 열에 따른 온도 변화가 크므로 50℃ 이상 넘지 않도록 한다.
③ 마감부분에 사용하는 경우 표면에 흠·얼룩·변형 등이 생기지 않도록 하고, 필요에 따라 종이, 천 등으로 보양한다.
④ 양생 후 물, 비눗물, 휘발유 등을 적셔서 깨끗이 청소한다.

3 합성수지계 바닥 재료의 구분

1. 유지계
리놀륨, 리노타일

2. 고무계
고무타일 시트

3. 비닐수지계
비닐타일

4. 아스팔트계
아스팔트 타일, 쿠마론인덴수지 타일

4 접착제

1 일반

1. 건축용 접착제에 기본적으로 요구되는 성능
① 경화시 체적 수축 등의 변형을 일으키지 않을 것
② 취급이 용이하고 사용시 유동성이 있을 것
③ 장기 하중에 의한 크리프가 없을 것
④ 진동, 충격의 반복에 잘 견딜 것
⑤ 내열성, 내약품성, 내수성 등이 있고 가격이 저렴할 것

2. 접착제를 사용할 때의 주의 사항
① 피착제의 표면은 가능한 한 습기가 없는 건조 상태로 한다.
② 용제, 희석제를 사용할 경우 과도하게 희석시키지 않도록 한다.
③ 용제성의 접착제는 도포 후 용제가 휘발한 적당한 시간에 접착시킨다.
④ 접착 처리 후 일정한 시간 동안 접착면을 압축해 접착이 잘 되도록 한다.

2 접착제의 종류 및 특성

1. 단백질계 접착제

구 분		성 질
동물성 단백질계	카세인(casein)	• 우유에 함유된 단백질의 일종이다. • 지방질을 빼낸 우유를 자연산화 또는 황산, 염산 등을 가하여 분리 후 물로 씻고 55℃ 정도의 온도로 건조한다. • 알코올, 물, 에테르에는 녹지 않고, 알칼리에는 녹는다. • 산, 유산을 쓰면 양질이 되고 황산은 응결시간을 단축한다. • 목재, 리놀륨의 접착, 수성 페인트의 원료가 된다.
	아교	• 짐승의 가죽(수피)을 삶아서 그 용액을 말린 것 • 합성수지 접착제가 나오기 전에 목재 창호, 가구 등의 접착제로 쓰였으나, 요즈음에는 사용법이 복잡하고 내수성도 적어 잘 쓰이지 않는다.
	알부민 접착제	• 혈액의 혈장과 혈액 피브린(Fibrin)으로 나누어, 혈장을 70℃ 이하에서 건조하여 만든다. • 사용법은 알부민을 물에 녹인 후 암모니아수 또는 석회수를 조금씩 넣어 쓴다. • 접착 후 알부민의 온도를 70℃ 이상 가온하면 강도를 크게 할 수 있다. • 아교에 비하여 내수성, 접착력이 우수하다.
식물성 단백질계	대두교	• 식물성 알부민으로써 탈지 대두를 분말화한 것이다. • 탈지 대두 분말, 물, 가성 소다액, 황하 탄소, 소석회규산소다를 혼합해 쓴다.
	소맥 단백질	• 소맥에는 7.6~11.3%의 조단백질이 함유된 것을 끓여서 사용한다.
	녹말(전분)풀	• 성분이 녹말인 고구마, 소맥, 옥수수에서 만들어 진 것

2. 고무계 접착제

구 분	성 질
아라비아고무	• 아카시아 나무의 줄기나 껍질에서 산출되는 액체를 건조한 것이다. • 용액의 점도는 시일이 경과할수록 증대된다. • 알코올, 에테르 등에는 불용성이고 습기에 대단히 약하다.
천연 고무풀	• 생고무를 벤젠, 벤졸 등과 같은 지방산 탄화수소에 녹인 것이다. • 10% 이하의 농도로 가죽과 가죽, 가죽과 고무 등의 접착에 쓰인다.
클로로프렌고무 접착제	• 합성 고무계 접착제로서 내수성, 내화학성이 우수하다. • 제품명 네오프렌(neoprene)으로 널리 알려져 있다. • 석유계 용제에 녹지 않는다. • 합판, 섬유판, 석고 보드, 암면 섬유 보드 접착제로 이용된다.

3. 합성수지계 접착제

구 분	성 질
① 요소수지 접착제	• 가격이 저렴하다. • 상온에서 경화한다.(경화시간 약 15~24 시간) • 다른 합성수지 접착제에 비해 내수성이 부족하다. • 경화제의 혼합량에 크게 영향 받지 않는다. • 용도 : 합판, 집성목재, 파티클보드, 가구 등에 쓰인다.
② 페놀수지 접착제	• 가장 오래된 합성수지 접착제로써 페놀과 포르말린을 반응시켜 얻어진 수지이다. • 접착력, 내열성, 내수성이 우수하다 • 용도 : 주로 목재 접착에 쓰이며, 유리나 금속의 접착에는 적당치 않다.(1급 내수 합판 접착제)
③ 멜라민수지 접착제	• 투명, 흰색의 액상접착제로써 값이 비싸기 때문에 단독사용은 드물다. • 내수성이 크고, 열에 대해 안정성이 있다. • 페놀수지와는 달리 순백색 또는 투명, 흰색이므로 착색의 염려가 없다. • 용도 : 주로 목재에 사용
④ 아크릴수지 접착제	• 아크릴수지 단독으로 보다는 다른 합성수지와 배합한 것이 많다. • 접착력이 우수하고 가소성이 크며 가죽, 섬유, 고무, 플라스틱 등의 접합에 널리 사용된다.
⑤ 에폭시수지 접착제	• 지금까지 접착제 중 가장 우수하다. • 특히 금속 접착에 적당하다.(항공기, 차량, 기계 등) • 가열하면 접착시 효과가 좋다. • 용도 : 합성수지, 유리, 목재, 천, 금속의 접착제

4. 아스팔트 접착제
① 아스팔트를 주체로 용제, 광물질 분말을 첨가하여 액체상으로 만든 접착제이다.
② 접착성이 양호하고 접착면이 유연하며, 습기를 전혀 투과하지 못하고 화학약품에 대한내성이 크며 값이 저렴하다.

> ☞ 접착력의 크기
>
> 에폭시수지 > 요소수지 > 멜라민 수지 > 에스테르 수지 > 초산비닐 수지

> ☞ 내수성의 크기
>
> 실리콘 수지 > 에폭시 수지 > 페놀 수지 > 멜라민 수지 > 요소 수지 > 아교

용어해설

1. 모노머(monomer)
   합성수지의 기본이 되는 분자형

2. 폴리머(polymer)
   합성수지의 기본이 되는 분자형을 합성하여 만들어지는 것

기출 및 예상문제

I. 시공 및 시방서

정 답

1. 다음 합성수지 재료 중 열가소성수지를 고르시오. (3점) [03산]

① 아크릴   ② 염화비닐   ③ 폴리에틸렌
④ 페놀   ⑤ 에폭시

정답 1
①, ②, ③

2. 다음 보기의 합성수지 재료 중 열경화성 수지를 모두 골라 번호를 쓰시오. (3점) [94, 00산, 01기]

─〈보기〉─
① 아크릴수지   ② 에폭시수지   ③ 멜라민수지
④ 페놀수지   ⑤ 폴리에틸렌수지   ⑥ 염화비닐수지

정답 2
②, ③, ④

3. 다음 보기 중에서 플라스틱의 종류 중 열가소성수지와 열경화성수지를 각각 4가지씩 쓰시오. (4점) [96산, 96기]

─〈보기〉─
페놀수지   요소수지   염화비닐수지
멜라민수지 스티로폴수지 불소수지
초산비닐수지 실리콘수지

① 열가소성수지

② 열경화성수지

정답 3
① 열가소성수지 : 염화비닐수지, 스티로폴수지, 불소수지, 초산비닐수지
② 열경화성수지 : 페놀수지, 요소수지, 멜라민수지, 실리콘수지

4. 〈보기〉에서 열경화성, 열가소성수지를 구분해서 쓰시오. (4점) [99산]

─〈보기〉─
① 염화비닐수지 ② 멜라민수지 ③ 스티로폴수지
④ 아크릴수지   ⑤ 석탄산수지

(가) 열경화성수지

(나) 열가소성수지

정답 4
(가) 열경화성수지 : ②, ⑤
(나) 열가소성수지 : ①, ③, ④

5. 플라스틱 재료의 특성을 장점과 단점으로 나누어 2가지씩 기술하시오. (4점)

[98, 99, 01 ㉮]

(가) 장점

① _____

② _____

(나) 단점

① _____

② _____

정답 5

(가) 장점
① 우수한 가공성으로 성형, 가공이 쉽다.
② 내구, 내수, 내식성이 강하다.
* 경량이고 착색이 용이하다.
* 접착성, 전기 절연성이 있다.
* 비강도 값이 크다.

(나) 단점
① 열에 의한 팽창 수축이 크다.
② 내마모성과 표면강도가 약하다.
* 내열성, 내후성이 약하다.
* 인장강도, 탄성계수가 작다.

6. 합성수지(Plastic)의 성형(제조) 방법 4가지를 쓰시오. (4점)

① _____ ② _____

③ _____ ④ _____

정답 6
① 압축성형
② 압출성형
③ 사출성형
④ 주조성형

7. 다음 비닐계 수지 바닥재의 (가)~(라)에서 관계가 있는 것을 〈보기〉에서 골라 쓰시오. (4점)

[97, 00 ㉮]

─〈보기〉─
① 비닐타일   ② 시트
③ 명색계 쿠마론인덴 수지 타일   ④ 리놀륨

(가) 유지계 : (   )   (나) 고무계 : (   )

(다) 아스팔트계 : (   )   (라) 수지계 : (   )

정답 7
(가) ④
(나) ②
(다) ③
(라) ①

8. 다음 재료의 시공온도에 대해 쓰시오. (3점) [97 ㉯]

① 열가소성 수지 : (①)℃
② 경화 폴리에스테르 수지 : (②)℃
③ 페놀·멜라민 수지 : (③)℃

① _____ ② _____ ③ _____

정답 8
① 50~60℃
② 80~100℃
③ 100~120℃

9. 동물성 단백질계 접착제 종류를 3가지 쓰시오. (3점)

① _____ ② _____ ③ _____

정답 9
① 카제인
② 아교
③ 알부민

기출 및 예상문제   I. 시공 및 시방서

10. 목재에 사용하는 접착제의 종류를 5가지만 쓰시오. (4점)

① _____ ② _____ ③ _____

④ _____ ⑤ _____

11. 다음 〈보기〉의 접착제 중 접착력이 큰 순서대로 번호를 쓰시오. (3점)

〈보기〉
① 멜라민수지   ② 에폭시수지
③ 요소수지   ④ 초산비닐 수지

_____

12. 다음 〈보기〉의 접착제 중 내수성이 큰 순서대로 번호를 쓰시오. (4점)

〈보기〉
① 멜라민수지   ② 에폭시수지   ③ 아교
④ 실리콘 수지   ⑤ 페놀수지   ⑥ 요소수지

_____

13. 합성수지(플라스틱)재의 시공시 일반적인 주의사항을 3가지만 쓰시오. (4점)

① _____

② _____

③ _____

14. 합성수지계 접착제 종류를 4가지만 쓰시오. (4점)

① _____ ② _____

③ _____ ④ _____

15. 접착제를 사용할 때의 주의 사항 3가지만 쓰시오. (4점)

① _____

② _____

③ _____

정 답

정답 10
① 카제인
② 아교
③ 요소수지
④ 페놀수지
⑤ 멜라민 수지

정답 11
② - ③ - ① - ④

정답 12
④ - ② - ⑤ - ① - ⑥ - ③

정답 13
① 열가소성 플라스틱 재료들은 열팽창계수가 크므로 팽창 및 수축의 여유를 고려한다.
② 열가소성 플라스틱 재료들은 열에 따른 정도 변화가 크므로 50℃ 이상 넘지 않도록 한다.
③ 마감부분에 사용하는 경우 표면에 흠얼룩 변형 등이 생기지 않도록 하고, 필요에 따라 종이, 천 등으로 보양한다.
* 양생 후 물, 비눗물, 휘발유 등을 적셔서 깨끗이 청소한다.

정답 14
① 요소수지
② 페놀수지
③ 멜라민수지
④ 에폭시수지

정답 15
① 피착제의 표면은 가능한 한 습기가 없는 건조 상태로 한다.
② 용제, 희석제를 사용할 경우 과도하게 희석시키지 않도록 한다.
③ 용제성의 접착제는 도포 후 용제가 휘발한 적당한 시간에 접착시킨다.
* 접착 처리 후 일정한 시간 동안 접착면을 압축해 접착이 잘 되도록 한다.

08 도장공사

> **학습방향**
> - 도장의 목적, 도료 선택과 도료 보관시 고려사항을 이해하도록 한다.
> - 도료의 종류와 특성, 재료 등이 출제 빈도가 높은 편이므로 숙지하도록 한다.
> - 도장 방법의 종류와 바탕처리 및 시공순서를 충분히 이해하도록 한다.

1 일반 사항

1 도장의 목적

① 건물의 보호 : 방부, 방습, 방충, 방청 등으로 인한 내구성 향상
② 미적효과 : 색채, 무늬, 광택 등의 미관 향상
③ 성능의 부여(기능성 도장) : 내약품성, 전기 절연성, 내수성, 방음성, 방사선 차단성 등 특별한 성능(기능)을 부여하는 것

2 도료 선택시 고려 사항

① 도장하고자 하는 물체의 사용목적
② 표면의 재료
③ 도장시의 기후조건
④ 경제성

3 도료 보관상 주의 사항

① 직사광선이 들지 않게 보관
② 환기가 잘되는 곳에 보관
③ 화기로부터 먼 곳에 보관
④ 밀폐된 용기에 보관
※ 사용한 걸레는 한적한 곳에서 소각 처리한다.

4 도료(paint)의 종류

① 수지계 도료 : 셀락 바니쉬
② 섬유계 도료 : 셀롤로스, 래커
③ 수성도료
④ 유성도료
⑤ 합성수지계 도료 : 페놀수지 도료, 멜라민수지 도료, 염화비닐수지 도료 등
⑥ 고무계 도료

2 각종 도료

1 수성 페인트(water paint)

1. 재료
① 안료
② 교착제(카세인, 아라비아고무, 아교)
③ 물

2. 특징
① 건조가 비교적 빠르다.
② 물을 용제로 사용하므로 경제적이고 공해가 없다.
③ 알칼리성 재료의 표면에 도포가 가능하다.
④ 도포방법이 간단하고 보관의 제약이 적다.
⑤ 무광택으로 내수성이 없으므로 실내용으로 주로 사용된다.
※ 최근에는 수성페인트에 합성수지와 유화제를 썩어 만든 에멀젼 페인트(emulsion paint)가 많이 이용된다.

2 유성 페인트 (oil paint)

1. 재료
① 안료
② 용제(oil)
③ 희석제(thinner, 신전제)
④ 건조제

재료	내용	종류
안료	도료에 색채를 나타냄	• 아연화-백색 • 카본 블랙-흑색 • 연단, 산화제이철-적색 • 아연황-노랑 • 코발트 청(cobalt blue)-파랑
기름(용제)	광택과 피막의 강도를 증대	• 아마인유　　• 오동유 • 들기름　　　• 삼씨기름 • 콩기름
희석제(thinner)	묽게하여 점도 유지와 작업이 편리하도록 함	• 송진류 : 테레핀 유 • 석유 증류품 : 휘발유, 석유, 벤진(benzin) • 알코올류 : 메틸알코올, 에틸알코올 • 타르(tar) 증류품 : 벤졸(bensol), 솔벤트 • 초산에스테르
건조제	기름(용제)의 건조를 촉진함	• 리사지(litharge)　　• 연단 • 수산화망간　　　　• 염화코발트

2. 반죽의 정도에 따른 분류
① 된반죽 페인트(stiff pasted paint)
② 중반죽 페인트(semipasted paint)
③ 조합 페인트(ready mixed paint)

3. 특징
① 광택과 내구력이 좋으나 건조가 늦다.
② 철재, 목재의 도장에 쓰인다.
③ 알칼리에는 약하므로 콘크리트, 모르타르 면에 바를 수 없다.

☞ 도료의 성분 중 안료의 요구조건
① 내후성   ② 내약품성   ③ 착색성
④ 내광성   ⑤ 내열성   ⑥ 은폐성

3 바니시(varnish)

1. 개요
천연수지나 합성수지를 휘발성 용제를 썩어 투명 담백한 막으로 되고 기름이 산화되어 유성(기름) 바니시, 휘발성 바니시, 래커 바니시로 나뉜다.

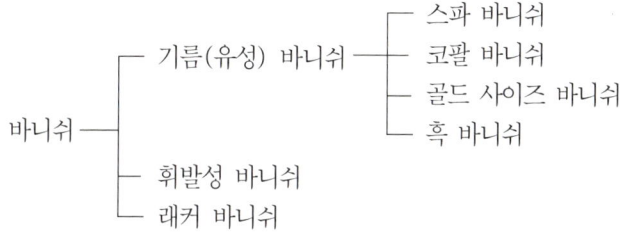

2. 유성(기름) 바니쉬 (→ 니스)
① 재료
  ㉠ 수지
  ㉡ 건성유(용제)
  ㉢ 희석제
② 유성 바니시는 유성 페인트보다 건조가 약간 빠른 편이고, 광택이 있고 투명하고 난단한 도막을 만드나 내후성이 적어 실내 목재 표면에 많이 이용된다.
③ 내화학성이 나쁘고, 시간이 지나면 누렇게 변색하는 단점이 있다.
④ 종류 및 특성

종 류	특 성	
스파아 바니시(spar vanish)	• 내수성, 내마멸성이 우수	• 목부 외장용으로 많이 사용
코우펄 바니시(copal vanish)	• 건조가 비교적 빠름	• 담색으로서 목부 내부용으로 사용
골드 사이즈 바니시(gold size vanish)	• 건조가 비교적 빠름	• 연마성이 좋음
흑 바니시(black vanish)	• 미관상 지장이 없는 곳의 방청, 내수, 내약품용으로 사용	

3. 래커
① 클리어 래커(clear lacqer → 래커)
  ㉠ 주원료는 질산섬유소 수지, 휘발성 용제이다.

ⓒ 유성 바니쉬(니스)에 비하여 도막이 얇고 견고하다.
　　ⓒ 담갈색 빛으로 시공 후에는 우아한 광택이 있다.
　　ⓔ 내수성, 내후성이 다소 부족하여 실내용으로 주로 이용된다.
　　ⓜ 목재면의 무늬를 살리기 위한 도장 재료로 적당하다.
　　ⓗ 속건성이므로 스프레이를 사용하여 시공하는 것이 좋다.
　② 에나멜 래커(annamel lacqer)
　　⊙ 유성 에나멜 페인트에 비하여 도막은 얇으나 견고하며 기계적 성질도 우수하다.
　　ⓒ 닦으면 광택이 나지만 불투명 도료이다.

4. 색올림(stain)
　① 특징
　　⊙ 작업이 용이하다.
　　ⓒ 색상을 선명하게 할 수 있다.
　　ⓒ 표면을 보호하여 내구성을 증대시킨다.
　　※ 주의사항 : 색올림이 표면으로부터 분리되지 않게 한다.
　② 종류
　　⊙ 수성 스테인 : 작업성이 우수, 색상 선명, 건조가 느림
　　ⓒ 알코올 스테인 : 퍼짐 우수, 색상선명, 건조가 빠름
　　ⓒ 유성 스테인 : 작업성 우수, 얼룩이 생길 우려, 건조가 빠름

4 유성 에나멜 페인트

① 유성 바니시를 전색제(展色劑, Vehicle)로 하여 안료를 첨가한 것으로, 일반적으로 내알카리성이 약하다.
② 일반 유성페인트보다는 건조시간이 느리고, 도막은 탄성, 광택이 있으며 경도가 크다.
③ 스파아 바니시를 사용한 에나멜페인트는 내수성, 내후성이 특히 우수하여 외장용으로 쓰인다.

5 합성수지 페인트(도료)

1. 재료
① 합성수지
② 중화제
③ 안료

2. 특징
① 도막이 단단하다.
② 건조가 빠르다.
③ 내마모성이 있다.
④ 내산, 내알칼리성이 있다.

3. 종류
① 요소수지 도료
② 멜라민수지 도료
③ 비닐계수지 도료
④ 석탄산수지 도료
⑤ 프틸산수지 도료 등

6 녹막이(방청) 도료

1. 종류
① 광명단(光明丹)
② 징크로메이트 도료
③ 알루미늄 도료
④ 아연분말 도료
⑤ 산화철 녹막이 도료
⑥ 역청질 도료

2. 사용 개소
① 광명단 도료 : 철골, 철판의 녹막이 칠에 사용
② 알루미늄 도료 : 알루미늄 분말을 안료로 하는 것으로 내열성, 열반사 효과를 필요로 하는 곳에 사용
③ 징크로메이트 도료 : 알루미늄이나 아연철판의 녹막이 칠에 사용

7 방화(防火) 도료

1. 종류
① 규산소다 도료
② 붕산카제인 도료
③ 합성수지 도료(요소수지, 실리콘수지)

2. 용도
건축의 내화 도료 외에 차량 및 선박용 방화도료로 이용

8 본타일

1. 개요
본타일은 퍼티 형태의 중도제(백시멘트, 석분, 조갯가루 혼합제)를 뿜칠 장비로 뿜칠하여 입체무늬를 연속으로 만들고 지정된 색으로 도장하는 것으로 페인트 공사에 해당한다.

2. 본타일 도장의 종류
① 수성 본타일
② 아크릴 본타일
③ 에폭시 본타일
④ 탄성 본타일

4 도장 방법(칠 공법)

종류	도구	특징
① 솔칠	솔	• 가장 일반적인 방법
② 롤러칠	롤러	• 천장이나 벽면이 평활하고 넓은 면에 유리 • 작업시간의 단축
③ 문지름칠	솜, 헝겊	• 면이 고르고 광택이나 특수효과를 내기 위해 사용
	스크래퍼	• 퍼티성 도장재료를 사용하여 투박한 질감이나 안티코스토커 같은 매끈한 질감을 표현하는데 사용
④ 뿜칠	• 스프레이 건 • 에어 호스 • 콤프레서	• 래커 등 속건성 도료의 시공에 적당 • 시공시 주의 사항 ㉠ 스프레이 건의 위치는 면에 직각이 되도록 평행으로 이동시키며 운행 ㉡ 뿜칠 거리는 약 30cm 정도가 적당 ㉢ 운행시 약 1/3 씩 겹쳐서 바르도록 함 ㉣ 노즐 구경은 1.0~1.2mm 정도 사용 ㉤ 뿜칠시 공기 압력은 2~4kgf/cm² 정도 사용 ㉥ 건의 운행속도는 30m/min 정도가 적당

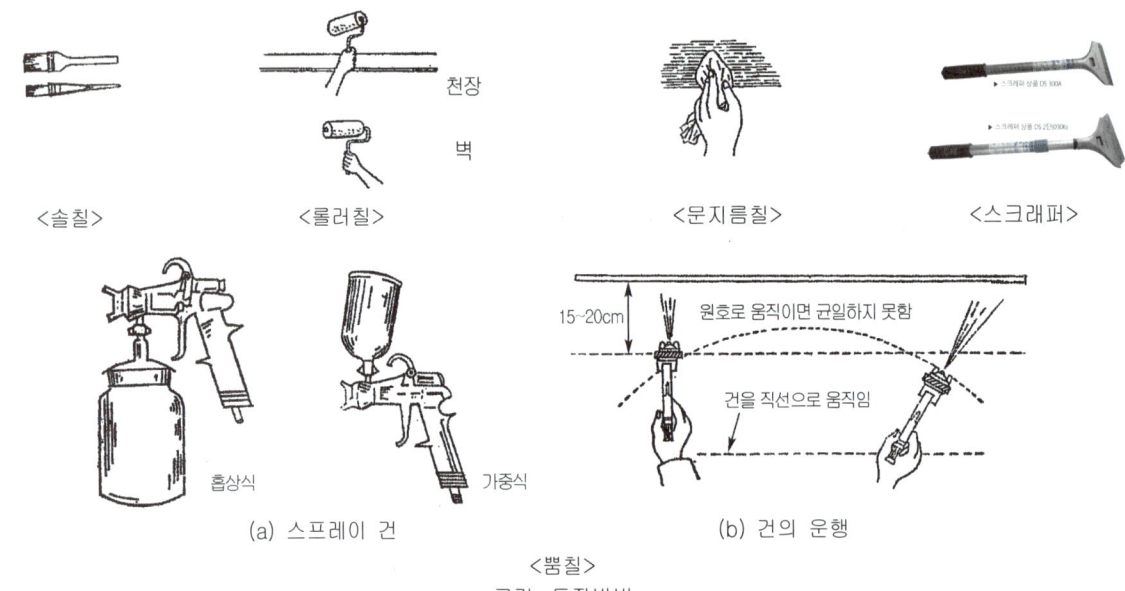

그림. 도장방법

5 도장면 바탕 만들기

1 개요

도료가 바탕면에 부착을 저해하거나 부풀음, 벗겨짐, 터짐 등의 원인이 될 수 있는 요소는 유분, 수분, 금속 녹, 진 등이 있으며 이러한 것을 사전에 제거해 주어야 한다.

2 목부 바탕처리

① 오염, 부착물의 제거
② 송진처리(긁어내기, 휘발유 등으로 닦아내기)
③ 연마지 닦기
④ 옹이 땜하기
⑤ 구멍 땜하기

3 철부 바탕처리

① 오염, 부착물의 제거
② 유류제거(휘발유 등으로 닦아내기)
③ 녹제거
④ 화학처리
⑤ 피막 마무리(연마지로 닦기)

> ☞ 화학적 처리 방법
>
> ① 탈지법 : 솔벤트, 나프타 등의 용제로 기름, 오물, 기타 이물질을 제거하는 방법
> ② 세정법 : 산의 용액을 이용하여 금속표면의 녹과 이물질을 제거하는 방법
> ③ 피막법 : 인산염 피막을 형성하여 녹이 발생하는 것을 억제하고 도료의 밀착을 좋게하는 방법

4 콘크리트, 모르타르 등의 바탕처리

① 충분한 건조
② 오염, 부착물의 제거
③ 구멍 땜하기(석고 등으로 메우기)
④ 연마지 닦기

6 도장시공 순서

1. 수성 페인트 칠하기

① 바탕처리 → ② 초벌 → ③ 연마지 닦기(사포질) → ④ 정벌칠

2. 유성 페인트 칠하기

(1) 목부바탕

① 바탕처리 → ② 연마지 닦기(사포질) → ③ 초벌 → ④ 퍼티 먹임 → ⑤ 연마지 닦기 → ⑥ 재벌1회 →
⑦ 연마지 닦기 → ⑧ 재벌 2회 → ⑨ 연마지 닦기 → ⑩ 정벌칠

(2) 철부바탕

① 바탕처리 → ② 녹막이칠 → ③ 연마지 닦기 → ④ 구멍 땜 및 퍼티 먹임 → ⑤ 재벌칠 → ⑥ 정벌칠

3. 바니쉬 칠

(1) 일반적인 순서

① 바탕처리 → ② 눈먹임 → ③ 색올림 → ④ 왁스 문지르기

(2) 목재면 외부 공정순서

① 바탕처리 → ② 눈먹임 → ③ 초벌착색 → ④ 연마지 닦기 → ⑤ 정벌착색 → ⑥ 왁스 문지르기

4. 석고보드 바탕에 비닐페인트(V.P)의 시공과정

① 석고보드에 대한 면정화(표면정리 및 이어붙임)를 한다.
② 이음매 부분에 대한 조인트 테이프를 붙인다.
③ 조인트 테이프 위에 퍼티작업을 한다.
④ 샌딩 작업을 한다.
⑤ 비닐페인트를 도장한다.

5. 에나멜페인트 시공과정

① 바탕만들기 → ② 바탕누름 → ③ 초벌 → ④ 페이퍼 문지름(연마지 딲기) → ⑤ 정벌

6. 본타일 시공과정

① 바탕처리 → ② 하도 1회(초벌) → ③ 하도 2회(재벌) → ④ 상도 1회(정벌 1회) → ⑤ 상도 2회(정벌 2회)

7 도장공사시 결함

도장공사시 결함은 모재(母材)의 바탕재료에 따라 다르고 도료의 저장 중 결함, 도료의 시공 중 결함, 도료의 시공 후 결함으로 나누어 볼 수 있다.

(1) 재료별 바탕면의 결함
 ① 목재 바탕면의 경우
  ㉠ 바탕면의 수분이나 송진 등의 발생
  ㉡ 바탕면의 얼룩 발생
  ㉢ 건조수축으로 인한 불량
  ㉣ 표면의 흠집 – 퍼티 메우기 불량 등
 ② 금속 바탕의 경우
  ㉠ 바탕면의 흠집
  ㉡ 바탕면의 유기물질 부착 및 오염
 ③ 콘크리트, 모르타르, 회반죽면의 바탕
  ㉠ 얼룩 발생
  ㉡ 급격한 건조, 수축, 팽창으로 인한 불량
  ㉢ 표면의 흠집 – 퍼티 메우기 불량 등

(2) 도장시공시의 결함
 ① 저장 중 결함 : 피막 형성(skinning 현상), setting(안료 침전), 증점(점도상승, bodying 현상), 겔화(굳음), 가스 발생, 시딩(seeding) 현상 등
 ② 시공 중 결함 : 도막 불량, 실 끌림, 흘러내림(너무 두껍게 바른 경우, sagging 현상), 뭉침, 도막과다, 손자국, 박리현상(바탕의 유기물질 처리의 불량), 거품현상(너무 빠른 바름), 백화현상(습도가 높을 때 발생) 등
 ③ 시공 후 결함 : 핀 홀(미세구멍), 얼룩, 주름, 발포, 변색(안료 배합의 불량), 황변(누런 변색 현상으로 고온 다습시 발생), 부풀음, 균열현상 등

8 도장 작업시 주의 사항

① 우천시·강풍시, 습도 80% 이상, 기온 5℃ 이하에는 도장을 중지한다.
② 도료보관 창고는 화기를 절대 금한다.
③ 직사광선을 피하고 환기가 되어야 한다.
④ 도료에 따라 적합한 도장 도구(기구)를 사용하도록 한다.

용어해설

1. 스티플 칠
   표면에 잘잘한 요철 모양이나 질감을 내도록 하는 도장 마감

2. 콤비네이션(combination) 칠
   색채의 조합을 도모한 마무리 방법으로 먼저 단색으로 정벌칠 한 위에 솔 또는 문지름 방법으로 빛깔이 다른 무늬를 입혀 마무리한 도장 처리법

3. 징크로메이트 도료
   크롬산아연을 안료로 알키드수지를 전색제로 사용한 것으로 알루미늄이나 아연철판의 초벌용으로 가장 적합하다.

4. 전색제(展色劑, vehicle)
   고체 성분의 안료(顔料)를 도장면에 밀착시켜 도막을 형성하게 하는 액체 성분

5. setting 현상
   도료의 보관 중 안료가 침전하는 현상

6. 시딩(seeding) 현상
   도료의 저장 중 온도의 상승 및 저하의 반복 작용에 의해 도료 내에 작은 결정이 무수히 발생하여 도장시 도막에 좁쌀 모양이 생기는 현상이다.

7. 스키닝(skinning) 현상
   도료의 용기 내부의 표면에 굳은 막이 생겨 잘 녹지 않는 현상

8. 바딩(bodying) 현상
   도료의 보관 중에 도료의 점도가 지나치게 커지는 현상

9. 새깅(sagging) 현상
   도장 작업시 도료의 지나친 흐름 현상

10. 폴리 퍼티(Poly putty)
    불포화 폴리에스테르 퍼티로 건조가 빠르고, 시공성, 후도막성이 우수하며, 기포가 거의 없어 작업 공정을 크게 줄일 수 있는 경량퍼티이다. 특히, 후도막성이 우수하여 금속표면 도장시 바탕 퍼티 작업에 주로 사용된다.

11. 스티플 칠(Stipple Coating)
    표면에 자잘한 요철 모양이나 질감을 내도록 하는 특수도장 마감

기출 및 예상문제

I. 시공 및 시방서

1. 도장의 목적 3가지를 쓰시오. (3점)

① _____ ② _____ ③ _____

정답 1
① 건물의 보호
② 미적효과
③ 성능의 부여

2. 도장공사에서 도료의 선택상 고려해야 할 사항을 3가지만 열거하시오. (3점)
[96, 01 산]

① _____
② _____
③ _____

정답 2
① 도장하고자 하는 물체의 사용목적
② 표면의 재료
③ 도장시의 기후조건
 *경제성

3. 도장공사시 가연성 재료의 보관방법을 3가지 쓰시오. (4점) [98 산]

① _____
② _____
③ _____

정답 3
① 직사광선이 들지 않게 보관
② 환기가 잘되는 곳에 보관
③ 화기로부터 먼 곳에 보관
 *밀폐된 용기에 보관
 *사용한 걸레는 한적한 곳에서 소각 처리

4. 도료가 바탕에 부착을 저해하거나 부풀음, 터짐, 벗겨지는 원인이 될 수 있는 요소 4가지를 쓰시오. (3점) [92 산]

① _____ ② _____
③ _____ ④ _____

정답 4
① 유분(기름기)
② 수분(물기)
③ 진(먼지)
④ 금속 녹

5. 유성페인트 도장시 수분이 완전히 증발된 후 칠하는 이유를 간단히 쓰시오. (3점) [00 ㉮]

• 이유 : _____

정답 5
도료가 바탕에 부착을 저해하거나 부풀음, 터짐, 벗겨지는 원인이 된다.

6. 다음 도료들이 해당하는 항목을 보기에서 골라 번호를 쓰시오. (4점) [93산]

〈보기〉
① 수지계도료   ② 합성수지도료   ③ 고무계도료
④ 유성도료   ⑤ 수성도료   ⑥ 섬유계도료

(가) 셸락바니쉬 : (　)
(나) 페놀수지 도료, 멜라민수지 도료, 염화비닐수지 도료 : (　)
(다) 염화고무 도료 : (　)
(라) 건성유, 조합페인트, 알루미늄 도료 : (　)
(마) 셀룰로스, 래커 : (　)

정답 6
(가) - ①
(나) - ②
(다) - ③
(라) - ④
(마) - ⑥

7. 수성도료의 장점 4가지만 기술하시오. (4점) [97산, 96, 97기]

①　
②　
③　
④　

정답 7
① 건조가 비교적 빠르다.
② 물을 용제로 사용하므로 경제적이고 공해가 없다.
③ 알칼리성 재료의 표면에 도포가 가능하다.
④ 도포방법이 간단하고 보관의 제약이 적다.
＊무광택으로 내수성이 없으므로 실내용으로 주로 사용된다.

8. 다음 (　) 안에 알맞은 용어를 쓰시오. (3점) [92기]

유성페인트는 (①), 건성유 및 (②), (③)를 조합해서 만든 페인트이다.

①　　　　　②　　　　　③　

정답 8
① 안료
② 희석제
③ 건조제

9. 유성페인트는 안료, 건성유, 희석제, 건조제를 조합한 것이다. 다음 〈보기〉 중 건조제가 아닌 것을 고르시오. (3점) [97산]

〈보기〉
① 오동유   ② 연단   ③ 염화코발트
④ 벤젠   ⑤ 솔벤트   ⑥ 아마유

정답 9
①, ④, ⑤, ⑥

10. 유성 페인트 재료 중 희석제(신전제)의 목적에 대해 간단히 쓰시오. (3점) [97산]

정답 10
농도를 묽게 하여 솔칠을 좋게 하며 교착이 잘 되게 한다.

제8장 도장공사

기출 및 예상문제

Ⅰ. 시공 및 시방서

11. 도료 재료 가운데 용제 3가지만 쓰시오. (3점) [95산]

① _____ ② _____ ③ _____

정답 11
① 아마유
② 오동유
③ 들기름

12. 도료 중 휘발성 용제 3가지를 쓰시오. (3점) [94, 96, 00산]

① _____ ② _____ ③ _____

정답 12
① 송진 건류품(테레핀유)
② 석유 건류품(휘발유)
③ 콜타르 증류품(벤졸)

13. 유성페인트의 종류를 구별하는 내용이다. ( ) 안에 알맞은 말을 쓰시오. (3점) [95가]

유성페인트는 그 섞는 재료에 따라 (①)페인트, (②)페인트, (③)페인트로 나누어 진다.

① _____ ② _____ ③ _____

정답 13
① 된반죽
② 중반죽
③ 조합

14. 바니쉬에 대한 설명이다. 괄호 안을 채우시오. (4점) [98가]

바니쉬는 천연수지와 (①)을 섞어 투명 담백한 막으로 되고 기름이 산화되어 (②) 바니쉬, (③) 바니쉬, (④) 바니쉬로 나뉜다.

① _____ ② _____
③ _____ ④ _____

정답 14
① 휘발성 용제
② 휘발성
③ 기름
④ 래커

15. 바시쉬칠의 종류 3가지를 쓰시오. (3점) [99가]

① _____ ② _____ ③ _____

정답 15
① 휘발성 바니쉬
② 기름 바니쉬
③ 래커 바니쉬

16. 다음 재료에 해당하는 것을 보기에서 골라 쓰시오. (4점) [97산]

<보기>
① 방청제 ② 방부제 ③ 착색제 ④ 희석제

(가) 신너 : ( )   (나) 광명단 : ( )
(다) 크레오소트 : ( )   (라) 오일스테인 : ( )

정답 16
(가) - ④
(나) - ①
(다) - ②
(라) - ③

17. 다음 재료에 해당되는 것을 〈보기〉에서 골라 번호를 기입하시오. (4점)
[94, 97 ㉠]

― 〈보기〉 ―
① 아마인유   ② 리사지(lithage)
③ 테레핀유   ④ 아연화

(가) 안료 : (   )   (나) 건조제 : (   )
(다) 용제 : (   )   (라) 신전제(희석제) : (   )

정답 17
(가) - ④
(나) - ②
(다) - ①
(라) - ③

18. 합성수지도료가 유성페인트에 비해 장점인 것을 보기에서 4개를 찾으시오. (4점)

― 〈보기〉 ―
① 도막이 단단하다.   ② 방화성 도료이다.
③ 형광도료의 일종이다.   ④ 건조가 빠르다.
⑤ 내마모성이 있다.   ⑥ 내산·내알칼리성이 있다.

정답 18
①, ④, ⑤, ⑥

19. 다음 도장 공사에 관한 내용 중 (   ) 안에 알맞은 번호를 고르시오. (4점)

(가) 철재에 도장할 때에는 바탕에 (① 광명단 ② 내알칼리 페인트)을(를) 도포한다.
(나) 합성수지 에멀젼 페인트는 건조가 (① 느리다. ② 빠르다.)
(다) 알루미늄 페인트는 광선 및 열반사력이 (① 강하다. ② 약하다.)
(라) 에나멜페인트는 주로 금속면에 이용되며 광택이 (① 잘난다. ② 없다.)

(가) _____ (나) _____ (다) _____ (라) _____

정답 19
(가) - ①
(나) - ②
(다) - ①
(라) - ①

20. 철재 녹막이 칠에 쓰이는 도료의 종류 4가지만 쓰시오. (4점)
[96, 00 ㉣, 96 ㉠]

① _____ ② _____
③ _____ ④ _____

정답 20
① 광명단
② 징크로메이트
③ 알루미늄 도료
④ 아연분말 도료
* 산화철 녹막이

21. 알루미늄 녹막이 초벌칠로 사용 가능한 페인트의 종류를 쓰시오. (2점)
[95 ㉠]

정답 21
징크로메이트

기출 및 예상문제 — I. 시공 및 시방서

22. 방화칠의 종류 3가지를 쓰시오. (3점) [94 ㈜, 96, 00 ㈎]

① _____
② _____
③ _____

정답 22
① 규산소다 도료
② 붕산카제인 도료
③ 합성수지 도료(요소수지, 실리콘 수지)

23. 다음 목부 바탕 만들기 공정 순서이다. 순서대로 번호를 기입하시오. (3점) [95, 98 ㈜, 96, 00 ㈎]

〈보기〉
① 송진처리   ② 구멍 땜   ③ 옹이 땜
④ 연마지 닦기   ⑤ 오염, 부착물 제거

• 순서 : _____

정답 23
⑤ → ① → ④ → ③ → ②

24. 수성 페인트 바르는 순서를 (   ) 안에 알맞은 용어로 쓰시오. (3점) [94 ㈜]

(①) – 초벌 – (②) – (③)

① _____ ② _____ ③ _____

정답 24
① 바탕누름
② 연마지 닦기
③ 정벌칠

25. 수성페인트 바르는 순서를 나열하시오. (3점) [03 ㈜]

〈보기〉
① 페이퍼 문지름   ② 초벌   ③ 정벌
④ 바탕누름   ⑤ 바탕 만들기

정답 25
⑤ → ④ → ② → ① → ③

26. 목재 바니시 칠 공정 작업 순서를 〈보기〉에서 골라 번호를 쓰시오. (3점) [96, 97, 99, 00, 01 ㈜, 97 ㈎]

〈보기〉
① 색올림   ② 왁스 문지름
③ 바탕처리   ④ 눈먹임

정답 26
③ → ④ → ① → ②

27. 외부 바니시 칠의 공정순서를 나열하였다. 빈칸에 들어갈 공정을 쓰시오. (4점)

바탕손질 → (①) → 초벌착색 → (②) → (③) → (④)

① _____ ② _____ ③ _____ ④ _____

정답 27
① 눈먹임
② 연마지 닦기
③ 정벌착색
④ 왁스 문지름

28. 도장 공사시 스테인 칠의 장점을 3가지 기술하시오. (4점) [01 ㉮]

① _____
② _____
③ _____

정답 28
① 작업이 용이하다.
② 색상을 선명하게 할 수 있다.
③ 표면을 보호하여 내구성을 증대시킨다.

29. 건축에서 일반적으로 사용하는 도장공법 4가지만 기술하시오. (4점) [93, 96, 98, 00 ㉯, 97 ㉮]

① _____ ② _____
③ _____ ④ _____

정답 29
① 솔칠
② 롤러칠
③ 뿜칠
④ 문지름칠

30. 콘크리트 PC 판넬의 바탕면에 마감용 합성수지를 바르는 방법 4가지를 쓰시오. (4점) [93 ㉯]

① _____ ② _____
③ _____ ④ _____

정답 30
① 솔칠
② 롤러칠
③ 뿜칠(스프레이칠)
④ 래커칠

31. 다음 ( ) 안에 알맞은 말을 쓰시오. (4점) [95, 97, 00 ㉮]

페인트 공사의 뿜칠에는 도장용 (①)을 사용하며 노즐구경은 (②)가 있으며, 뿜칠의 공기압력은 (③)을 표준으로 하고 뿜칠거리는 (④)를 표준으로 한다.

① _____ ② _____
③ _____ ④ _____

정답 31
① 스프레이건
② 1.0~1.2mm
③ 2~4kgf/cm²
④ 30cm

32. 스프레이 건에 대해서 쓰시오. (3점) [94, 98 ㉮]

_____
_____

정답 32
페인트 공사의 뿜칠 시공시 사용하는 도장용구로, 노즐 구경은 1.0~1.2 mm, 뿜칠시 공기 압력은 2~4kgf/cm² 정도가 적당하며, 뿜칠거리는 벽면으로부터 30cm가 적당하다.

기출 및 예상문제

I. 시공 및 시방서

33. 도장공사에서 쓰이는 스프레이 건(gun) 사용시 주의사항을 3가지 쓰시오. (4점)

① _____
② _____
③ _____

정답 33
① 스프레이 건(gun)의 위치는 면에 직각이 되도록 평행으로 이동시키며 운행
② 뿜칠 거리는 약 30cm 정도가 적당
③ 운행시 약 1/3 씩 겹쳐서 바르도록 함
  * 노즐 구경은 1.0~1.2 mm 정도가 사용

34. 철부 유성페인트 시공순서를 나열하시오. (3점) [01 산]

─── 〈보기〉 ───
① 연마지 갈기   ② 녹막이 칠   ③ 정벌칠
④ 구멍메꿈   ⑤ 재벌칠   ⑥ 바탕조정

• 순서 : _____

정답 34
⑥ → ② → ① → ④ → ① → ⑤ → ① → ③

35. 도장공사의 목적 중 다음에 대해서 기술하시오. (4점)

성능의 부여(기능성 도장) :

정답 35
성능의 부여(기능성 도장)
내약품성, 전기 절연성, 내수성, 방음성, 방사선 차단성 등 특별한 성능(기능)을 부여하는 것

36. 스티플 칠(Stipple Coating)에 대하여 간단히 쓰시오. (2점) [94, 96 기]

정답 36
표면에 자잘한 요철 모양이나 질감을 내도록 하는 특수도장 마감

09 내장 및 기타공사

학습방향
- 천장판, 단열재, 방음재의 종류와 특징을 이해하도록 한다.
- 도배시공 순서와 풀칠방법이 출제 빈도가 높은 편이므로 숙지하도록 한다.
- 카펫 파일의 종류와 시공법, 커튼의 주름방법에 대해서도 알아 두어야 한다.

1 내장 재료

1 일반사항

1. 건축 재료의 요구 성능
① 역학적 성능 : 강도, 탄성계수, 변형, 인성, 크리프 등
② 물리적 성능 : 비중, 경도, 수분, 열, 음, 빛에 대한 투과와 반사
③ 내구성능 : 풍화, 산화, 충해, 부패 등
④ 화학적 성능 : 산, 알칼리, 화학 약품에 대한 변질, 부식, 용해성 등
⑤ 방화내화 성능 : 인화성, 연소성, 용융성, 유독성 가스의 배출성 등
⑥ 감각적 성능 : 감촉, 색상, 명도, 채도 등
⑦ 생산성능 : 재료의 확보, 생산량, 시공성, 운반, 재활용 등

2. 재료 선정시 요구조건
① 재료에 요구되는 성능을 분명히 할 것
② 각 재료가 갖고 있는 성능을 분명히 파악할 것
③ 최적의 재료를 합리적으로 선택하고 결정하는 방법을 정할 것

3. 벽이나 천장판에 붙이는 재료의 종류
① 합판
② 석고보드
③ 텍스
④ 목모 시멘트판
⑤ 테라코타
※ 알루미늄 타일 : 얇은 금속판으로 만든 천장재

4. 방수법의 종류
① 아스팔트 방수
② 시멘트 액체 방수
③ 도막방수
④ 시트 방수

2 단열재료

1. 단열재의 구비 조건
① 열전도율이 낮을 것
② 흡수율이 적을 것
③ 내화성이 높을 것
④ 비중이 작을 것
⑤ 어느 정도 기계적 강도가 있을 것

2. 단열재의 구분
① 다공성 단열재
② 반사형 단열재
③ 용량형 단열재

3. 단열재의 종류 및 특징

종 류	특 징
탄화 코르크판	떡갈나무, 참나무 등의 껍질을 적당한 크기로 부수어 열압하여 판(board)상으로 만든 것
석 면	사문석, 각섬석 등의 광물질을 이용하여 실끈, 지포 등으로 제작되고 시멘트를 혼합하여 판상이나 관의 형태로 만든 것
암 면	안산암, 현무암 등을 부수어 용융하여 고압공기로 뿜어내어 급랭시켜 섬유상태로 만든 것
광재면 (slag wool)	용광로의 광재(slag)를 용융하여 고압공기로 뿜어내어 만든 것
스티로폼	열가소성 합성수지인 폴리스틸렌 수지를 이용하여 스펀지 상태로 만들어진 것
알루미늄 박	알루미늄을 아주 얇게 박판으로 만들어 복사열을 표면에서 반사시킬 목적으로 제작된 것

4. 단열재의 공법
① 주입 단열공법 : 단열이 필요한 곳에 단열공간을 만들고 주입구멍과 공기구멍을 뚫어 발포성 단열재를 주입하여 충전하는 공법
② 붙임 단열공법 : 단열이 필요한 곳에 일정하게 성형된 판상의 단열재를 붙여서 단열성능을 갖도록 하는 방법
③ 뿜칠공법 : 단열 모르타르 등을 해당 면에 뿜칠하는 방법

3 방음(흡음)재료

종 류	특 징
어코스틱 타일 (acoustic tile)	연질 섬유판에 잔 구멍을 뚫은 후 표면에 칠로 마무리한 판상의 제품
목재 루버 (wooden louver)	코펜하겐 리브라고도 하며 목재 면을 특수한 형상으로 가공하여 붙여대는 것
구멍 합판	뒤에 섬유판 등을 대고 표면에 일정한 간격으로 구멍을 뚫은 합판

※ 기타 재료 : 플라스틱 흡음판, 양탄자 등

2 경량철골 반자틀

1 반자(Ceiling)의 설치 목적

① 미관적 구성
② 분진(먼지) 방지
③ 음과 열의 차단
④ 배선, 배관 등의 차폐

2 경량철골 천정틀

1. 설치순서

① 인서트 매입(앵커 설치)
② 달대
③ 행거
④ 경량 구조틀 설치
　　캐링찬넬 설치 → 클립 설치 → MW(MS)BAR 설치
⑤ 텍스(천정판) 붙이기

2. 달대볼트 및 반자틀 받이의 설치

① 달대볼트 설치
　㉠ 반자틀받이 행어를 고정하는 달대볼트는 천장재가 떨어지지 않도록 인서트, 용접 등의 적절한 공법으로 설치한다.
　㉡ 달대볼트는 주변부의 단부로부터 150mm 이내에 배치하고 간격은 900mm 정도로 한다.
　㉢ 달대볼트는 수직으로 설치한다.
　㉣ 천정 깊이가 1.5m 이상인 경우에는 가로, 세로 1.5m 정도의 간격으로 달대볼트 흔들림 방지용 보강재를 설치한다.
② 반자틀 받이의 설치
　반자틀 받이는 행어에 끼워 고정하고 반자틀에 설치한 후 높이를 조정하여 체결한다.
③ 반자틀 고정
　㉠ 반자틀 간격은 공사시방서에 따른다. 공사시방서가 없는 경우에는 900mm 정도로 한다.
　㉡ 반자틀은 클립을 이용해서 반자틀받이에 고정한다.

3 설치공법

① 엠 바(M-Bar) 공법
　천장판의 연결 부위는 더블 엠 바(double M-BAR, MW)를 설치하고, 천장판 중간 부위는 싱글 엠 바(single M-BAR, MS)를 설치하여 나사못(비스)로 고정 시키는 방법이다.

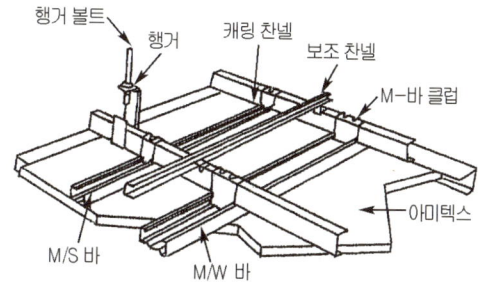

그림. 엠 바(M-BAR) 공법

② T-Bar 공법(시스템)
　㉮ 엠 바(M-Bar) 시스템을 개량하여 천정재를 나사못(비스)으로 고정하는 것이 아니고 바(bar)에 얹어놓을 수 있도록 한 것이다.
　㉯ 장점
　　㉠ 천장 마감재의 보수 및 유지관리가 용이하다.
　　㉡ 천장 내부시설의 보수 및 점검이 용이하다.
　　㉢ 천장 마감재를 재활용할 수 있다.
　　㉣ 천장설비의 시공 및 위치선정이 용이하다.

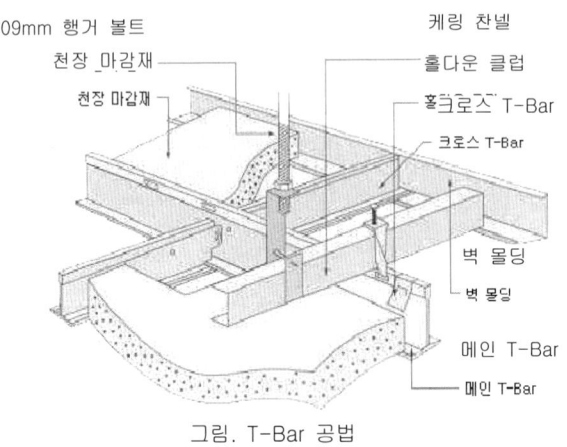

그림. T-Bar 공법

③ TH-Bar 공법(시스템)
　천정모듈 라인을 부각시켜 라인미를 강조하는 시스템으로 크로스바의 노출이 없도록 만들어 천정판을 돋보이게 하는 설치공법이다.

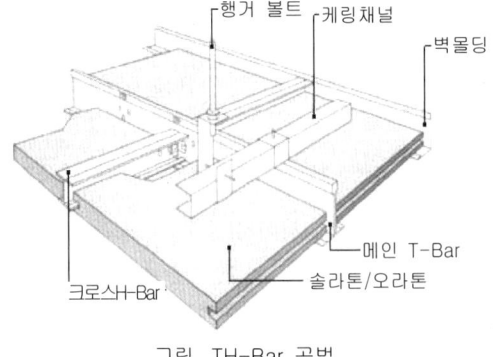

그림. TH-Bar 공법

3 드라이비트(Dry-vit) 공사

1 구성요소

드라이비트 시스템은 단열재, 접착제, 유리망 섬유 그리고 마감재의 4가지요소로 이루어져 있다. 이러한 4가지 요소가 서로 유기적인 결합을 이루면서 외벽 단열 마감재로 기능하고 있는 것이다. 그래서 그냥 드라이비트라 하지 않고 드라이비트 시스템이라 부르는 것이다.

① 단열재

철근 콘크리트나 벽돌 등 이미 만들어진 구조체에 덧대는 것으로 외벽 단열을 위한 기본 자재이다. 스티로폼이나 불연성 암면 그리고 난연성 발포 폴리스티렌 폼이 주로 쓰이는 소재, 최대 크기 600mm~1,200mm의 스티로폼이 사용된다. 두께는 건축물의 용도나 상황 그리고 건축주의 요구에 따라 다르게 적용되는데 통상 20mm~150mm까지 사용할 수 있다.

② 접착제

100% 순수 아크릴 수지로 강력한 접착성 및 방수, 방습 효과가 탁월한 도포제이다. 알칼리성 및 투습 저항이 크고 시멘트, 벽돌 그리고 콘크리트 등 기타 단열재와의 접착력도 강하다. 섭씨 20℃ 그리고 습도 65% 상태에서 4기간 동안 사용할 수 있으며 현장 사용 시 일반 포틀랜드 시멘트와 1:1로 섞어서 사용한다.

③ 유리망 섬유(MESH)

외벽의 균열 방지 및 충격 보강 기능을 위해 100%유리 섬유로 제작된 인장 강도가 강한 망이다. 내구성 증대를 위해 알칼리 성분에 저항이 강하도록 특수 코팅 처리돼 만들어 졌다. 사용체에 따라 표준 메쉬, 고강도 메쉬 그리고 초고강도 메쉬로 분류된다.

④ 마감재

통상 드라이비트라 부르는 것으로 순도 100% 아크릴 수지와 화학 물질 및 특수 규사의 합성으로 만든 무기·유기화합물의 조합물이다. 내구·내후성 등이 강하고 무엇보다 다양한 칼라의 연출이 가능하며 흙손, 스프레이 건, 로울러, 솔 등을 이용 다양한 질감의 표현이 가능하다.

2 특징

① 시공이 용이하고 공기를 단축할 수 있어 경제적이다.
② 벽돌이나 타일을 사용하지 않으므로 건물의 하중을 줄일 수 있다.
③ 단열성능이 우수하고 결로방지에도 효과적이다.
④ 별도의 마감재료가 필요 없다.
⑤ 표면에 다양한 색상 및 질감표현으로 외관구성이 자유롭다.

그림. 드라이비트 구성재료

3 시공시 주의 사항

① 평균 온도 5℃ 이상에서 시공되어야 하며 35℃ 이상일 경우 차양막을 설치해야 한다.
② 혼합된 접착제는 4시간 이내에 사용하도록 한다.
③ 단열재 부착 후 접착력을 확보하기 위해서 24시간 이상 건조시킨다.
④ 표면 상태는 완전히 평활해야 하며 필요시 초벌 미장을 해야 한다.
⑤ 기본 구조체의 벽면은 건조되고 오염되지 않은 깨끗한 상태를 유지해야 한다.
⑥ 현장에 반입된 제품은 직사광선을 피하고 변형되지 않도록 보관해야 한다.
⑦ 보수 공사시에는 특히 기존벽체의 바탕면을 깨끗하게 청소해야 하며 필요시 프라이머를 사용, 벽면에 완전 흡수, 일치하게 하여 표면을 강화시킨다.
⑧ 마감재의 색상 및 질감은 사전에 시공 견본을 제출하여 승인을 받도록 한다.
※ 시공하는 업체는 전문 시공 면허를 소지한 업체를 선정하도록 한다.

4 액세스 플로어(access floor) 공사

① 바닥 구조체에서 특수 제작된 지지철물, 경량철골 프레임 등을 이용하여 25~45cm 정도의 공간을 두고 상부에 바닥마감재(판널)와 콘센트 등이 일체화된 시스템 박스(System box)를 설치하여 마감하는 방법이다.
② 배관, 배선 등이 벽면으로부터 길게 노출되지 않아 깔끔하며 교체작업에도 편리하다.
③ 배관이나 배선이 많은 기계실, 전산실, 특수목적 강당 등의 바닥 마루공사에 주로 시공된다.

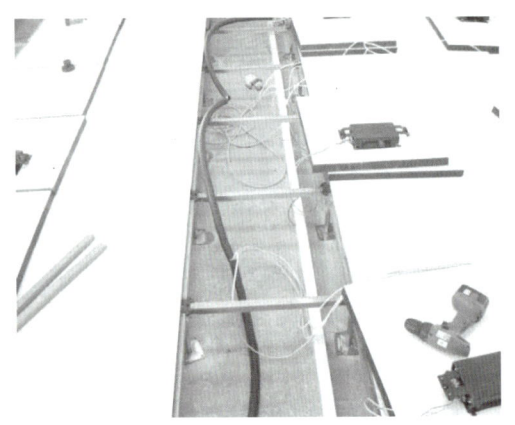

그림. 액세스플로어 시공

5 내화피복 공법

화재발생시 강재의 온도상승 및 강도저하에 의하여 건물이 붕괴되는 일이 없도록 강재(기둥, 보) 주위를 내화재료로 피복하는 것으로 크게 습식과 건식내화피복 공법으로 분류할 수 있다.

1 습식 내화피복 공법

① 타설공법
  ㉠ 강재 표면에 경량콘크리트 등을 타설하여 내화피복을 하는 방법이다.
  ㉡ 필요치수 제작이 용이하며, 구조체와 일체화로 시공이 가능하다.
  ㉢ 시공시간이 길고, 소요중량이 크다.
② 뿜칠공법
  ㉠ 강재 표면에 석면, 질석, 암면 등의 혼합재료를 믹서로 혼합하여 뿜칠용기로 압송하여 뿜칠하는 방법이다.
  ㉡ 작업속도가 빠르며 복잡한 형상에도 시공이 가능하며 비용면에서 저렴하다.
  ㉢ 시공시 비산으로 재료손실이 있으며, 균질한 피복 두께관리가 어렵다.
③ 미장공법
  ㉠ 강재 표면을 모르타르로 마감하는 방법이다.
  ㉡ 박리와 균열방지에 대해 검토가 필요하다.
④ 조적공법
  ㉠ 강재의 바깥면을 콘크리트 블록, 벽돌, 석재 등으로 조적하는 방법이다.
  ㉡ 박리 등의 우려는 없으나 시공시간이 길고, 소요중량이 크다.

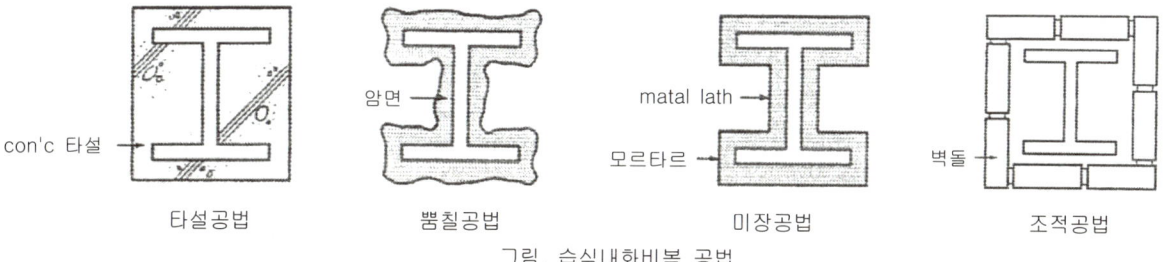

그림. 습식내화피복 공법

2 건식 내화피복 공법

① 내화단열 성능이 우수한 경량의 성형판을 접착제나 연결철물을 이용하여 부착하는 공법으로 성형판 붙임공법이라고도 한다.
② 품질의 신뢰성이 높으며, 부분적으로 보수가 용이하다.
③ 충격에 약하며, 시공시 절단 및 가공에 의한 재료의 손실이 크다.

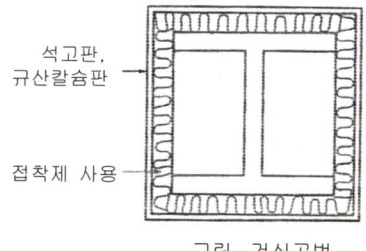

그림. 건식공법

6 석고보드 공사

1 일반

① 소석고($CaSO_4$, $1/2H_2O$)를 주원료로 경량, 탄성을 주기 위해 톱밥, 펄라이트 등을 섞어 압축 경화시킨 판재(board)이다.
② 크기 : 두께는 6~12mm, 크기는 90×180cm 정도이다.

2 특징

장 점	단 점
① 내화성이 크고, 차음성·단열성이 있다. ② 경량이며 신축성이 거의 없다. ③ 가공이 용이하다. ④ 설치 후 도료로 도포할 수 있다.	① 강도가 약하다. ② 파손의 우려가 있다. ③ 습윤에 약하다.

3 종류(분류)

1. 사용용도(성능)에 따른 분류
① 일반석고 보드
② 방화석고 보드
③ 방수석고 보드
④ 미장석고 보드

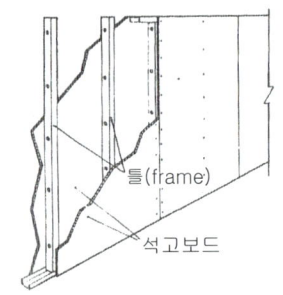
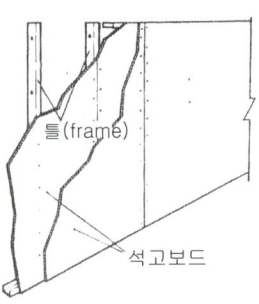

2. 형상에 따른 분류
① 석고 평 보드(gypsum square board)
② 석고 테파드 보드(gypsum tapered board)
③ 베벨 에이지 보드(bevel edge board)

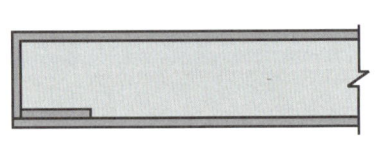
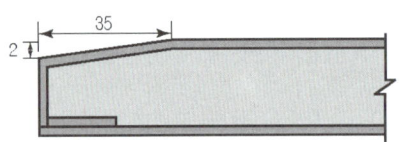

그림. 석고 평보드   그림. 석고 테파드 보드   그림. 베벨 에이지 보드

4 시공시 주의 사항

① 이음매 처리 작업 전에 필히 못이나 나사못 머리가 보드 표면과 일치 되었는가 확인한다.
② 컴파운드를 너무 두껍게 바르면 경화시간이 길어지고 크랙이 발생할 수 있다.

5 이음새 시공순서

① 바탕처리
② 하도
③ 조인트 테이프 부착
④ 중도
⑤ 상도
⑥ 샌딩 처리

※ 샌딩(sanding)처리 : 표면을 사포질하여 곱게 마감하는 것

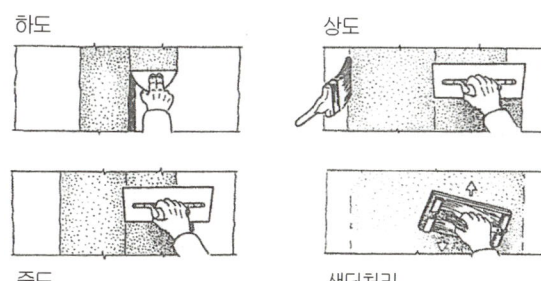

그림. 이음새 시공

7 S.G.P 경량칸막이 공사

1 구성 요소

S.G.P(Steel Gypsum Panel) 경량칸막이는 보통 12mm 석고 보드 위에 합성수지 칼라 도장 철판을 접착제로 부착한 판상의 재료로 사무실 등의 칸막이 공사 등에 이용된다.

2 특징

① 석고보드와 철판의 이중구조로 내화 및 방음효과가 있다.
② 별도의 추가적인 외장마감이 필요하지 않다.
③ 조립 및 해체가 용이하다.
④ 해체 후 재사용이 가능하여 경제적이다.
⑤ 단점으로는 가격이 비싼편이다.

그림. S.G.P 경량칸막이 공사

3 시공 방법

일반 경량 벽체 시공법과 유사하며 시공순서는 다음과 같다.
① 소요 치수 측정 및 정확한 위치 설정(먹줄과 다림추 등 이용)
② S.G.P 판넬을 적정 치수로 절단
③ 상하부 받이 철물(하부는 걸레받이 역할, 상부는 몰딩 역할)의 설치
④ S.G.P 판넬 부착
⑤ 글라스 울(Glass Wool) 채움
⑥ 전기, 설비 등의 배관 공사, 스위치나 매립용 박스 등의 컷팅(필요시)
⑦ 반대편 S.G.P 판넬 부착

8 방수공사

방수공사는 구조체를 보호하며 실내의 각종 내장재, 설비 및 전자기기 등을 보호함과 동시에 실내의 쾌적한 환경을 유지하기 위해서도 필요하다.

(1) 방수공사의 분류
 ① 멤브레인(membrane) 방수 : 얇은 막을 형성하여 방수성능을 확보 하는 것
  ㉠ 아스팔트 방수 – 아스팔트, 아스팔트 펠트, 아스팔트 루핑을 이용하여 방수층을 형성하는 것
  ㉡ 시이트(sheet) 방수 – 합성고무계 시트, 합성수지계 시트
  ㉢ 도막 방수 – 우레탄 고무계, 아크릴 고무계, 아크릴 수지계 등
 ② 시멘트 액체 방수, 시멘트 모르타르 방수
 ③ 침투성 도포 방수 – 무기질계, 고분자계(합성수지계)
 ④ 실링방수 – 실리콘계, 아크릴계, 폴리설파이드계 등
 ⑤ 금속판을 이용한 방수 – 동판이나 스테인리스 강판 등을 이용

(2) 방수공법의 시공순서
 ① 옥상 아스팔트 방수
  ㉠ 바탕처리 → ㉡ 방수층 시공 → ㉢ 방수층 누름 → ㉣ 보호 모르타르 시공 → ㉤ 신축줄눈 설치
 ② 아스팔트 모르타르 방수
  ㉠ 바탕처리 → ㉡ 프라이머(primer) 도포 → ㉢ 아스팔트 모르타르 바름 → ㉣ 인두 마무리
 ③ 시트(sheet) 방수
  ㉠ 바탕처리 → ㉡ 프라이머(primer) 도포 → ㉢ 접착제 도포 → ㉣ 시트 붙이기 → ㉤ 마무리(보호층 설치)
 ④ 시멘트 액체 방수
  ㉠ 바탕처리 → ㉡ 방수층(방수액 침투, 시멘트 풀) 시공 → ㉢ 보호 모르타르 마감 → ㉣ 줄눈 긋기

☞ 아스팔트(Asphalt)

① 천연 아스팔트
지구 표면의 낮은 곳에 괴어서 반액체 혹은 고체로 굳은 레이크(Lake) 아스팔트, 사암이나 석회암 또는 모래 등의 틈에 침투되어 있는 로크(Rock) 아스팔트, 많은 역청성분을 포함하고 있으며 검고 견고한 아스팔트 타이트(Tite)등이 있다.

② 석유 아스팔트

구 분	특 성
스트레이트 아스팔트 (Strait Asphalt)	• 신축이 좋고, 교착력이 우수하다. • 연화점이 낮고 내후성이 적다. • 지하실 방수에 사용 • 아스팔트 펠트(felt), 아스팔트 루핑(Roofing)의 침투제로 사용
블로운 아스팔트 (Blown Asphalt)	• 연화점이 높고, 온도에 의한 변화가 적어 안정적이다. • 옥상, 지붕 방수, 아스팔트 콘크리트 재료로 사용한다.
아스팔트 컴파운드 (Asphalt Compound)	블로운 아스팔트에 동식물성 유지나 광물성 분말을 혼합하여 만든 신축성이 크고 최우량 제품이다.
아스팔트 프라이머 (Asphalt Primer)	• 아스팔트를 휘발성 용제로 녹인 것이다. • 방수층에 침투시켜 모재와 방수층의 부착 증진을 위해 사용한다.

9 도배 공사

1 벽 도배

1. 도배지(벽지) 선택시 주의 사항
① 장식 기능   ② 내오염성 기능   ③ 내구성 기능

2. 도배지의 종류
① 종이 벽지   ② 비닐(PVC) 벽지
③ 섬유 벽지   ④ 갈포 벽지
⑤ 기타 벽지 : 발라드 벽지, 레자크 벽지 등
※ 초배지는 창호지, 갱지(모조지) 등이 많이 이용된다.

☞ 초배지 시공법
① 밀착초배 : 시공바탕 면인 콘크리트, 합판, 석고보드면 등에 벽지가 잘 붙도록 밀착하여 붙이는 작업
② 공간초배 : 요철이 심한 면에 부직포를 먼저 붙여 고르고 평탄하게 면을 조성하고 붙이는 작업

3. 준비작업
① 도배지의 평상시 보관 온도는 4℃ 정도가 적당하며, 시공 전 72시간(3일), 시공 후 48시간(2일) 경과까지는 16℃ 이상의 온도를 유지하는 것이 좋다.
② 바탕면의 건조상태, 곰팡이, 결로현상 등을 확인 후 적절한 조치를 취한다.
③ 녹 발생 예상 부위(석고 보드 고정 못, 전기박스 등)는 방청도료 등으로 바탕처리를 실시한다.

4. 시공 순서

① 3단계 시공

바탕처리 → 초배지 바름 → 정배지 바름

② 5단계 시공

㉠ 바탕처리 → 초배지 바름 → 정배지 바름 → 걸레받이 → 굽도리

㉡ 바탕처리 → 초배지 바름 → 재배지 바름 → 정배지 바름 → 굽도리

5. 도배지 풀칠 방법

① 봉투 바름 : 도배지 주위에 풀칠하여 붙이고 주름은 물을 뿜어둔다.

② 온통 바름 : 도배지 전부에 풀칠하며, 순서는 중간부터 갓 둘레로 칠해 나간다.

③ 재벌정 바름 : 정배지 바로 밑에 바르며, 순서는 밑에서 위로 붙여 나간다.

2 리놀륨(linoleum) 깔기 순서

① 바닥정리 ② 깔기 계획
③ 임시깔기 ④ 정깔기 ⑤ 마무리 및 보양

10 카펫(capet) 공사

1 장단점

장 점	단 점
① 탄력성 ② 방음(흡음)성 ③ 내구성	① 유지관리 및 보수가 번거로움 ② 습기, 오염에 약하다. ③ 패턴이 단조롭다.

2 카펫 파일(pile)의 종류

종 류		단면 형태
① 고리(loop) 형태	수평 고리 형태	
	다양한 층의 고리 형태	
② 컷(cut) 형태	벨벳 플러쉬 (velvet plush)	
	색스니(saxony)	
	프리즈(frieze)	
③ 컷·고리 형태	일반 컷·고리 형태	
	수평 컷·고리 형태	

3 깔기 공법

종 류	특 징
① 그리퍼 공법	가장 일반적인 방법으로 주변 바닥에 그리퍼를 설치하여 이것에 카펫을 고정하는 방법
② 못박기 공법	• 벽 주변을 따라 30mm 정도 꺾어 넣고 끌어당기면서 못을 박아 고정시키는 방법 • 못박기 간격은 50mm 정도
③ 직접 붙이기 공법 (접합공법)	• 바닥에 접착제를 도포하고 카펫을 눌러 붙이는 방법 • 무거운 보행 공간에 많이 이용
④ 필업 공법	• 발포 고무 등 쿠션재를 대지 않은 카펫에 알맞은 공법 • 카펫이 오래 되었을 때 깨끗이 벗겨내기가 용이

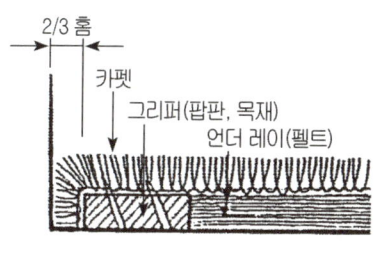

그림. 그리퍼 공법

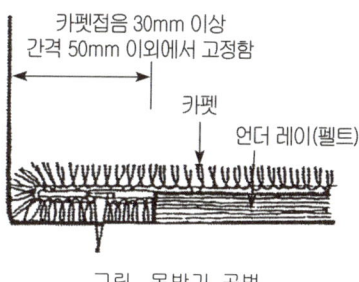

그림. 못박기 공법

4 카펫타일 접합시 유의 사항

카펫 타일은 일반 카펫의 장점인 탄력성, 방음성, 내충격성 등을 유지하면서 시공시 단점인 취급성, 유지관리 및 보수의 번거로움, 내마모성, 습기에 약한점, 패턴의 단조로움 등을 개선하여 합성수지와 울(wool) 등의 소재를 이용하여 500mm×500mm 정도의 타일 형상 크기로 제작된 것이다.

① 시공 전 바닥의 먼지, 오물, 습기 등과 같은 이물질과 틈새가 없어야 한다.
② 타일의 배열이 바둑판 모양으로 되게 한다.
③ 제거시 바닥에서 쉽게 떨어져 바닥을 상하지 않게 한다.

11 커튼, 블라인드 공사

1 커튼

1. 커튼 선택시 주의 사항

① 천의 특성과 시각적 효과를 생각한다.
② 세탁 후 형의 변화나 치수변화가 없어야 한다.
③ 탈색이 되지 않아야 한다.
④ 불연재를 선택하도록 한다.

2. 커튼의 주름 방법

종 류	특 징
① 플레인 스타일	• 민자 형태의 커튼이다. • 보통 요척의 1.2~1.5배 정도가 소요
② 홑주름	• 소탈하며 다소 가벼운 기분의 형태로 장식성이 적은 단순한 커튼에 사용된다. • 보통 요척의 1.5배 정도가 소요
③ 겹주름	• 캐주얼한 분위기를 준다. • 요척의 1.5~2배 정도가 소요
④ 3겹 주름	• 장식성을 요구하는데 이용 • 요척의 2~3배 정도가 소요
⑤ 박스형 주름	• 중량감이 있고 고상한 분위기에 적당하다. • 요척의 2~3배 정도가 소요
⑥ 게더(gather)형 주름	• 경쾌한 느낌을 주는데 적당하다. • 게더(gather) 파이프를 이용

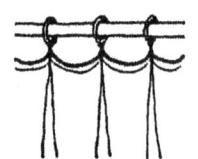
그림. 플레인 스타일

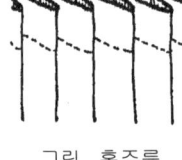
그림. 홑주름

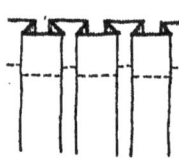
그림. 겹주름

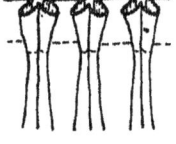
그림. 3겹 주름

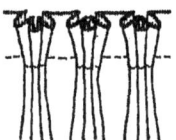
그림. 박스형 주름

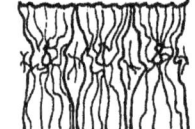
그림. 게더(gather)형 주름

3. 커튼 레일의 부속품

① 러너 : 레일을 미끄러지는 바퀴로, 슬라이드식, 도르래식, 마그넷식이 있다.

② 브래킷 : 레일을 고정하거나 지탱하는 쇠붙이(금속물)

③ 스토퍼 : 레일의 양단을 막음과 함께 러너를 멈추게 하는 쇠붙이

④ 후크 : 커튼을 달 때 커튼지에 부착하는 고리 종류로서 둥근 고리, 짧은 고리, 긴 고리, 바늘 고리 등이 있다.

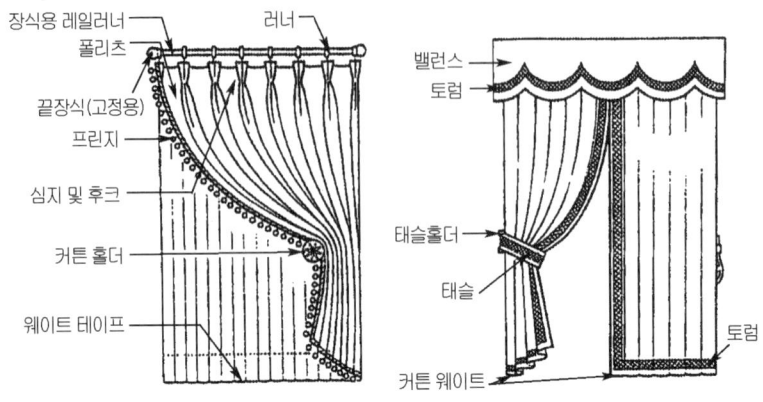
그림. 커튼 각 부의 명칭

2 블라인드(blind)

1. 정의
유리창 등에 직사광선의 차단 및 시선을 차단하기 위하여 커튼 대용으로 사용하는 제품이다.

2. 블라인드의 종류
① 수평 블라인드(Horizontal Blind)
② 수직 블라인드(Vertical Blind)
③ 롤 블라인드(Roll Blind)
④ 로만 블라인드(Roman Blind)

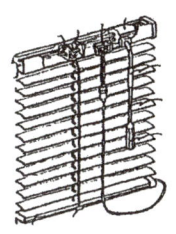
그림. 수평 블라인드

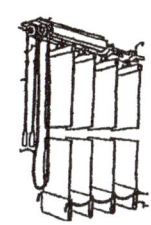
그림. 수직 블라인드

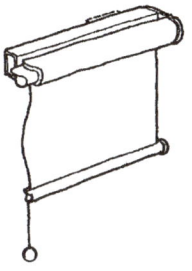
그림. 롤 블라인드

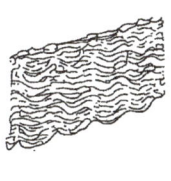
그림. 로만 블라인드

12 공사장의 폐자재 처리

1 의의
① 환경에 대한 인식이 높아지면서 실내공사에 필수적으로 발생하는 공사장 폐자재 처리는 매우 중요한 공정 가운데 하나가 되고 있다.
② 공사장의 폐자재 처리는 환경오염과 처리비용의 증가를 낳고 있으므로 재활용 방안을 적극 모색하도록 하여야 한다.

2 폐자재 재활용 방안
① 부재 해체물
　㉠ 직접 이용형 : 부재 형태로 해체된 자원을 그대로 이용하는 방법이다.
　㉡ 가공 이용형 : 해체물에 최소 필요한 가공을 실시하여 재이용하는 방법이다.
② 파쇄 및 소각 해체물
　㉠ 재생이용형 : 파쇄한 것을 부분적으로 재이용하는 방법이다.
　㉡ 환원형 : 소각에 의한 에너지를 회수하는 방법이다.

3 폐자재 처리시 유의사항
① 재활용의 상태 유무에 따라 분류 및 처리한다.
② 운반시 분진오염·비산 방지를 위해 덮개를 씌운다.
③ 유독물 발생 폐자재는 별도 처리한다.
④ 경제성이 있도록 재활용 한다.

용어해설

1. 풀귀얄
   밑면이 넓어 풀칠 등을 하는 솔로 돼지털로 만들어진 것이 좋다.

2. 도듬문
   문울거미를 남겨두고 두꺼운 종이로 바른 문

3. 맹장지
   도듬문 등에 바르는 종이

4. 불발기
   맹장지를 바른 중앙부분 등에 창살을 대고 창호지를 바른 형태의 창이나 문

 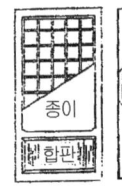 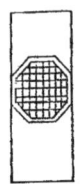

              풀귀얄   도듬문   불발기

5. 굽도리
   벽 도배시 온돌바닥 등에서 높이 40cm 정도로 윗줄은 수평 줄 바르게 하여 붙이고, 밑은 장판 걸레받이에 덮이는 부분

6. 텍스(tex)
   식물섬유, 종이, 펄프 등에 석면과 접착제를 가하여 압축한 판

7. 목모 시멘트판
   목재를 얇은 오리로 만들어 액진을 제거하고, 시멘트로 교착하여 가압 성형한 것

8. 화이버 보드
   식물 섬유질을 주원료로 하여 이를 섬유화, 펄프화하여 접착제를 섞어 판으로 만든 것

9. 오리
   실, 나무, 대(竹) 따위의 가늘고 긴 조각

10. 파일(pile)
    양탄자나 직물의 결이나 보풀 모양

11. 요척(要尺, estimate yield)
    커튼을 필요로 하는 장소의 폭(치수)

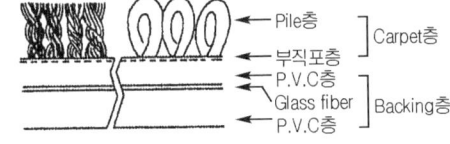

파일(pile)

12. 벤틸레이터(ventilator)
    지붕 옥상 등에 설치하여 자연 바람이나 인공으로 회전시켜 화장실 등의 환기 목적으로 설치하는 설비

13. 로만 블라인드(Roman Blind)
    천의 내부에 설치된 풀 코드(Pull Code)나 체인에 의해서 당겨져 아래가 겹쳐지면서 올라가는 것으로 우아함과 풍성한 느낌을 준다.

14. 자외선 차단 형광등 (UV cut FL)
    박물관이나 미술관 전시실에 사용하는 특수 형광등으로 자외선 방출량이 일반 형광등에 비해 현저히 낮은 형광등

15. 다다미
    짚 밑자리 위에 돗자리를 씌우고 옆을 헝겊으로 선을 둘러댄 것

16. 삿자리무늬
    갈대등을 쪼개 펴서 'ㅁ' 자형 무늬로 짠 것

17. 붙박이 가구
    가구나 반침을 고정식, 가구적으로 만든 것

기출 및 예상문제

I. 시공 및 시방서

1. 실내면의 시공 순서를 ( ) 안에 기입하시오. (3점) [93산]

   실내면의 3면 시공 순서는 (①), (②), (③)의 시공 순서로 공사한다.

   ① _____ ② _____ ③ _____

2. 벽이나 천장판에 붙이는 재료 종류 4가지를 쓰시오. (4점) [93산]

   ① _____ ② _____
   ③ _____ ④ _____

3. 다음 재료에 따른 방수 방법 4가지를 대별하시오. (4점) [94산]

   ① _____ ② _____
   ③ _____ ④ _____

4. 다음 보기에서 방음재료를 골라 번호로 기입하시오. (3점) [95산]

   <보기>
   ① 탄화 코르크   ② 암면   ③ 어코스틱 타일   ④ 석면
   ⑤ 광재면   ⑥ 목재 루버   ⑦ 알루미늄   ⑧ 구멍합판

5. 단열재가 되는 조건 4가지를 보기에서 고르시오. (3점) [93기]

   <보기>
   ① 열전도율이 높다.   ② 비중이 작다.
   ③ 내식성이 있다.   ④ 기포가 크다.
   ⑤ 내화성이 있다.   ⑥ 어느 정도 기계적 강도가 있어야 한다.
   ⑦ 흡수율이 작다.

정 답

정답 1
① 천장
② 벽
③ 바닥

정답 2
① 합판
② 석고보드
③ 텍스
④ 목모 시멘트판
*테라코타

정답 3
① 아스팔트 방수
② 시멘트 액체(모르타르) 방수
③ 도막 방수
④ 시트 방수

정답 4
③, ⑥, ⑧

정답 5
②, ⑤, ⑥, ⑦

기출 및 예상문제

I. 시공 및 시방서

6. 다음은 단열재에 대한 설명이다. 보기에서 설명하는 단열재를 쓰시오. (3점)

① 사문석과 각섬석을 이용하여 만들고, 실끈, 지포 등으로 제작하여 시멘트와 혼합한 후 판재 또는 관을 만든다. : (   )

② 현무암과 안산암을 등을 이용하여 만들고 접착제를 혼합, 성형하여 판 또는 원통으로 만들어 표면에 아스팔트 펠트 등을 붙여 사용한다. : (   )

① _____ ② _____

정답 6
① 석면
② 암면

7. 석고보드의 사용용도에 따른 분류 3가지를 쓰시오. (3점) [01 산]

① _____ ② _____ ③ _____

정답 7
① 일반석고 보드
② 방화석고 보드
③ 방수석고 보드
* 미장석고 보드

8. 건축재료에 있어서 석고보드의 장·단점과 시공시 주의사항을 쓰시오. (4점) [00 기]

(가) 장·단점 :
_____
_____
_____

(나) 주의사항 :
_____
_____
_____

정답 8
(가) 장·단점
① 장점
 ㉠ 내화성이 크고, 차음성·단열성이 있다.
 ㉡ 경량이며 신축성이 거의 없다.
 ㉢ 가공이 용이하다.
 * 설치 후 도료로 도포할 수 있다.
② 단점
 ㉠ 강도가 약하다.
 ㉡ 파손의 우려가 있다.
 * 습윤에 약하다.
(나) 주의사항
 ① 이음매 처리 작업 전에 필히 못이나 나사못 머리가 보드 표면과 일치 되었는가 확인한다.
 ② 컴파운드를 너무 두껍게 바르면 경화시간이 길어지고 크랙이 발생할 수 있다.

9. 석고보드의 이음새 시공순서를 〈보기〉에서 골라 쓰시오. (3점) [00 기]

―〈보기〉―
① Tape 붙이기   ② 샌딩   ③ 상도
④ 중도   ⑤ 하도   ⑥ 바탕처리

• 순서 : _____

정답 9
⑥→⑤→①→④→③→②

10. 다음 용어에 맞는 재료를 보기에서 골라 쓰시오. (4점)

―〈보기〉―
① 합판   ② 화이버보드
③ 코르크판   ④ 목모 시멘트판

정답 10
(가) - ①
(나) - ③
(다) - ④
(라) - ②

(가) 3매 이상의 단판을 1매 마다 섬유 방향에 직교하도록 접착제로 눌러 붙인 것 : (   )

(나) 표면은 평평하고 유공질 판이어서 단열관, 열 절연재로 사용 : (   )

(다) 목재를 얇은 오리로 만들어 액진을 제거하고, 시멘트로 교착하여 가압 성형한 것 : (   )

(라) 식물 섬유질을 주원료로 하여 이를 섬유화, 펄프화하여 접착제를 섞어 판으로 만든 것 : (   )

11. 경량 철골 천정틀 다는 순서를 바르게 나열하시오. (3점)

〈보기〉
① 달대   ② 인서트 매입   ③ 행거   ④ 경량 구조틀

정답 11
② → ① → ③ → ④

12. 다음은 경량철골 천정틀 설치순서이다. 시공순서를 맞게 나열하시오. (3점)

① 달대설치   ② 앵커설치   ③ 텍스 붙이기   ④ 천정틀 설치

정답 12
② → ① → ④ → ③

13. 다음은 경량철골 천정틀 붙이기 순서이다. 시공순서대로 나열하시오. (5점)

〈보기〉
① 달볼트   ② 클립   ③ 캐링찬넬   ④ 조절 행거
⑤ MW(MS)BAR   ⑥ 인서트   ⑦ 천정판

• 순서 : _____

정답 13
⑥ → ① → ④ → ③ → ② → ⑤ → ⑦

14. T-bar 시스템의 장점 3가지를 쓰시오. (3점)

①
②
③

정답 14
① 천장 마감재의 보수 및 유지관리가 용이하다.
② 천장 내부시설의 보수 및 점검이 용이하다.
③ 천장 마감재를 재활용할 수 있다.

기출 및 예상문제

I. 시공 및 시방서

15. 드라이비트(Dry-vit) 공법의 장점 3가지를 쓰시오. (4점)

① _____
② _____
③ _____

16. 다음 용어에 대해서 간략히 쓰시오. (3점)

액세스플로어 (Free access floor) :
_____
_____

17. 배관이나 배선이 많은 기계실, 전산실, 특수목적 강당 등의 바닥에는 주로 어떤 형태의 마루를 시공하는 것이 좋은가? (2점)
_____

18. 기능상 벽지 선택시 주의사항 3가지를 쓰시오. (3점) [00 기]

① _____
② _____
③ _____

19. 다음 도배의 순서를 3단계로 기술하시오. (4점) [00 산]

① _____ ② _____ ③ _____

20. 도배지 붙이는 순서 3단계를 나누어 기입하시오. (4점) [93 산]

(①) - (②) - (③)

① _____ ② _____ ③ _____

21. 벽도배의 공정 순서를 보기에서 골라 번호를 기입하시오. (3점) [98, 99, 01 산]

─── <보기> ───
① 초배지 바름   ② 바탕처리   ③ 재배지 바름   ④ 정배지 바름

정 답

정답 15
① 시공이 용이하고 경제적이다.
② 벽돌이나 타일을 사용하지 않으므로 건물의 하중을 줄일 수 있다.
③ 단열성능이 우수하고 결로방지에도 효과적이다.
 * 별도의 마감재료가 필요 없다.
 * 표면에 다양한 색상 및 질감표현으로 외관구성이 자유롭다.

정답 16
바닥 구조체에서 특수 지지철물과 경량철골 프레임으로 25~45cm 정도의 공간을 두고 상부에 바닥마감재(판넬)와 필요한 콘센트 등이 일체화된 시스템 박스를 설치하여 마감하는 방법이다.

정답 17
액세스플로어(Free access floor)

정답 18
① 장식기능
② 내오염성 기능
③ 내구성 기능

정답 19
① 바탕처리
② 풀칠
③ 붙이기

정답 20
① 초배지 바름
② 재배지 바름
③ 정배지 바름

정답 21
②→①→③→④

22. 도배공사 시공순서를 보기에서 찾아 나열하시오. (4점)　　　[00, 01 산]

　　＜보기＞
　　① 정배지 바름　　② 초배지 바름　　③ 재배지 바름
　　④ 바탕처리　　　　⑤ 굽도리

• 순서 : ＿＿＿＿＿＿＿＿＿＿＿＿＿＿＿＿＿＿＿＿＿＿＿＿＿

정답 22
④ → ② → ③ → ① → ⑤

23. 다음은 도배지의 풀칠방법이다. 설명하는 풀칠법을 쓰시오. (3점)

① 종이 주위에 풀칠하여 붙이고, 주름은 물을 뿜어둔다. : (　　)
② 종이 전부에 풀칠하며, 순서는 중간부터 갓 둘레로 칠해 나간다. : (　　)
③ 정배지 바로 밑에 바르며, 밑에서 위로 붙여 올라간다. : (　　)

정답 23
① 봉투 바름
② 온통 바름
③ 재벌정 바름

24. 다음은 도배공사에 있어서 온도 유지에 관한 사항이다. (　) 안에 알맞은 수치를 넣으시오. (4점)　　　[00 기]

도배지의 평상시 보관온도는 (①)℃ 이어야 하고, 시공 전 (②)시간 전부터, 시공 후 (③)시간까지는 (④)℃ 이상의 온도를 유지하여야 한다.

①＿＿＿＿＿　②＿＿＿＿＿　③＿＿＿＿＿　④＿＿＿＿＿

정답 24
① 4
② 72
③ 48
④ 16

25. 장판지 붙이기의 시공순서를 〈보기〉에서 골라 기호를 쓰시오. (4점)
　　　[96, 00 산, 97, 99, 00, 01 기]

　　＜보기＞
　　① 재배　　　② 걸레받이　　③ 장판지
　　④ 마무리칠　⑤ 초배　　　　⑥ 바탕처리

• 순서 : ＿＿＿＿＿＿＿＿＿＿＿＿＿＿＿＿＿＿＿＿＿＿＿＿＿

정답 25
⑥ → ⑤ → ① → ③ → ② → ④

26. 리놀륨 깔기 시공 순서를 보기를 보고 순서대로 나열하시오. (3점)　　　[93, 99 산]

　　＜보기＞
　　① 바닥정리　　② 마무리　　③ 임시깔기
　　④ 정깔기　　　⑤ 깔기계획

정답 26
① → ⑤ → ③ → ④ → ②

기출 및 예상문제

I. 시공 및 시방서

27. 다음은 수장공사에서 리놀륨 깔기의 시공순서이다. ( ) 안을 채우시오. (3점) [98, 99 ㉮]

(①) → 깔기 계획 → (②) → 정깔기 → (③)

① _____ ② _____ ③ _____

정답 27
① 바탕처리
② 임시 깔기
③ 마무리 및 보양

28. 카펫 파일(Pile)의 종류 3가지를 쓰시오. (3점) [00 ㉯]

① _____
② _____
③ _____

정답 28
① 고리(loop) 형태
② 컷(cut) 형태
③ 고리·컷 형태

29. 카펫 깔기 공법 4가지의 내용을 기술하시오. (4점) [95 ㉮]

① _____ ② _____
③ _____ ④ _____

정답 29
① 그리퍼 공법
② 못박기 공법
③ 직접붙이기 공법
④ 필업공법

30. 카펫타일 시공법 중 접합공법시 유의사항 3가지를 쓰시오. (4점) [01 ㉮]

① _____
② _____
③ _____

정답 30
① 시공전 바닥에는 먼지, 틈새, 오물, 습기 등과 같은 이물질이 없어야 한다.
② 타일의 배열이 바둑판 모양으로 되게 한다.
③ 제거시 바닥에서 쉽게 떨어져 바닥을 상하지 않게 한다.

31. 커튼의 주름 방법 4가지를 쓰시오. (4점) [98, 00 ㉯]

① _____ ② _____
③ _____ ④ _____

정답 31
① 홑 주름
② 겹 주름
③ 3겹 주름
④ 박스형 주름
  * 개더형 주름

32. 커튼지를 선택시 주의 사항을 4가지만 쓰시오. (4점) [97, 00 ㉮]

① _____
② _____
③ _____
④ _____

정답 32
① 천의 특성과 시각적 효과를 생각한다.
② 세탁 후 치수변화가 없어야 한다.
③ 탈색이 되지 않아야 한다.
④ 불연재를 선택하도록 한다.

33. 커튼 레일의 부속품을 3가지 쓰시오. (3점)

① _____ ② _____ ③ _____

34. 블라인드의 종류 3가지를 쓰시오. (3점) [01 ㉮]

① _____ ② _____ ③ _____

35. 다음 보기와 관련 있는 것끼리 연결하시오. (3점) [97, 00 ㉯]

─── < 보기 > ───
(가) 벤틸레이터   (나) 필름코러스   (다) 에폭시

① 지붕재료 : _____ ② 공기조절 : _____ ③ 바닥 바름 : _____

36. 내장공사에서 사용되는 다음의 용어를 설명하시오. (6점) [01 ㉯]

① 도듬문 : _____

② 풀귀얄 : _____

③ 맹장지 : _____

④ 불발기 : _____

37. 건축재료 선정상 요구 성능과 재료 선정시 요구되는 제반 사항을 기술하시오. (4점) [98 ㉮]

① _____

② _____

38. 실내공사에 필수적으로 발생하는 공사장 폐자재 처리시 유의사항을 3가지만 쓰시오. (3점)

① _____
② _____
③ _____

정답

정답 33
① 러너
② 브래킷
③ 스토퍼
* 후크

정답 34
① 수직 블라인드
② 수평 블라인드
③ 롤 블라인드
* 로만 블라인드

정답 35
① - (나)
② - (가)
③ - (다)

정답 36
① 도듬문 : 문울거미를 남겨두고 두꺼운 종이로 바른 문
② 풀귀얄 : 도배시 풀칠하는 솔(돼지털로 만들어진 것이 좋음)
③ 맹장지 : 도듬문 등에 바르는 종이
④ 불발기 : 맹장지를 바른 중앙부분 등에 창살을 대고 창호지를 바른 형태의 창이나 문

정답 37
① 건축 재료의 요구 성능
  ㉠ 역학적 성능
  ㉡ 물리적 성능
  ㉢ 내구성능
  ㉣ 화학적 성능
  ㉤ 방화내화 성능
  ㉥ 감각적 성능
  ㉦ 생산성능 등
② 재료 선정시 요구 조건(제반 사항)
  ㉠ 재료에 요구되는 성능을 분명히 할 것
  ㉡ 각 재료가 갖고 있는 성능을 분명히 파악할 것
  ㉢ 최적의 재료를 합리적으로 선택하고 결정하는 방법을 정할 것

정답 38
① 재활용의 상태 유무에 따라 분류 및 처리한다.
② 운반시 분진오염·비산 방지를 위해 덮개를 씌운다.
③ 유독물 발생 폐자재는 별도 처리한다.
* 경제성이 있도록 재활용 한다.

10 시방서(specification)

> **학습방향**
> - 시방서의 종류를 구분 및 이해하도록 한다.
> - 시방서의 기술내용 및 작성시 주의사항을 숙지하도록 한다.
> - 위 내용을 토대로 공사시방서를 작성하는 연습을 하도록 한다.

1 시방서의 의의

계약서와 설계도면에 표현하기 어려운 공사이행에 관련한 일반사항과 건축물의 요구 품질과 규격, 시공방법, 자재(재료) 등의 규격 및 특성 등을 기재하여 도면과 함께 공사의 지침이 되도록 작성되는 설계도서의 일종이다. 도면은 도해적, 시방서는 서술적으로 작성하여 상호 중복없이 보완적으로 작성하는 것이 바람직하다.

2 시방서의 종류

1. 내용에 따른 분류

기술시방서	건축물의 요구품질, 규격, 시공법 등 기술적 사항을 표기한 시방서
일반시방서	공사기일 등 공사 전반에 걸친 비 기술적 사항을 표기한 시방서

2. 작성방법에 따른 분류

공통시방서 (표준시방서)	각 직종에 공통으로 적용되는 공사 전반에 관한 규정을 기술한 시방서
특기시방서	표준시방서에 추가, 변경 사항 등을 기술하며 당해공사에 적용되는 특정 사항이 포함된다

3. 목적에 따른 분류

공사시방서	특정 공사용으로 작성된 시방서로 공통시방서와 특기시방서를 포함한다.
안내(참고) 시방서	공사 시방서를 작성할 때 참고나 지침서가 될 수 있는 시방서로 몇 가지를 첨부하거나 삭제하면 공사시방서가 될 수 있도록 한 시방서
표준규격 시방서	공사에 관련된 재료, 제품에 따라 표준규격과 표준 공법을 나타내는 시방서로 우리나라의 KS, 일본의 JIS, 미국의 ASTM 등이 사용되며 국제입찰에도 인용된다. (예) 건축공사 표준시방서
약술(개략) 시방서	설계자가 초기 사업진행 단계에서 설명용으로 작성된 시방서

4. 성능시방과 서술시방

서술(敍述, 記述) 시방서	제품명이나 상품명을 사용하지 않고 공사 자재의 특성이나 설치방법 등을 설명하는 시방서로 원하는 품질과 성능 또는 작업결과를 얻기 위해 사용재료의 특성, 설치방법 등을 최대한 자세히 기술하기 때문에 기술(記述) 시방서라고도 한다.
성능(性能) 시방서	목적하는 결과, 성능의 판결기준과 이를 판별할 수 있는 방법을 규정한 시방서로 최종결과를 언급하고 그 결과를 얻기 위한 수단과 과정은 생략한다. 성능규정의 충족 여부를 확인할 수 있는 품질기준, 평가방법, 시험 결과 분석 방법 등이 필수적이다.

3 시방서의 기술내용

① 사용재료나 장비의 종류 및 자재의 시험검사 방법
② 시공의 일반사항 및 주의사항, 시공정밀도(허용오차)
③ 성능의 규정 및 지시, 시방서의 적용 범위, 대안의 선택
④ 시공 오차의 허용 값, 표준규격(코드) 요건
⑤ 도면 표기 어려운 보충사항이나 특기 사항

4 시방서의 작성시의 주의사항

① 공사 전반에 걸쳐 시공순서에 맞게 빠짐없이 기재한다.
② 오자, 오기가 없고 도면과 중복하지 않게 간단명료하게 기재하도록 한다.
③ 재료, 공법을 정확하게 지시하고 도면과 시방서가 상이하지 않게 작성한다.

5 공사시방서의 작성방법

① 공사시방서 작성에서 먼저 표준시방서와 전문시방서의 내용을 기본으로 하여 현행 표준시방서에서 공사시방서에 위임한 사항과 설계도면에 표시한 내용(시설물의 위치, 형태, 치수, 구조강세 등) 외에 시공과정에서 사용되는 기자재, 허용오차, 시공방법, 시공상태 및 이행절차 등에 대하여 기술한다.
② 표준시방서를 기본으로 작성할 경우 표준시방서 등의 내용 중 개별공사의 특성에 맞게 작성하여야 할 사할(품질 및 성능, 기타 수행에 필요한 사항)에 중점을 두어야 하며, 표준시방서의 기준만으로 해당 공사에 요구되는 계약목적물의 성능이 충족되지 않거나 표준시방서의 기준이 해당 공사에 요구되는 성능보다 불필요하게 과도할 경우에넌 표준시방서의 내용을 추가·변경하는 사항도 포함하여야 하며, 표준시방서 등에서 제시된 다수의 재료, 시공방법 중 해당 공사에 적용되는 사항만을 선택하여 기술한다.
③ 가설물에 대한 규정과 의사전달 방법 및 품질보증 사항을 제시하고, 해당 기준에 합당한 시험·검사에 관한 사항 및 샘플링 방법 등 검사를 위한 기준도 제시하여야 한다.

기출 및 예상문제

I. 시공 및 시방서

1. 시방서에 기재되어야 할 사항에 대해서 4가지만 쓰시오. (4점)

① _____

② _____

③ _____

④ _____

2. 다음 용어를 설명하시오. (4점)

① 기술시방서(Descriptive specification) :

_____

② 성능시방서(Performance specification) :

_____

3. 다음 설명이 의미하는 시방서 종류를 쓰시오. (4점)

① 공사기일 등 공사 전반에 걸친 비 기술적 사항을 표기한 시방서 :

② 건축과 관련된 모든 공사의 공통적인 사항을 국토교통부가 재정한 시방서 :

③ 특정공사별로 건설공사 시공에 필요한 사항을 규정한 시방서 :

④ 공사시방서를 작성하는데 안내 및 지침이 되는 시방서 :

4. 시방서 작성시에 주의해야 할 사항 3가지만 쓰시오. (4점)

① _____

② _____

③ _____

정답

정답 1
① 사용재료나 장비의 종류
② 시공의 일반사항 및 주의사항
③ 시공정밀도(허용오차)
④ 자재의 시험검사 방법

정답 2
① 기술시방서(Descriptive specification) : 제품명이나 상품명을 사용하지 않고 공사 자재의 특성이나 설치방법 등을 설명하는 시방서로 원하는 품질과 성능 또는 작업결과를 얻기 위해 사용재료의 특성, 설치방법 등을 최대한 자세히 기술한다.
② 성능시방서(Performance specification) : 목적하는 결과, 성능의 판결기준과 이를 판별할 수 있는 방법을 규정한 시방서로 최종결과를 언급하고 그 결과를 얻기 위한 수단과 과정은 생략한다. 성능규정의 충족 여부를 확인할 수 있는 품질기준, 평가방법, 시험 결과 분석 방법 등이 필수적이다.

정답 3
① 일반시방서
② 건축공사 표준시방서
③ 공사시방서
④ 안내시방서

정답 4
① 공사 전반에 걸쳐 시공순서에 맞게 빠짐없이 기재한다.
② 오자, 오기가 없고 도면과 중복하지 않게 간단명료하게 기재하도록 한다.
③ 재료, 공법을 정확하게 지시하고 도면과 시방서가 상이하지 않게 작성한다.

02 적산 및 내역서

01 총론
02 가설공사
03 조적공사
04 목공사
05 거푸집 및 콘크리트공사
06 페인트 공사
07 수장공사

01 총론

> **학습방향**
> - 적산과 견적의 차이를 이해하고 적산 요령을 알아둔다.
> - 재료의 할증률이 출제 빈도가 높으므로 숙지하도록 한다.
> - 품셈을 이해하고 일위대가표를 작성하는 연습을 한다.
> - 공사원가, 총공사비를 산출하는 연습을 한다.

1 일반 사항

1 적산과 견적

1. 적산
공사에 필요한 공사량(재료, 품)을 산출하는 기술 활동이다.

2. 견적
① 산출된 공사량에 적당한 단가를 설정하여 곱한 후 합산하여 총 공사비를 산출하는 기술 활동이다.
② 공사 조건, 기일 등에 따라 달라질 수 있다.

2 견적(적산)의 종류

1. 명세견적
현장 설명, 완비된 설계도서, 질의응답을 통하여 적산기준에 의하여 상세하게 공사비를 산출하는 방법이다.

2. 개산 견적
이전에 수행된 공사자료의 통계치, 경험, 실험식 등에 의하여 개략적으로 공사비를 산출하는 방법이다.
① 단위 수량에 의한 방법
  ㉠ 단위 면적에 의한 개산 견적
  ㉡ 단위 체적에 의한 개산 견적
  ㉢ 단위 설비에 의한 개산 견적
② 단위 비율에 의한 방법
  ㉠ 가격 비율에 개산 견적
  ㉡ 수량 비율에 개산 견적
③ 부위별 개산 견적
  건축물을 일정한 형식에 의거 부위별로 나누고, 그 부위를 구성하고 있는 요소마다 가격을 결정하여 개략적인 공사비를 산출하는 방법이다.

3. 적산 요령
① 시공순서대로 계산한다.
② 내부에서 외부로 계산한다.
③ 수평에서 수직으로 계산한다.
④ 단위세대에서 전체로 계산한다.

3 공사비의 구성

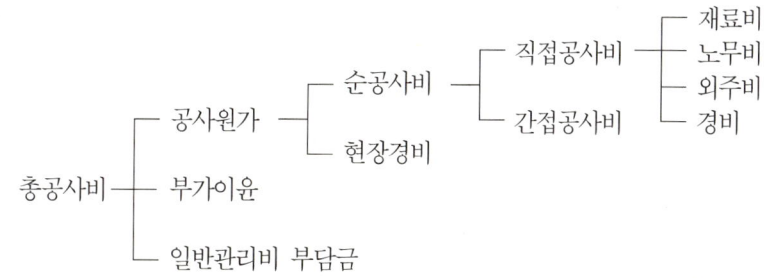

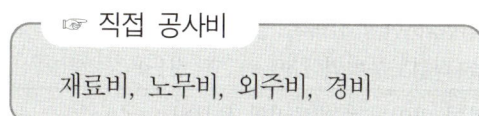

1. 공사비내역서·명세서의 구분

공사비내역서는 공사비를 산출하여 결과를 정리한 견적서를 말하며, 이를 내역명세서, 내역서라고도 한다.
- 한 공사의 공사비는 다음과 같이 3단계로 구분하여 계산한다.

구 분	내 용
비목(費目)	① 한 공사를 각 건물별로 대별하여 계산한 것 ② 각 비목을 집계하면 순공사비(純工事費)가 된다.
과목(科目)	① 각 건물마다 공정별(工程別)로 구분하여 작성한 것 ② 각 과목을 총집계하면 각 동 건물의 공사비(비목)가 된다.
세목(細目)	① 각 공정별 과목을 다시 세분하여 재료, 노무, 기계손료, 운임 등으로 정리한 것 ② 이를 집계하면 한 건물의 공정별 공사비(과목)가 된다. ③ 세목으로 기재된 견적서를 공사비내역명세서(工事費內譯明細書)라 한다.

2. 명세견적의 순서

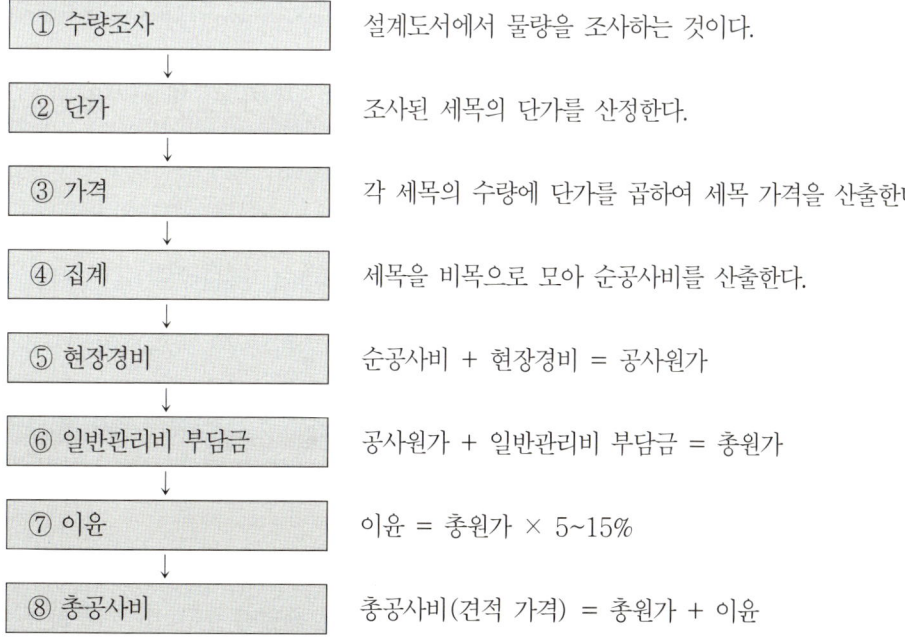

3. 공사비의 세부 내역

비 목	비목의 내용
재료비	① 직접재료비: 공사 목적물의 실체를 형성하는 재료(외장재, 내장재, 설비 부품 등) ② 간접재료비: 실체를 형성하지 않으나 보조적으로 소모되는 물품(공구, 비품 등) ③ 운임, 보관비, 보험료: 부대비용 ④ 작업설(作業屑), 부산물: 그 매각액 또는 이용가치를 추산하여 재료비에서 공제

2. 노무비	① 직접노무비: 직접 작업에 종사하는 노무자 및 종업원에게 제공하는 노동력의 댓가
	   ※ 노무소요량 × 시중 노임단가로 산정함
	② 간접노무비: 보조 작업에 종사하는 노무자, 종업원과 현장 감독자 등의 노동력의 댓가
	   ※ 간접노무비는 = 직접노무비 × 간접노무비율(직접노무비의 13%~17% 정도)

3. 외주비	하청에 의해 제작공사의 일부를 따로 위탁, 제작하여 반입하는 재료비와 노무비
4. 경비	① 직접계상경비: 소요, 소비량 측정이 가능한 경비(가설비, 전력, 수도, 검사·시험, 임차료, 보관비, 보험료, 안전관리비 등) ② 승율계산경비: 소요, 소비량 측정이 곤란하여 유사원가자료를 활용하여 비율로서 산정하는 경비(소모품비, 연구개발비, 복리후생비 등)
5. 일반관리비	• 기업(회사) 유지를 위한 관리 활동 부분의 발생 제비용 (임원 급료, 본사 직원 급료, 예비비 등)
6. 이윤	• 기업(회사)의 이익을 말하며, 건설공사의 이윤은 공사원가 중 노무비, 경비, 일반관리비 합계액의 15%를 초과하여 계상할 수 없다. ※ 이윤 = (노무비+경비+일반관리비) × 이윤율(%)

4. 품셈

(1) 품셈의 정의

품셈이란 한 공사 단위(예: 철근콘크리트공사인 경우 콘크리트 $1m^3$당)에 필요한 표준적 재료수량(材料數量) 및 노무량(勞務量)을 말하며 이는 일반적으로 단가의 산출에 사용된다.

(2) 품셈의 구분

품셈에는 노무품셈과 재료품셈으로 구분한다.

① 노무품셈

건축공사에 있어 어느 한 부분의 작업을 함에 있어 그 작업을 몇 사람이 할 수 있는가 즉, 몇 사람을 필요로 하는가를 일반적으로 (인/작업량)으로 표시한다.

② 재료품셈

건축공사에 있어 어느 한 부분의 작업을 함에 있어 그 작업에 소요되는 단위 당 재료의 양을 말한다. 이 단위 당 재료의 양에는 재료의 할증률을 가산하게 된다.

> ☞ 표준품셈
>
> 표준품셈은 각 종정별로 표편적이고 표준적인 공법 및 공종을 기준으로 단위 작업당 소요되는 재료수량·노무량·장비사용시간 등을 수치로 표시한 적산기준의 일종이다.

5. 일위대가표

표준품셈에서 제시된 재료수량 및 노무량에 각각 해당되는 단가(단가)를 곱하여 재료비 노무비를 산출하고 또한 이에 소요되는 소모품비와 사용 기계·공구의 손료 등을 산출하여 이를 집계해서 단위당 공사비를 계산하는 것을 일위대가(一位代價)라 하며, 이를 알아보기 쉽게 표로 나타낸 것을 일위대가표라 한다.

2 수량 산출 적용기준

1 수량 산출의 종류

1. 정미량
설계도서에 의거하여 정확한 개수, 길이(m), 면적(m²), 체적(m³) 등을 산출한 수량

2. 소요량(구입량)
산출된 정미량에 시공시 발생하는 손망실량 등을 고려하여 일정 비율의 수량(할증량)을 가산하여 산출된 수량이다.

2 재료별 할증률

재 료	할증률	재 료	할증률
유 리	1%	원형철근 강 관 일반볼트, 리벳 시멘트 벽돌 수장 합판 목 재(각재) 텍스, 석고보드 기 와	5%
도 료 위생기구	2%		
이형철근 붉은 벽돌 내화 벽돌 타 일 테라코타 슬레이트 일반 합판	3%		
		강 판(plate) 단열재 석재(정형) 목재(판재)	10%
		졸 대	20%
시멘트 블록	4%	석재(원석, 부정형)	30%

3 수량의 계산 기준

① 수량은 C.G.S 단위를 사용한다.
② 수량의 단위 및 소수 위는 표준 품셈 단위에 의한다.
③ 계산 과정에서 소수가 발생하면 문제의 요구사항에 따르고, 명시가 없으면 소수점 이하 셋째자리에서 반올림하여 둘째자리까지만 구하여 답한다.
④ 계산에 쓰이는 분도(分度)는 분까지, 원주율 및 삼각함수 등의 유효숫자는 3자리(3位)로 한다.
⑤ 곱하거나 나눗셈에 있어서는 기재된 순서에 의하여 계산하고, 분수는 약분법을 쓰지 않으며, 각 분수마다 그의 값을 구한 후 전부의 계산을 한다.

4 수량 산출시 주의사항

1. 수량 산출시 가급적 시공순서에 의해서 계산하도록 한다.

2. 지정 소수위(소수점 자리수)를 확인하도록 한다.

3. 단위 환산에 유의하도록 한다.
   ① 도면 단위(mm) → 수량 단위
   ② 정수 단위로 구해야 하는 경우
      벽돌량, 시멘트 블록량, 타일, 시멘트 포대, 인부수, 운반회수, 장비대수 등

   ※ 단위의 환산(절상과 절하)
   ① 절상 : 소수점 이하 무조건 올림
      예 : 5.8 → 6, 5.28 → 6
   ② 절하 : 소수점 이하 무조건 버림
      예 : 5.8 → 5, 5.28 → 5

기출 및 예상문제

Ⅱ. 적산 및 내역서

1. 다음 ( ) 안에 알맞은 용어를 넣으시오. (3점) [93 산]

적산에서는 명세적산과 (①)적산이 있는데 이것은 (②), (③) 등을 산출하는 기준이다.

① _____ ② _____ ③ _____

정답 1
① 개산
② 공사량
③ 공사비

2. 다음은 적산에 관한 일반적인 사항이다. ( ) 안에 알맞은 용어를 쓰시오. (3점) [97 산]

적산은 그 내용에 의해 분류하면 명세적산과 (①)적산으로 분류할 수 있으며, 도면 및 시방서에 의하여 그 공사에 필요한 (②)비, (③)비 등을 산출하는 기술적 행위이다.

① _____ ② _____ ③ _____

정답 2
① 개산
② 직접공사
③ 간접공사

3. 다음 ( ) 안에 알맞은 말을 쓰시오. (4점) [94 산]

적산은 공사에 필요한 재료, 품의 수량, 즉 (①)를 산출하는 기술 활동이고, 견적은 그 (②)에 (③)를 곱하여 (④)를 산출하는 기술 활동이다.

① _____ ② _____ ③ _____ ④ _____

정답 3
① 공사량
② 공사량
③ 단가
④ 공사비

4. 개산견적을 단위기준에 의한 분류 3가지를 적으시오. (3점) [93 산]

①
②
③

정답 4
① 단위면적에 의한 견적
② 단위체적에 의한 견적
③ 단위설비에 의한 견적

5. 적산 요령 4가지를 쓰시오. (4점) [00 기]

①
②
③
④

정답 5
① 시공순서대로 계산한다.
② 내부에서 외부로 계산한다.
③ 수평에서 수직으로 계산한다.
④ 단위세대에서 전체로 계산한다.

기출 및 예상문제

Ⅱ. 적산 및 내역서

6. 다음은 목재의 수량 산출시 쓰이는 할증률이다. 괄호 안을 채우시오. (3점) [00산]

각재의 수량은 부재의 총길이로 계산하되, 이음 길이와 토막 남김을 고려하여 (①)%를 증산하며, 합판은 총 소요 면적을 한 장의 크기로 나누어 계산한다. 일반용은 (②)%, 수장용은 (③)%를 할증 적용한다.

① _____ ② _____ ③ _____

정답 6
① 5
② 3
③ 5

---

7. 다음 각 재료의 할증률을 보기에서 골라 써넣으시오. (5점) [00산]

── 〈보기〉 ──
① 3%   ② 5%   ③ 10%

(가) 목재 ( )%   (나) 수장재 ( )%
(다) 붉은 벽돌 ( )%   (라) 바닥타일 ( )%
(마) 시멘트벽돌 ( )% (바) 단열재 ( )%

(가) ____ (나) ____ (다) ____ (라) ____ (마) ____ (바) ____

정답 7
(가) - ②
(나) - ②
(다) - ①
(라) - ①
(마) - ②
(바) - ③

---

8. 적산시 할증률을 ( ) 안에 써 넣으시오. (4점) [96기]

(가) 붉은 벽돌 : ( )%   (나) 시멘트 벽돌 : ( )%
(다) 블록 : ( )%   (라) 타일 : ( )%

(가) _____ (나) _____ (다) _____ (라) _____

정답 8
(가) 3
(나) 5
(다) 4
(라) 3

---

9. 공사비 구성의 분류를 나타낸 것이다. 해당 번호에 적당한 용어를 쓰시오. (4점)

```
                    ┌ 순공사비 ┬ 직접공사비
          ┌ 공사원가 ┤         └ ( ④ )
공사비 ────┤         └ ( ③ )
          ├ ( ① )
          └ ( ② )
```

① _____ ② _____
③ _____ ④ _____

정답 9
① 부가이윤
② 일반관리비 부담금
③ 현장경비
④ 간접공사비

---

10. 다음 중 ( ) 안에 알맞은 말을 쓰시오. (3점)

공사비의 구성 중 직접공사비의 산출항목 종류는 (①), (②), (③), 경비로 구성된다.

① _____ ② _____ ③ _____

정답 10
① 재료비
② 노무비
③ 외주비

11. 실시설계도서가 완성되고 공사물량 산출 등 견적업무가 끝나면 공사예정가격 작성을 위한 원가계산을 하게 된다. 원가계산기준 중 아래 내용에 대한 답안을 쓰시오. (3점)

① 공사시공과정에서 발생되는 재료비, 노무비, 경비의 합계액:

② 기업의 유지를 위한 관리활동 부문에서 발생하는 제비용:

③ 공사계약목적물을 완성하기 위하여 직접 작업에 종사하는 종업원 및 기능공에 제공되는 노동력의 댓가:

① _____ ② _____ ③ _____

[정답] 11
① 공사원가
② 일반관리비
③ 직접노무비

12. 실시설계도서가 완성되고 공사물량 산출 등 견적업무가 끝나면 공사예정가격 작성을 위한 원가계산을 하게 된다. 원가계산기준 중 아래 내용에 대한 답안을 작성하시오.

① 실제는 형성되지 않으나 보조적으로 소모되는 물품(공구, 비품 등) 비용:

② 보조작업에 종사하는 노무자, 종업원, 현장감독자 등의 노동력 대다:

③ 소요, 소비량 측정이 가능한 경비(가설비, 전력, 운반, 시험·검사, 임차료, 안전관리비 등):

① _____ ② _____ ③ _____

[정답] 12
① 간접재료비
② 간접노무비
③ 직접계상경비

13. 다음 아래 〈보기〉의 자료에 의한 공사원가, 총공사비를 산출하시오. (3점)

〈보기〉
㉠ 자재비: 60,000,000원
㉡ 노무비: 20,000,000원
㉢ 현장경비: 10,000,000원
㉣ 간접공사비: 20,000,000원
㉤ 일반관리비 부담금: 10,000,000원
㉥ 이윤: 10,000,000원

① 공사원가

계산식: _____

답: _____

② 총공사비

계산식: _____

답: _____

[정답] 13
① 공사원가
  계산식: 자재비 + 노무비 + 간접공사비 + 현장경비
  = 60,000,000 + 20,000,000 + 20,000,000 + 10,000,000
  답: 110,000,000원
② 총공사비
  계산식: 공사원가 + 일반관리비 부담금 + 이윤
  = 110,000,000 + 10,000,000 + 10,000,000
  답: 130,000,000원

기출 및 예상문제
Ⅱ. 적산 및 내역서

14. 길이 4m, 높이 1m의 담장을 세우려 한다. 블록 소요량을 산출하고 일위대가표를 작성 후 재료비와 노무비를 산출하시오. (단 블록 규격은 390×190×150mm 이며, 소모품비와 사용 기계·공구의 손료 등은 제외한다.) (10점)

① 담장 쌓기의 블록 소요량을 산출하시오.

  계산식: _____

  답: _____ (매)

② 아래 수량과 단가를 기준으로 일위대가표를 작성하시오. (단위: m^2당)

구 분	단위	수량	재료비		노무비		비 고
			단가	금액	단가	금액	
블록							금액산출시 소수점 이하 수치는 버림
시멘트							
모래							
조적공							
보통인부							
합계							

(수량)
시멘트: 4.59 kg/m^2당
모래: 0.01m^3/m^2당
조적공: 0.17인/m^2당
보통인부: 0.08인/m^2당

(단가)
블록: 550원/매당
시멘트(40kg): 3,800원
조적공: 89,437원/인
보통인부: 66,622원

③ 일위대가표를 기준으로 담장 쌓기의 재료비와 노무비를 산출하시오.

• 재료비: _____

• 노무비: _____

• 재료비 + 노무비: _____

정답 ① 계산식: 4 × 1 = 4(m^2) × 13(매/m^2) = 52(매)
  답: 52(매)

② 예제의 수량과 단가를 기준으로 일위대가표 작성

구 분	단 위	수 량	재료비		노무비		비 고
			단가	금액	단가	금액	
블록	매	13	550	7,150			금액산출시 소수점 이하 수치는 버림
시멘트	kg	4.59	95	436			
모래	m^3	0.01	20,000	200			
조적공	인	0.17			89,437	15,204	
보통인부	인	0.08			66,622	5,329	
합계				7,786		20,533	

③ 일위대가표를 기준으로 담장 쌓기의 재료비와 노무비
  • 재료비: 4(m^2) × 7,786 = 31,144(원)
  • 노무비: 4(m^2) × 20,533 = 82,132(원)
  • 재료비 + 노무비: 31,144(원) + 82,132(원) = 113,276(원)

02 가설공사

> **학습방향**
> - 내부 비계 면적과 외부 비계 면적을 구하는 문제가 자주 출제된다.
> - 문제를 풀어가며 비계 면적을 구하는 공식을 암기하도록 한다.

1 비계 면적

1 내부 비계 면적

① 내부의 비계 면적은 연면적의 90%로 하고 손료는 외부 비계 3개월까지의 손율을 적용함을 원칙으로 한다.

☞ 내부 비계면적=연면적×0.9(m²)

② 수평 비계는 2가지 이상의 복합공사 또는 단일공사라도 작업이 복잡한 경우에 사용함을 원칙으로 한다.
③ 말비계(발돋음)는 층고 3.6m 미만의 내부공사에 사용함을 원칙으로 한다.

2 외부 비계 면적

① 비계의 이격거리(D)

(단위 : cm)

구 조 \ 종 류	통나무 비계		단관 파이프·틀비계	비 고
	외줄·겹비계	쌍줄비계		
목 조	45	90	100	벽 중심에서 이격
조적조 철근콘크리트조 철골조	45	90	100	벽 외측에서 이격

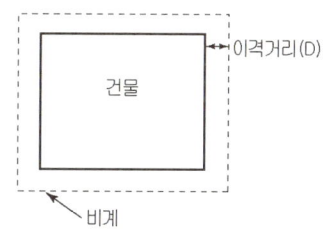
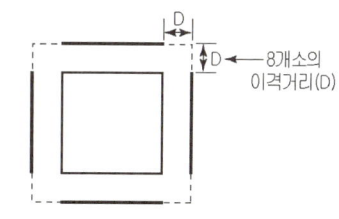

② 외부 비계 면적(A)

☞ 외부 비계 면적=비계의 외주길이×건물의 높이

㉠ 비계 외주길이=건물 외주길이+늘어난 비계길이
㉡ 늘어난 비계길이 : 8(개소)×이격거리(D)

구 분	외부 비계 면적(m²)	비 고
외줄 비계·겹 비계	$A = \{L+8\times 0.45\}\times H$	H : 건축물의 높이
쌍줄비계	$A = \{L+8\times 0.9\}\times H$	L : 비계의 외주 길이
단관·틀비계	$A = \{L+8\times 1\}\times H$	

기출 및 예상문제

Ⅱ. 적산 및 내역서

1. 다음 그림과 같은 건물을 실내장식을 하기 위한 내부 비계면적을 구하시오. (단, 각 층높이는 3.6m이다.) (5점)   [92, 97, 00 산]

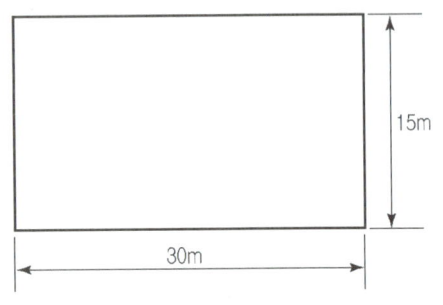

정답 1

내부 비계면적
=연면적×0.9(m²) 이므로
=(30m×15m)×6개층×0.9
=2,430(m²)

2. 다음과 같은 건물을 대상으로 실내장식을 하려고 한다. 내부비계 면적을 산출하시오. (6점)   [98, 00 산]

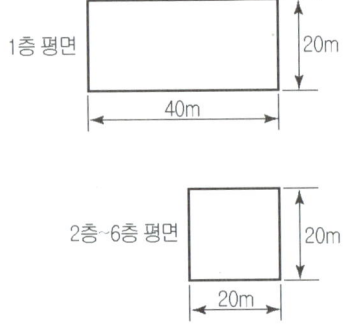
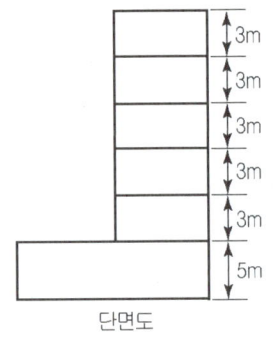

정답 2

내부 비계면적
=연면적×0.9(m²) 이므로
={(40m×20m×1개층)
　+(20m×20m×5개층)}×0.9
={800+2,000}×0.9
=2,800×0.9
=2,520(m²)

3. 다음 그림은 건물의 평면도이다. 이 건물이 지상 5층일 때 내부비계 면적을 산출하시오. (4점)

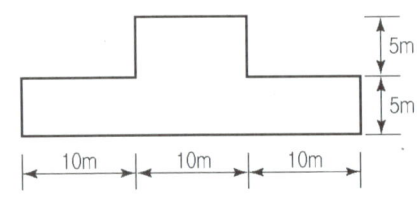

정답 3

내부 비계면적
=연면적×0.9(m²) 이므로
={(30×5)+(10×5)}×5개층×0.9
={150+50}×5×0.9
=900(m²)

4. 다음 외부 쌍줄비계 면적이 얼마인가 산출하시오. (단, H=8m) (4점)
[94, 00 산]

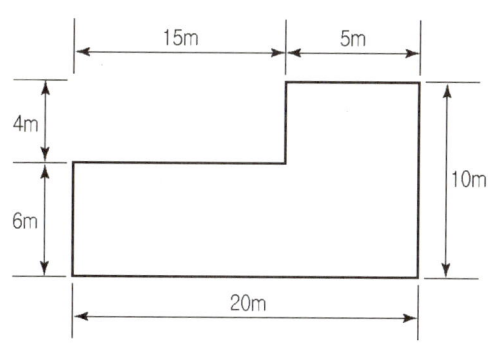

정답 4

쌍줄비계면적(A)
= {L(비계의 외주 길이)+8×0.9}
　×H(건축물의 높이)
= {2×(20+10)+8×0.9}×8
= {60+7.2}×8
=537.6(m²)

5. 다음 평면도에서 쌍줄비계를 설치할 때 외부비계 면적을 산출하시오. (단, H=15m) (5점)
[01 산]

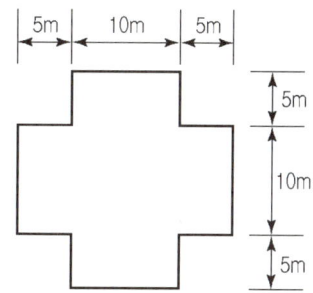

정답 5

쌍줄비계면적(A)
= {L(비계의 외주 길이)+8×0.9}
　×H(건축물의 높이)
= {2×(20+20)+8×0.9}×15
= {80+7.2}×15
=1,308(m²)

6. 다음 그림과 같은 건물의 도로에 접한 두 면의 외벽의 의장을 위한 쌍줄비계 면적을 산출하시오. (단, 건물높이 : 25m) (4점)
[97 산]

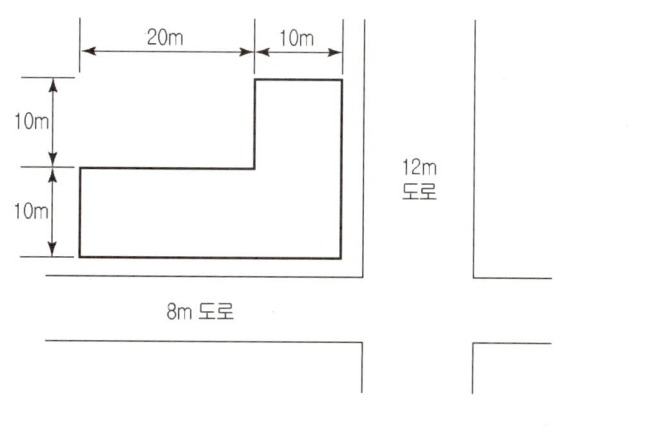

정답 6

쌍줄비계면적(A)
= {L(비계의 외주 길이)+8×0.9}
　×H(건축물의 높이)
= {2×(20+30)+8×0.9}×25
= {100+7.2}×25
=2,680(m²)

7. 다음 평면도에서 쌍줄비계를 설치할 때 외부 비계면적을 산출하시오. (단, H=27m) (4점)   [99, 01 ㉮]

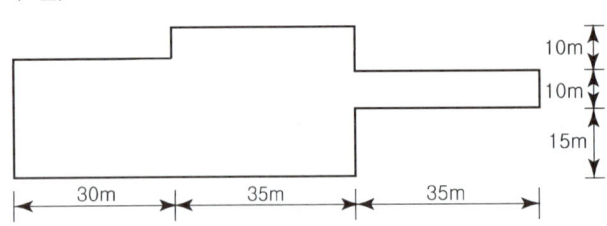

정답 7

쌍줄비계 면적
= {L+(8×0.9)} × H
= {2×(100m+35m)+7.2m}×27m
= 7,484.4(m²)

8. 다음 그림과 같은 철근콘크리트조 사무소를 신축함에 있어서 외부 쌍줄비계를 매는데 총 비계면적을 산출하시오. (4점)   [96 ㉮]

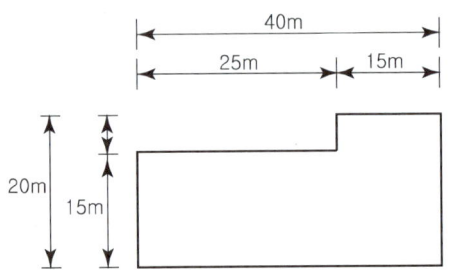 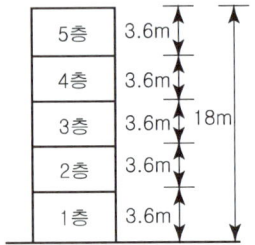

정답 8

쌍줄비계 면적
= {L+(8×0.9)} × H
= {2×(40m+20m)+7.2m}
   ×(3.6m×5개층)
= 2,289.6(m²)

03 조적공사

> **학습방향**
> - 벽두께, 단위 면적에 따른 단위수량을 구하는 문제가 자주 출제되므로 확실히 숙지하도록 한다.
> - 조적 공사에 사용되는 모르타르량을 구하는 방법도 함께 알아두어야 한다.
> - 적산 문제는 문항 수는 적지만 배점이 높은 편이므로 놓치면 안 된다.

1 벽돌공사

1 벽돌량

1. 기본 산출 수량
벽돌량 = 벽면적 × 면적당 단위 수량(장, 매)

2. 벽 두께에 따른 단위수량

(단위 : 장)

벽돌형 \ 벽두께	0.5B	1.0B	1.5B	2.0B	비 고
표준형 (190×90×57)	75	149	224	298	벽 면적 $1m^2$ 당, 줄눈 나비는 10mm
기존형 (210×100×60)	65	130	195	260	할증률 • 붉은 벽돌·내화 벽돌 : 3% • 시멘트 벽돌 : 5%
내 화	59	118	177	236	

3. 단위수량 산출법
① 벽면적 $1m^2$를 벽돌 1장의 면적으로 나누어 산출한다.
② 벽돌 1장의 면적은 가로, 세로 줄눈의 너비를 합한 면적이다.
  (예) 표준형 벽돌 0.5B 두께의 벽돌량(벽 면적 $1m^2$ 당)

  $$\frac{1,000}{190+10} \times \frac{1,000}{57+10} ≒ 74.63 \rightarrow 75 \,(장)$$

4. 벽면적 계산
① 외벽 = 중심간 길이 × 높이(H_1) - 개구부 면적
② 내벽 = 안목간 길이 × 높이(H_2) - 개구부 면적

※ 수량 산출시 주의 사항
① 외벽의 높이와 내벽의 높이가 같지 않을 수 있으므로 유의한다.
② 벽돌량의 단위는 장(매)이므로 절상 시킨 정수로 구한다.

2 쌓기 모르타르 량

1. 산출 방법

① 모르타르 량 = $\dfrac{벽돌의\ 정미량}{1,000} \times 단위수량(m^3)$

② 모르타르 량은 할증률을 고려한 벽돌의 구입량이 아닌 정미량으로 산출한다.

③ 단위수량은 벽돌 1,000장(매)을 기준으로 구한다.

2. 모르타르 량

(단위 : m^3, 벽돌 1,000장 당)

벽돌형 \ 벽두께	0.5B(매)	1.0B(매)	1.5B(매)	2.0B(매)
표준형	0.25	0.33	0.35	0.36
기존형	0.3	0.37	0.4	0.42

2 블록 공사

1 블록량

① 블록량 = 벽면적 × 단위수량(장, 매)
② 벽면적 산출법은 벽돌량 산출방법과 동일하다.
③ 단위수량 속에는 블록의 할증률 4%가 포함되어 있으므로 소요량 계산시 별도의 할증률을 고려하지 않는다.

2 단위수량

($1m^2$ 당, 할증률 포함)

형 상	치 수(mm) (길 이×높 이×두 께)	블록량(장)
기본형	390×190×210	13
	390×190×190	
	390×190×150	
	390×190×100	
장려형	290×190×190	17
	290×190×150	
	290×190×100	

3 단위수량 산출법

① 벽면적 $1m^2$를 블록 1장의 면적으로 나누어 산출한다.
② 블록 1장의 면적은 가로, 세로 줄눈의 너비를 합한 면적이다.
  (예) 기본형(390×190×210) 시멘트 블록 $1m^2$의 수량

  $\dfrac{1,000}{390+10} \times \dfrac{1,000}{190+10} = 12.5$

  ∴ 할증률을 고려한 블록의 수량 : 12.5×1.04(할증률)=13(장)

3 타일공사

1 수량 산출방법

타일량 = 시공면적 × 단위수량(장)

2 단위수량(1m² 당) 산출법

① 일반타일

$$단위수량 = \left(\frac{1m}{타일\ 한\ 변의\ 크기+줄눈}\right) \times \left(\frac{1m}{타일\ 다른\ 변의\ 크기+줄눈}\right) (장)$$

※ 타일의 줄눈 크기

구 분		줄눈 크기
대 형	외 부	9mm
	내 부	6mm
소 형		3mm
모자이크		2mm

② 유니트 모자이크 타일

구 분	매수(장/m²)	비 고
모자이크(종이)	11.4	• 종이 1매의 크기는 30cm×30cm • 재료 할증률 포함

3 타일의 모르타르 소요량

(m² 당)

장 소 \ 구 분	붙임용 (배합비 1:3)	할증률	치장 줄눈용 (배합비 1:1)	할증률
벽	0.025m³	5%	0.001m³	10%
바닥	0.03m³		0.001m³	

4 기타 적산량

① 인부수(인), 도장공(인), 접착제(kg)=시공면적×단위면적 당 수량
② 인부수(인), 도장공(인)은 꼭 정수(절상)로 구한다.

※ 단위 재료의 무게

(1) 일반적인 재료의 무게(중량)
 ① 모래의 단위 중량 : 1.5~1.6t/m³
 ② 자갈의 단위 중량 : 1.6~1.7t/m³
 ③ 시멘트의 단위 중량 : 1.5t/m³
 ④ 목재의 단위 중량 : 0.5t/m³
 ⑤ 시멘트 1포의 무게 40kg(0.04t)
 ⑥ 못 1가마의 무게 50kg(0.05t)

(2) 콘크리트의 중량
  ① 보통 콘크리트의 중량 : 2,300kg/m³ (2.3t/m³)
  ② 철근 콘크리트의 중량 : 2,400kg/m³ (2.4t/m³)
  ③ 경량 콘크리트의 중량 : 1,900kg/m³ (1.9t/m³)

기출 및 예상문제

II. 적산 및 내역서

1. 벽돌 1.0B 쌓기 할 때 기존형 및 표준형 벽돌 장수는 얼마인가? (4점) [93 산]

   표준형 (①)장, 기존형 (②)장

   ① _____ ② _____

정답 1
① 149장
② 130장

2. 다음 벽돌의 m²당 단위 소요량을 써넣으시오. (4점) [00 산]

	0.5B	1.0B	1.5B	2.0B
기본형	(①)	(②)	(③)	(④)
표준형	(⑤)	(⑥)	(⑦)	(⑧)

① _____ ② _____ ③ _____ ④ _____
⑤ _____ ⑥ _____ ⑦ _____ ⑧ _____

정답 2
① 65매 ② 130매
③ 195매 ④ 260매
⑤ 75매   ⑥ 149매
⑦ 224매 ⑧ 298매

3. 표준형 시멘트벽돌 3,000장을 2.0B 쌓기로 할 경우 벽면적은 얼마인가? (단, 할증율을 고려하고, 소수점 2자리 이하 버림) (4점) [97, 03 산]

정답 3
$3,000(장) = 벽면적 \times 298 \times 1.05$
$\therefore 벽면적 = \dfrac{3,000}{298 \times 1.05} ≒ 9.588(m^2)$
$\rightarrow 9.58(m^2)$

4. 표준형 벽돌 1.0B쌓기, 벽길이 100m, 벽 높이 3m, 개구부 면적 1.8m×1.2m, 10개, 줄눈나비 10mm일 때 정미량과 모르타르량을 산출하시오. (6점) [94 산]

정답 4
벽 면적 = (벽 길이×벽 높이)
         − (개구부 면적)
= (100m×3m) − (1.8m×1.2m×10)
= 278.4(m²)
① 벽돌의 정미량 = 278.4×149
                = 41,481.6(매)
② 모르타르량은 벽돌 1,000매당 0.33(m³) 이므로
∴ 모르타르량
= 41,481.6×0.33÷1,000
= 13.69(m³)

5. 폭 4.5m, 높이 2.5m의 벽에 1.5×1.2m의 창이 있을 경우 19cm×9cm×5.7cm의 붉은 벽돌을 줄눈나비 10mm로 쌓고자 한다. 이때 붉은 벽돌의 소모량은 얼마인가? (단, 벽돌쌓기는 0.5B이며 할증은 고려치 않는다.) (4점) [00 산, 96 기]

정답 5
벽면적
= (4.5m×2.5m) − (1.5m×1.2m)
= 11.25 − 1.25 = 9.45(m²)
벽돌량
= 9.45(m²) × 75(장/m²)
= 708.75 → 709(장)

제3장 조적공사 177

기출 및 예상문제

II. 적산 및 내역서

6. 다음과 같은 붉은 벽돌을 쌓기 위해서 구입해야 할 벽돌 매수(표준형, 정미량)와 쌓기 모르타르량을 산출하시오. (단, 벽두께 1.0B, 벽 길이 100m, 벽 높이 3m, 개구부크기 1.8×1.2m (10개), 줄눈나비 10mm) (4점)

[94, 96, 01 산, 96, 97 기]

(가) 벽돌량 :

(나) 모르타르량 :

7. 길이 100m, 높이 2.4m, 블록벽 시공시 블록장수를 계산하시오. (단, 블록은 기본형 150×190×390mm, 할증률 4% 포함) (4점) [96 산]

8. 타일의 크기가 10.5cm×10.5cm이며 줄눈 두께가 10mm일 때 120m²에 필요한 타일의 정미 수량(매수)은? (4점) [95, 96, 00 산]

9. 다음과 같은 화장실의 바닥에 사용되는 타일 수량을 산출하시오. (단, 타일의 규격은 10cm×10cm이고, 줄눈 두께를 3mm로 한다.) (3점) [00 산]

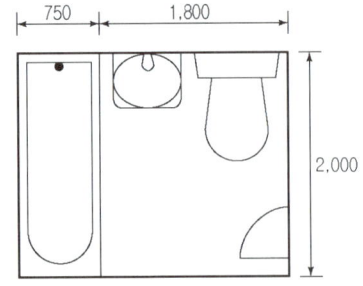

정 답

정답 6

(가) 벽돌 매수(량)
= (벽면적−개구부 면적)
  ×149(장/m²)
= (100m×3m−1.8m×1.2m×10)
  ×149
= 41,482(장)

(나) 모르타르량은 벽돌 1,000매당 0.33(m³) 이므로

∴ 모르타르량 = $\frac{41,482}{1,000}$ ×0.33
= 13.69(m³)

정답 7

블록량
= 벽면적×단위수량(장) 이므로
= 100m×2.4m×13(장/m²)
= 3,120(장)

정답 8

타일량 = 시공면적×단위수량 이므로
① 시공면적 = 120(m²)
② 단위수량
= $\left(\frac{1m}{타일 한 변의 크기 + 줄눈크기}\right) \times \left(\frac{1m}{타일 다른 변의 크기 + 줄눈크기}\right)$
= $\left(\frac{1m}{0.105+0.01}\right) \times \left(\frac{1m}{0.105+0.01}\right)$
≒ 75.61(장/m²)

∴ 타일량 = 120(m²)×75.61(장/m²)
= 9,073.2 → 9,074(장)

정답 9

타일량
= 시공면적×단위수량 이므로
= (1.8m×2m) ×
$\left\{\left(\frac{1m}{0.1+0.003}\right) \times \left(\frac{1m}{0.1+0.003}\right)\right\}$(장/m²)
= 3.6(m²)×94.26(장/m²)
= 339.34 → 340(장)

10. 다음 도면을 보고 사무실과 홀의 바닥에 필요한 재료량을 산출하시오. (단, 화장실은 제외) (6점) [96, 97, 00 ㉮ 응용]

(m² 당)

종 류	수 량
타일(60mm 각형)	260(매)
인부수	0.09인
도장공	0.03인
접착제	0.4kg

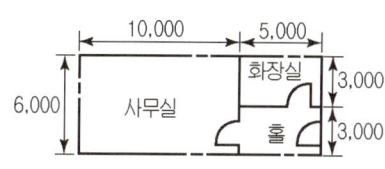

① 타일량 _____

② 인부수 _____

③ 도장공 _____

④ 접착제 _____

[정답] 10

① 타일량 = 바닥면적×단위수량
 = 사무실 면적+홀의 면적×단위수량
 = {(10×6)+(5×3)}×260
 = 19,500(매)

② 인부수 = 바닥면적×면적당 인부수
 = 75×0.09
 = 6.75 → 7(인)

③ 도장공 = 바닥면적×면적당 도장공
 = 75×0.03
 = 2.25 → 3(인)

④ 접착제 = 바닥면적×면적당 접착제량
 = 75×0.4
 = 30(kg)

11. 표준형 벽돌로 10m²를 1.5B 보통쌓기할 때의 벽돌량과 모르타르량을 산출하시오. (단, 할증률은 고려하지 않음) (4점) [97 ㉯, 94, 96, 99 ㉮]

(가) 벽돌량 :

(나) 모르타르량 :

[정답] 11

(가) 벽돌량 = 벽면적×단위수량
 = 10(m²)×224(장/m²)
 = 2,240(장)

(나) 모르타르량
 = $\dfrac{벽돌의\ 정미량}{1,000장}$×단위수량
 = $\dfrac{2,240}{1,000}$×0.35(m³)
 = 0.784(m³)

12. 길이 90m, 높이 2.7m의 건물에 외벽을 1.0B 적벽돌과 내벽을 0.5B 시멘트 벽돌을 사용하여 벽을 쌓을 때 벽돌량과 모르타르량을 산출하시오. (단, 벽돌의 규격은 표준형이며, 정미량으로 산출한다.) (5점) [01 ㉮]

(가) 1.0B 적벽돌 :

(나) 0.5B 시멘트 벽돌 :

[정답] 12

(가) 1.0B 적벽돌
 ① 벽돌량 = (90m×2.7m)
  × 149(장/m²)
  = 36,207(장)
 ② 모르타르량
  = $\dfrac{36,207}{1,000}$×0.33 ≒ 11.95(m³)

(나) 0.5B 시멘트 벽돌
 ① 벽돌량 = (90m×2.7m)
  × 75(장/m²)
  = 18,225(장)
 ② 모르타르량
  = $\dfrac{186,225}{1,000}$×0.25 ≒ 4.56(m³)

기출 및 예상문제

13. 10m²의 바닥에 모자이크 타일을 붙일 경우 소요되는 모자이크 종이의 장수는? (단, 종이 1장의 크기는 30cm×30cm, 할증률은 3%이다.) (3점)

14. 다음 그림의 욕실에 소요되는 타일 면적(m²)과 붙임 모르타르량(m³)을 산출하시오. (단, 타일 붙임 모르타르 두께는 18mm로 한다.) (5점)

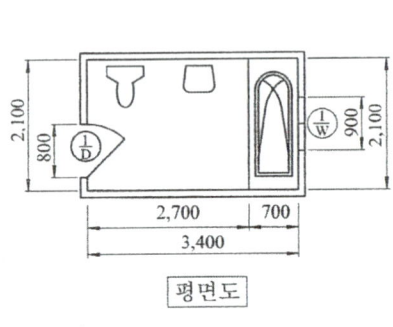
평면도

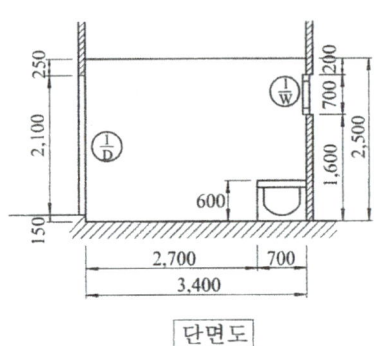
단면도

(가) 타일 면적(량) :

(나) 모르타르량 :

15. 다음 도면과 같은 벽돌조 건물의 벽돌 소요량과 쌓기용 모르타르량을 산출하시오. (단, 벽돌수량은 소수점 아래 1자리에서, 모르타르량은 소수점 아래 셋째자리에서 반올림 한다.) (7점)

― 〈 조건 〉―
① 벽돌벽의 높이 : 3m
② 벽 두께 : 1.0B
③ 벽돌 크기 : 210×100×60mm
④ 창호의 크기 : 출입문―1.0×2.0m, 창문― 2.4×1.5m
⑤ 벽돌의 할증률 : 5%

정 답

정답 13

모자이크 종이장수
=11.4(장/m²)×10(m²)
=114(장)

정답 14

(가) 타일 면적(량) (욕조 면적은 공제하도록 한다.)
① 바닥=3.4×2.1−(0.7×2.1)
 =5.67(m²)
② 벽=(3.4×2.5+2.1×2.5)×2−
 {(0.8×2.1+0.9×0.7)+
 (0.7×0.6×2+0.6×2.1)}
 =23.09(m²)
∴ 타일 면적=①+②=28.76(m²)
(나) 모르타르량=28.76×0.018≒
 0.52(m³)

정답 15

(1) 산출요령
① 외벽과 내벽으로 나누어 산출한다.
② 외벽과 내벽이 만나는 부분에서 0.5B 길이만큼 공제한다.
(2) 외벽
① 벽돌량
=[(9+7.2)×2×3−{(1.0×2.0×1)
+(2.4×1.5×5)}]×130×1.05
≒ 10,538(장)
② 모르타량
=($\frac{10,036}{1,000}$)×0.37≒ 3.71(m³)

정답

(3) 내벽

③ 벽돌량

$= \{(15-\dfrac{0.21}{2}\times 4)\times 3-(1.0\times 2\times 2)\}$
$\times 130\times 1.05$

$\fallingdotseq 5,425 \text{(장)}$

④ 모르타량

$=(\dfrac{5,167}{1,000})\times 0.37 \fallingdotseq 1.91 (\text{m}^3)$

∴ 합계

벽돌 소요량 = ① + ③
$= 15,963 \text{(장)}$

모르타량 = ② + ④ = $5.62(\text{m}^3)$

(가) 벽돌 소요량 :

(나) 쌓기용 모르타르량 :

04 목공사

> **학습방향**
> - 1사이(才)에 대한 단위의 개념과 수량 산출시 계산 순서를 이해하도록 한다.
> - 문제를 통해서 목재량 산출 계산 요령을 터득하도록 한다.
> - 적산 문제는 문항 수는 적지만 배점이 높은 편이므로 놓치면 안 된다.

1 일반 사항

1. 목재는 종류, 치수, 용도별로 산출한다.
2. 설계도서상 특기가 없는 수장재, 구조재는 도면치수를 제재치수로 보고, 창호재와 가구재는 도면치수를 마무리 치수로 하여 수량(재적)을 산출한다.

2 수량산출

1. 목재의 수량은 체적(m^3, 才)으로 구한다.

2. 기준 체적(m^3, 才)
  ① $1m^3 = 1m \times 1m \times 1m$
  ② 1사이(才) = 1치×1치×12자
              = 30×30×3,600(단위 : mm)

  ※ 1푼 = 3.03mm ≒ 3mm = 0.3cm
   1치 = 30.3mm ≒ 30mm = 3cm
   1자 = 30.3cm ≒ 30cm

3. 수량산출 방법
  (1) 각재, 판재, 널재
  ① $m^3 = a \times b \times l$ (단위 : m)
  ② $才 = \dfrac{a \times b \times l(단위 : mm)}{30 \times 30 \times 3,600} = \dfrac{a(치) \times b(치) \times l(자)}{1치 \times 1치 \times 12자}$

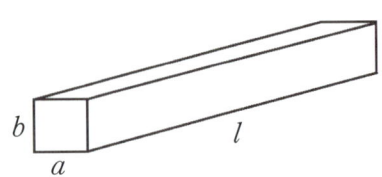

[예제] 33mm×21mm×1,200mm 각재 5개의 체적을 다음 단위로 구하시오.
(단, 소수점 4째 자리까지 산출하시오.)

① (   )m³

② (   )사이(才)

[해설] 먼저 mm 단위의 각재를 요구하는 단위로 환산하여 계산한다.
① 0.033m×0.021mm×1.2m×5(개)=0.004158m³ → 0.0042m³ (수수점 4째 자리까지 표기)
② 1치는 30mm 이므로 33mm는 1.1치, 21mm는 0.7치, 1자는 30cm=300mm 이므로 1,200mm는 4자에 해당한다.
∴ $\frac{1.1(치)\times 0.7(치)\times 4(자)}{1(치)\times 1(치)\times 12(자)}\times 5(개) ≒ 1.283333(사이)$ → 1.2833(사이) (수수점 4째 자리까지 표기)

③ 계산 순서
㉠ 판재와 각재, 수직재와 수평재로 나눈다.
㉡ 각각 체적을 구하는 수량산출 방법으로 구한다.
㉢ 부재의 합을 요구하는 단위로 하여 구한다.

(2) 창호재

창호재는 수평부재와 수직부재가 만나는 곳, 선대와 만나는 곳은 맞춤, 연귀로 접합되어 있으며 가공을 위해 이러한 곳은 공제하지 않고 중복해서 계산한다.

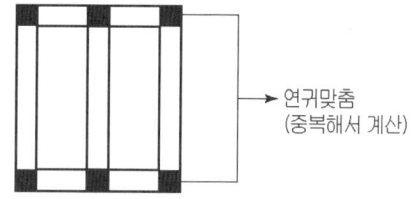
→ 연귀맞춤
(중복해서 계산)

(3) 통나무

① 길이가 6m 미만인 경우
말구지름(D)을 한 변으로 하는 각재로 환산하여 수량을 산출한다.

㉠ m³ = D(m) × D(m) × L(m)

㉡ 才 = $\frac{D(mm)\times D(mm)\times L(mm)}{30\times 30\times 3,600}$

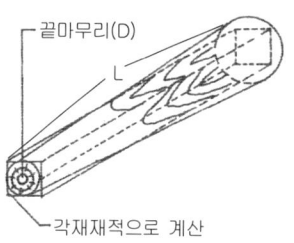
끝마무리(D)
각재재적으로 계산

② 길이가 6m 이상인 경우
원래의 말구지름(D) 보다 조금 더 큰 가상의 말구지름(D′)를 한 변으로 하는 각재로 환산하여 수량을 산출한다.

$$D' = D + \frac{L'-4}{2}$$

(부호)
D′ : 가상의 말구지름(cm)
D : 본래의 말구지름(cm)
L′ : L에서 절하시킨 정수(m)

㉠ m³ = D(m) × D(m) × L(m)

㉡ 才 = $\frac{D'(mm)\times D'(mm)\times L(mm)}{30\times 30\times 3,600}$

기출 및 예상문제

Ⅱ. 적산 및 내역서

1. 다음 그림과 같은 문틀을 제작하는 데 필요한 목재량(m³)을 산출하시오. (5점)
[93, 99, 01 산]

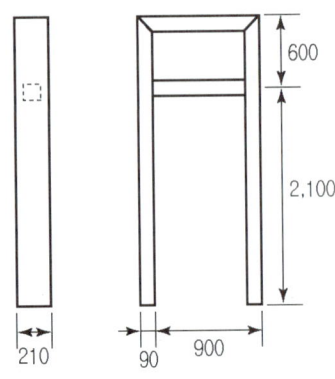

정답 1

도면의 단위가 mm이므로 m로 환산하도록 한다.
목재량=수직재+수평재 이므로
= (0.21×0.09×2.7×2) +
  (0.21×0.09×0.9×2)
= 0.10206 + 0.03402
= 0.13608(m³)

2. 아래 창호의 목재량(m³)을 구하시오. (3점)
[98, 99, 01 기]

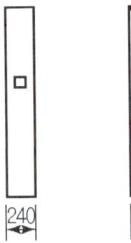

정답 2

목재량=수직재+수평재 이므로
= (0.24×0.06×1.5)×3개 +
  (0.24×0.06×2.3)×3개
= 0.0648 + 0.09936
≒ 0.16(m³)

3. 그림과 같은 목재 창의 목재량(才) 수를 산출하시오. (창문틀의 규격은 33mm×21mm 이다. 소수 4째 자리까지 산출하시오.) (5점)
[99 산]

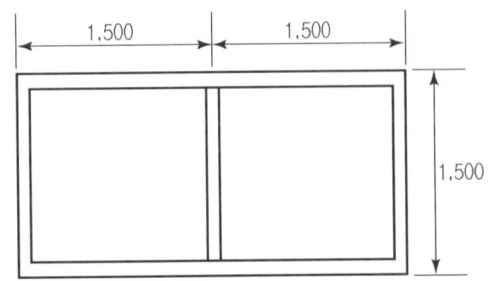

정답 3

먼저 도면의 mm 단위를 (치), (자)로 바꾸어서 계산한다.
① 수직재
$= \dfrac{1.1(치) \times 0.7(치) \times 5(자)}{1(치) \times 1(치) \times 12(자)} \times 3(개)$
$= 0.9625(才)$

② 수평재
$= \dfrac{1.1(치) \times 0.7(치) \times 10(자)}{1(치) \times 1(치) \times 12(자)} \times 2(개)$
$= 1.2833(才)$

∴ 부재의 합
= ① + ②
= 0.9625(才) + 1.2833(才)
= 2.2458(才)

4. 다음 가구의 목재량을 소수점 이하 끝까지 산출하시오. (단, 판재의 두께는 18mm이며, 각재의 단면은 30mm×30mm 이다.) [95, 00 ㉮]

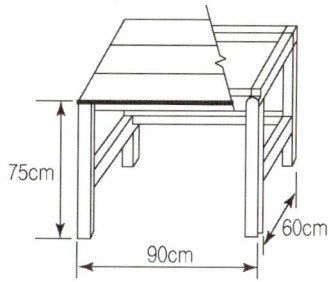

(가) 판재

(나) 각재

정답 4

(가) 판재
= (0.9m×0.6m×0.18m)
= 0.00972(m³)

(나) 각재
= (수직재+가로재+세로재)

① 수직재
= (0.03m×0.03m×0.75m)×4개
= 0.0027(m³)

② 가로재
= (0.03m×0.03m×0.9m)×3개
= 0.00243(m³)

③ 세로재
= (0.03m×0.03m×0.6m)×4개
= 0.00216(m³)

∴ 각재 = ①+②+③
= 0.0027+0.00243+0.00216
= 0.00729(m³)

5. 원구지름 10cm, 말구지름 9cm, 길이 5.4m인 통나무의 재(才) 수를 구하시오. (3점) [00 ㉮]

정답 5

통나무의 길이가 6m 미만이므로

$$재(才) = \frac{D(\text{mm}) \times D(\text{mm}) \times L(\text{mm})}{30 \times 30 \times 3{,}600}$$

$$= \frac{90 \times 90 \times 5{,}400}{30 \times 30 \times 3{,}600} = 13.5$$

6. 말구지름 9cm, 길이 9.3m짜리 통나무 10개의 재적은 몇 m³인가? (3점)

정답 6

통나무의 길이가 6m 이상이므로 가상의 말구지름(D')을 한 변으로 하는 각재로 산출한다.

$$D' = D + \frac{L'-4}{2} = 9 + \frac{9-4}{2}$$
$$= 11.5(\text{cm})$$

∴ 재적 = 0.115×0.115×9.3×10
≒ 1.23(m³)

기출 및 예상문제

II. 적산 및 내역서

7. 다음 그림과 같은 마루틀 평면도를 참조하여 전체 마루시공에 필요한 목재 소요량(m^3)을 정미량으로 산출하시오. (단 동바리의 규격은 105×105mm로 하고 1개의 높이는 60cm로 한다.) (6점)

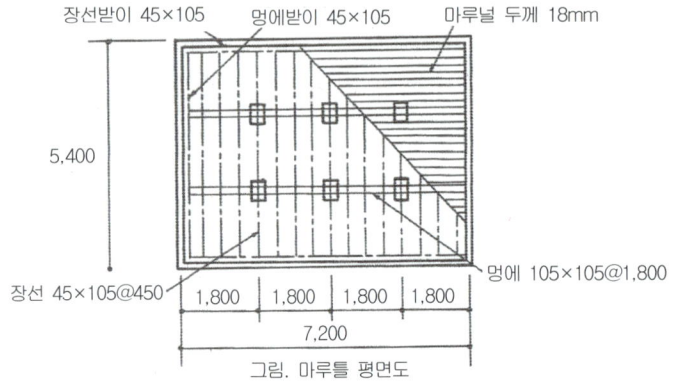

그림. 마루틀 평면도

정 답

[정답] 7

각 부재마다 산출 후 합산하여 구한다.
① 동바리 = 0.105(m) × 0.105(m)
　　　　× 0.6(m) × 6(개)
　　　　= 0.039(m^3)
② 멍에 = 0.105(m) × 0.105(m)
　　　　× 7.2(m) × 2(개)
　　　　= 0.158(m^3)
③ 멍에받이 = 0.045(m) × 0.105(m)
　　　　× 5.4(m) × 2(개)
　　　　= 0.051(m^3)
④ 장선 = 0.045(m) × 0.105(m)
　　　　× 5.4(m) × 17(개)
　　　　= 0.433(m^3)
⑤ 장선받이 = 0.045(m) × 0.105(m)
　　　　× 7.2(m) × 2(개)
　　　　= 0.068(m^3)
⑥ 마룻널 = 0.018(m) × 5.4(m)
　　　　× 7.2(m)
　　　　= 0.699(m^3)
∴ 합계 = ①+②+③+④+⑤+⑥
　　　　= 1.448(m^3) → 1.45(m^3)

05 거푸집 및 콘크리트공사

> **학습방향**
> • 실내건축에 있어서 거푸집 및 콘크리트량을 산출하는 문제는 출제 빈도는 낮으나 기본 산출식을 중심으로 이해하길 바란다.

1 거푸집량 산출

구 분	산출식	비 고
보	보 높이 × 보 길이	• 보 높이 : 바닥판 두께를 뺀 보의 높이 • 보 길이 : 기둥간 안목 길이
기 둥	기둥 둘레길이 × 기둥 높이	기둥 높이 : 바닥판 두께를 뺀 안목간 높이
바닥판	내벽간 바닥판 면적	• 외벽의 두께를 뺀 내벽간 바닥판 면적 • 개구부 면적 제외 (1㎡ 이하의 개구부 면적은 제외하지 않음)
벽	(벽면적−개구부 면적) × 2	기둥과 보의 면적 제외

2 콘크리트량 산출

구 분	산출식	비 고
보	보 단면적 × 보 길이	• 보 단면적 : 보 너비× 바닥판 두께를 뺀 보의 높이 • 보 길이 : 기둥간 안목 길이
기 둥	기둥 단면적× 안목간 높이	기둥 높이 : 바닥판 두께를 뺀 높이
바닥판	바닥판 면적 × 바닥판 두께	바닥판 면적 : 바닥판 외곽선으로 둘러싸인 면적
벽	(벽면적−개구부 면적)× 벽두께	벽면적 : 기둥간 안목거리 ×벽 높이 (기둥과 보의 면적 제외)
계단	경사면적 × 계단 평균두께	• 경사면적: 계단의 길이 × 계단 폭 • 계단 평균두께 = $a+\dfrac{b}{2}$

예제1 각 부재에 대한 콘크리트량의 산출방법으로 옳지 않은 것을 모두 고르시오.
① 기둥 – 기둥 단면적 × 층 높이
② 벽 – {(기둥 중심간 거리 ×벽 높이)-개구부 면적}× 벽두께
③ 보 – 보폭 × 바닥판 두께를 뺀 보 춤 × 기둥간 안목 길이
④ 계단 – 경사면적 × 계단 평균두께

해설 ①, ②

예제2 다음 아래 도면과 같은 철근콘크리트 건물에서 벽체와 기둥의 콘크리트량을 산출하시오.

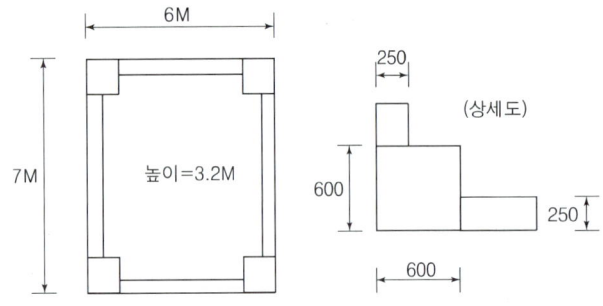

해설 ① 기둥의 콘크리트량 : 0.6m×0.6m×3.2m×4= 4.608(m³) → 4.61(m³)
② 벽체의 콘크리트량 :(6-1.2)m×3.2m×0.25m×2 +(7-1.2)m×3.2m×0.25m×2= 16.96(m³)

06 페인트 공사

(1) 칠면적은 도료의 종별, 장소별(바탕종별, 내부, 외부)로 구분하여 산출하며, 도면의 정미 면적을 소요면적으로 한다.
(2) 도료는 정미량에 할증률 2%를 가산하여 소요량으로 한다.
(3) 고급, 고가인 도료를 제외하고는 다음 칠면적 배수표에 의하여 소요면적을 산정한다.

■ 칠면적 배수표

구 분		소요 면적 계산	비 고
목재면	양판문(양면칠)	(안목면적)×(3.0~4.0)	문틀, 문선 포함
	플러시문(양면칠)	(안목면적)×(2.7~3.0)	문틀, 문선 포함
	미세기창(양면칠)	(안목면적)×(1.1~1.7)	문틀, 문선, 창선반 포함
철재면	철문(양면칠)	(안목면적)×(2.4~2.6)	문틀, 문선 포함
	새시(양면칠)	(안목면적)×(1.6~2.0)	문틀, 창선반 포함
	셔터(양면칠)	(안목면적)×(2.6~4.0)	박스 포함
징두리판벽, 두겁대, 걸레받이		(바탕 면적)×(1.5~2.5)	
철계단(양면칠)		(경사면적) × (3.0~5.0)	
파이프 난간(양면칠)		(난간면적) × (0.5~1.0)	

※ 칠면적 배수는 복잡한 구조일 때에는 큰 배수를 간단한 구조일 때는 적은 배수를 적용하도록 한다.

예제1 문틀(문선 포함)이 복잡한 양판문의 규격이 900mm×2,100mm 이다. 양판문의 개수가 20매일 때 전체 칠 면적을 구하시오.

[해설] 칠면적 = 0.9m×2.1m×20(개)×4(배) = 151.2(m^2)

예제2 문틀(문선)이 포함된 철문(양면 칠)의 규격이 1000mm×2,200mm 이다. 이 철문의 개수가 10매일 때 전체 칠 면적을 구하시오.

[해설] 칠면적 = 1.0m×2.2m×10(개)×2.5(배) = 55(m^2)

07 수장공사

> **학습방향**
> - 수장공사에 대한 적산은 실무와 관련이 깊고 앞으로 출제 예상이 되므로 새로이 추가된 내용이다.
> - 수장공사의 적산에 기본이 되는 내용을 잘 숙지하도록 한다.

1 일반 사항

수장공사는 건축물 내·외부에 수장재료를 사용하여 바닥, 벽, 천장 등을 미려하게 꾸미는 동시에 흡음·보온·방습 등의 효과를 내게 하는 것이다. 수장재료에 사용되는 수장재료의 종류·재질·크기 등이 다양하고 의장적인 목적을 중요시하므로 재료의 손실이 크고 품도 비교적 다른 공사에 비해 많이 드는 공사이다.

2 수장공사 적산 일반

(1) 수장공사의 수량은 공사종별(수장재 시공, 단열재 시공, 도배 시공, 경량칸막이 설치, 커튼설치, 기타)로 대별하고 재료의 종류(재질), 규격(두께, 크기), 사용부위(바닥, 벽, 천장, 걸레받이 등), 시공방법별로 구분하여 설계도에 의한 마감치수를 기준으로 하여 정미수량으로 산출한다. 재료의 소요량은 정미수량에 각 재료의 할증률을 곱한 것으로 한다.

(2) 수장공사의 재료비는 수장공사용 재료의 소요량에 재료단가를 곱한 것으로 하되, 주자재를 설치하기 위한 부속재료비도 별도로 산출하여 가산한 것으로 한다. 재료단가는 시중 가격정보에 의하여 결정되지만 특정 제품인 경우는 전문업체의 견적가격에 의하여 결정된다.

(3) 수장공사용 재료는 종류가 다양하고 재질, 형상, 치수, 무늬, 색깔 등에 있어서도 각각 다르기 때문에 단가 결정에 있어서 세심한 검토가 필요하다. 특히 같은 종류의 재료라도 의장적인 목적으로 사용되는 재료일수록 재질면보다는 형상, 무늬, 색깔 등에 따라 가격차이가 많이 발생할 수 있으므로 재료의 단가 결정에 유의하여야 한다.

(4) 수장공사용 자재를 설치하기 위한 바탕꾸미기 공사비는 해당 공사 비목에서 계상한다. 예를 들어 석고보드를 벽·천장에 붙이기 위하여 바탕틀을 설치할 경우 바탕틀이 목조인 경우의 공사비는 목공사 비목에, 바탕틀이 경량철골인 경우의 공사비는 금속공사 비목에 포함한다. 그러나 소규모 공사인 경우에는 바탕꾸미기 공사까지 포함하여 수량을 산출하고 공사비를 일괄 산출하기도 한다.

3 수장공사 공종별 수량산출

1. 바닥용 수장재 수량산출

① 바닥용 수장재의 수량은 재료의 종류(재질), 규격(두께, 크기), 시공방법(못, 접착제 붙임 등) 별로 구분하여 실면적(m^2)으로 산출한다. 여기서 실면적은 설계도에 의한 마감치수를 기준으로 한 정미면적(m^2)을 말한다.

② 바닥용 수장재의 소요량은 실면적에 할증률을 곱한 소요면적(m^2)으로 산출하는 것이 원칙이고, 설계도에 의한 벽 중심선으로 산출하기도 한다. 바닥용 수장재의 할증률은 다음 표의 값으로 한다.

재료별	할증률(%)	재료별	할증률(%)
아스팔트타일	5	고무타일	5
리놀륨 타일	5	리놀륨	5
비닐타일	5		

③ 바닥용 수장재를 규격에 따라 매당으로 수량을 산출하는 경우에는 소요면적(m^2)에 매당면적(m^2)으로 나눈 값으로 하여 매수(枚數)로 계산한다. 매수 계산에 있어 한 장을 잘라 쓸 때는 반장보다 큰 것은 온장으로 간주하여 계산한다.

④ 바닥용 수장재를 맞댄이음(butt joint)이 아닌 겹친 이음(lap joint)으로 할 경우 또는 굽도리인 경우는 이에 소요되는 재료량을 계산하여 가산한다. 설계도서에 명시가 없는 경우 겹친 이음은 10cm, 굽도리는 5cm로 보아 계산한다.

⑤ 걸레받이용 수장재의 수량은 걸레받이의 종류(재질), 높이(폭) 별로 구분하여 길이(m)로 산출한다.

⑥ 카펫 깔기의 수량은 종류(재질), 규격(두께, 크기), 모양, 색깔, 시공방법별로 구분하여 실면적(m^2)으로 산출하고 할증률 10%를 가산한 것을 소요수량으로 한다.

⑦ 논슬립(non-slip)용으로 제작된 고무타일을 계단용으로 사용하는 경우의 고무타일 수량은 규격(두께, 폭) 별로 구분하여 길이(m)로 산출한다. 여기서 길이는 디딤판의 연길이가 된다.

⑧ 바닥용 수장재를 접착제로 시공하는 경우의 접착제 수량은 다음 표의 값을 표준으로 하여 계산한다.

(m^2 당)

재료별	접착제(kg)	재료별	접착제(kg)
아스팔트타일	0.39~0.45	고무타일	0.34
리놀륨 타일	0.39~0.45	리놀륨	0.4
비닐타일	0.24~0.31	카 펫	0.1

⑨ 바닥용 수장재에 왁스칠(wax stain)을 하는 경우 왁스량은 바닥용 수장재붙임 단위면적당(1m^2 당) 0.12ℓ 소요되는 것으로 보아 계산한다.

2. 벽용 수장재 수량산출

① 벽용 수장재는 대부분 판재가 많이 사용되며 그 붙임공사를 판붙임공사라고 명칭하기도 한다. 이 판붙임공사용 수장재의 수량은 재료의 종류(재질), 규격(두께, 크기), 시공방법(못, 접착제 붙임 등) 별로 구분하여 실면적(m^2)으로 산출한다. 여기서 실면적은 설계도에 의한 마감치수를 기준으로 한 정미면적(m^2)을 말하며, 개구부가 있는 경우에는 개구부 면적을 공제한다. 다만 1개소의 면적이 0.5m^2 이하인 경우는 공제하지 않는다.

② 벽용 수장재에 줄눈대(joiner) 및 누름대(bead)를 설치할 경우에 줄눈대나 누름대의 수량은 재료에 따른 길이(m)로 산출한다. 또한 벽과 천장부분의 코너에 몰딩(molding)을 대는 경우 몰딩의 수량도 재료에 따른 길이(m)로 산출한다.

③ 벽용 수장재의 소요량은 실면적에 할증률을 곱한 소요면적(m^2)으로 산출한다. 여기서 할증률은 다음 표의 값을 표준으로 한다.

재료별	할증률(%)	재료별	할증률(%)
합판(수장용)	5	석고판(붙임용)	5
목재(판재)	10	석고판(본드접착용)	8

④ 벽용 수장재로서 합판(수장용), 목재(판재)를 사용하는 경우 수장공사의 수량 및 공사비 계산은 목공사에 따르고 목공사 비목에 포함하여 계상한다.

⑤ 벽용 수장재로서 석고판을 못 붙임으로 할 경우 못의 소요량과 본드붙임으로 할 경우 석고본드의 소요량은 석고판 단위면적당($1m^2$ 당) 0.035kg(못), 2.43kg(석고본드)를 표준으로 하여 계산한다. 기타 합판 등의 붙임용 재료는 다음 표의 값을 기준으로 한다.

(m^2 당)

재료별	못(kg)	접착제(kg)	재료별	접착제(kg)
벽체(천장) 합판붙임	0.04	–		
목재 걸레받이	0.004	0.27	비닐재 걸레받이	0.022

⑥ 벽용 수장재를 붙이기 위하여 벽돌 벽에 나무벽돌을 설치하거나 콘크리트 벽에 앵커철물을 설치하는 경우에 나무벽돌 또는 앵커철물의 수량은 소요 개소로 산출하거나 품에 부자재로서 시공면적 비례로 계산하여 적용하기도 한다.

3. 천장용 수장재 수량산출

① 천장용 수장재의 수량은 재료의 종류(재질), 규격(두께, 크기), 시공방법(못, 접착제 붙임 등), 천장틀 바탕(목제 천장틀, 경량철골 천장틀: M-bar, T-bar 등) 별로 구분하여 실면적(m^2)으로 산출한다. 여기서 실면적은 설계도에 의한 마감치수를 기준으로 한 정미면적(m^2)을 말한다. 설계도에 의한 벽 중심선으로 계산한 면적(m^2)으로 하기도 한다.

② 천장용 수장재의 소요량은 실면적에 할증률을 곱한 소요면적(m^2)으로 산출한다. 여기서 할증률은 다음 표의 값을 표준으로 한다.

(m^2 당)

재료별	할증률(%)	재료별	할증률(%)
합판	5	석고판(붙임용)	5
아코스틱 텍스	5	석고판(본드접착용)	8
코르크판	5		

③ 천장용 수장재의 수량산출에 있어서 연관되는 전등박스(box), 환기구 등의 면적은 실면적에서 공제한다(천장틀 설치면적에서는 공제하지 않음). 그러나 독립된 전등 개구부, 천장점검구, 덕트 개구부 등의 면적은 실면적에서 공제하지 않는다.

④ 천장용 수장재를 규격(두께, 크기)에 따라 매당으로 수량을 산출하는 경우에는 위 1-③에 따르고, 줄눈대 및 누름대를 설치한 경우의 수량산출은 위 2-②에 따라 산출한다.

⑤ 천장용 수장재의 붙임용 재료의 수량은 다음 표의 값을 표준으로 한다.

(m^2 당)

재료별	수량(kg)	재료별	수량(kg)
석고판(못)	0.035	아코스틱 텍스(못)	0.035
석고판(석고본드)	2.43	코르크판(접착제)	0.27

⑥ 천장에 커튼박스를 설치하거나 몰딩을 설치할 때의 수량은 규격(두께, 폭) 별로 구분하여 길이(m) 또는 개소로 산출한다.
⑦ 루버(louver)를 설치한 경우의 수량은 재질(나무판, 철판, 알루미늄판 등), 규격(폭, 길이), 형태별로 구분하여 실면적(m^2)으로 산출한다. 여기서 실면적은 설계도에 표시된 치수를 기준으로 한 정미면적(m^2)을 말한다.
⑧ 천장의 수장재 공사에 석고판 바탕에 아코스틱 텍스(암면텍스) 등을 붙이는 경우와 같이 2종을 동시에 접착 시공할 때의 재료와 품은 수장재 종류별로 구분하여 산출한다.

4. 단열재 수량산출

① 단열재의 수량은 단열재의 종류(재질), 규격(두께, 크기), 시공부위(바닥, 벽, 천장, 지붕 등), 시공방법(내단열, 중단열, 외단열 등) 별로 구분하여 실면적(m^2)으로 산출한다. 여기서 실면적은 설계도에 의한 마감치수를 기준으로 한 정미면적(m^2)을 말하며, 개구부가 있는 경우에는 개구부 면적을 공제한다. 다만 1개소의 면적이 $0.5m^2$ 이하인 경우는 공제하지 않는다.
② 분사에 의해 팽창되는 단열재(우레아 폼 등)의 수량은 종류(재질), 시공두께, 시공부위(바닥, 벽, 천장, 지붕 등) 별로 구분하여 체적(m^3)으로 산출한다. 여기서 체적은 설계도에 의한 충전하고자 하는 내부 공간 폭에 소요면적을 곱한 실체적(m^3)을 말한다.
③ 단열재의 소요량은 실면적 또는 실체적에 할증률을 곱한 소요면적(m^2) 또는 소요체적(m^3)으로 산출한다. 여기서 할증률은 다음 표의 값을 표준으로 한다.

재료별	할증률(%)	재료별	할증률(%)
발포폴리스틸렌	10	유 리 면	10
암 면 판	10	우 레 아 폼	3

④ 단열시공 부위에 방습층을 설치하기 위한 방습필름(폴리에틸렌 필름 등)의 수량은 종류(재질), 규격(두께, 폭), 시공부위(바닥, 벽) 별로 구분하여 실면적(m^2)으로 산출한다. 방습지의 소요량은 실면적에 할증률 15%를 가산하여 소요면적(m^2)으로 한다.

5. 경량칸막이 수량산출

① 경량칸막이의 수량은 설계도에 표시된 내용별로 구분하여 실면적(m^2)으로 산출한다. 여기서 실면적은 설계도에 의한 치수를 기준으로 한 정미면적(m^2)을 말한다. 그리고 경량칸막이의 표면마감(도장, 벽지, 특수마감재 등)이 되어 있지 않는 경량칸막이(천장 속 방화구획용 칸막이 등)는 표면마감이 되어 있는 것과 구분하여 수량을 산출한다. 이는 단가 차이가 나기 때문이다.
② 경량칸막이의 설치 부위에 출입문을 설치하는 경우에 출입문(문틀, 문짝, 창호철물)의 수량은 창호공사에 따라 별도로 계산한다.

6. 도배 수량산출

① 도배의 면적은 종류(벽지, 반자지, 장판지, 초배지, 재배지, 정배지 등), 재질(종이, 천, 갈포지, 합성수지 등), 바름부위(바닥, 벽, 천장) 별로 구분하여 실면적(m^2)으로 산출한다. 여기서 실면적은 설계도에 의한 안목치수를 기준으로 한 정미면적(m^2)을 말한다.

② 도배지의 수량은 도배면적에 단위면적당 소요되는 도배지량을 곱한 것으로 산출한다. 여기서 도배지 바름 회수에 따른 단위면적당 소요되는 도배지량은 다음 표의 값을 표준으로 한다.

(도배면적 m^2 당)

초배지	재배지	벽지, 반자지	장판지	창호지 (97cm×55cm)
1.2m^2	1.2m^2	1.2m^2	1.1m^2	2매(장)

※ 비고 : 본 표는 도배지 바름 회수가 1회인 경우이고, 벽지 및 반자지 바름인 경우 재배지 바름은 2회 바름(2.4m^2)으로 하고 장판지 바름인 경우 정벌 밑 바름으로 깨끗한 종이로 1회 바름(1.1m^2)을 추가하는 것이 일반적이다.

③ 도배지의 바름에 소요되는 풀(밀가루 풀, 합성수지제품의 풀)의 소요량은 도배면적에 단위면적당(m^2 당) 벽지 및 반자지 바름인 경우 0.05kg, 장판지 바름인 경우 0.1~0.25kg, 창호지 바름인 경우 0.02kg으로 보아 계산한다.

④ 바닥과 벽의 굽도리에 굽도리지를 바를 경우 굽도리지의 수량은 재질, 폭별로 구분하여 길이(m)로 산출하고, 굽도리지를 바르지 않고 장판지를 벽에 치켜 올려 바를 경우에는 장판지바름 바닥면적(m^2)에 굽도리 폭(보통 5cm) 만큼 해당하는 면적(m^2)을 가산한 것으로 한다.

⑤ 벽에 벽지를 바르고 바닥에 장판지가 아닌 다른 재료로 마감하는 경우(거실, 주방 등)에 시공하는 걸레받이의 수량은 걸레받이의 재질, 폭 별로 구분하여 길이(m) 또는 면적(m^2)으로 산출한다. 여기서 걸레받이의 폭은 설계도에 명시가 없으면 75~120mm로 보아 계산한다.

7. 커튼, 차일, 암막 수량산출

① 커튼의 수량은 재질, 모양, 치수별로 구분하여 커튼설치 1개소 당 면적(m^2)으로 산출하고, 커튼감은 주름잡기를 고려하여 커튼설치 1개소 당 1.5~2배 정도 증가하는 것으로 보아 계산한다. 여기서 커튼설치 1개소 당 면적(m^2)은 커튼을 창호부위에 설치하는 경우에는 창호면적으로 계산하는 것이 보통이다.

② 커튼설치 공사비는 전문업체의 견적에 의해 결정하는 것이 일반적이다. 전문업체의 견적에 커튼박스, 레일, 태슬 기타의 커튼 액세서리 가격이 포함된 것인지 공사비 결정시 확인한다.

③ 차일, 암막의 수량은 재질, 모양, 치수별로 구분하여 차일, 암막 설치 1개소당 면적으로 산출하고, 기타의 사항은 커튼에 준하여 적산한다.

기출 및 예상문제

Ⅱ. 적산 및 내역서

1. 다음 재료에 대한 적산시 할증률을 ( ) 안에 써 넣으시오. (4점)

   ① 비닐타일 : (①)% ② 리놀륨 : (②)%
   ③ 합판(수장용) : (③)% ④ 석고판(본드접착용) : (④)%
   ⑤ 발포폴리스틸렌 : (⑤)% ⑥ 단열시공 부위의 방습지 : (⑥)%

   ① _____ ② _____ ③ _____
   ④ _____ ⑤ _____ ⑥ _____

   정답 1
   ① 5 ② 5 ③ 5
   ④ 8 ⑤ 10 ⑥ 15

2. 그림과 같은 평면도의 바닥을 리놀륨 타일로 마감하였을 경우의 리놀륨 타일붙임에 소요되는 재료량을 산출하시오. (단, 벽두께는 20cm이다.) (4점)

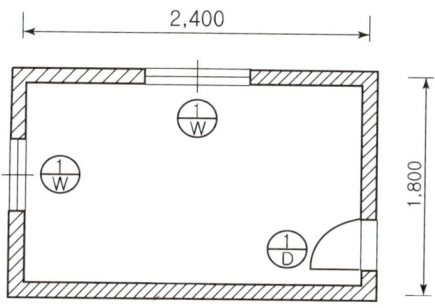

   정답 2
   (1) 리놀륨타일 붙임면적
   $= (2.4-0.2) \times (1.8-0.2)$
   $= 3.52 \text{m}^2$
   (2) 재료량 산출
   ① 리놀륨타일
   $= (붙임면적) \times 1.05$
   $= 3.52 \times 1.05 = 3.7 \text{m}^2$
   ② 접착제 $= (붙임면적) \times 0.42 \text{kg}$
   $= 3.52 \times 0.42 = 1.48 \text{kg}$

3. 다음 그림과 같은 평면도의 바닥에 아스팔트 타일로 마감하고 내벽에는 석고판을 본드로 접착하여 마감하였을 경우의 소요재료량을 산출하시오. (단, 벽두께는 30cm이고 벽 높이는 4.2m이다.) (4점)

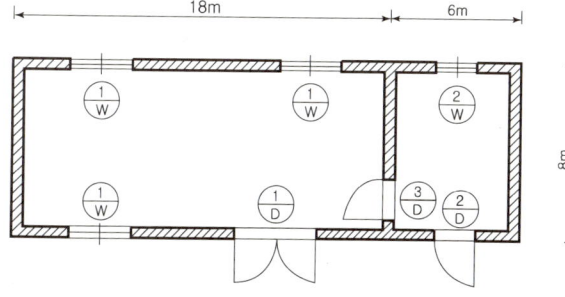

(창호의 규격)
①D : 2,400×2,600
②D : 1,200×2,500
③D : 900×2,100
①W : 1,500×1,500
②W : 1,200×900

   정답 3
   (1) 아스팔트 타일 붙임면적
   $= \{(18-0.3) \times (8-0.3)\} +$
   $\{(6-0.3) \times (8-0.3)\}$
   $= 180.18 \text{m}^2$
   석고판 붙임면적
   $= \{(24-0.3 \times 2) \times 2 + (8-0.3)$
   $\times 4\} \times 4.2$
   $- \{(2.4 \times 2.6) + (1.2 \times 2.5)$
   $+ (0.9 \times 2.1 \times 2) + (1.5 \times 1.5)$
   $\times 3 + (1.2 \times 0.9)\}$
   $= 305.07 \text{m}^2$
   (2) 재료량 산출
   ① 아스팔트 타일
   $= 180.18 \times 1.05 = 189.2 \text{m}^2$
   접착제
   $= 180.18 \times 0.42 ≒ 75.7 \text{kg}$
   ② 석고판
   $= 305.07 \times 1.08 ≒ 329.48 \text{m}^2$
   석고본드
   $= 305.07 \times 2.43 ≒ 741.32 \text{kg}$

제7장 수장공사

기출 및 예상문제

II. 적산 및 내역서

4. 다음 그림과 같은 평면도의 바닥, 벽, 천장의 실내마감이 다음과 같은 조건일 때 수장공사에 소요되는 재료량을 산출하시오. (단, 출입문의 크기는 0.9×2.1m이고, 창문의 크기는 1.6m×1.6m, 반자 높이는 2.4m이다.) (6점)

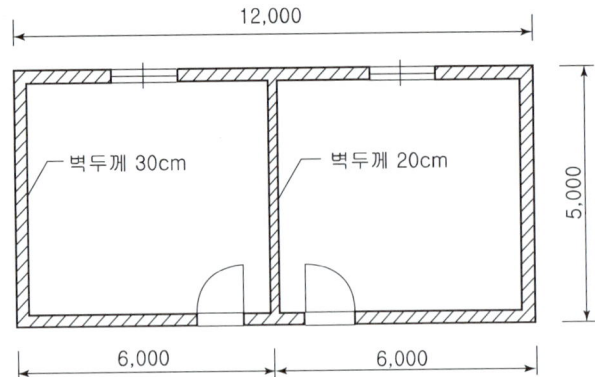

- 실내마감표

구 분	바 탕	마 감
바 닥	시멘트 모르타르	비닐타일(접착제 붙임)
벽	시멘트 모르타르	석고보드(본드 붙임)
천 장	합 판	아코스틱 텍스
걸레받이	시멘트 모르타르	나왕 널(너비 120mm)

정답

정답 4

(1) 수장재 붙임면적 산출
 ① 바닥 비닐타일 붙임면적
  = {12−(0.3+0.2)}×(5−0.3)
  = 54.05㎡
 ② 벽 석고보드 붙임면적
  = {(12−0.5)×2+(5−0.3)×4}
   ×2.4−{(1.6×1.6)
   +(0.9×2.1)}×2
  = 91.42㎡
 ③ 천장 아코스틱 텍스 붙임면적
  = 바닥 비닐타일면적 붙임면적
  = 54.05㎡

(2) 재료량 산출
 ① 비닐타일
  = 54.05×1.05 ≒ 56.75㎡
  접착제
  = 54.05×0.275 ≒ 14.86kg
 ② 석고보드
  = 91.42×1.08 ≒ 98.73㎡
  석고본드
  = 91.42×2.43 ≒ 222.15kg
 ③ 아코스틱 텍스
  = 54.05×1.05 ≒ 56.75㎡
  못
  = 54.05×0.035 ≒ 1.89kg
 ④ 라왕 널
  = {(12−0.5)×2+(5−0.3)
   ×4}×0.12 ≒ 5.016㎡
  소요면적
  = 5.016×1.05 ≒ 5.27㎡
  못
  = 5.016×0.004
  = 0.02kg,
  접착제
  = 5.016×0.27 = 1.35kg

03 공정표 및 공정계획

01 공정계획
02 네트워크 공정표의 작성
03 공기 단축

01 공정계획

> **학습방향**
> - 공정표의 종류와 특징을 이해하도록 한다.
> - 네트워크 공정표에 대한 기본적인 용어가 서술형으로 자주 출제되므로 확실히 숙지하도록 한다.
> - 이 장의 기본적인 용어를 이해하지 않으면 다음 장의 공정표 작성에도 어려움이 뒤따른다.

1 공정표의 정의

① 건축물을 지정된 공사기간 내에 공사예산에 맞추어 양질의 시공을 하기 위하여 작성한다.
② 공사의 진척상황을 파악하기 위하여 필요한 시간과, 자재, 노무 등을 일정한 형식에 의거 작성하여 관리함을 목적으로 한다.

2 공정표의 종류

1 사선식 공정표(절선 공정표, Graphic chart)

작업의 관련성을 나타낼 수는 없으나, 공사의 기성고를 표시하는 데에는 편리한 공정표로 세로에 공사량과 총 인부를 표시하고, 가로에 월, 일수 등을 나타내어 일정한 사선절선을 가지고 공사의 진행상태(기성고)를 수량적으로 나타낸다.

1. 장점
① 전체 기성고 파악이 용이하다.
② 자재, 노무, 장비의 수배가 용이하다.
③ 공사지연에 따른 조속한 대책이 가능하다.
④ 네트워크 공정표의 보조수단으로 사용이 가능하다.

2. 단점
① 각 작업의 상호간의 유기적 관계가 불분명하다.
② 각 단위작업의 일정조정이 어렵다.
③ 주공정선(C.P)의 파악이 어렵다.

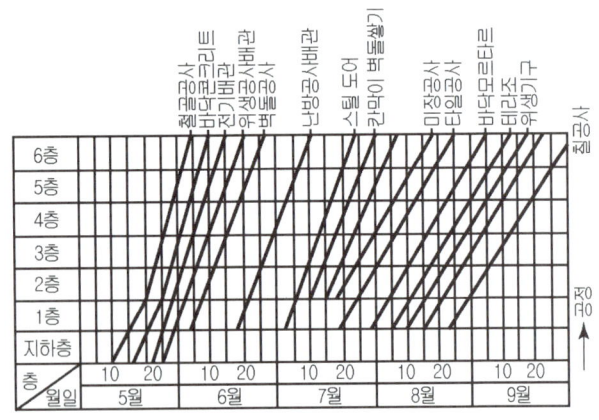

그림. 사선식 공정표

2 횡선식 막대 공정표(Bar chart, Gantt chart)

각 공사 종목을 종축에 월일을 횡축에 잡고 공정을 막대그래프로 표시한 것으로 각 공사의 소요시간을 횡선의 길이로서 나타내는 공정표이다.

1. 장점
① 작성이 비교적 쉽고, 초보자도 이해하기 쉽다.
② 각 공정별 공사와 전체의 공정시기 등이 일목요연하다.
③ 각 공정별 공사의 착수 및 완료일이 명시되어 판단이 용이하다.

2. 단점
① 작업간의 상호관계를 나타내기가 어렵다.
② 주공정선(C.P)을 파악할 수 없으므로 관리통제가 어렵다.
③ 한 작업이 다른 작업 및 프로젝트에 미치는 영향을 파악하기가 어렵다.
④ 작업상황이 변동되었을 때 탄력성이 없다.

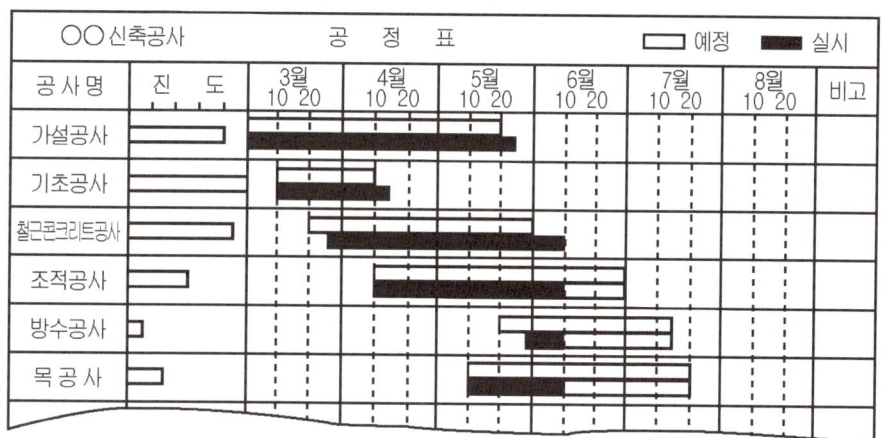

그림. 횡선식 막대 공정표

3 열기식 공정표
부분 공정표로서 재료, 노무 등을 글자로 나열한 것으로 재료 및 노무자 수배시 유리하다.

4 네트워크(net work) 공정표

1. 의미
전체 공정 계획 속에서 개개의 작업을 ○(event)와 →(activity)로 구성되는 네트워크로 나타내고 이것에 각 작업에 필요한 시간을 주어 총괄적인 견지에서 그 관리를 진행시키는 수법이다.

2. 종류
① CPM(Critical Path Method) : 건설공사에 이용되고 있는 일반적인 네트워크 공정표이다.
② PERT(Program Evolution and Review Technique) : CPM과 유사하나 확률적인 이론을 도입하여 어느 목표에 도달할 때까지의 소요 일수의 예측을 주로 목적으로 하는 네트워크 공정표이다.

※CPM과 PERT의 주요 특징

구 분	CPM	PERT
개발배경	1956년 미국의 Dupont 회사에서 연구 개발	1958년 미 해군의 Polaris 핵잠수함 건조 계획시 개발
주목적	반복사업, 경험이 있는 사업 등에 이용	신규사업, 비반복 사업, 경험이 없는 사업 등에 이용
공기추정	1점 시간 추정을 이용 ($t_e = t_m$)	3점 시간 추정(가중평균치)을 이용 ($t_e = \dfrac{t_o + 4t_m + t_p}{6}$) (부호) t_e : 평균 기대시간 t_o : 낙관 시간치 t_m : 정상 시간치 t_p : 비관 시간치
일정계산	작업 중심의 일정계산이다.	단계 중심의 일정계산이다.
MCX 이론 (최소비용이론)	핵심 이론이다.	이 이론이 없다.
일정계획	일정 계산이 자세하고 작업간 조정이 용이하다.	일정 계산이 복잡하다.

※ MCX(Minimum Cost Expediting) : 최소비용으로 최적의 공기를 구하는 것으로 최적시공속도(경제속도)를 구하는 이론체계를 말한다.

3. 네트워크의 표현
① 화살형 네트워크
② 서클형 네트워크

그림. 화살형 네트워크

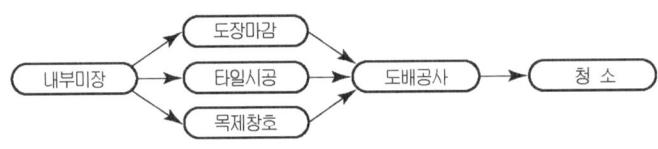

그림. 서클형 네트워크

4. 특징
① 장점
  ㉠ 공사 계획의 전모와 공사전체의 파악을 용이하게 할 수 있다.
  ㉡ 각 작업의 흐름과 작업의 상호관계가 명확하다.
  ㉢ 주공정선(C.P)의 파악이 용이하다.
  ㉣ 계획 단계에서 공정상의 문제점이 명확히 파악되고 작업 전에 수정을 가할 수 있다.
  ㉤ 신뢰도가 높으며 전자계산기의 이용이 가능하다.
② 단점
  ㉠ 다른 공정표보다 복잡하므로 사전지식이 필요하다.
  ㉡ 작성시간이 오래 걸릴 수 있다.
  ㉢ 기법의 표현상 세분화에는 한계가 있다.

3 네트워크(Network) 공정표의 용어

1 기본 용어

용어	내용
결합점(Event, Node)	작업의 결합점, 개시점, 종료점으로 ○로 표현한다. 작업의 진행방향으로 큰 번호를 붙여 나간다.
작업(Activity, Job)	작업을 나타낸다. 작업은 실선의 화살표 (——▶)로 표현한다. 화살표의 위에는 작업명을, 아래에는 작업일(시간)을 나타낸다.
Duration	작업을 수행하는데 필요한 시간(작업일)을 말한다.
Dummy	작업 사이의 관련성만을 표현할 때 이용되며 소요 일수는 없다. 점선의 화살표 (┄┄▶)로 표현한다.

※ 더미(dummy)의 구분
① Numbering dummy(순번 더미) : 결합점에서 번호를 붙일 때 중복작업을 피하기 위해 생기는 더미(dummy)이다.
② Logical dummy(논리적 더미) : 작업의 선·후 관계를 규정하기 위하여 필요한 더미(dummy)이다.
③ Relation dummy(관계 더미) : 길버트식 네트워크(Gilbert Network)에서만 나타나는 더미이다.

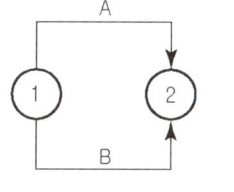 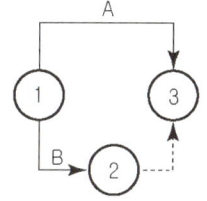 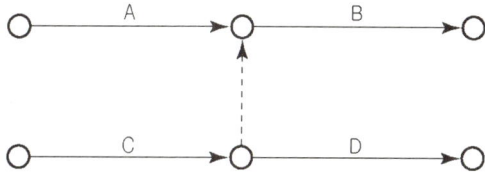

그림. Numbering dummy   그림. Logical dummy

2 Path(경로)

네트워크 공정 표 상에서 2 이상의 작업의 연결이다.

용어	기호	내용
최장패스 (Longest Path)	L.P	임의의 두 결합점간의 경로 중 소요시간이 가장 긴 경로이다.
주공정선 Critical Path	C.P	네트워크 상에 전체 공기를 지배하는 가장 긴 작업경로이다. 굵은 실선(━━━)으로 표현한다.

3 시각(Time)

네트워크 공정 표 상에서 작업의 전후관계에 따른 시간(일수)이다.

용어	기호	내용
가장 빠른 개시시각 (Earlist Starting Time)	EST	작업개시가 가능한 가장 빠른 시간이다.
가장 빠른 종료시각 (Earlist Finishing Time)	EFT	작업종료가 가능한 가장 빠른 시간이다.

용어	기호	내용
가장 늦은 개시시각 (Latest Starting Time)	LST	공기에 영향이 없는 범위에서 작업을 가장 늦게 시작해도 좋은 시간이다.
가장 늦은 종료시각 (Latest Finishing Time)	LFT	공기에 영향이 없는 범위에서 작업을 가장 늦게 종료해도 좋은 시간이다.
가장 빠른 결합점 시각 (Earlist Node Time)	ET	최초의 결합점에서 대상의 결합점에 이르는 가장 긴 경로를 통하여 가장 빨리 도달되는 결합점 시각
가장 늦은 결합점 시각 (Latest Node Time)	LT	임의 결합점에서 최종 결합점에 이르는 가장 긴 경로를 통하여 종료시각에 도달할 수 있는 개시 시각

4 공기

① 공사기간을 뜻하며 지정공기와 계산공기가 있으며, 계산공기는 항상 지정공기보다 작거나 같은 것이 일반적이다.
② 만약에 계산공기가 지정공기보다 크다면 이는 공기를 단축해야 하는데 이를 공기조정이라 한다.

용어	기호	내용
지정공기	T_o	발주자에 의해 미리 지정되어 있는 공기
계산공기	T	네트워크의 일정계산으로 구해진 공기
간공기(잔여공기)		어떤 결합점에서 완료시점에 이르는 최장패스의 소요시간

5 여유시간

공사가 종료하는데 지장을 주지 않는 범위 내에서의 잔여시간을 말하며 크게 구분하여 플로트(float)와 슬랙(slack)이 있다.

1. 플로트(float)

네트워크 공정표에서 작업의 여유 시간을 말한다.

용어	기호	내용
총여유 (Total Float)	TF	가장 빠른 개시시각(EST)에 작업을 시작하여 가장 늦은 종료시각(LFT)에 완료할 때에 생기는(존재하는) 여유시간이다.
자유여유 (Free Float)	FF	가장 빠른 개시시각(EST)에 작업을 시작하여 후속 작업도 가장 빠른 개시시각(EST)에 시작하여도 생기는(존재하는) 여유시간이다.
간섭여유 (Dependent Float)	DF	후속 작업의 TF에 영향을 주는 플로트(여유)이다. DF = TF − FF 로 구하면 된다.
독립여유 (Independent Flot)	IF	선행 작업이 가장 늦은 개시 시간(LST)에 착수되고, 후속작업이 가장 빠른 개시시간(EST)에 착수된다 하더라도 그 작업기일을 수행한 후에 발생되는 여유시간이며, 정상적인 작업 조건 하에서는 거의 발생하지 않는다.

2. 슬랙(slack)

네트워크의 결합점이 가지는 여유시간이다.

기출 및 예상문제

Ⅲ. 공정표 및 공정계획

1. 공정계획 요소 4가지를 쓰시오. (4점) [00 산]

① _____ ② _____
③ _____ ④ _____

정답 1
① 공사의 시기
② 공사의 내용
③ 공사의 수량
④ 노무의 수량

2. 공정표의 종류를 4가지 쓰시오. (4점) [94, 99 산, 00 기]

① _____ ② _____
③ _____ ④ _____

정답 2
① 사선식 공정표
② 횡선식 막대 공정표
③ 열기식 공정표
④ 네트워크식 공정표

3. 다음 ( ) 안에 알맞은 용어를 쓰시오. (3점) [95 산]

① 화살표형 Network에서 정상 표현할 수 없는 작업의 상호관계를 표시하는 파선으로 된 화살표 ( )
② 작업을 시작하는 가장 빠른 시간 ( )
③ 가장 빠른 개시시간에 시작해 가장 늦은 종료시간으로 종료할 때 생기는 여유시간 ( )

① _____ ② _____ ③ _____

정답 3
① Dummy
② EST
③ TF

4. 다음은 에로우형 네트워크 공정에 쓰이는 용어를 기술한 것이다. 서로 관계 있는 것끼리 연결하시오. (4점) [00 산]

― 〈 보기 〉 ―
① 결합점   ② 더미   ③ LFT   ④ CP

(가) 네트워크에서 작업과 작업 또는 더미와 더미를 결합하는 프로젝트의 개시점과 완료점.
(나) 네트워크에서 바로 표현할 수 없는 작업 상호관계를 도시할 때 쓰는 시선(矢線).
(다) 프로젝트의 공기에 영향이 없는 범위에서 작업을 가장 늦게 완료해도 되는 시일.
(라) 개시 결합점에서 완료 결합점까지의 최장 path, circle형 네크워크에서는 최초작업에서 최후작업에 달하는 path.

(가) _____ (나) _____ (다) _____ (라) _____

정답 4
(가)-①
(나)-②
(다)-③
(라)-④

기출 및 예상문제

Ⅲ. 공정표 및 공정계획

5. 다음은 화살형 네트워크에 관한 설명이다. 해당하는 용어를 쓰시오. (4점)
[96 ㉑, 96 ㉚]

(가) 프로젝트를 구성하는 작업단위 : _____

(나) 화살선으로 표현할 수 없는 작업의 상호관계를 표시하는 화살표 : _____

(다) 작업의 여유시간 : _____

(라) 결합점이 가지는 여유시간 : _____

6. 다음 용어를 설명하시오. (4점) [96 ㉑]

① EST _____

② LT _____

③ CP _____

④ FF _____

7. 다음 용어를 간단히 설명하시오. (4점) [95 ㉑]

① EST _____

② 간공기 _____

③ Slack _____

④ Path _____

8. 공정표 상에서 주공정선(Critical Path)에 대해 기술하시오. (3점) [96 ㉑]

9. 다음 설명이 뜻하는 용어를 쓰시오. (4점) [96, 01 ㉑]

① 네트워크 공정표에서 개시 결합점에서 종료 결합점에 이르는 가장 긴 패스는?

② 네트워크 공정표에서 작업의 상호관계를 연결시키는데 사용되는 점선 화살선은?

③ 공정에서 가장 빠른 개시시각에 작업을 시작하여 후속작업도 가장 빠른 개시시기에 시작해도 존재하는 여유시간은?

④ 가장 빠른 개시시각에 시작하여 가장 늦은 종료 시각으로 완료할 때 생기는 여유시간은?

① _____ ② _____

③ _____ ④ _____

정 답

정답 5

(가) 작업(job)
(나) 더미(dummy)
(다) 플로트(flot)
(라) 슬랙(slack)

정답 6

① EST : 작업을 시작하는 가장 빠른 시간
② LT : 최종의 결합점에 이르는 가장 긴 경로를 통하여 종료시각에 도달할 수 있는 개시 시각
③ CP : 개시 결합점에서 종료 결합점에 이르는 가장 긴 패스
④ FF : 가장 빠른 개시시각(EST)에 작업을 시작하여 후속 작업을 가장 빠른 개시시각(EST)에 시작하여도 가능한 여유시간이다.

정답 7

① EST : 작업을 시작하는 가장 빠른 시각
② 간공기 : 어떤 결합점에서 완료시점에 이르는 최장패스의 소요시간
③ Slack : 결합점이 가지는 여유시간
④ Path : 네트워크 중에서 둘 이상의 작업이 연결된 작업의 경로

정답 8

개시 결합점에서 종료 결합점에 이르는 가장 긴 패스

정답 9

① Critical Path(C.P)
② Dummy
③ Free Float(FF)
④ Total Float(TF)

10. 플로트(C.P.M 네트워크 공정표에서 각 작업이 소유할 수 있는 여유)의 종류 3가지를 기술하시오. (3점) [94 ㉑, 97 ㉚]

① _____ ② _____ ③ _____

정답 10
① TF(총여유)
② FF(자유여유)
③ DF(간섭여유)

11. CPM 네트워크 공정표의 소유할 수 있는 여유 4가지를 기술하시오. (4점) [95 ㉑]

① _____ ② _____
③ _____ ④ _____

정답 11
① TF(총여유)
② FF(자유여유)
③ DF(간섭여유)
④ IF(독립여유)

12. Network 공정표의 특징을 3가지 쓰시오. (4점) [92 ㉑]

① _____
② _____
③ _____

정답 12
① 공사 계획의 전모와 공사전체의 파악을 용이하게 할 수 있다.
② 각 작업의 흐름과 작업의 상호관계가 명확하다.
③ 다른 공정표보다 복잡하므로 사전지식이 필요하다.
*주공정선(C.P)의 파악이 용이하다.
*작성시간이 오래 걸릴 수 있다.

13. 다음 용어를 설명하시오. (4점) [94, 97, 01 ㉑]

① 간공기

② 가장 빠른 결합점시일(ET)

③ 패스(Path)

④ 슬랙(Slack)

정답 13
① 간공기(잔여공기) : 어떤 결합점에서 완료시점에 이르는 최장패스의 소요시간
② 가장 빠른 결합점 시일(ET) : 최초의 결합점에서 대상의 결합점에 이르는 가장 긴 경로를 통하여 가장 빨리 도달되는 결합점 시각
③ 패스(Path) : 네트워크 중에서 둘 이상의 작업이 연결된 작업의 경로
④ 슬랙(Slack) : 결합점이 가지는 여유시간

14. 다음은 네트워크 공정표의 용어해설이다. 알맞은 용어를 쓰시오. (3점) [98 ㉚]

(가) 임의의 결합점에서 최종 결합점에 이르는 경로 중 시간적으로 가장 긴 경로를 통과하여 종료시각에 도달할 수 있는 개시시각 : _____

(나) 임의의 두 결합점간의 경로 중 소요시간이 가장 긴 경로 : _____

정답 14
(가) LT (나) LP

기출 및 예상문제

III. 공정표 및 공정계획

15. 횡선식 공정표의 특성을 3가지 쓰시오. (4점) [99①]

① _____
② _____
③ _____

16. 노무와 재료수배를 계획할 목적으로 작성하는 공정표의 종류를 쓰시오. (2점) [98②]

_____

17. 네트워크 공정표의 장점 4가지를 기술하시오. (4점) [01②]

① _____
② _____
③ _____
④ _____

18. 사선식 공정표의 특성을 3가지 쓰시오. (4점) [99②]

① _____
② _____
③ _____

정 답

정답 15
① 작성이 비교적 쉽고, 초보자도 이해하기 쉽다.
② 각 공정별 공사와 전체의 공정시기 등이 일목요연하다.
③ 작업간의 상호관계를 나타내기가 어렵다.
* 각 공정별 공사의 착수 및 완료일이 명시되어 판단이 용이하다.
* 주공정선(C.P)을 파악할 수 없으므로 관리통제가 어렵다.

정답 16
열기식 공정표

정답 17
① 공사 계획의 전모와 공사전체의 파악을 용이하게 할 수 있다.
② 각 작업의 흐름과 작업의 상호관계가 명확하다.
③ 주공정선(C.P)의 파악이 용이하다.
④ 계획 단계에서 공정상의 문제점이 명확히 파악되고 작업 전에 수정을 가할 수 있다.
* 신뢰도가 높으며 전자계산기의 이용이 가능하다.

정답 18
① 전체 기성고 파악이 용이하다.
② 자재, 노무, 장비의 수배가 용이하다.
③ 각 작업 상호간의 유기적 관계가 불분명하다.
* 공사지연에 따른 조속한 대책이 가능하다.
* 각 단위작업의 일정조정이 어렵다.

02 네트워크 공정표의 작성

> **학습방향**
> - 공정표 작성의 기본원칙과 일반원칙 및 표현방법을 이해하도록 한다.
> - 공정표 상의 일정에 대한 개념과 일정계산, 여유계산 방법을 이해하도록 한다.
> - 공정표 작성과 일정계산, 여유계산 문제도 문항 수는 적지만 배점이 높은 편이므로 예제와 문제를 통해서 충분히 숙지하도록 한다.

1 작성법

1 기본원칙(공정표의 중요 요소)

1. 공정의 원칙
작업에 대응하는 결합점이 표시되어야 하고, 그 작업은 하나로 한다.
(예) B작업의 개시 결합점이 없으므로 공정의 원칙에 어긋난다.

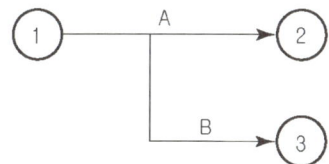

2. 단계의 원칙
① 네트워크 공정표에서 선행 작업이 종료된 후 후속작업을 개시할 수 있다.
   (예)

   A의 후속 작업은 B, B의 후속 작업은 C이다.
   B의 선행 작업은 A, C의 선행 작업은 B이다.
② 선행과 후속의 관계는 결합점을 중심으로 종료되는 모든 작업이 결합점에서 시작되는 모든 작업의 선행 작업이며, 결합점에서 시작되는 모든 작업이 결합점에서 종료되는 모든 작업의 후속작업이다.
③ 더미(dummy)가 있는 경우 선행과 후속은 연속 개념으로 본다.

3. 활동의 원칙
① 네트워크 공정표에서 각 작업의 활동은 보장되어야 한다.
   (예) A작업과 B 작업은 공정표 상에서 각각의 활동을 보장하고 있지 못하므로 우측과 같이 표시하여 작업의 활동이 보장되게 한다.

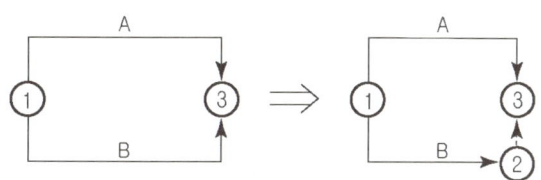

4. 연결의 원칙

최초 개시 결합점 및 종료 결합점은 반드시 1개씩이어야 한다.
(예) 좌측의 네트워크 공정표는 종료 결합점이 2개로 좌측과 같이 1개이어야 한다.

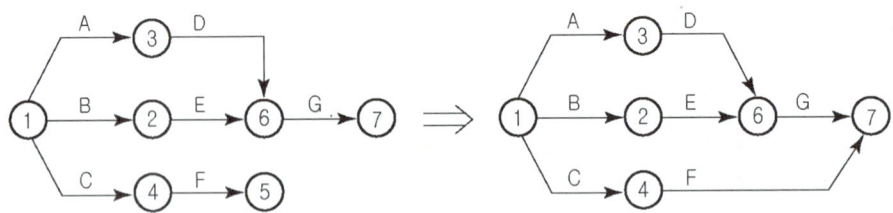

2 일반원칙

1. 무의미한 더미(dummy)는 생략한다.

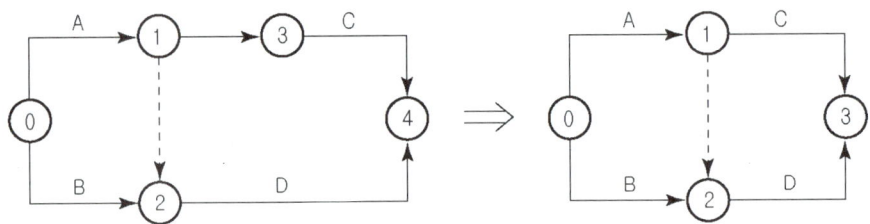

2. 가능한 작업 상호간의 교차는 피하도록 한다.

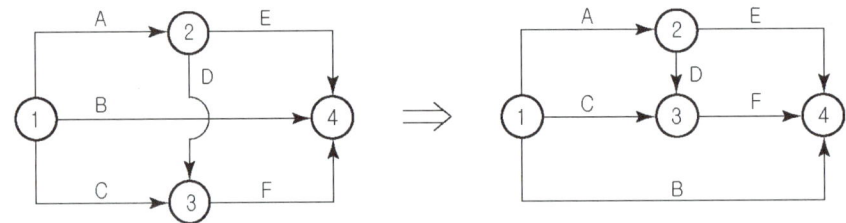

3. 역진 혹은 회송되지 않도록 한다.

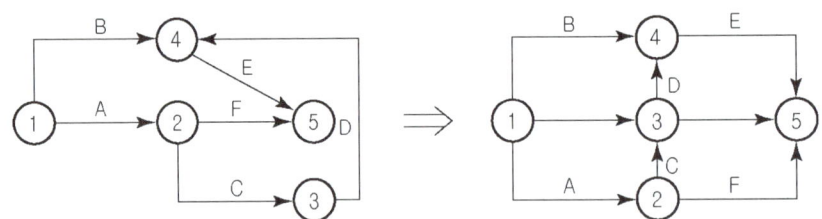

3 네트워크 공정표의 적절한 표현방법의 예시

1. ②, ④의 Event 사이에 2개의 작업 A, B가 존재할 때

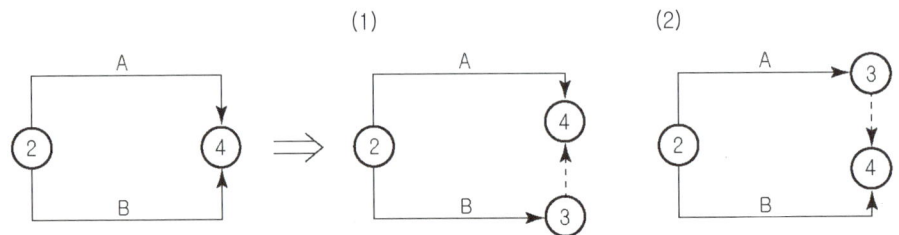

2. ②, ⑤의 Event 사이에 3개의 작업 A, B, C가 존재할 때

(1) 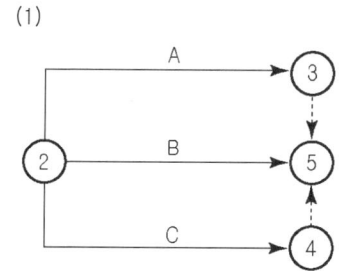   (2)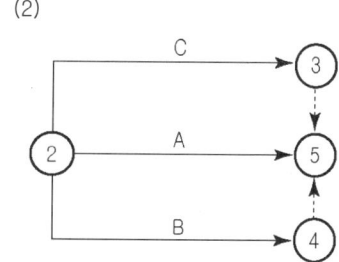

3. A작업의 후속작업이 B, C일 때

*주어진 Data

작업명	선행관계
A	없음
B	A
C	A

4. A, B의 후속작업이 C일 때

*주어진 Data

작업명	선행관계
A	없음
B	없음
C	A, B

5. A, B의 후속작업이 C, D일 때

*주어진 Data

작업명	선행관계
A	없음
B	없음
C	A, B
D	A, B

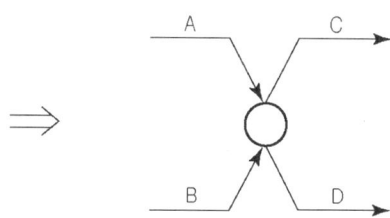

6. A의 후속 작업이 C이고, B의 후속 작업이 C, D일 때

*주어진 Data

작업명	선행관계
A	없음
B	없음
C	A
D	A, B

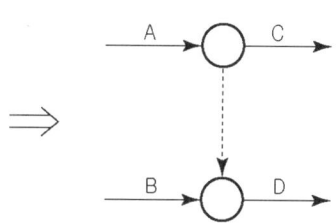

7. A의 후속 작업이 C, D이고, B의 후속 작업이 D일 때

＊주어진 Data

작업명	선행관계
A	없음
B	없음
C	A, B
D	B

8. A의 후속 작업이 C, E이고, B의 후속 작업이 D, E일 때

＊주어진 Data

작업명	선행관계
A	없음
B	없음
C	A
D	B
E	A, B

9. A의 후속 작업이 C, D, E이고, B의 후속 작업이 D, E일 때

＊주어진 Data

작업명	선행관계
A	없음
B	없음
C	A
D	A, B
E	A, B

10. A의 후속 작업이 D, E, F이고, B의 후속 작업이 E, F이며, C의 후속작업이 F일 때

＊주어진 Data

작업명	선행관계
A	없음
B	없음
C	없음
D	A
E	A, B
F	A, B, C

[예제1] 다음과 같은 공정계획이 세워졌을 때 네트워크 공정표를 작성하시오.(단, 화살형 네트워크로 표시하며 결합점 번호를 반드시 기입하며 표시법은 다음과 같다.)

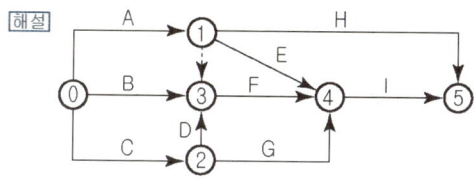

[조 건]
① A, B, C 작업은 최초의 작업이다.
② A작업이 끝나면 H, E작업을 실시하고, C작업이 끝나면 D, G 작업을 병행 실시한다.
③ A, B, D 작업이 끝나면 F작업을, E, F, G 작업이 끝나면 I작업을 실시한다.
④ H, I 작업이 끝나면 공사가 완료된다.

해설

2 일정 계산

1 CPM 기법에 의한 일정 계산

1. 일정의 종류
① EST(Earlist Starting Time, 가장 빠른 개시시각) : 작업개시가 가능한 가장 빠른 시간이다.
② EFT(Earlist Finishing Time, 가장 빠른 종료시각) : 작업종료가 가능한 가장 빠른 시간이다.
③ LST(Latest Starting Time, 가장 늦은 개시시각) : 공기에 영향이 없는 범위에서 작업을 가장 늦게 시작해도 좋은 시간이다.
④ LFT(Latest Finishing Time, 가장 늦은 종료시각) : 공기에 영향이 없는 범위에서 작업을 가장 늦게 종료해도 좋은 시간이다.

2. 표시방법

3. 1단계 → EST, EFT의 계산
① 작업의 흐름에 따라 전진 계산을 한다.
② 개시 결합점에서 작업의 EST는 0으로 한다.
③ 어느 작업의 EFT는 그 작업의 EST에 소요 일수를 가산하여 구한다.
④ 복수의 작업에 종속되는 작업의 EST는 그림 (a)와 같이 선행작업 중 EFT의 최대값으로 한다.
⑤ 네트워크의 최종 결합점에서는 그림 (b)와 같이 결합점에서 끝나는 작업의 EFT의 최대값으로 하고, 이 EFT의 값이 계산공기에 해당한다.

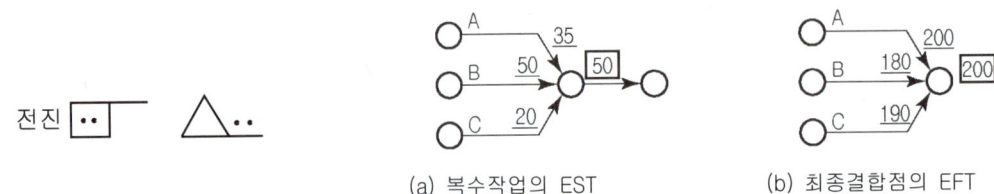

(a) 복수작업의 EST   (b) 최종결합점의 EFT

4. 2단계 → LST, LFT의 계산
① 역진 계산(작업의 흐름과 반대 방향)으로 한다.
② 종료 결합점에서는 지정공기로서 LFT를 넣으면 지정공기에 대한 LST, LFT가 구하여지고, 반대로 역진계산의 초기의 값을 계산공기로 하였을 때에는 계산 공기에 대한 LST, LFT가 구해진다.
③ 어떤 작업의 LST는 그림 (c)와 같이 그 작업의 소요 일수를 감하여 구한다.
④ 종속 작업이 복수일 때에는 그림 (d)와 같이 종속작업의 LST의 최소값이 그 작업의 LFT가 된다.
⑤ LST, LFT의 계산을 개시 결합점까지 진행하면 그 값은 최종 결합점에 넣은 LFT가 계산 공기 T일 때에는 0이 되고, 지정공기 T_o와의 관계로서 $T_o < T$일 때에는 -, $T_o > T$일 때에는 +값을 갖는다.

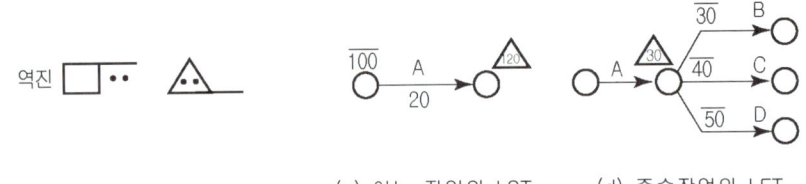

(c) 어느 작업의 LST   (d) 종속작업의 LFT

5. 3단계 → 주공정선 계산
① 네트워크 상에 전체 공기를 지배하는 가장 긴 작업경로이다.
② 굵은 실선(―――)으로 표현한다.

6. 4단계 → 작업의 여유(Flot) 계산
① 총여유(Totall Float, TF)
  ㉠ 가장 빠른 개시시각(EST)에 작업을 시작하여 가장 늦은 종료시각(LFT)에 완료할 때에 생기는 여유시간
  ㉡ TF=그 작업의 LFT-그 작업의 EFT
② 자유여유(Free Float, FF)
  ㉠ 가장 빠른 개시시각(EST)에 작업을 시작하여 후속 작업도 가장 빠른 개시시각(EST)에 시작하여도 생기는 (존재하는) 여유시간
  ㉡ FF=후속작업의 EST-그 작업의 EFT
③ 간섭여유(Dependent Float, DF)
  ㉠ 후속 작업의 TF에 영향을 주는 플로트(여유)이다.
  ㉡ DF=TF-FF

[예제2] 다음은 네트워크 공정표이다. EST, EFT, LST, LFT를 구하고 주공정(C.P)을 표시하시오.

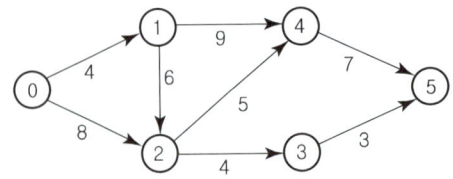

[해설] ① 네트워크 공정표에 아래와 같이 표시부호를 먼저 기입한다.
② EST, EFT(가산)는 작업의 흐름에 따라 경로와 작업일수를 고려하여 앞에서 뒤로 먼저 계산해 나간다.

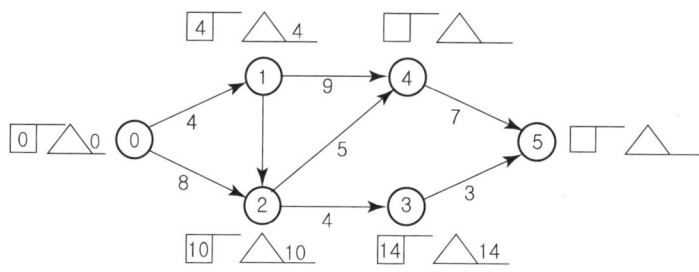

③ LST(감산), LFT는 작업의 흐름과 반대방향으로 경로와 작업 일수를 고려하여 뒤에서 앞으로 계산해 나간다.

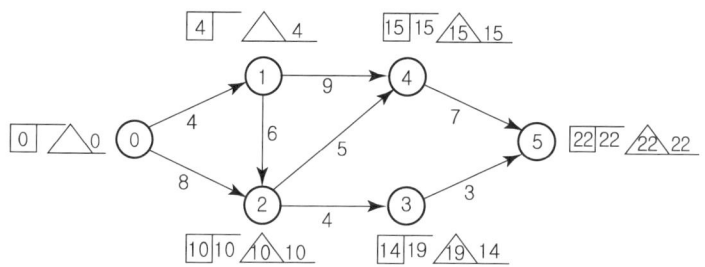

④ EST, EFT, LST, LFT를 모두 구했으면 검토후 아래와 같이 주공정선(C.P)을 굵은 실선으로 표시한다.
※ 공정표상의 개시결합점의 LFT, EFT(△)와 종료결합점의 EST, LST(□)의 표시는 그 의미상 생략하는 것이 일반적이다.

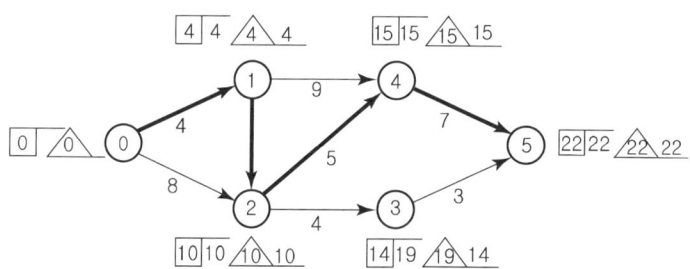

※ C.P : ⓞ → ① → ② → ④ → ⑤

[예제3] 다음 Network의 주공정의 경로를 나타내고 공사 소요일수를 계산하시오.

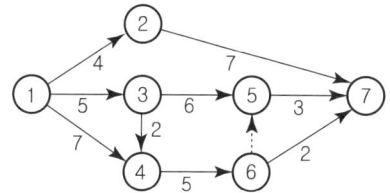

[해설] 각 경로의 일수를 계산해본다.
(1) ① → ② → ⑦ : 11일
(2) ① → ③ → ⑤ → ⑦ : 14일
(3) ① → ③ → ④ → ⑥ → ⑦ : 14일
(4) ① → ④ → ⑥ → ⑤ → ⑦ : 15일
(5) ① → ④ → ⑥ → ⑦ : 14일
(6) ① → ③ → ④ → ⑥ → ⑤ → ⑦ : 15일
∴ 가장 긴 경로는 (4)와 (6)으로 2개가 주공정(C.P)되며 공사 소요일수는 15일 이다.

[예제4] 다음 네트워크 공정표에서 Activity ① → ②의 TF, FF, DF를 구하시오.

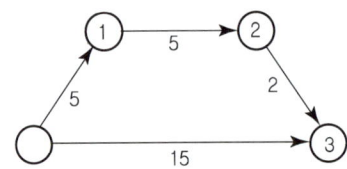

[해설] (1) 여유 계산은 먼저 예제2와 같이 네트워크 공정표에 EST, EFT, LST, LFT를 아래와 같이 작성하고 나서 계산한다.

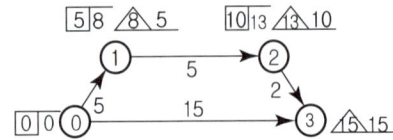

(2) 여유계산
  ① 총여유(TF)
    ㉠ 가장 빠른 개시시각(EST)에 작업을 시작하여 가장 늦은 종료시각 (LFT)에 완료할 때에 생기는 여유시간
    ㉡ TF=그 작업의 LFT-그 작업의 EFT= 13 -(5 + 5)=3일
                                              └→작업(소요)일수
      (∵ 어느 작업의 EFT는 그 작업의 EST에 소요 일수를 가산하여 구한다.)
  ② 자유여유(FF)
    ㉠ 가장 빠른 개시시각(EST)에 작업을 시작하여 후속 작업을 가장 빠른 개시시각(EST)에 시작하여도 가능한 여유시간
    ㉡ FF=후속작업의 EST-그 작업의 EFT= 10 -(5 + 5)=0
                                              └→작업(소요)일수
  ③ 간섭여유(DF)
    ㉠ 후속 작업의 TF에 영향을 주는 플로트(여유)이다.
    ㉡ DF=TF-FF=3-0=3

2 PERT 기법에 의한 일정 계산

1. 일정의 종류

① ET(Earliest Node Time) : 최초의 결합점에서 대상의 결합점에 이르는 가장 긴 경로를 통하여 가장 빨리 도달되는 결합점 시각이다.
② LT(Latest Node Time) : 최종의 결합점에 이르는 가장 긴 경로를 통하여 종료시각에 도달할 수 있는 개시시각이다.

2. 표시방법

3. ET의 계산
① 전진 계산으로 구한다.
② 개시 결합점에서 나오는 ET의 값은 0으로 한다.
③ 어떤 결합점의 ET는 그 앞 작업의 ET에 공기를 더하여 구한다.
④ 두 작업 이상이 합류하는 어떤 결합점의 ET는 그 선행 결합점 들의 ET에 각 작업 공기를 합한 값 중에서 최대치로 한다.

4. LT의 계산
① 역진 계산으로 구한다.
② 종료 결합점의 LT는 지정공기가 정해져 있을 경우에는 그 일자가 LT가 되나, 아무런지시가 없는 경우에는 종료 결합점의 ET가 LT로 된다.

3 CPM과 PERT의 일정 계산의 관계

① 임의의 결합점에서 EFT와 EST의 일정이 같고, LFT와 LST의 일정이 같다.

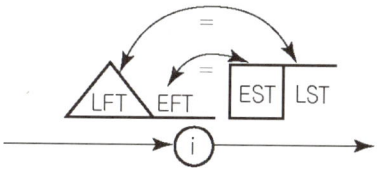

※ C.P 상의 결합점에서는 즉, LFT 위의 일정이 모두 같다.(즉, 여유가 없다.)

② 결합점의 일정을 ET, LT로 구분하기도 하는데 ET = EST, LT = LFT와 같은 일정이 된다.

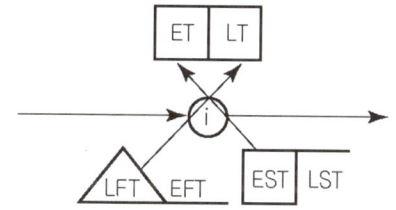

③ 공정표 작성시 →(activity)에 다음과 같이 EST, EFT, LST, LFT를 계산하여 나타내고 위 ②의 일정계산의 관계를 이용하면 편리하다.

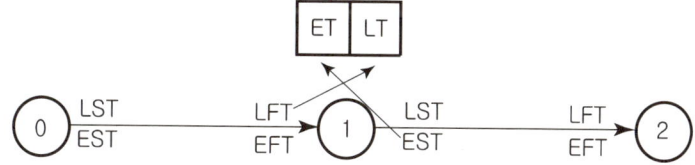

※ → (activity)하단에 먼저 EST, EFT는 전진계산에 의해서 구하고 상단의 LST, LFT은 역진계산에 의해서 구한다.

④ 활동 목록표(일정표)의 작성
각 작업의 일정(EST, LST, EFT, LFT,....) 등을 다음과 같이 일목요연하게 도표로 작성한 것을 활동 목록표 또는 일정표라고 한다.

작업명	EST	LST	EFT	LFT	TF	FF	DF	CP
A								
B								
C								
D								
E								
F								

[예제5] 다음 데이터를 이용하여 네트워크 공정표를 작성하시오

작업명	선행작업	작업일수	비 고
A	없음	5	주공정선은 굵은선으로 표시한다. 각 결합점 일정 계산은 PERT 기법에 의거 다음과 같이 계산한다.
B	없음	7	
C	없음	3	
D	A, B	4	
E	A, B	8	
F	B, C	6	
G	B, C	5	

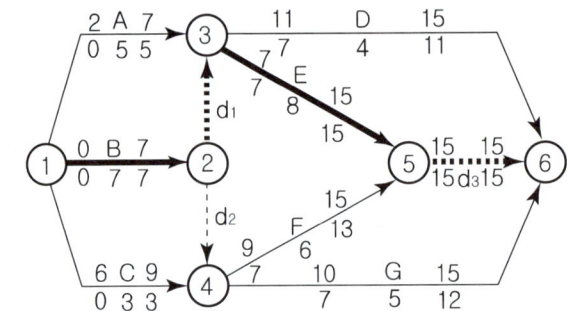

[해설]

① 네트워크 공정표

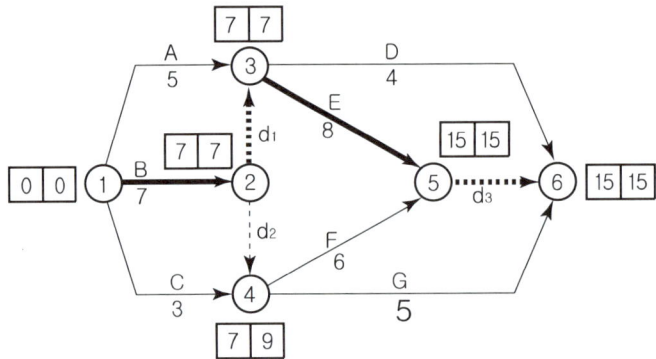

② C.P : B → E (B → d_1 → E → d_3)

기출 및 예상문제

III. 공정 및 공정계획

1. 화살형 네트워크(Network)를 그릴 때의 기본 규칙 2가지를 쓰시오. (4점)
[97 산]

① _____

② _____

정답 1
① 공정의 원칙 : 작업에 대응하는 결합점이 표시되어야 하고, 그 작업은 하나로 한다.
② 단계의 원칙 : 네트워크 공정표에서 선행 작업이 종료된 후 후속 작업을 개시할 수 있다.

2. 다음 공정표의 중요 원칙 4 가지를 쓰시오. (4점) [93 산]

① _____

② _____

③ _____

④ _____

정답 2
① 공정의 원칙
② 단계의 원칙
③ 활동의 원칙
④ 연결의 원칙

3. 〈보기〉에 주어진 내용으로 네트워크 공정표를 작성하시오. (5점) [99 기]

─〈 보기 〉─
(가) A, B, C는 동시에 시작
(나) A가 끝나면 D, E, H 시작, C가 끝나면 G, F 시작
(다) B, F가 끝나면 H 시작
(라) E, G가 끝나면 I, J 시작
(마) K의 선행작업은 I, J, H
(바) 최종 완료작업은 D, K로 끝난다.

정답 3

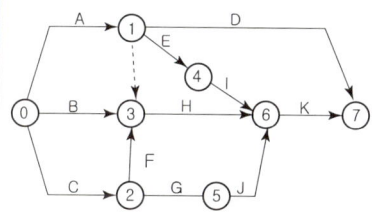

4. 다음은 네트워크 공정표이다. EST, EFT, LST, LFT를 구하시오. (6점)
[98 산]

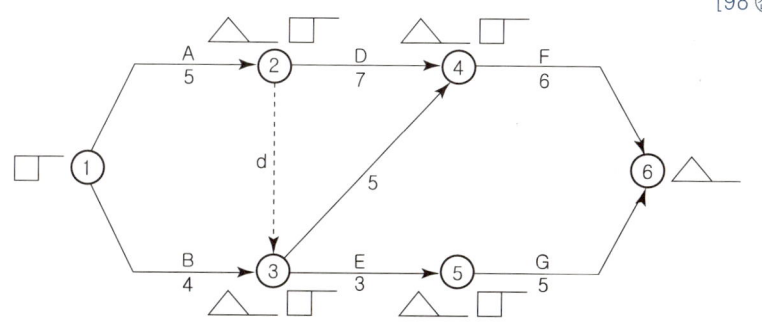

해설 4
① 네트워크에 EST, EFT을 전진계산에 의해서 구한다.
 (EFT, EST에 작업일수를 더하여 구한다.)
 □ EST   △ EFT
② 네트워크에 LST, LFT을 역진계산에 의해서 구한다.
 (LST은 LFT에 작업일수를 감하여 구한다.)
 □ LST   △ LFT

기출 및 예상문제

III. 공정 및 공정계획

정답
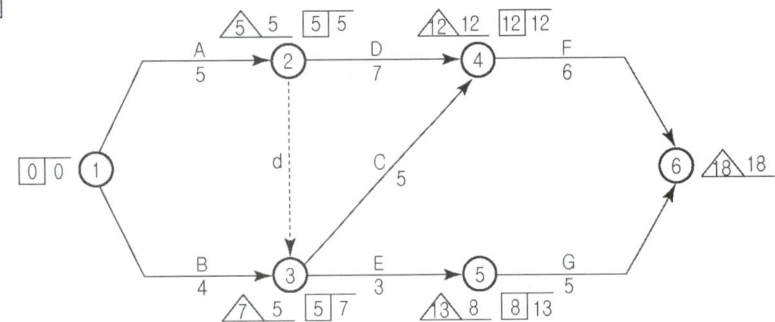

5. 다음 네트워크의 C.P를 구하시오. (4점)   [98, 00 ㉔]

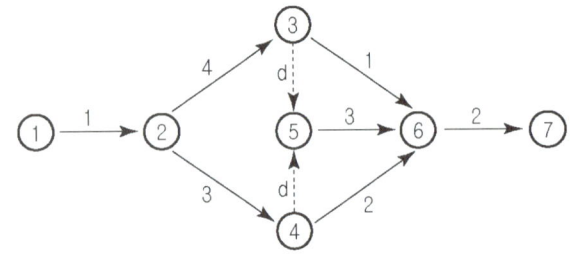

정답

정답 5

개시 결합점에서 종료 결합점에 이르는 경로(패스) 중 소요시간이 가장 긴 경로를 택한다.
①-②-③-⑥-⑦ : 8일
①-②-③-⑤-⑥-⑦ : 10일
①-②-④-⑤-⑥-⑦ : 9일
①-②-④-⑥-⑦ : 8일
∴ 주공정선(CP)
  ①-②-③-⑤-⑥-⑦

6. 다음 자료를 이용하여 네트워크 공정표를 작성하시오. (단, 주공정선은 굵은 선으로 표시한다.) (6점)   [99㉔, 94, 01 ㉓]

작업명	작업일수	선행작업	비 고
A	1	없음	단, 각 작업의 일정계산 방법으로 아래와 같이 한다.
B	2	없음	
C	3	없음	
D	6	A, B, C	
E	5	B, C	
F	4	C	

- C.P :

정답

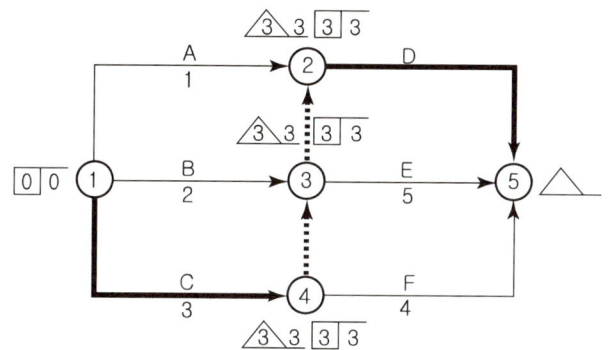

- C.P : C → D

7. 다음 데이터로 네트워크 공정표를 작성하고 주공정선은 굵은 선으로 표시하시오. (5점)

[00 산]

순 위	작업명	선행작업	작업일수	비 고
1	A	없음	5	결합점 일정계산은 PERT 기법에 의거 다음과 같이 계산한다.
2	B	없음	8	
3	C	A	7	
4	D	A	8	
5	E	B, C	5	
6	F	B, C	4	
7	G	D, E	11	
8	H	F	5	

해설 7

① → (Activity, 작업)하단에 EST, EFT을 전진계산에 의해서 구한다.
② → (Activity, 작업)상단에 LST, LFT을 역진계산에 의해서 구한다.
③ 결합점(Event)위에 ET = EST, LT = LFT 관계를 고려하여 ET LT 를 구한다.

[정답] ① 네트워크 공정표

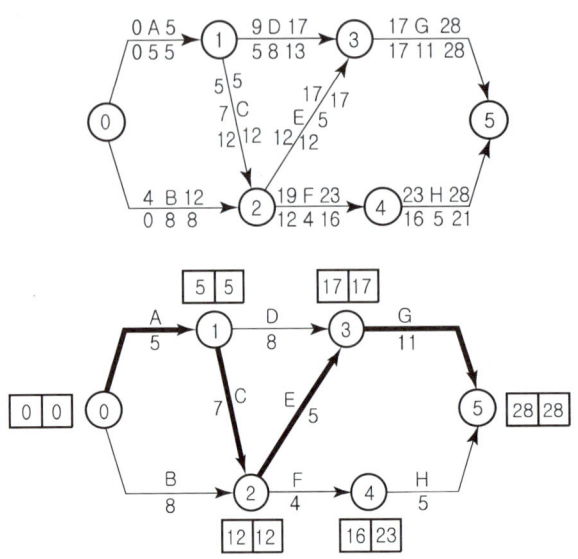

② C.P : A→C→E→G

8. 다음 데이타를 이용하여 네트워크 공정표를 작성하고, 총공사 일수를 산출하시오. (단, 주공정선은 굵은선으로 표시할 것.) (6점) [97, 01 산]

작업명	선행작업	작업일수	비 고
A	없음	3	단, 각 작업은 다음과 같이 표기한다.
B	없음	5	
C	없음	2	
D	A	4	
E	A, B	3	
F	A, B, C	5	

[정답] 8

① 네트워크 공정표

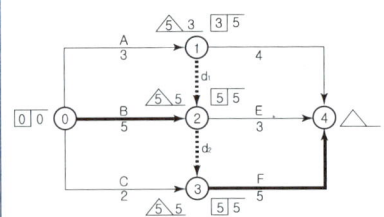

② 총공사 일수 : 10일
  (※ C.P : B → d_2 → F)

9. 다음 작업의 네트워크 공정표를 작성하고 주공정선은 굵은 선으로 표시하시오. (5점) [92, 97 ㉮]

작업명	선행작업	작업일수	비 고
A	없음	8	표기하고, 주공정선은 굵은선으로 표시 하시오.
B	없음	9	
C	A	9	
D	B, C	6	
E	B, C	5	
F	D, E	2	
G	D	5	
H	F	3	

정답 ① 네트워크 공정표

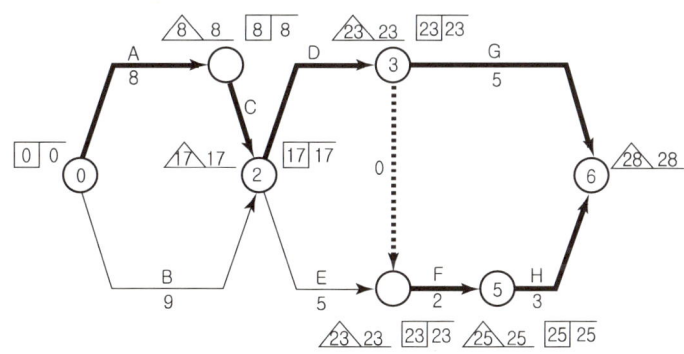

② 주공정선(C.P): 주공정선이 2개가 발생한다.
  ㉠ A→C→D→G
  ㉡ A→C→D→d→F→H

10. 다음 공정표를 작성하시오. (5점) [95, 98, 99 ㉮]

작업명	선행작업	작업일수	비 고
A	없음	5	주공정선은 굵은선으로 표시한다. 각 결합점 일정 계산은 PERT 기법에 의거 다음과 같이 계산한다.
B	없음	4	
C	없음	3	
D	없음	4	
E	A, B	2	
F	B	1	

정답 10

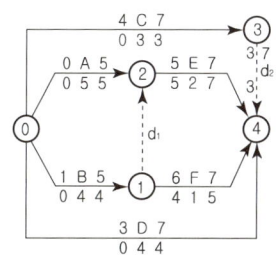

제2장 네트워크 공정표의 작성 221

기출 및 예상문제

III. 공정 및 공정계획

정 답

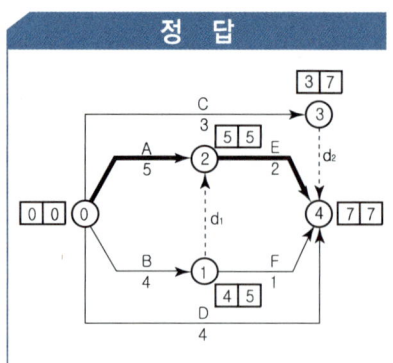

※ C.P : A → E

11. 다음 데이타를 이용하여 네트워크 공정표를 작성하고, 각 작업별 여유시간을 산출하시오. (6점)

작업명	선행작업	작업일수	비 고
A	없음	2	단, 주공정선은 굵은선으로 표시하고 결합점에서는 다음과 같이 표기한다.
B	없음	5	
C	없음	3	
D	A, B	4	
E	B, C	3	

① 네트워크 공정표

정답 11

① 네트워크 공정표

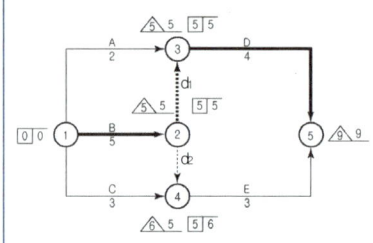

※ C.P : B → d₁ → D

② 여유시간

작업명	TF	FF	DF	C.P
A	3	3	0	
B	0	0	0	*
C	3	2	1	
D	0	0	0	*
E	1	1	0	

② 여유시간

작업명	TF	FF	DF	C.P
A				
B				
C				
D				
E				

12. 다음 주어진 데이터를 보고 네트워크 공정표를 작성하시오. (단, 주공정선은 굵은선으로 표시하시오.) (6점)

[95, 99, 00 기]

작업명	작업일수	선행작업	비 고
A	4	없음	
B	8	없음	EST□LST △LFT EFT
C	11	A	
D	2	C	i →작업명/공사일수→ j
E	5	B, J	
F	14	A	
G	7	B, J	표기하고, 주공정선은 굵은선으로 표시하시오.
H	8	C, G	
I	9	D, E, F, H	
J	6	A	

• C.P : _____

정답 12

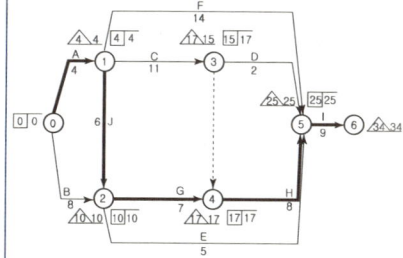

• C.P : A → J → G → H → I

13. 다음 데이터를 보고 공정표를 만들고 C.P를 표시하시오. (6점)

[93, 94, 96, 98, 00 기]

작업명	선행작업	작업일수	비 고
A	없음	2	
B	A	6	
C	A	5	EST□LST △LFT EFT
D	없음	4	
E	B	3	i →작업명/공사일수→ j
F	B, C, D	7	
G	D	8	표기하고, 주공정선은 굵은선으로 표시하시오.
H	E, F, G	6	
I	F, G	8	

정답 13

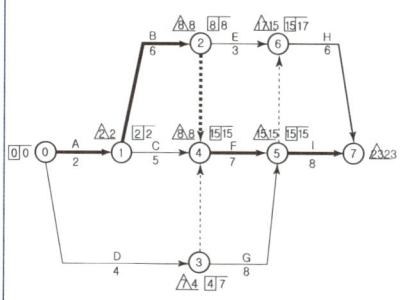

• C.P : A → B → F → I

- C.P :

14. 다음 주어진 데이터를 보고 네트워크 공정표를 작성하시오. (6점)

작업명	작업일수	선행작업	비 고
A	5	없음	네트워크 작성은 다음과 같이 표기하고, 주공정선은 굵은선으로 표시하시오.
B	6	없음	
C	5	A, B	
D	7	A, B	
E	3	B, J	
F	4	B	
G	2	B	
H	4	C, D, E, F	

정답 14

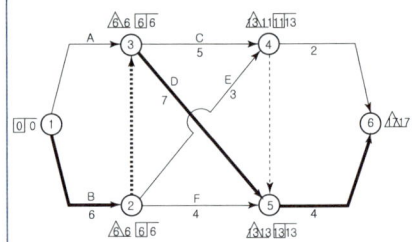

- C.P : B → D → H

- C.P :

15. 다음 주어진 데이터를 이용하여 네트워크 공정표를 작성하고 각 작업의 여유시간을 계산하시오. (단, 일정계산의 CP에는 * 표시를 하시오.) (8점)

작업명	작업일수	선행작업	비 고
A	5	없음	네트워크 작성은 다음과 같이 표기하고, 주공정선은 굵은선으로 표시하시오.
B	2	없음	
C	4	없음	
D	4	A, B, C	
E	3	A, B, C	
F	2	A, B, C	

(가) 공정표

(나) 일정계산

작업명	EST	LST	EFT	LFT	TF	FF	DF	CP
A								
B								
C								
D								
E								
F								

정답 15

(가) 공정표

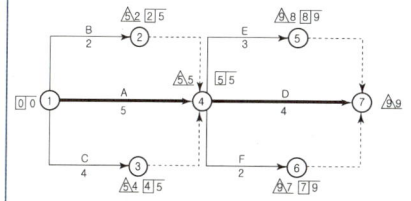

(나) 일정계산

작업명	EST	LST	EFT	LFT	TF	FF	DF	CP
A	0	0	5	5	0	0	0	*
B	0	3	2	5	3	3	0	
C	0	1	4	5	1	1	0	
D	5	5	9	9	0	0	0	*
E	5	6	8	9	1	1	0	
F	5	7	7	9	2	2	0	

03 공기 단축

> **학습방향**
> - 공사비와 공기의 관계를 그림과 함께 이해하도록 한다.
> - 비용구배를 구하는 문제가 출제될 수 있다.

1 일반

1 공기단축 시기
① 지정공기보다 계산공기가 긴 경우
② 진도관리(follow up)에 의해 작업이 지연되고 있는 경우

1 공사비와 공기와의 관계
① 총공사비 : 직접비와 간접비로 구성되고, 직접비는 일반적으로 시공시 시공량에 비례하므로 시공속도를 빠르게 할수록 간접비는 감소되고 직접비는 증대한다.
② 표준점(Normal Point, 최적점) : 직접비와 간접비의 합계가 최소가 되는 점으로 이때의 공기를 표준공기(최적공기)라 한다.
③ 특급점(Crash Point) : 공기나 공사비를 무한정 투입하여도 더 이상의 효과를 기대할 수 없는 관측점으로 이때의 공기를 절대공기라 한다.

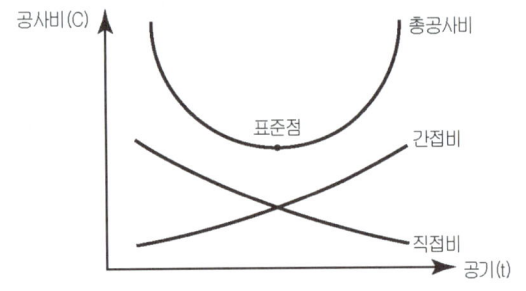
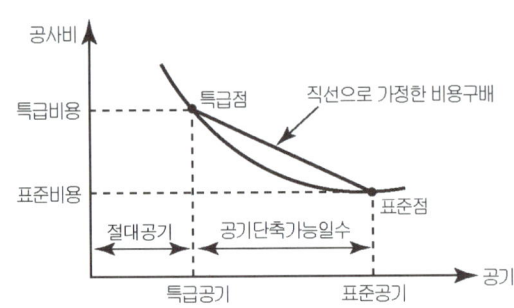

2 비용구배(cost slope)와 공기단축

① 단위 작업을 1일 단축시키는데 필요한 증가비용이다.
② 비용구배 = $\dfrac{특급공비 - 표준공비}{표준공기 - 특급공기}$ (원/일)
③ 공기단축 가능 일수 = 표준공기 - 특급공기
④ 공기단축은 비용구배가 최소인 작업부터 단축해 나간다.

3 공기조절(정)의 검토 순서

① 소요공기의 재검토
② 주공정 상의 작업병행 가능성 검토
③ 계획 공정의 변경
④ 최소비용 구배 검토
⑤ 품질 및 안정성 검토
⑥ 다른 작업의 영향 검토
⑦ 자원 증가 한도의 검토

기출 및 예상문제

Ⅲ. 공정표 및 공정계획

1. 다음의 ( ) 안에 알맞은 말을 써 넣으시오. (3점) [96㈎]

네트워크에서는 공기를 둘로 나누어 생각할 수 있는데, 그 하나는 미리 건축주로부터 결정된 공기로서 이것을 (①)이라 하고, 다른 하나는 일정을 진행방향으로 산출하여 구한 (②)인데, 이러한 두 공기간의 차이를 없애는 작업을 (③)라(이라) 한다.

① _____ ② _____ ③ _____

정답 1
① 지정공기
② 계산공기
③ 공기조절(정)

2. 다음 그림은 C.P.M의 고찰에 의한 비용과 시간 증가율을 표시한 것이다. 오른편의 ( ) 속에 대응하는 용어를 기입하시오.

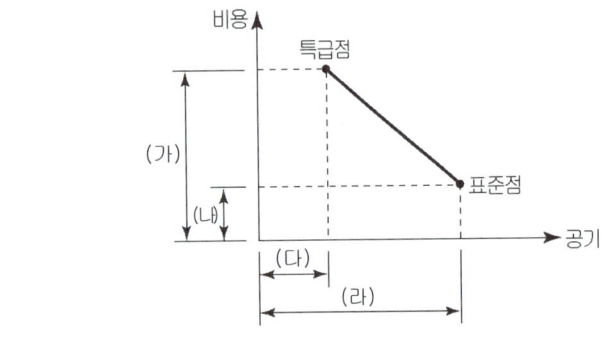

(가) _____ (나) _____
(다) _____ (라) _____

정답 2
(가) 특급비용(crash cost)
(나) 표준비용(normal cost)
(다) 특급공기(crash time)
(라) 표준공기(normal time)

3. 정상공기가 13일일 때 공사비는 170,000원이고, 특급공사시 공사기일은 10일, 공사비는 320,000원이다. 이 공사의 공기 단축시 필요한 비용구배를 구하시오. (4점) [97㈎]

정답 3
비용구배
$= \dfrac{\text{특급공비} - \text{표준공비}}{\text{표준공기} - \text{특급공기}}(원/일)$
$= \dfrac{(320,000원 - 170,000원)}{(13일 - 10일)}$
$= 50,000(원/일)$

4. 어느 건설공사의 한 작업이 정상적으로 시공할 때 공사기일은 10일, 공사비용은 600,000원이고 특급으로 시공할 때 공사기일은 6일, 공사비는 800,000원이라 할 때 이공사의 공기 단축시 필요한 비용구배(cost sloop)를 구하시오. (4점) [00㈎]

정답 4
비용구배
$= \dfrac{\text{특급공비} - \text{표준공비}}{\text{표준공기} - \text{특급공기}}(원/일)$
$= \dfrac{(800,000원 - 600,000원)}{(10일 - 6일)}$
$= 50,000(원/일)$

5. 다음과 같은 작업 데이터에서 비용구배가 가장 작은 작업부터 순서대로 쓰시오. (4점)

작업명	정상 계획		급속 계획	
	공기(일)	비용(원)	공기(일)	비용(원)
A	4	60,000	2	90,000
B	15	140,000	14	160,000
C	7	50,000	4	80,000

(가) 산출근거

(나) 작업순서

정답 5

(가) 산출근거

$A = \dfrac{90,000 - 60,000}{4 - 2}$
$= 15,000$(원/일)

$B = \dfrac{160,000 - 140,000}{15 - 14}$
$= 20,000$(원/일)

$C = \dfrac{80,000 - 50,000}{7 - 4}$
$= 10,000$(원/일)

(나) 작업순서 : C→A→B

6. 네트워크 공정표에서 공기조절을 위한 검토순서를 나열하시오. (5점) [99㉮]

① _____ ② _____
③ _____ ④ _____
⑤ _____ ⑥ _____
⑦ _____

정답 6

• 공기조절(정)의 검토 순서
① 소요공기의 재검토
② 주공정 상의 작업병행 가능성 검토
③ 계획 공정의 변경
④ 최소비용 구배 검토
⑤ 품질 및 안정성 검토
⑥ 다른 작업의 영향 검토
⑦ 자원증가 한도의 검토

04 품질관리

01 품질관리

01 품질관리

> **학습방향**
> - 관리 사이클의 4단계 (PDCA)와 관리의 제반 요인 및 3대 목표를 알아두도록 한다.
> - 목재의 평균 연륜폭과 연륜 밀도, 함수율을 계산하는 문제가 출제될 수 있다.
> - 기본적인 건축재료의 시험과 관련된 용어의 이해와 품질관리(QC)에 관한 도구(방법)을 알아둔다.

1 일반 사항

1 관리의 정의

관리란 목표를 정하고 그것에 도달하도록 활동을 하며, 목표에서 벗어나게 되면 수정하는 조치를 취해서 목표대로의 결과를 얻게 하는 일련의 활동을 말한다.

2 관리 사이클의 4단계(PDCA)

① Plan(계획) → ② Do(실시) → ③ Check(검토) → ④ Action(시정)

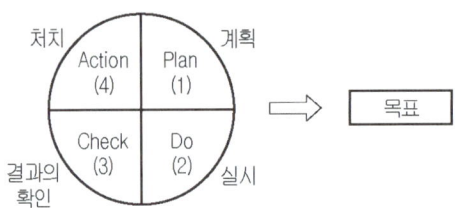

3 관리의 제반 요인

① 자원 또는 재료(Material)
② 인력 또는 노무(Man) ⎫
③ 장비 또는 기계(Machine) ⎬ 4M
④ 자금(Money) ⎭
⑤ 관리(Management) 또는 시공법(Method)
⑥ 기억(Memory)

4 관리의 3대 목표와 수단

1. 3대 목표
① 원가관리 ② 공정관리 ③ 품질관리

2. 수단
① 인력관리 ② 자금관리 ③ 자원관리 ④ 장비관리

2 품질관리 계획 및 검사, 시험

1 「건설기술진흥법」에 따른 건설공사의 품질관리

건설공사를 할 때 품질확보를 위해 건설업자와 주택등록업자는 품질관리계획 또는 품질시험계획에 따라 품질시험 및 검사를 하도록 규정하고 있다. 품질관리계획 또는 품질시험계획은 건설업자와 주택등록업자가 공사감독자 또는 건설사업관리자의 확인을 받아 공사착공 전 발주자에게 제출하여야 하며, 발주자 또는 행정기관의 장은 품질관리계획 또는 품질시험계획의 내용을 검토하고, 보완하여야 할 사항이 있는 경우 보완을 요구할 수 있으며, 품질시험 계획에 따라 품질관리 업무를 적정하게 수행하고 있는지 여부를 공사감독자 또는 건설사업관리자는 확인해야 한다.

2 검사 및 시험 및 모니터링 관리

1) 시공자는 공사 목적물이 건설공사 요구사항을 충족하고 있다는 것을 검증하기 위하여 투입되는 자재의 시공 공정 및 공사 목적물과 관련된 특성을 검사, 시험 및 모니터링(Monitering)을 실시하여야 한다.
2) 검사, 시험 및 모니터링 관리 절차에는 다음 사항이 포함되어야 한다.
   ① 품질시험계획의 수립
   ② 적절한 공정단계에서 검사 및 시험 계획의 수립
   ③ 각 단계에서 검사 및 시험 항목, 합격 판정 기준, 빈도, 사용되는 장비 및 방법 및 책임자의 역할
   ④ 검증 시기, 장소 및 방법
   ⑤ 공사감독자 또는 건설사업관리자의 입회 시기, 방법 등(필요한 경우에만 해당함)
   ⑥ 검사, 시험 및 모니터링 실시에 따른 결과 보고 및 기타

3 자재의 품질관리

1 비강도와 경제강도(안전율)

1. 비강도
① 재료의 강도를 비중량으로 나눈 값이다.

즉, 비강도 = $\dfrac{강도}{비중}$ (mm, cm)

(※ 단위는 강도를 kgf/mm^2, 비중을 kgf/mm^3로 나타내면 단위는 mm, cm로 표시된다.)
② 항공기, 선박, 차량 등 구조에서 가볍고도 튼튼한 재료가 요구되는데, 그 척도를 나타내는 경우 이용된다.

2. 경제강도(안전율)
재료의 파괴강도를 허용강도로 나눈 값이다.

즉, 경제강도(안전율) = $\dfrac{파괴강도}{허용강도}$

2 목재의 시험

1. 평균 연륜폭과 연륜 밀도

① 평균 연륜폭(간격) = $\dfrac{\text{연륜에 직교하는 임의의 선분길이(mm)}}{\text{연륜구간 개수(개)}}$

$= \dfrac{AB}{n}$ (mm/개)

② 연륜 밀도 = $\dfrac{n}{AB}$ (개/mm)

2. 목재의 함수율

① 함수율의 정의 : 목재 속에 함유된 수분의 목재 자신에 대한 중량비를 말한다.

즉, 함수율 = $\dfrac{\text{건조전 중량} - \text{절대건조시 중량}}{\text{절대건조시 중량}} \times 100(\%)$

② 함수 상태의 구분
  ㉠ 포화 함수 상태 : 함수율이 30% 이상이며 세포 내강에는 자유수가 충만 되고 세포 막 에는 결합수가 충만된 상태
  ㉡ 섬유 포화점 : 함수율이 30% 이고 세포 속에는 수분이 없고 세포막에 수분이 찬 상태
  ㉢ 기건 상태(기건재) : 함수율이 12~15%이고 세포막의 수분이 대기 속에서 건조하지 않은 소량의 수분이 남아있는 상태
  ㉣ 전건상태(전건재) : 함수율이 0%인 상태

3 골재의 시험

1. 골재의 흡수율(량)

흡수율(량) = $\dfrac{\text{표면건조 포화상태의 중량} - \text{절건중량}}{\text{절건중량}} \times 100(\%)$

2. 골재의 함수상태

① 절건 상태 : 110℃ 이내에서 24시간 건조한 상태
② 기건 상태 : 공기 중에서 건조한 상태
③ 유효 흡수량 : 흡수량과 기건 상태의 골재 내에 함유된 수량과의 차
④ 흡수량 : 표면 건조 내부포수 상태의 골재 내에 함유된 수량
⑤ 함수량 : 습윤 상태의 골재가 함유하는 전 수량
⑥ 표면수량 : 함수량과 흡수량과의 차

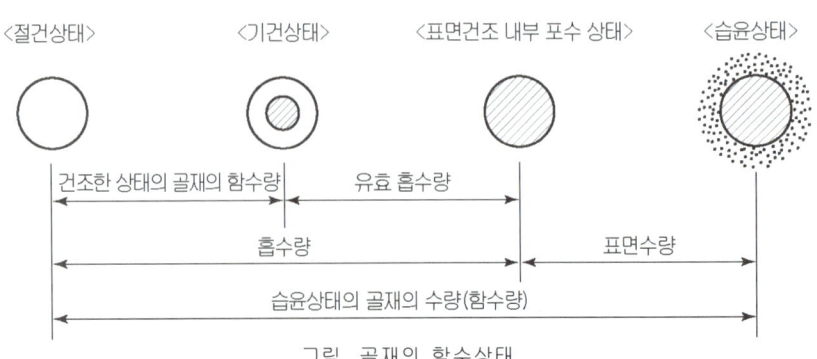

그림. 골재의 함수상태

4 콘크리트의 시험

1. 슬럼프 시험(slump test)
① 슬럼프 시험은 콘크리트를 3회로 나누어 규정된 방법으로 다져서 채운 다음, 원통을 가만히 수직으로 올릴 때 콘크리트가 가라앉는 정도를 측정하는 시험이다.
② 콘크리트가 가라앉는 정도를 측정한 값을 슬럼프 값이라고 한다.
③ 슬럼프 시험(slump test)은 콘크리트의 시공연도(workability)를 알아보기 위한 시험이다.

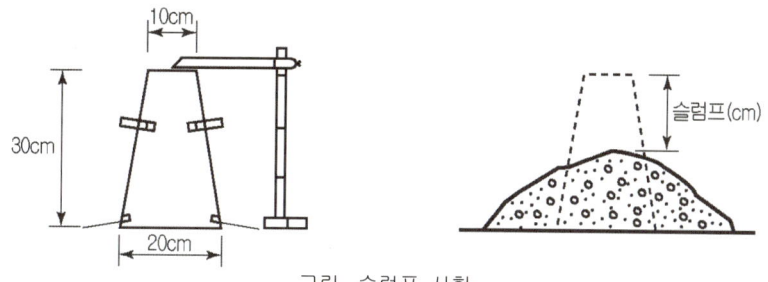

그림. 슬럼프 시험

2. 압축 강도시험

$$\text{압축 강도} = \frac{\text{최대하중}}{\text{시험체의 단면적}} \ (\text{kgf/cm}^2)$$

5 품질관리의 일반적인 순서

① 품질의 특성을 정한다.
② 품질의 표준을 정한다.
③ 작업의 표준을 정한다.
④ 품질조사 → (실시)
⑤ 수정조치 → (검토)
⑥ 수정조치의 조사 → (시정)

6 품질관리(QC, Quality Control)에 관한 도구

실내건축 공사에서 하자를 줄이기 위해서는 하자에 대한 정보(Data)를 모아 하자의 대책을 세우는 것이 중요하며 이러한 데이터를 적정하게 판단하는 데 이용되는 도구에는 다음과 같은 것이 있다.

① 파레토(Pareto)도
  가로축에 시공불량, 결점, 고장 등의 내용이나 원인별로 분류해서 크기순으로 나열하고, 세로축에는 그 영향도(불량건수)를 잡아 막대그래프를 작성하고 다음에 그 누진비율을 꺾임선 그래프로 표시한 것이다.

② 특성요인도
  원인(요인)과 결과(특성)와의 관계를 한눈에 알아보기 쉽게 나뭇가지 형상으로 작성하는 그림으로 공사 중에 발생한 문제나 하자분석을 할 때 유용하다.

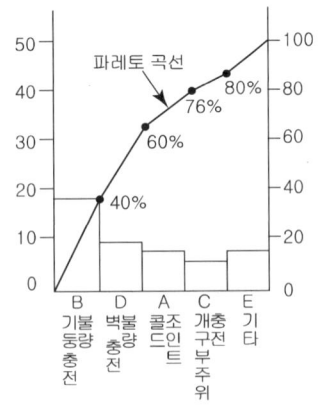

그림. 콘크리트 충전도 불량 파레토도

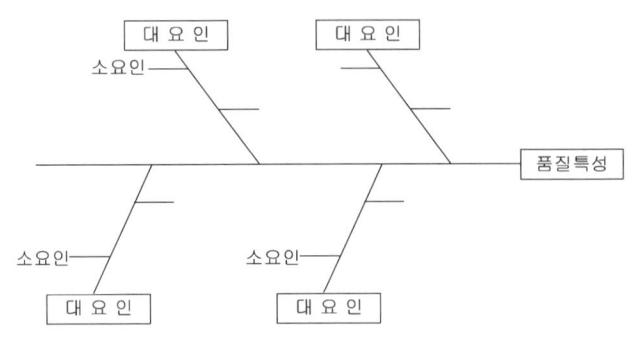

그림. 특성요인도

③ 히스토그램(Histogram)

가로축에는 특성치(치수, 중량 등)를 세로축에는 도수를 잡고, 구간의 폭으로 주상(柱狀)의 그림을 그린 것으로 계량치의 데이터가 어떠한 분포를 하고 있는지 알아보기 위하여 작성하는 그림이다. 표준상태의 그림과 비교하여 적절한 조치를 취할 수 있다.

④ 관리도

가로축에 날짜(시료 채취일), 세로축에는 품질의 특성으로 치수, 강도, 불량률 등 관리나 해석의 대상이 되는 항목을 잡고 중심선과의 상·하에 공정의 이상 유무를 판정하기 위한 관리한계선을 설치하여 그린 일종의 꺾임선 그래프이다.

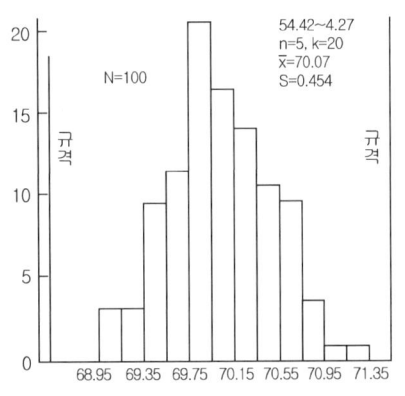

그림. 부재치수의 히스토그램

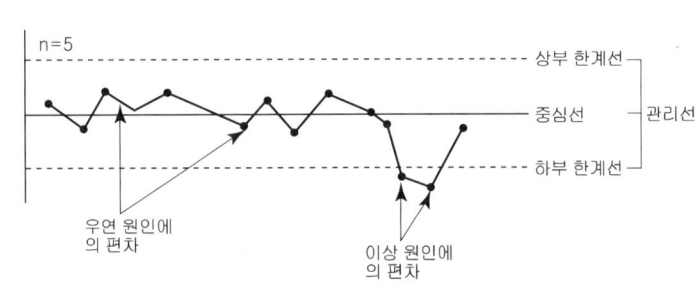

그림. 관리도

⑤ 산포도(散布度, 相關圖)

히스토그램은 재료의 치수라든가 강도 등 어느 하나의 품질특성에 대해서 그 분포상태를 알아보는 도구인데 반해서 산포도는 이와 같은 품질특성과 이것에 영향을 미치는 두 종류의 데이터(Data)의 상호간의 관계를 알아보는데 이용하는 것으로서 상관도라고도 한다.

(예) 콘크리트의 압축강도(특성)와 물시멘트비(요인)와의 관계 등

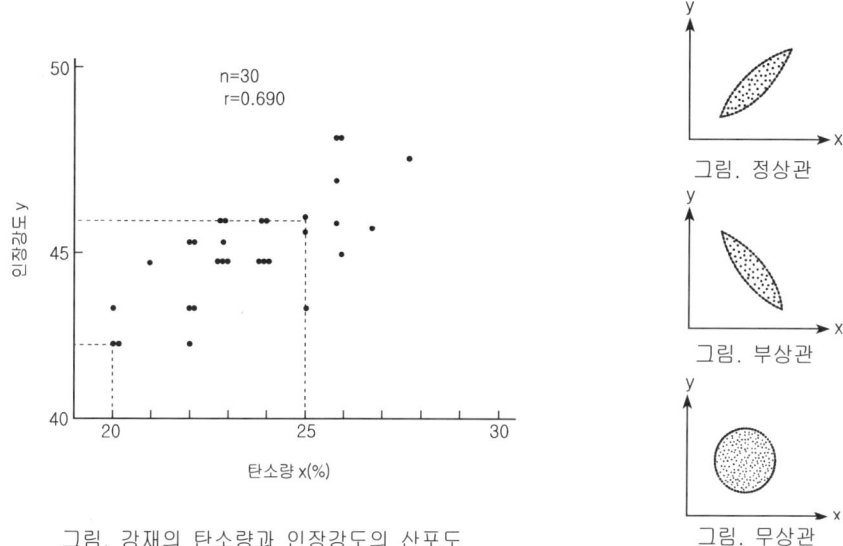

그림. 강재의 탄소량과 인장강도의 산포도

⑥ 체크 시트(check sheet)
  ㉠ 점검 목적에 맞게 미리 설계된 시트(sheet)의 일종이다.
  ㉡ 불량수, 결점수 등 셀 수 있는 데이터를 분류하여 항목별로 나누었을 때 어디에 집중되어 있는가를 알기 쉽도록 한 표나 그림을 말한다.

⑦ 층별
  ㉠ 층별 요인 특성에 대한 불량 점유율을 파악하기가 쉽다.
  ㉡ 얻어진 데이터를 적당한 요인별 그룹으로 분류한 것을 말한다.
  ㉢ 전체 데이터에서는 분명치 않은 것이 명확하게 되거나 층별 그룹사이의 상이점을 알기 쉽다.

기출 및 예상문제

IV. 품질관리

1. 다음 보기에서 품질관리 순서를 나열하시오. (3점) [98 산]

〈보기〉
① 계획   ② 검토   ③ 실시   ④ 시정

정답 1
① → ③ → ② → ④

2. 관리의 3대 목표를 쓰시오. (3점)

① _____ ② _____ ③ _____

정답 2
① 원가관리
② 공정관리
③ 품질관리

3. 관리의 목표인 품질, 공정, 원가관리를 성취하기 위하여 사용되는 수단관리 4가지를 쓰시오. (4점) [96 산]

① _____ ② _____
③ _____ ④ _____

정답 3
① 자원(Material)
② 인력(Man)
③ 장비(Machine)
④ 자금(Money)

4. 다음 내용에 알맞은 용어를 보기에서 골라 기입하시오. (4점) [97 기]

〈보기〉
① 비중   ② 강도   ③ 허용강도   ④ 파괴강도

(가) 비강도 = $\frac{(\ )}{(\ )}$ (나) 경제강도 = $\frac{(\ )}{(\ )}$

정답 4
(가) 비강도 = $\frac{(②)}{(①)}$
(나) 경제강도 = $\frac{(④)}{(③)}$

5. 다음 그림과 같은 목재의 AB 구간의 평균 연륜폭을 구하시오. (3점) [94 산]

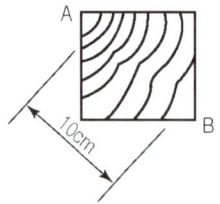

정답 5
평균 연륜폭
= AB / n
= 선분길이 / 연륜 개수
= 100mm / 7개
= 14.29mm

6. 다음 목재의 연륜 간격을 구하시오. (5점) [95 산]

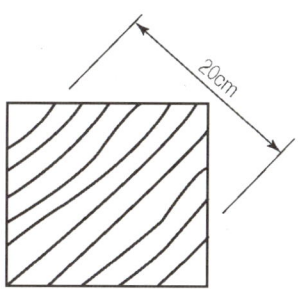

7. 다음 목재의 AB 구간의 연륜 밀도를 구하시오. (4점) [96 산]

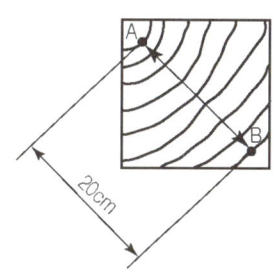

8. 다음 나무의 전건중량이 250g이며 함수중량은 400g이다. 이때, 나무의 함수율을 구하시오. (4점) [95, 98 산]

9. 10cm 각, 길이 2m인 나무에 무게가 15kg이라면 이 나무의 함수율은? (단, 나무의 비중은 0.5이다) (5점) [00 산]

정 답

정답 **6**

평균 연륜폭(간격)
$= \dfrac{\text{연륜에 직교하는 임의의 선분길이(mm)}}{\text{연륜구간 개수(개)}}$
$= \dfrac{200}{9} \fallingdotseq 22.22 \text{(mm/개)}$

정답 **7**

연륜 밀도 $= \dfrac{n}{AB}$
$= \dfrac{8}{200} = 0.04 \text{(개/mm)}$

정답 **8**

함수율
$= \dfrac{\text{건조전 중량} - \text{절대건조시 중량}}{\text{절대건조시 중량}} \times 100(\%)$
$= \dfrac{400 - 250}{250} \times 100 = 60(\%)$

정답 **9**

목재의 체적과 비중을 이용해 전건 중량을
① 목재의 체적
  $= 10\text{cm} \times 10\text{cm} \times 200\text{cm}$
  $= 20{,}000 \text{cm}^3$
② 목재의 전건중량
  $= 20{,}000 \times 0.5(\text{비중}) = 10{,}000\text{g}$
③ 목재의 건조전 중량
  $= 15\text{kg} = 15{,}000\text{g}$
∴ 목재의 함수율
$= \dfrac{\text{건조전 중량} - \text{절대건조시 중량}}{\text{절대건조시 중량}} \times 100(\%)$
$= \dfrac{15{,}000 - 10{,}000}{10{,}000} \times 100 = 50(\%)$

기출 및 예상문제

Ⅳ. 품질관리

10. 다음 골재의 흡수율에 관한 사항을 찾아 쓰시오. (4점)

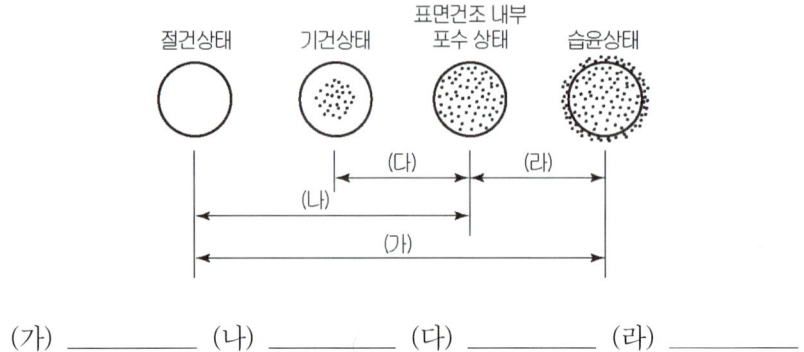

(가) _____ (나) _____ (다) _____ (라) _____

정답 10
(가) - ③
(나) - ①
(다) - ④
(라) - ②

11. 흡수율을 10% 이하로 규정하고 있는 골재에서 다음 조건의 골재의 흡수율을 구하고 합격여부를 판정하시오. (단, 시험결과 표면건조 포화상태의 중량 4.725g, 기건중량 4.46g, 절건중량 4.5g) (3점)

① 흡수율

② 판정

정답 11
① 흡수율(량)
$= \dfrac{\text{표면건조 포화상태의 중량} - \text{절건중량}}{\text{절건중량}} \times 100(\%)$
$= \dfrac{4.725 - 4.5}{4.5} \times 100(\%)$
$= 5(\%)$
② 판정 : 합격(∵ 5% < 10%)

12. 품질관리에 쓰이는 Q.C 수법 도구명의 종류를 5가지만 쓰시오. (5점)
[99 ㉮]

① _____ ② _____
③ _____ ④ _____
⑤ _____

정답 12
① 파레토(Pareto)도
② 특성요인도
③ 히스토그램(Histogram)
④ 관리도
⑤ 산포도(상관도)

13. 다음은 품질관리에 쓰이는 Q.C 수법 중의 하나이다. 간단히 설명하시오. (3점)

특성요인도

정답 13
원인(요인)과 결과(특성)와의 관계를 한눈에 알아보기 쉽게 나뭇가지 형상으로 작성하는 그림으로 공사 중에 발생한 문제나 하자분석을 할 때 유용하다.

14. 다음은 품질관리에 쓰이는 Q.C 수법에 대한 설명이다. 〈보기〉에서 적당한 것을 번호로 연결하시오. (4점)

〈보기〉
① 파레토(Pareto)도   ② 산포도
③ 히스토그램(Histogram)   ④ 관리도

(가) 가로축에는 특성치(치수, 중량 등)를 세로축에는 도수를 잡고, 구간의 폭으로 주상(柱狀)의 그림을 그린 것으로 계량치의 데이터가 어떠한 분포를 하고 있는지 알아보기 위하여 작성하는 그림이다.

(나) 가로축에 날짜(시료 채취일), 세로축에는 품질의 특성으로 치수, 강도, 불량률 등 관리나 해석의 대상이 되는 항목을 잡고 중심선과의 상·하에 공정의 이상 유무를 판정하기 위한 관리한계선을 설치하여 그린 일종의 꺾임선 그래프이다.

(다) 가로축에 시공불량, 결점, 고장 등의 내용이나 원인별로 분류해서 크기순으로 나열하고, 세로축에는 그 영향도(불량건수)를 잡아 막대그래프를 작성하고 다음에 그 누진비율을 꺾임선 그래프로 표시한 것이다.

(가) _____ (나) _____ (다) _____

정답 14
(가) - ③
(나) - ④
(다) - ①

15. 슬럼프치가 18cm인 레미콘을 이용하여 콘크리트를 타설 하고자 한다. 건축공사 표준시방서에 슬럼프치의 허용한도는 ±2.5cm로 규정되어 있다. KS 규격에 의거 슬럼프를 시험한 결과 다음과 같을 때 이 제품의 슬럼프치는 몇 cm이며 합격여부를 판정하시오. (3점)

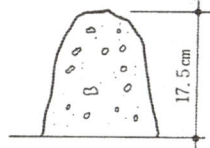 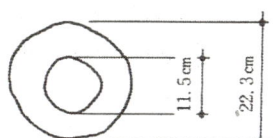

① 슬럼프치 :

② 판별 :

정답 15
① 슬럼프치 = 30-17.5
 =12.5(cm)
 〈 18±2.5(cm) (지정치)
② 판별 : 불합격

05 안전관리

- 01 안전관리

01 안전관리

> **학습방향**
> - 안전의 5대(5M) 요소와 3요소(3E)를 습득한다.
> - 재해의 종류와 형태별 분류에 대한 용어를 알아둔다.
> - 사고의 발생 원인에 대한 이론을 알아보고, 안전사고 방지시설, 보호구, 건설공사 관련 주요 안전 규정을 알아본다.
> - 안전점검의 종류 및 방법을 이해하고, 안전점검표를 작성하는 연습을 해본다.

1 일반 사항

1 건설안전관리

건설안전관리란 건설공사 중 발생할 수 있는 사고, 재해로부터 인적(人的) 및 물적(物的) 피해를 방지 및 최소화하는 제반 계획 및 행동을 말한다.

- 안전의 5대 요소(5M)와 3요소(3E)

안전의 5대(5M) 요소	안전의 3요소(3E)
• 인간(man) • 도구(기계, 장비, 공구)(machine) • 원재료(material) • 작업방법(method) • 작업환경(enviroment)	• 기술적(engineering) 대책 : 안전기준의 선정, 작업환경 개선, 환경설비 개선 등 • 교육적(education) 대책 : 안전교육 실시, 안전훈련 실시 등 • 관리적(enforcement) 대책 : 안전관리조직 정비, 적정인원 배치, 적합한 기준 설정, 수칙준수 등

2 재해

1. 재해의 분류

(1) 통계(용어)에 의한 분류

사망	근무 중 순직을 하는 경우로
중상해	부상의 결과로 8일 이상 근로손실을 초래한 경우
경상해	부상으로 1일 이상 7일 미만의 근로손실을 초래한 경우
경미상해	8시간 이하의 휴무 또는 작업에 종사하면서 치료를 받는 상해

(2) 상해 종류에 의한 분류

분류항목	세부항목
1. 골절	뼈가 부러진 상태
2. 동상	신체의 일부가 저온물 접촉이나 저온상태에 장시간 노출되어 생긴 상해
3. 부종	국부의 혈액순환 이상으로 몸이 부어오르는 상해
4. 찔림(자상)	칼날 등 날카로운 물건에 찔린 상해
5. 타박상(좌상)	타박, 충돌, 추락 등으로 피부 표면보다는 피하조직 또는 근육부를 다친 상태(삔 것 포함)
6. 절단	신체 부위가 절단된 상해
7. 중독, 질식	음식, 약물, 가스 등에 의한 중독이나 질식된 상해
8. 찰과상	스치거나 문질러서 벗겨진 상해
9. 베임(창상)	얇은 금속면의 모서리, 칼 등에 베인 상태
10. 화상	화재 또는 고온물 접촉으로 인한 상해
11. 뇌진탕	머리를 세게 부딪혔을 때 장해로 일어난 상해
12. 익사	물속에 추락해서 사망한 상해
13. 피부염	작업과 연관되어 발생 또는 악화되는 모든 질환
14. 청력장해	작업장에서 발생하는 소음에 노출되어 청력이 감퇴되거나 난청이 된 상해
15. 시력장해	시력이 감퇴 또는 실명된 상해
16. 기타	위 1.~15. 항목으로 분류 불능시 해당 상해 명칭을 기재함

(3) 재해 형태별 분류

분류항목	세부항목
1. 추락	사람이 건축물, 비계, 사다리, 계단, 경사면 나무 등에서 떨어지는 것
2. 전도	사람이나 장비가 평면상에서 넘어졌을 때를 말함(과속, 미끄러짐 포함)
3. 충돌	사람이 정지물에 부딪힌 경우
4. 낙하, 비래	물건이 주체가 되어 사람이 맞은 경우
5. 협착	물건에 끼워진 상태, 말려든 상태
6. 감전	전기 접촉이나 방전에 의해 사람이 충격을 받은 경우
7. 폭발	압력의 급격한 발생 또는 개방으로 폭음을 수반한 팽창이 일어난 경우
8. 붕괴, 도괴	적재물, 비계, 건축물이 무너진 경우
9. 화재	화원에 의해 자재 등이 연소되는 경우
10. 파열	용기 또는 장치가 물리적 압력 등에 의해 찢어지는 경우
11. 유해물 접촉	유해한 물질의 접촉으로 중독이나 질식된 경우
12. 무리한 동작	무거운 물건을 들다 허리를 삐거나 부자연한 자세 또는 반동으로 상해를 입는 경우
13. 이상 온도 접촉	고온이나 저온에 접촉한 경우
14. 기타	위 1.~13. 항목으로 분류 불능시 발생형태를 기재함

2. 중대재해의 정의

중대재해란 다음에 해당하는 재해로 「산업안전보건법」에 규정되어 있다.
① 사망자가 1명 이상 발생한 재해
② 3개월 이상의 요양이 필요한 부상자가 동시에 2명 이상 발생한 재해
③ 부상자 또는 직업성 질병자가 동시에 10명 이상 발생한 재해

> ☞ 관련 법령
>
> 「산업안전보건법」 제2조(정의)
> 이 법에서 사용하는 용어의 뜻은 다음과 같다. <개정 2020. 5. 26.>
> 1. "산업재해"란 노무를 제공하는 사람이 업무에 관계되는 건설물·설비·원재료·가스·증기·분진 등에 의하거나 작업 또는 그 밖의 업무로 인하여 사망 또는 부상하거나 질병에 걸리는 것을 말한다.
> 2. "중대재해"란 산업재해 중 사망 등 재해 정도가 심하거나 다수의 재해자가 발생한 경우로서 고용노동부령으로 정하는 재해를 말한다.
>
> 「산업안전보건법 시행규칙」 제3조(중대재해의 범위)
> 법 제2조제2호에서 "고용노동부령으로 정하는 재해"란 다음 각 호의 어느 하나에 해당하는 재해를 말한다.
> 1. 사망자가 1명 이상 발생한 재해
> 2. 3개월 이상의 요양이 필요한 부상자가 동시에 2명 이상 발생한 재해
> 3. 부상자 또는 직업성 질병자가 동시에 10명 이상 발생한 재해

3. 재해의 직접원인 및 간접원인

(1) 직접원인의 종류

1. 불안전한 행동	2. 불안전한 상태
• 위험장소 접근 • 안전장치의 기능 제거 • 복장, 보호구의 잘못 사용 • 기계, 기구의 잘못 사용 • 운전 중인 기계장치의 손질 • 불안전한 속도조작 • 위험물 취급 부주의 • 불안전한 상태 방치 • 불안전한 자세 동작 • 감독 및 연락 불충분	• 물체(물건) 자체 결함 • 안전 방호장치 결함 • 복장, 보호구 결함 • 물체(물건)의 배치 및 작업장소 결함 • 작업 환경의 결함 • 생산 공정의 결함 • 경계 표시, 설비의 결함 • 기타

(2) 간접원인의 종류

항 목	세부 항목
기술적 원인	• 건물, 기계장치 설계 불량 • 구조, 재료의 부적합 • 생산 공정의 부적당 • 점검, 장비보존의 불량
2. 교육적 원인	• 안전의식 부족 • 작업방법의 교육 불충분 • 위해·위험 작업의 교육 불충분 • 안전수칙의 오해 • 경험훈련의 미숙
3. 작업관리상의 원인	• 안전관리 조직 결함 • 안전수칙 미제정 • 작업준비 불충분 • 인원배치 부적당 • 작업지시 부적당
4. 정신적 원인	태만, 불만, 긴장, 공포, 반항 등
5. 신체적 원인	스트레스, 피로, 수면 부족, 질병 등

3 사고 발생의 원인

1. 하인리히의 도미노 이론(Heinrich's Domino Theory)

사고 발생의 원인을 설명할 때 가장 많이 알려진 하인리히의 도미노 이론(Heinrich's Domino Theory)이 널리 인용된다. 이는 사고 원인에 대한 연쇄적 반응을 설명한 것으로 (1) 사회적 환경이나 유전적 요소와 같은 선척적 결함, (2) 각 개인의 신체적 또는 정신적 결함, (3) 기계적·물리적 위험성을 포함한 불안전한 상태(unsafe condition)나 불안전한 행동(unsafe action)이라는 도미노가 연쇄적으로 쓰러지면서 (4) 사고(accident)로 이어지고 이러한 사고가 (5) 인명피해나 재산손실과 같은 재해(injury)로 이어진다는 개념이다.

이러한 연쇄적 사고 원인 발생 모형의 시사점은 안전관리를 위해 (1)~(3)의 도미노 중 하나만 제거한다면 사고의 직간접적인 원인들이 실제로 사고까지 연결되는 것을 막을 수 있다는 것을 설명한다.

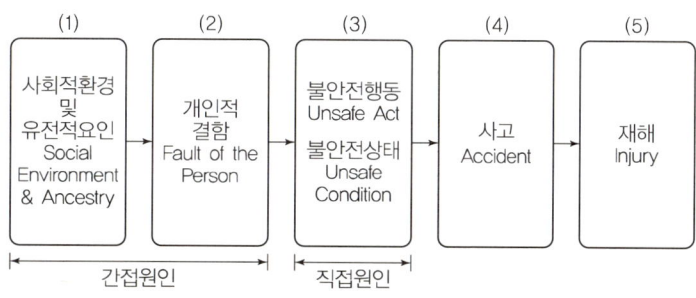

2. 미국 연방교통안전위원회NTSB)의 4M

미국 연방교통안전위원회(National Transportation Safty Board: NTSB)에서는 사고의 발생원인을 다음과 같이 인가(Man), 장비·설비(Machine), 작업 정보·방법·환경(Media), 조직관리(Management)란 4M의 개념으로 구체화하고 있다.

① 인간(Man) : 정신적 원인(무의식, 망각, 착오 등), 신체적 원인(피로, 수면 부족, 음주, 질병 등), 관계적 원인(팀워크, 의사소통 등)
② 장비·설비(Machine) : 기계설비의 결함, 점검의 부족, 인간공학적인 배려의 부족 등
③ 작업 정보·방법·환경(Media) : 부적절한 작업 정보, 부적절한 작업 방법, 부적절한 작업 환경
④ 조직관리(Management) : 의사소통 관리의 어려움, 안전관리 교육이나 훈련 및 지도의 미흡, 안전 계획이나 관리의 미흡 등

3. 하인리히의 1:29:300의 법칙

하인리히의 '1:29:300의 법칙'은 아차사고(near-miss)와 같은 사고의 징후를 확인하는 것의 중요성을 강조하고 있다. 1건의 중상해 사고(중대 재해)가 발생하기 이전에 이와 관련된 수십 건의 경상해 사고와 약 수백 건의 사고 징후, 즉 무상해 발생한다는 통계적 법칙을 설명하는 것으로 지속적으로 발생하는 사고의 징후를 사전에 파악하고 관리한다면 경상해 사고 및 중상해 사고를 방지할 수 있을 것이라는 것이다.

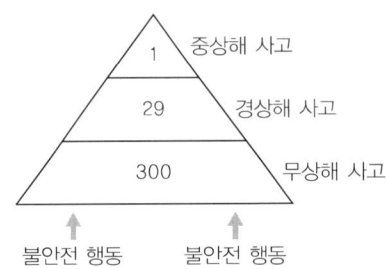

4. 안전사고의 유형

건설공사의 주요사고 유형으로는 추락, 낙하·비례, 충돌(부딪힘), 협착, 감전, 붕괴(무너짐)·도괴, 유해물질에 노출 등을 들 수 있다. 특히 고소작업에 따른 추락 및 낙하비례의 위험, 중장비와 대형 자재 사용에 따른 협착 및 충돌 위험, 기타 물리적, 화학적 위험에 따른 사고가 빈번한 것으로 나타났다. 국내 산업재해예방 안전보건 공단에서 발표(2018)한 건설산업의 유형별 사고 유형을 살펴보면 추락, 충돌, 붕괴사고 등이 주요 유형으로 나타나는 것을 알 수 있다.

업종	재해자 수	점유율	사고부상자	사고사망자	질병이환자	질병사망자	그 외 사고 사망자
금융·보험업	149	0.3%	104	2	30	9	4
광업	856	2.0%	56	5	556	234	5
제조업	12,484	28.9%	10,607	104	1,641	108	24
전기·가스·증기·수도사업	44	0.1%	35	2	7	0	0
건설업	11,907	27.6%	11,205	265	359	33	45
운수·창고·통신업	1,989	4.6%	1,792	38	129	27	3
임업	636	1.5%	612	5	17	1	1
어업	32	0.1%	31	1	0	0	0
농업	257	0.6%	240	0	15	1	1
기타의 사업	14,837	34.4%	13,612	72	1,022	83	48
계	43,191	100.0%	38,294	494	3,776	496	131

표 1. 업종별 재해현황(고용노동부, 산업재해예방 안전보건공단, 2017

추락사고 방지를 위해서는 추락 위험장소에 안전난간, 손잡이 및 개구부 등에 충분한 강도의 개구부 덮개의 설치가 요구된다. 높이 2m 이상인 장소에는 안전한 작업발판의 설치가 요구되며, 안전방망이나 안전대 착용을 통한 안전한 작업이 요구된다.

낙하·비례 사고란 위에서 아래로 떨어지는 물건, 날아오는 물건 등이 주체가 되어 사람이 맞아 발생하는 재해를 말한다. 건축자재류에 의한 낙하·비례 사고가 주요 원인이며, 이와 더불어 크레인 등 중장비를 이용하여 쟈재를 옮기는 중에 발생하는 낙하·비례 사고가 주요 원인으로 꼽힌다. 낙하·비례 사고의 방지를 위해서는 낙하물 방지망, 수직보호망, 방호선반의 설치, 출입금지 구역의 설정 및 보호구 착용이 필수적으로 요구 된다. 더불어 높은 장소에 놓인 자재는 정리 및 안전한 장소로 반출하거나 고정하고 낙하위험구역 내 상·하 동시작업은 반드시 금지하여야 한다.

4 안전사고 방지시설

건설현장에서 안전사고 방지를 위해서는 사전에 방지시설을 설치하고 수시로 점검하는 것이 무엇보다 중요하다. 주요한 안전사고 방지시설을 살펴보면 다음과 같다.

① 추락사고 방지시설: 작업발판, 난간대(이동식 난간대), 추락방지망(안전방망), 안전네트망, 개구부 덮개, (방호)울타리 등
② 낙하·비례사고 방지시설: 낙하물 방지망, 수직방망, 방호선반 등
③ 화재사고 방지시설: 소화기, 비상경보장치, 피난유도선(라이트라인), 불티방지포(방화포), 불티방지커버 등
④ 질식사고 방지시설: 환풍기, 가스 측정기, 산소농도 측정기 등
⑤ 감전사고 방지시설: 누전차단기, 접지용 콘센트 및 플러그 등
⑥ 절단사고 방지시설: 전동톱 등의 보호(방호)덮개 등
⑦ 전도사고 방지시설: 사다리 등의 전도 방지대(아웃트리거, out-rigger)

그림. 낙하물 방지망, 안전 네트망

그림. 수직방망

그림. 방호선반

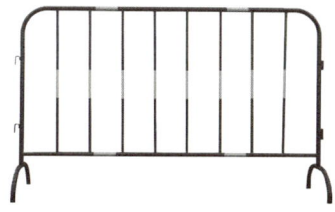

그림. 이동식 난간대

그림. 개구부 덮개

그림. 사다리 전도방지대

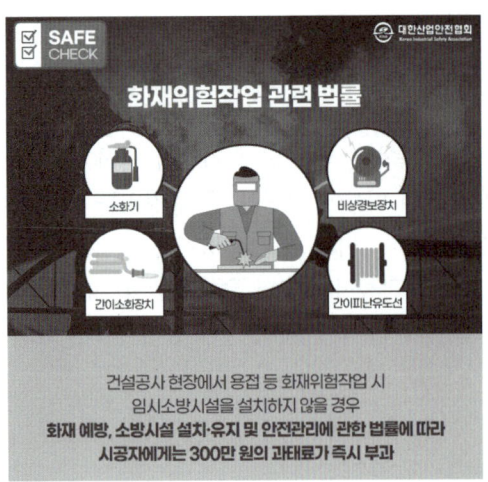

그림. 임시소방시설

5 보호구

1. 개인(예방, 안전) 보호구

작업자의 안전을 고려한 사항으로 개인 보호구의 적합한 사항이 무엇보다 중요하다. 일반적으로 작업자의 머리, 눈, 얼굴, 손과 발의 보호를 위한 안전모, 보안경, 마스크, 안전장갑, 안전화를 말하며 작업에 편리하며 단정한 복장을 하여야 한다. 현장의 작업상황에 따라 고소(高所)작업의 경우에는 안전대, 안전 로프, 연결고리 및 유해물질 등에 노출될 우려가 있는 경우에는 방진·방독 마스크, 보호복 등의 보호구가 사용되어야 한다.

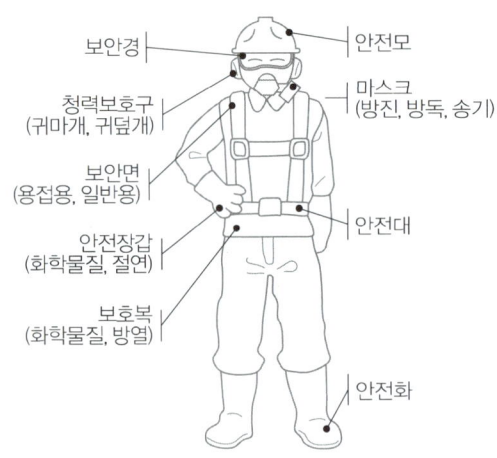

보호구 선택시 유의 사항	개인 보호구의 구비 조건
• 사용 목적에 적합할 것 • 보호구 검정에 합격하고 보호성능이 보장될 것 • 작업활동에 방해되지 않을 것 • 착용이 용이하고 사용자에게 편리할 것	• 착용시 작업이 용이할 것 • 유해 위험물에 대하여 방호가 완전할 것 • 재료의 품질이 우수할 것 • 구조 및 표면가공성이 좋을 것 • 외관이 미려할 것

2. 작업별 보호구의 종류

① 안전모: 물체가 떨어지거나 날아올 위험 또는 근로자가 추락할 위험이 있는 작업
② 안전대(安全帶): 높이 또는 깊이 2m 이상의 추락할 위험이 있는 장소의 작업
③ 안전화: 물체의 낙하충격, 물체에의 끼임, 감전 또는 정전기의 대전(帶電)의 위험이 있는 작업
④ 보안경: 물체가 흩날릴 위험이 있는 작업
⑤ 보안면: 용접시 불꽃이나 물체가 흩날릴 위험이 있는 작업
⑥ 절연용 보호구: 감전의 위험이 있는 작업
⑦ 방열복: 고열에 의한 화상 등의 위험이 있는 작업
⑧ 방진마스크: 콘크리트, 미장면 처리, 폐기물 처리 등에서 발생하는 분진(粉塵)이 심하게 발생하는 작업
⑨ 방한모·방한복·방안화·방한장갑: 섭씨 영하 18 이하인 극한지역의 작업, 급냉동어창 등에서 하는 하역 작업

6 위험예지훈련

위험예지훈련은 직장의 팀웍으로 안전을 전원이, 빨리, 올바르게 선취(先取)하는 훈련으로, 위험에 대한 개별훈련인 동시에 팀웍훈련이다.

1. 위험예지훈련의 안전선취 3요소

① 감수성 훈련
② 단시간 미팅 훈련
③ 문제해결 훈련

2. 위험예지훈련 진행 방법

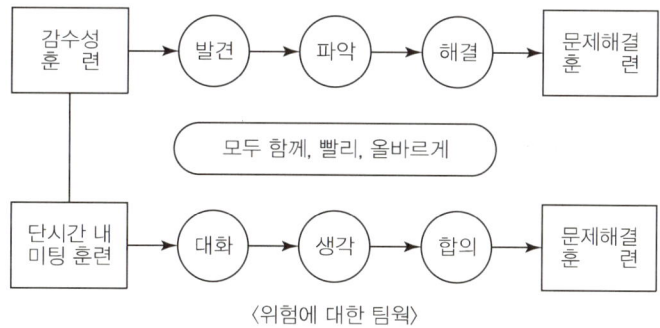

〈위험에 대한 팀웍〉

3. 위험예지훈련의 4R(라운드)와 8단계

문제해결 4R	문제해결의 8단계
1R - 현상파악	1단계 - 문제제기 2단계 - 현상파악
2R - 본질추구	3단계 - 문제점 발견 4단계 - 중요문제 설정
3R - 대책수립	5단계 - 해결책 구상 6단계 - 구체적 대책 수립
4R - 행동목표 설정	7단계 - 중점사항 결정 8단계 - 실시계획 책정

4. TBM(Tool Box Meeting) 위험예지훈련

① TBM 훈련의 의의

작업시작 전 5~15분, 작업 후 3~5분 정도의 시간으로 작업 팀장을 주축으로 인원은 5~10명 정도가 현장 내에서 작은 원을 만들어 짧은 시간에 회합을 갖는 훈련이다.

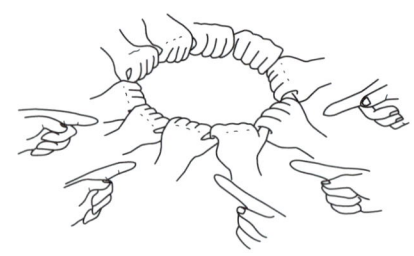

② TBM 활동의 5단계(단시간 미팅 즉시·즉응 훈련) 추진법
- 1단계: 도입
- 2단계: 점검, 정비
- 3단계: 작업지시
- 4단계: 위험예지 훈련(one point 위험예지 훈련)
- 5단계: 확인(one point 지적 확인 연습, touch and call 실시)

5. 5C 운동 전개
- 복장 단정(Correctness)
- 정리·정돈(Clearance)
- 청소·청결(Cleaning)
- 점검·확인(Checking)
- 전심전력(Concentratinig)

7 안전관련 규정 ☞ 산업안전보건기준에 관한 규칙 (약칭: 안전보건규칙)

건설공사와 관련된 주요 안전 관련 규정을 살펴보도록 한다.

☞ 관련 법령

「안전보건규칙」 제13조(안전난간의 구조 및 설치요건)
사업주는 근로자의 추락 등의 위험을 방지하기 위하여 안전난간을 설치하는 경우 다음 각 호의 기준에 맞는 구조로 설치하여야 한다. <개정 2015. 12. 31.>
1. 상부 난간대, 중간 난간대, 발끝막이판 및 난간기둥으로 구성할 것. 다만, 중간 난간대, 발끝막이판 및 난간기둥은 이와 비슷한 구조와 성능을 가진 것으로 대체할 수 있다.
2. 상부 난간대는 바닥면·발판 또는 경사로의 표면(이하 "바닥면등"이라 한다)으로부터 90센티미터 이상 지점에 설치하고, 상부 난간대를 120센티미터 이하에 설치하는 경우에는 중간 난간대는 상부 난간대와 바닥면등의 중간에 설치하여야 하며, 120센티미터 이상 지점에 설치하는 경우에는 중간 난간대를 2단 이상으로 균등하게 설치하고 난간의 상하 간격은 60센티미터 이하가 되도록 할 것. 다만, 계단의 개방된 측면에 설치된 난간기둥 간의 간격이 25센티미터 이하인 경우에는 중간 난간대를 설치하지 아니할 수 있다.

☞ 관련 법령

3. 발끝막이판은 바닥면등으로부터 10센티미터 이상의 높이를 유지할 것. 다만, 물체가 떨어지거나 날아올 위험이 없거나 그 위험을 방지할 수 있는 망을 설치하는 등 필요한 예방 조치를 한 장소는 제외한다.
4. 난간기둥은 상부 난간대와 중간 난간대를 견고하게 떠받칠 수 있도록 적정한 간격을 유지할 것
5. 상부 난간대와 중간 난간대는 난간 길이 전체에 걸쳐 바닥면등과 평행을 유지할 것
6. 난간대는 지름 2.7센티미터 이상의 금속제 파이프나 그 이상의 강도가 있는 재료일 것
7. 안전난간은 구조적으로 가장 취약한 지점에서 가장 취약한 방향으로 작용하는 100킬로그램 이상의 하중에 견딜 수 있는 튼튼한 구조일 것

「안전보건규칙」 제14조(낙하물에 의한 위험의 방지)
① 사업주는 작업장의 바닥, 도로 및 통로 등에서 낙하물이 근로자에게 위험을 미칠 우려가 있는 경우 보호망을 설치하는 등 필요한 조치를 하여야 한다.
② 사업주는 작업으로 인하여 물체가 떨어지거나 날아올 위험이 있는 경우 낙하물 방지망, 수직보호망 또는 방호선반의 설치, 출입금지구역의 설정, 보호구의 착용 등 위험을 방지하기 위하여 필요한 조치를 하여야 한다. 이 경우 낙하물 방지망 및 수직보호망은 「산업표준화법」에 따른 한국산업표준에서 정하는 성능기준에 적합한 것을 사용하여야 한다. <개정 2017. 12. 28.>
③ 제2항에 따라 낙하물 방지망 또는 방호선반을 설치하는 경우에는 다음 각 호의 사항을 준수하여야 한다.
  1. 높이 10미터 이내마다 설치하고, 내민 길이는 벽면으로부터 2미터 이상으로 할 것
  2. 수평면과의 각도는 20도 이상 30도 이하를 유지할 것

「안전보건규칙」 제42조(추락의 방지)
① 사업주는 근로자가 추락하거나 넘어질 위험이 있는 장소[작업발판의 끝·개구부(開口部) 등을 제외한다]또는 기계·설비·선박블록 등에서 작업을 할 때에 근로자가 위험해질 우려가 있는 경우 비계(飛階)를 조립하는 등의 방법으로 작업발판을 설치하여야 한다.
② 사업주는 제1항에 따른 작업발판을 설치하기 곤란한 경우 다음 각 호의 기준에 맞는 추락방호망을 설치해야 한다. 다만, 추락방호망을 설치하기 곤란한 경우에는 근로자에게 안전대를 착용하도록 하는 등 추락위험을 방지하기 위해 필요한 조치를 해야 한다. <개정 2017. 12. 28., 2021. 5. 28.>
  1. 추락방호망의 설치위치는 가능하면 작업면으로부터 가까운 지점에 설치하여야 하며, 작업면으로부터 망의 설치지점까지의 수직거리는 10미터를 초과하지 아니할 것
  2. 추락방호망은 수평으로 설치하고, 망의 처짐은 짧은 변 길이의 12퍼센트 이상이 되도록 할 것
  3. 건축물 등의 바깥쪽으로 설치하는 경우 추락방호망의 내민 길이는 벽면으로부터 3미터 이상 되도록 할 것. 다만, 그물코가 20밀리미터 이하인 추락방호망을 사용한 경우에는 제14조제3항에 따른 낙하물 방지망을 설치한 것으로 본다.
③ 사업주는 추락방호망을 설치하는 경우에는 「산업표준화법」에 따른 한국산업표준에서 정하는 성능기준에 적합한 추락방호망을 사용하여야 한다. <신설 2017. 12. 28.>

> 관련 법령

「안전보건규칙」제43조(개구부 등의 방호 조치)
① 사업주는 작업발판 및 통로의 끝이나 개구부로서 근로자가 추락할 위험이 있는 장소에는 안전난간, 울타리, 수직형 추락방망 또는 덮개 등(이하 이 조에서 "난간등"이라 한다)의 방호 조치를 충분한 강도를 가진 구조로 튼튼하게 설치하여야 하며, 덮개를 설치하는 경우에는 뒤집히거나 떨어지지 않도록 설치하여야 한다. 이 경우 어두운 장소에서도 알아볼 수 있도록 개구부임을 표시해야 하며, 수직형 추락방망은 「산업표준화법」제12조에 따른 한국산업표준에서 정하는 성능기준에 적합한 것을 사용해야 한다. <개정 2019. 12. 26.>
② 사업주는 난간등을 설치하는 것이 매우 곤란하거나 작업의 필요상 임시로 난간등을 해체하여야 하는 경우 제42조제2항 각 호의 기준에 맞는 추락방호망을 설치하여야 한다. 다만, 추락방호망을 설치하기 곤란한 경우에는 근로자에게 안전대를 착용하도록 하는 등 추락할 위험을 방지하기 위하여 필요한 조치를 하여야 한다. <개정 2017. 12. 28.>

「안전보건규칙」제56조(작업발판의 구조)
사업주는 비계(달비계, 달대비계 및 말비계는 제외한다)의 높이가 2미터 이상인 작업장소에 다음 각 호의 기준에 맞는 작업발판을 설치하여야 한다. <개정 2012. 5. 31., 2017. 12. 28.>
1. 발판재료는 작업할 때의 하중을 견딜 수 있도록 견고한 것으로 할 것
2. 작업발판의 폭은 40센티미터 이상으로 하고, 발판재료 간의 틈은 3센티미터 이하로 할 것. 다만, 외줄비계의 경우에는 고용노동부장관이 별도로 정하는 기준에 따른다.
3. 제2호에도 불구하고 선박 및 보트 건조작업의 경우 선박블록 또는 엔진실 등의 좁은 작업공간에 작업발판을 설치하기 위하여 필요하면 작업발판의 폭을 30센티미터 이상으로 할 수 있고, 걸침비계의 경우 강관기둥 때문에 발판재료 간의 틈을 3센티미터 이하로 유지하기 곤란하면 5센티미터 이하로 할 수 있다. 이 경우 그 틈 사이로 물체 등이 떨어질 우려가 있는 곳에는 출입금지 등의 조치를 하여야 한다.
4. 추락의 위험이 있는 장소에는 안전난간을 설치할 것. 다만, 작업의 성질상 안전난간을 설치하는 것이 곤란한 경우, 작업의 필요상 임시로 안전난간을 해체할 때에 추락방호망을 설치하거나 근로자로 하여금 안전대를 사용하도록 하는 등 추락위험 방지 조치를 한 경우에는 그러하지 아니하다.
5. 작업발판의 지지물은 하중에 의하여 파괴될 우려가 없는 것을 사용할 것
6. 작업발판재료는 뒤집히거나 떨어지지 않도록 둘 이상의 지지물에 연결하거나 고정시킬 것
7. 작업발판을 작업에 따라 이동시킬 경우에는 위험 방지에 필요한 조치를 할 것

「안전보건규칙」제67조(말비계)
사업주는 말비계를 조립하여 사용하는 경우에 다음 각 호의 사항을 준수하여야 한다.
1. 지주부재(支柱部材)의 하단에는 미끄럼 방지장치를 하고, 근로자가 양측 끝부분에 올라서서 작업하지 않도록 할 것
2. 지주부재와 수평면의 기울기를 75도 이하로 하고, 지주부재와 지주부재 사이를 고정시키는 보조부재를 설치할 것
3. 말비계의 높이가 2미터를 초과하는 경우에는 작업발판의 폭을 40센티미터 이상으로 할 것

> ☞ 관련 법령

「안전보건규칙」 제68조(이동식비계)

사업주는 이동식비계를 조립하여 작업을 하는 경우에는 다음 각 호의 사항을 준수하여야 한다. <개정 2019. 10. 15.>

1. 이동식비계의 바퀴에는 뜻밖의 갑작스러운 이동 또는 전도를 방지하기 위하여 브레이크·쐐기 등으로 바퀴를 고정시킨 다음 비계의 일부를 견고한 시설물에 고정하거나 아웃트리거(outrigger, 전도방지용 지지대)를 설치하는 등 필요한 조치를 할 것
2. 승강용사다리는 견고하게 설치할 것
3. 비계의 최상부에서 작업을 하는 경우에는 안전난간을 설치할 것
4. 작업발판은 항상 수평을 유지하고 작업발판 위에서 안전난간을 딛고 작업을 하거나 받침대 또는 사다리를 사용하여 작업하지 않도록 할 것
5. 작업발판의 최대적재하중은 250킬로그램을 초과하지 않도록 할 것

8 안전점검

1. 안전점검의 정의

안전을 확보하기 위하여 실태를 파악하는 것으로서 설비의 불안전한 상태나 인간의 불안전한 행동에서 발생하는 결함을 발견하여 안전 상태를 확인하는 행위 또는 수단을 말한다.

2. 안전점검의 목적

① 설비의 안전 확보
② 설비의 안전상태 유지 및 본래 성능 유지
③ 인적 안전행동의 유지
④ 합리적인 생산관리

3. 안전점검의 종류

① 시기적인 분류

종 류	내 용
1. 수시점검	작업 전·중·후에 실시하는 점검
2. 정기점검	일정기간 마다 정기적으로 실시하는 점검
3. 특별점검	• 기계·기구·설비의 신설시, 변경내지 고장 수리시 실시하는 점검 • 천재지변 발생 후 실시하는 점검 • 안전강조 기간 내에 실시하는 점검
4. 임시점검	• 이상 발견시 임시로 실시하는 점검 • 정기점검과 정기점검 사이에 실시하는 점검

② 점검방법에 의한 분류

종 류	내 용
1. 육안 점검	시각, 촉각 등으로 검사(점검)
2. 기능 점검	간단한 조작에 의한 판단으로 실시하는 점검
3. 기기 점검	안전장치, 누전차단장치 등을 정해진 순서대로 작동하여 양부를 판단하는 점검
4. 정밀 점검	규정에 따른 측정, 검사 등으로 설비의 종합적인 점검

4. 안전점검표(Check List)의 작성

① 체크리스트(Check List)에 포함되어야 할 사항(체크리스트 작성항목)
- 점검대상
- 점검부분(점검개소)
- 점검항목(점검내용: 마모, 균열, 부식, 파손, 변형 등)
- 점검주기 또는 기간
- 점검방법(육안점검, 기능점검, 기기점검, 정밀점검)
- 판정기준(자체검사기준, 법령에 의한 기준, KS 기준 등)
- 조치사항(점검 결과에 따른 결함의 시정사항)

② 체크리스트(Check List) 작성시 유의사항
- 사업장에 적합한 독자적인 내용일 것
- 중점도가 높은 것부터 순서대로 작성할 것
- 정기적으로 검토하여 재해방지에 실효성이 있게 작성할 것
- 일정양식을 정하여 점검대상을 정할 것
- 점검표의 내용을 이해하기 쉽도록 표현하고 구체화할 것

☞ 「건설공사 안전관리 업무수행 지침」

[샘플]

주간 안전 점검 목록(Check List)

공 사 명 : ○○○○ 공사　　　　　　　　　　　　　　20 년　월　일　요일

항목	점 검 사 항	내　용				조치 사항
		미흡	보통	양호	우수	
조직및운영	1. 안전관리조직은 편성되어 운영하고 있는가?					
	2. 안전관리자 및 담당자의 임명은 되어 있으며 안전순찰을 실시하고 있는가?					
	3. 안전업무일지는 매일 작성되며 현장소장의 결재를 받고 있는가?					
	4. 비상연락망 수립과 대비는 잘되어 있는가?					
교육 및 홍보	1. 안전교육계획은 수립되어 있는가?					
	2. 작업 전 TBM 및 일일 안전교육은 실시하고 있는가?					
	3. 무재해 경과시간 파악 및 경과시간은 근로자에 알리고 있는가?					
	4. 신규채용 및 작업내용변경시 근로자에 대한 안전교육은 실시하고 있는가?					
	5. 안전교육일지는 교육이수자 명단을 기재하고 서명을 받고 있는가?					
	6. 안전표지 및 홍보물은 적소에 부착하고 있는가?					
	7. 해체, 철거, 콘크리트 타설 작업시 사전에 관련부서 통보, 해당 작업자에게 안전작업 사항 숙지 및 손상방지(전선, 배관, 방수층 등) 조치는 하였는가?					
보호구	1. 안전모는 전원에게 지급하였으며 착용(턱끈 착용)하고 있는가?					
	2. 특수 작업에 적절한 보호구(장비)를 사용하고 있는가?					
	3. 작업자는 알맞은 의복 및 신발을 착용하고 있는가?					
	4. 구급약품 관리상태는 양호한가?					
안전시설	1. 비계 및 사다리는 견고히 설치되어 있는가?					
	2. 추락위험지역에 보호시설(안전난간, 안전선반, 안전망 등)은 설치되어 있는가?					
	3. 추락방지시설, 낙하비례시설은 기준에 적절하게 설치되어 있는가?					
	4. 이동식 비계의 안전부착물은 설치되어 있는가?					
	5. 가설통로 바닥의 위험물 제거 및 적절한 조명확보는 되어있는가?					
고소작업	1. 안전벨트 및 로프가 필요한 작업일 경우 지급하여 적절하게 사용하고 있는가?					
	2. 고소작업시 관리자는 배치되어 있는가?					
	3. 작업발판, 난간 및 기타 안전시설 상태는 적절한가?					
운반	1. 운반통행로는 확보되어 있으며 안전한가?					
	2. 양중기 및 운반물의 전도 및 추락 위험성은 없는가?					
	3. 양중기(타워크레인 등) 작업시 신호수는 배치되어 있는가?					
	4. 운반물의 양중 및 상·하차시 신호방법 및 안전 확보를 확인하였는가?					
	5. T/C 및 호이스트는 주기적으로 안전점검을 실시하고 있는가?					
정리정돈	1. 현장 내 및 현장주변 정리 및 청소는 매일 실시하고 있는가?					
	2. 작업장 및 통로에 불필요한 물건이나 자재가 방치되어 있지는 않은가?					
	3. 가설통로에 전선, 위험물 및 기타 장애물이 방치되어 있지는 않은가?					
	4. 작업전 전선의 피복상태 점검 및 감전 예방조치를 확인하였는가?					
	5. 가설분전함 시건장치 사용 및 관리는 적절하게 하고 있는가?					
	6. 각종 GAS 용기는 지정 장소의 보관함 등에 안전하게 관리하고 있는가?					
	7. 폐자재 정리 및 반출관리는 적절한가?					
	8. 현장 내·외부 배수시설 및 각종 기계실 빗물 침투 여부상태를 확인하였는가?					
화재예방	1. 방화조직은 편성되어 있는가?					
	2. 소화기, 기타 소화시설은 적정위치에 비치되고 있는가?					
	3. 금연지역 표시, 재떨이 및 쓰레기통은 적절한 곳에 설치되어 있는가?					
	4. 용접기 등을 사용할 때 주위 인화물질 확인 및 방화포는 사용하고 있는가?					
	5. 화재위험이 있는 유류(휘발성 기름 등)제품은 별도 관리하고 있는가?					
기타	1. 주기적으로 근로자 음주 상태는 점검하고 음주자는 작업 배제하고 있는가?					
	2. 혹서기(혹한기) 근로자 건강관리는 규정대로 시행하고 있는가?					
안전담당기사 보건담당자	㊞ ㊞	안전담당 과장		㊞	안전담당 감리	㊞

기출 및 예상문제

V. 안전관리

1. 「산업안전보건법」에 규정되어 있는 중대재해 3가지를 기술하시오. (3점)

① _____
② _____
③ _____

정답 1
① 사망자가 1명 이상 발생한 재해
② 3개월 이상의 요양이 필요한 부상자가 동시에 2명 이상 발생한 재해
③ 부상자 또는 직업성 질병자가 동시에 10명 이상 발생한 재해

2. 재해의 직접원인 중 6가지 종류를 기술하시오. (5점)

① _____ ② _____ ③ _____
④ _____ ⑤ _____ ⑥ _____

정답 2
① 위험장소 접근
② 안전장치의 기능 제거
③ 복장, 보호구의 잘못 사용
④ 기계, 기구의 잘못 사용
⑤ 운전 중인 기계장치의 손질
⑥ 불안전한 속도조작
• 위험물 취급 부주의
• 불안전한 상태 방치
• 불안전한 자세, 동작
• 감독 및 연락 불충분

3. 재해의 간접원인의 5가지 종류 중 (   )에 적당한 용어를 기재하시오. (3점)

1. 기술적 원인 – 2. (①) – 3. 작업관리상의 원인 –
4. (②) – 5. 신체적인 원인

정답 3
① 교육적인 원인
② 정신적인 원인

4. 다음은 재해의 형태별 분류에 일부 내용이다. (   ) 안에 알맞은 용어를 기재하시오. (2점)

| (①) | 물건이 주체가 되어 사람이 맞은 경우 |
| (②) | 물건에 끼워진 상태, 말려든 상태 |

정답 4
① 낙하, 비례
② 협착

5. 건설현장의 안전시설물 중 추락방지 안전시설 5종류, 낙하·비례사고 방지시설 3종류를 기술하시오. (3점)

① 추락사고 방지시설:
_____

② 낙하·비례사고 방지시설:
_____

정답 5
① 추락사고 방지시설: 작업발판, 난간대(이동식 난간대), 추락방지망(안전방망), 안전네트망, 개구부 덮개, (방호)울타리 등
② 낙하·비례사고 방지시설: 낙하물 방지망, 수직방망, 방호선반 등

6. 다음 개인 보호구는 어느 작업시에 사용(착용)하는 것인지에 대해 설명하시오. (3점)

① 안전모: _____

② 안전대(安全帶): _____

③ 안전화: _____

> **정답 6**
> ① 안전모: 물체가 떨어지거나 날아올 위험 또는 근로자가 추락할 위험이 있는 작업
> ② 안전대(安全帶): 높이 또는 깊이 2m 이상의 추락할 위험이 있는 장소의 작업
> ③ 안전화: 물체의 낙하충격, 물체에의 끼임, 감전 또는 정전기의 대전(帶電)의 위험이 있는 작업

7. 위험예지훈련의 안전선취 3요소를 기술하시오. (3점)

① _____ ② _____
③ _____

> **정답 7**
> ① 감수성 훈련
> ② 단시간 미팅 훈련
> ③ 문제해결 훈련

8. 위험예지 훈련의 문제해결 4R에 대해 기술하시오. (3점)

① _____ ② _____
③ _____ ④ _____

> **정답 8**
> ① 1R – 현상파악
> ② 2R – 본질추구
> ③ 3R – 대책 수립
> ④ 4R – 행동목표 설정

9. TBM(Tool Box Meeting) 훈련에 대하여 기술하시오. (3점)

_____
_____

> **정답 9**
> 작업시작 전 5~15분, 작업 후 3~5분 정도의 시간으로 작업 팀장을 주축으로 인원은 5~10명 정도가 현장 내에서 작은 원을 만들어 짧은 시간에 회합을 갖는 훈련이다.

10. 안전점검의 시기적인 분류에 따른 종류 4가지를 기술하시오. (3점)

① _____ ② _____
③ _____ ④ _____

> **정답 10**
> ① 수시점검
> ② 정기점검
> ③ 특별점검
> ④ 임시점검

11. 안전점검의 점검방법에 의한 분류 4가지를 기술하시오. (3점)

① _____ ② _____
③ _____ ④ _____

> **정답 11**
> ① 육안 점검
> ② 기능 점검
> ③ 기기점검
> ④ 정밀 점검

06 공사감리

01 공사감리

01 공사감리

> **학습방향**
> - 법령에 따른 감리 규정을 살펴본다.
> - 건설공사 감리자의 업무를 이해하도록 한다.

1 일반 사항

1 공사감리의 의의

공사감리(감리)란 허가를 받으려는 건축물에 일반적으로 적용되는 「건축법」에 따른 공사감리와 사용승인을 받으려는 공동주택에 적용되는 「주택법」에 따른 공사감리 및 국가, 지방자치단체 등이 시행하는 건축물 등에 적용되는 「건설기술 진흥법」에 따른 감리(건설사업관리) 규정 등이 있으나 「건축법」 및 「주택법」에 따른 감리 규정을 위주로 살펴보기로 한다.

1. 공사감리 (「건축법」)
"공사감리"라 함은 법으로 정하는 바에 따라 건축물, 건축설비 또는 공작물이 설계도서의 내용대로 시공되는지를 확인하고, 품질관리·공사관리·안전관리 등에 대하여 지도·감독하는 행위를 말한다.

2. 감리 (「건설기술 진흥법」)
"감리"란 건설공사가 관계 법령이나 기준, 설계도서 또는 그 밖의 관계 서류 등에 따라 적정하게 시행될 수 있도록 관리하거나 시공관리·품질관리·안전관리 등에 대한 기술지도를 하는 건설사업관리 업무를 말한다.

2 「건축법」에 따른 감리 규정

> ☞ 관련 법령
>
> 「건축법」 제25조(건축물의 공사감리)
> ① 건축주는 대통령령으로 정하는 용도·규모 및 구조의 건축물을 건축하는 경우 건축사나 대통령령으로 정하는 자를 공사감리자(공사시공자 본인 및 「독점규제 및 공정거래에 관한 법률」 제2조에 따른 계열회사는 제외한다)로 지정하여 공사감리를 하게 하여야 한다. <개정 2016. 2. 3.>
> ② 제1항에도 불구하고 「건설산업기본법」 제41조제1항 각 호에 해당하지 아니하는 소규모 건축물로서 건축주가 직접 시공하는 건축물 및 주택으로 사용하는 건축물 중 대통령령으로 정하는 건축물의 경우에는 대통령령으로 정하는 바에 따라 허가권자가 해당 건축물의 설계에 참여하지 아니한 자 중에서 공사감리자를 지정하여야 한다. 다만, 다음 각 호의 어느 하나에 해당하는 건축물의 건축주가 국토교통부령으로 정하는 바에 따라 허가권자에게 신청하는 경우에는 해당 건축물을 설계한 자를 공사감리자로 지정할 수 있다. <신설 2016. 2. 3., 2018. 8. 14., 2020. 4. 7.>

> 1. 「건설기술 진흥법」 제14조에 따른 신기술 중 대통령령으로 정하는 신기술을 보유한 자가 그 신기술을 적용하여 설계한 건축물
> 2. 「건축서비스산업 진흥법」 제13조제4항에 따른 역량 있는 건축사로서 대통령령으로 정하는 건축사가 설계한 건축물
> 3. 설계공모를 통하여 설계한 건축물
> ③ 공사감리자는 공사감리를 할 때 이 법과 이 법에 따른 명령이나 처분, 그 밖의 관계 법령에 위반된 사항을 발견하거나 공사시공자가 설계도서대로 공사를 하지 아니하면 이를 건축주에게 알린 후 공사시공자에게 시정하거나 재시공하도록 요청하여야 하며, 공사시공자가 시정이나 재시공 요청에 따르지 아니하면 서면으로 그 건축공사를 중지하도록 요청할 수 있다. 이 경우 공사중지를 요청받은 공사시공자는 정당한 사유가 없으면 즉시 공사를 중지하여야 한다. <개정 2016. 2. 3.>
> ④ 공사감리자는 제3항에 따라 공사시공자가 시정이나 재시공 요청을 받은 후 이에 따르지 아니하거나 공사중지 요청을 받고도 공사를 계속하면 국토교통부령으로 정하는 바에 따라 이를 허가권자에게 보고하여야 한다. <개정 2013. 3. 23., 2016. 2. 3.>

[시행령] 제19조(공사감리)

① 법 제25조제1항에 따라 공사감리자를 지정하여 공사감리를 하게 하는 경우에는 다음 각 호의 구분에 따른 자를 공사감리자로 지정하여야 한다. <개정 2020. 1. 7., 2021. 9. 14.>
 1. 다음 각 목의 어느 하나에 해당하는 경우: 건축사
  가. 법 제11조에 따라 건축허가를 받아야 하는 건축물(법 제14조에 따른 건축신고 대상 건축물은 제외한다)을 건축하는 경우
  나. 제6조제1항제6호에 따른 건축물을 리모델링하는 경우
 2. 다중이용 건축물을 건축하는 경우: 「건설기술 진흥법」에 따른 건설엔지니어링사업자(공사시공자 본인이거나 「독점규제 및 공정거래에 관한 법률」 제2조에 따른 계열회사인 건설엔지니어링사업자는 제외한다) 또는 건축사(「건설기술 진흥법 시행령」 제60조에 따라 건설사업관리기술인을 배치하는 경우만 해당한다)
② 제1항에 따라 다중이용 건축물의 공사감리자를 지정하는 경우 감리원의 배치기준 및 감리대가는 「건설기술 진흥법」에서 정하는 바에 따른 다. <개정 2014. 5. 22.>

☞ 관련 법령

> 「건축법」 제25조(건축물의 공사감리)
> ⑤ 대통령령으로 정하는 용도 또는 규모의 공사의 공사감리자는 필요하다고 인정하면 공사시공자에게 상세시공도면을 작성하도록 요청할 수 있다. <개정 2016. 2. 3.>

[시행령] 제19조(공사감리)

④ 법 제25조제5항에서 "대통령령으로 정하는 용도 또는 규모의 공사"란 연면적의 합계가 5천 제곱미터 이상인 건축공사를 말한다. <개정 2017. 2. 3.>
⑤ 공사감리자는 수시로 또는 필요할 때 공사현장에서 감리업무를 수행해야 하며, 다음 각 호의 건축공사를 감리하는 경우에는 「건축사법」 제2조제2호에 따른 건축사보(「기술사법」 제6조에 따른 기술사사무소 또는 「건축사법」 제23조제9항 각 호의 건설엔지니어링사업자 등에 소속되어 있는 사람으로서 「국가기술자격법」에 따른 해당 분야 기술계 자격을 취득한 사람과 「건설기술 진흥법 시행령」 제4조에 따른 건설사업관리를 수행할 자격이 있는 사람을 포함한다. 이하 같다) 중 건축 분야의 건축사보 한 명 이상을 전체 공사기간 동안, 토목·전기 또는 기

계 분야의 건축사보 한 명 이상을 각 분야별 해당 공사기간 동안 각각 공사현장에서 감리업무를 수행하게 해야 한다. 이 경우 건축사보는 해당 분야의 건축공사의 설계·시공·시험·검사·공사감독 또는 감리업무 등에 2년 이상 종사한 경력이 있는 사람이어야 한다. <개정 2020. 4. 21., 2021. 9. 14.>
1. 바닥면적의 합계가 5천 제곱미터 이상인 건축공사. 다만, 축사 또는 작물 재배사의 건축공사는 제외한다.
2. 연속된 5개 층(지하층을 포함한다) 이상으로서 바닥면적의 합계가 3천 제곱미터 이상인 건축공사
3. 아파트 건축공사
4. 준다중이용 건축물 건축공사

⑥ 공사감리자는 제5항 각 호에 해당하지 않는 건축공사로서 깊이 10미터 이상의 토지 굴착공사 또는 높이 5미터 이상의 옹벽 등의 공사(「산업집적활성화 및 공장설립에 관한 법률」 제2조제14호에 따른 산업단지에서 바닥면적 합계가 2천제곱미터 이하인 공장을 건축하는 경우는 제외한다)를 감리하는 경우에는 건축사보 중 건축 또는 토목 분야의 건축사보 한 명 이상을 해당 공사기간 동안 공사현장에서 감리업무를 수행하게 해야 한다. 이 경우 건축사보는 해당 공사의 시공·감독 또는 감리업무 등에 2년 이상 종사한 경력이 있는 사람이어야 한다. <신설 2020. 4. 21., 2021. 8. 10.>

⑦ 공사감리자는 제61조제1항제4호에 해당하는 건축물의 마감재료 설치공사를 감리하는 경우로서 국토교통부령으로 정하는 경우에는 건축 또는 안전관리 분야의 건축사보 한 명 이상이 마감재료 설치공사기간 동안 그 공사현장에서 감리업무를 수행하게 해야 한다. 이 경우 건축사보는 건축공사의 설계·시공·시험·검사·공사감독 또는 감리업무 등에 2년 이상 종사한 경력이 있는 사람이어야 한다. <신설 2021. 8. 10.>

⑧ 공사감리자는 제5항부터 제7항까지의 규정에 따라 건축사보로 하여금 감리업무를 수행하게 하는 경우 다른 공사현장이나 공정의 감리업무를 수행하고 있지 않은 건축사보가 감리업무를 수행하게 해야 한다. <신설 2021. 8. 10.>

⑨ 공사감리자가 수행하여야 하는 감리업무는 다음과 같다. <개정 2021. 8. 10.>
1. 공사시공자가 설계도서에 따라 적합하게 시공하는지 여부의 확인
2. 공사시공자가 사용하는 건축자재가 관계 법령에 따른 기준에 적합한 건축자재인지 여부의 확인
3. 그 밖에 공사감리에 관한 사항으로서 국토교통부령으로 정하는 사항

⑩ 제5항부터 제7항까지의 규정에 따라 공사현장에 건축사보를 두는 공사감리자는 다음 각 호의 구분에 따른 기간에 국토교통부령으로 정하는 바에 따라 건축사보의 배치현황을 허가권자에게 제출해야 한다. <개정 2020. 4. 21., 2021. 8. 10.>
1. 최초로 건축사보를 배치하는 경우에는 착공 예정일(제6항 또는 제7항에 따라 배치하는 경우에는 배치일을 말한다)부터 7일
2. 건축사보의 배치가 변경된 경우에는 변경된 날부터 7일
3. 건축사보가 철수한 경우에는 철수한 날부터 7일

⑪ 허가권자는 제10항에 따라 공사감리자로부터 건축사보의 배치현황을 받으면 지체 없이 그 배치현황을 「건축사법」에 따른 건축사협회 중에서 국토교통부장관이 지정하는 건축사협회에 보내야 한다. <개정 2021. 8. 10.>

⑫ 제11항에 따라 건축사보의 배치현황을 받은 건축사협회는 이를 관리해야 하며, 건축사보가 이중으로 배치된 사실 등을 발견한 경우에는 지체 없이 그 사실 등을 관계 시·도지사에게 알려야 한다. <개정 2020. 4. 21., 2021. 8. 10.>

[시행규칙] 제19조(감리보고서등)
① 법 제25조제3항에 따라 공사감리자는 건축공사기간중 발견한 위법사항에 관하여 시정·재시공 또는 공사중지의 요청을 하였음에도 불구하고 공사시공자가 이에 따르지 아니하는 경우에는 시정등을 요청할 때에 명시한 기간이 만료되는 날부터 7일 이내에 별지 제20호서식의 위법건축공사보고서를 허가권자에게 제출(전자문서로 제출하는 것을 포함한다)하여야 한다. <개정 2008. 12. 11.>
② 삭제 <1999. 5. 11.>
③ 법 제25조제6항에 따른 공사감리일지는 별지 제21호서식에 따른다. <개정 2018. 11. 29.>

[시행규칙] 제19조의2(공사감리업무 등)
① 공사감리자는 영 제19조제9항제3호에 따라 다음 각 호의 업무를 수행한다. <개정 2020. 10. 28.>
  1. 건축물 및 대지가 이 법 및 관계 법령에 적합하도록 공사시공자 및 건축주를 지도
  2. 시공계획 및 공사관리의 적정여부의 확인
  3. 공사현장에서의 안전관리의 지도
  4. 공정표의 검토
  5. 상세시공도면의 검토·확인
  6. 구조물의 위치와 규격의 적정여부의 검토·확인
  7. 품질시험의 실시여부 및 시험성과의 검토·확인
  8. 설계변경의 적정여부의 검토·확인
  9. 기타 공사감리계약으로 정하는 사항
② 영 제19조제8항에 따른 공사감리자의 건축사보 배치현황의 제출은 별지 제22호의2서식에 따른다. <개정 2020. 10. 28.>

[시행규칙] 제19조의3(공사감리자 지정 신청 등)
① 법 제25조제2항 각 호 외의 부분 본문에 따라 허가권자가 공사감리자를 지정하는 건축물의 건축주는 영 제19조의2제3항에 따라 별지 제22호의3서식의 지정신청서를 허가권자에게 제출하여야 한다.
② 허가권자는 제1항에 따른 신청서를 받은 날부터 7일 이내에 공사감리자를 지정한 후 별지 제22호의4서식의 지정통보서를 건축주에게 송부하여야 한다.
③ 건축주는 제2항에 따라 지정통보서를 받으면 해당 공사감리자와 감리 계약을 체결하여야 하며, 공사감리자의 귀책사유로 감리 계약이 체결되지 아니하는 경우를 제외하고는 지정된 공사감리자를 변경할 수 없다.
[본조신설 2016. 7. 20.]

[시행규칙] 제19조의4(허가권자의 공사감리자 지정 제외 신청 절차 등)
① 법 제25조제2항 각 호 외의 부분 단서에 따라 해당 건축물을 설계한 자를 공사감리자로 지정하여 줄 것을 신청하려는 건축주는 별지 제22호의5서식의 신청서에 다음 각 호의 어느 하나에 해당하는 서류를 첨부하여 허가권자에게 제출해야 한다. <개정 2020. 10. 28.>
  1. 영 제19조의2제6항에 따른 신기술을 보유한 자가 그 신기술을 적용하여 설계했음을 증명하는 서류
  2. 영 제19조의2제7항에 따른 건축사임을 증명하는 서류
  3. 설계공모를 통하여 설계한 건축물임을 증명하는 서류로서 다음 각 목의 내용이 포함된 서류
    가. 설계공모 방법
    나. 설계공모 등의 시행공고일 및 공고 매체
    다. 설계지침서
    라. 심사위원의 구성 및 운영
    마. 공모안 제출 설계자 명단 및 공모안별 설계 개요
② 허가권자는 제1항에 따라 신청서를 받으면 제출한 서류에 대하여 관계 기관에 사실을 조회할 수 있다.
③ 허가권자는 제2항에 따른 사실 조회 결과 제출서류가 거짓으로 판명된 경우에는 건축주에게 그 사실을 알려야 한다. 이 경우 건축주는 통보받은 날부터 3일 이내에 이의를 제기할 수 있다.
④ 허가권자는 제1항에 따른 신청서를 받은 날부터 7일 이내에 건축주에게 그 결과를 서면으로 알려야 한다.
[본조신설 2016. 7. 20.]

> 관련 법령

「건축법」 제25조(건축물의 공사감리)

⑥ 공사감리자는 국토교통부령으로 정하는 바에 따라 감리일지를 기록·유지하여야 하고, 공사의 공정(工程)이 대통령령으로 정하는 진도에 다다른 경우에는 감리중간보고서를, 공사를 완료한 경우에는 감리완료보고서를 국토교통부령으로 정하는 바에 따라 각각 작성하여 건축주에게 제출하여야 한다. 이 경우 건축주는 감리중간보고서는 제출받은 때, 감리완료보고서는 제22조에 따른 건축물의 사용승인을 신청할 때 허가권자에게 제출하여야 한다. <개정 2020. 4. 7.>

⑦ 건축주나 공사시공자는 제3항과 제4항에 따라 위반사항에 대한 시정이나 재시공을 요청하거나 위반사항을 허가권자에게 보고한 공사감리자에게 이를 이유로 공사감리자의 지정을 취소하거나 보수의 지급을 거부하거나 지연시키는 등 불이익을 주어서는 아니 된다. <개정 2016. 2. 3.>

⑧ 제1항에 따른 공사감리의 방법 및 범위 등은 건축물의 용도·규모 등에 따라 대통령령으로 정하되, 이에 따른 세부기준이 필요한 경우에는 국토교통부장관이 정하거나 건축사협회로 하여금 국토교통부장관의 승인을 받아 정하도록 할 수 있다. <개정 2013. 3. 23., 2016. 2. 3.>

⑨ 국토교통부장관은 제8항에 따라 세부기준을 정하거나 승인을 한 경우 이를 고시하여야 한다. <개정 2013. 3. 23., 2016. 2. 3.>

⑩ 「주택법」 제15조에 따른 사업계획 승인 대상과 「건설기술 진흥법」 제39조제2항에 따라 건설사업관리를 하게 하는 건축물의 공사감리는 제1항부터 제9항까지 및 제11항부터 제14항까지의 규정에도 불구하고 각각 해당 법령으로 정하는 바에 따른다. <개정 2018. 8. 14.>

⑪ 제1항에 따라 건축주가 공사감리자를 지정하거나 제2항에 따라 허가권자가 공사감리자를 지정하는 건축물의 건축주는 제21조에 따른 착공신고를 하는 때에 감리비용이 명시된 감리 계약서를 허가권자에게 제출하여야 하고, 제22조에 따른 사용승인을 신청하는 때에는 감리용역 계약내용에 따라 감리비용을 지급하여야 한다. 이 경우 허가권자는 감리 계약서에 따라 감리비용이 지급되었는지를 확인한 후 사용승인을 하여야 한다. <신설 2016. 2. 3., 2020. 12. 22., 2021. 7. 27.>

⑫ 제2항에 따라 허가권자가 공사감리자를 지정하는 건축물의 건축주는 설계자의 설계의도가 구현되도록 해당 건축물의 설계자를 건축과정에 참여시켜야 한다. 이 경우 「건축서비스산업 진흥법」 제22조를 준용한다. <신설 2018. 8. 14.>

⑬ 제12항에 따라 설계자를 건축과정에 참여시켜야 하는 건축주는 제21조에 따른 착공신고를 하는 때에 해당 계약서 등 대통령령으로 정하는 서류를 허가권자에게 제출하여야 한다. <신설 2018. 8. 14.>

⑭ 허가권자는 제2항에 따라 허가권자가 공사감리자를 지정하는 경우의 감리비용에 관한 기준을 해당 지방자치단체의 조례로 정할 수 있다. <신설 2016. 2. 3., 2020. 12. 22.>

[시행령] 제19조(공사감리)

③ 법 제25조제6항에서 "공사의 공정이 대통령령으로 정하는 진도에 다다른 경우"란 공사(하나의 대지에 둘 이상의 건축물을 건축하는 경우에는 각각의 건축물에 대한 공사를 말한다)의 공정이 다음 각 호의 구분에 따른 단계에 다다른 경우를 말한다. <개정 2019. 8. 6.>

1. 해당 건축물의 구조가 철근콘크리트조·철골철근콘크리트조·조적조 또는 보강콘크리트블럭조인 경우: 다음 각 목의 어느 하나에 해당하는 단계
   가. 기초공사 시 철근배치를 완료한 경우
   나. 지붕슬래브 배근을 완료한 경우
   다. 지상 5개 층마다 상부 슬래브배근을 완료한 경우

2. 해당 건축물의 구조가 철골조인 경우: 다음 각 목의 어느 하나에 해당하는 단계
   가. 기초공사 시 철근배치를 완료한 경우
   나. 지붕철골 조립을 완료한 경우
   다. 지상 3개 층마다 또는 높이 20미터마다 주요구조부의 조립을 완료한 경우
3. 해당 건축물의 구조가 제1호 또는 제2호 외의 구조인 경우: 기초공사에서 거푸집 또는 주춧돌의 설치를 완료한 단계
4. 제1호부터 제3호까지에 해당하는 건축물이 3층 이상의 필로티형식 건축물인 경우: 다음 각 목의 어느 하나에 해당하는 단계
   가. 해당 건축물의 구조에 따라 제1호부터 제3호까지의 어느 하나에 해당하는 경우
   나. 제18조의2제2항제3호나목에 해당하는 경우

[시행규칙] 제19조(감리보고서등)

④ 건축주는 법 제25조제6항에 따라 감리중간보고서·감리완료보고서를 제출할 때 별지 제22호서식에 다음 각 호의 서류를 첨부하여 허가권자에게 제출해야 한다. <신설 2018. 11. 29.>
1. 건축공사감리 점검표
2. 별지 제21호서식의 공사감리일지
3. 공사추진 실적 및 설계변경 종합
4. 품질시험성과 총괄표
5. 「산업표준화법」에 따른 산업표준인증을 받은 자재 및 국토교통부장관이 인정한 자재의 사용 총괄표
6. 공사현장 사진 및 동영상(법 제24조제7항에 따른 건축물만 해당한다)
7. 공사감리자가 제출한 의견 및 자료(제출한 의견 및 자료가 있는 경우만 해당한다)

[전문개정 1996. 1. 18.]

☞ 「건축공사 감리세부 기준」

3 「주택법」에 따른 감리 규정

☞ 관련 법령

「주택법」 제43조(주택의 감리자 지정 등)
① 사업계획승인권자가 제15조제1항 또는 제3항에 따른 주택건설사업계획을 승인하였을 때와 시장·군수·구청장이 제66조제1항 또는 제2항에 따른 리모델링의 허가를 하였을 때에는 「건축사법」 또는 「건설기술 진흥법」에 따른 감리자격이 있는 자를 대통령령으로 정하는 바에 따라 해당 주택건설공사의 감리자로 지정하여야 한다. 다만, 사업주체가 국가·지방자치단체·한국토지주택공사·지방공사 또는 대통령령으로 정하는 자인 경우와 「건축법」 제25조에 따라 공사감리를 하는 도시형 생활주택의 경우에는 그러하지 아니하다. <개정 2018. 3. 13.>
② 사업계획승인권자는 감리자가 감리자의 지정에 관한 서류를 부정 또는 거짓으로 제출하거나, 업무 수행 중 위반 사항이 있음을 알고도 묵인하는 등 대통령령으로 정하는 사유에 해당하는 경우에는 감리자를 교체하고, 그 감리자에 대하여는 1년의 범위에서 감리업무의 지정을 제한할 수 있다.
③ 사업주체(제66조제1항 또는 제2항에 따른 리모델링의 허가만 받은 자도 포함한다. 이하 이 조, 제44조 및 제47조에서 같다)와 감리자 간의 책임 내용 및 범위는 이 법에서 규정한 것 외에는 당사자 간의 계약으로 정한다. <개정 2018. 3. 13.>
④ 국토교통부장관은 제3항에 따른 계약을 체결할 때 사업주체와 감리자 간에 공정하게 계약이 체결되도록 하기 위하여 감리용역표준계약서를 정하여 보급할 수 있다.

[시행령] 제47조(감리자의 지정 및 감리원의 배치 등)
① 법 제43조제1항 본문에 따라 사업계획승인권자는 다음 각 호의 구분에 따른 자를 주택건설공사의 감리자로 지정하여야 한다. 이 경우 인접한 둘 이상의 주택단지에 대해서는 감리자를 공동으로 지정할 수 있다. <개정 2020. 1. 7., 2021. 9. 14.>
  1. 300세대 미만의 주택건설공사: 다음 각 목의 어느 하나에 해당하는 자[해당 주택건설공사를 시공하는 자의 계열회사(「독점규제 및 공정거래에 관한 법률」 제2조제3호에 따른 계열회사를 말한다)는 제외한다. 이하 제2호에서 같다]
     가. 「건축사법」 제23조제1항에 따라 건축사사무소개설신고를 한 자
     나. 「건설기술 진흥법」 제26조제1항에 따라 등록한 건설엔지니어링사업자
  2. 300세대 이상의 주택건설공사: 「건설기술 진흥법」 제26조제1항에 따라 등록한 건설엔지니어링사업자
② 국토교통부장관은 제1항에 따른 지정에 필요한 다음 각 호의 사항에 관한 세부적인 기준을 정하여 고시할 수 있다.
  1. 지정 신청에 필요한 제출서류
  2. 다른 신청인에 대한 제출서류 공개 및 그 제출서류 내용의 타당성에 대한 이의신청 절차
  3. 그 밖에 지정에 필요한 사항
③ 사업계획승인권자는 제2항제1호에 따른 제출서류의 내용을 확인하기 위하여 필요하면 관계 기관의 장에게 사실조회를 요청할 수 있다.
④ 제1항에 따라 지정된 감리자는 다음 각 호의 기준에 따라 감리원을 배치하여 감리를 하여야 한다. <개정 2017. 10. 17.>
  1. 국토교통부령으로 정하는 감리자격이 있는 자를 공사현장에 상주시켜 감리할 것
  2. 국토교통부장관이 정하여 고시하는 바에 따라 공사에 대한 감리업무를 총괄하는 총괄감리원 1명과 공사분야별 감리원을 각각 배치할 것
  3. 총괄감리원은 주택건설공사 전기간(全期間)에 걸쳐 배치하고, 공사분야별 감리원은 해당 공사의 기간 동안 배치할 것
  4. 감리원을 해당 주택건설공사 외의 건설공사에 중복하여 배치하지 아니할 것

⑤ 감리자는 법 제16조제2항에 따라 착공신고를 하거나 감리업무의 범위에 속하는 각종 시험 및 자재확인 등을 하는 경우에는 서명 또는 날인을 하여야 한다.
⑥ 주택건설공사에 대한 감리는 법 또는 이 영에서 정하는 사항 외에는 「건축사법」 또는 「건설기술 진흥법」에서 정하는 바에 따른다.
⑦ 법 제43조제1항 단서에서 "대통령령으로 정하는 자"란 다음 각 호의 요건을 모두 갖춘 위탁관리 부동산투자회사를 말한다. <개정 2017. 10. 17.>
　1. 다음 각 목의 자가 단독 또는 공동으로 총지분의 50퍼센트를 초과하여 출자한 부동산투자회사일 것
　　가. 국가
　　나. 지방자치단체
　　다. 한국토지주택공사
　　라. 지방공사
　2. 해당 부동산투자회사의 자산관리회사가 한국토지주택공사일 것
　3. 사업계획승인 대상 주택건설사업이 공공주택건설사업일 것
⑧ 제7항제2호에 따른 자산관리회사인 한국토지주택공사는 법 제44조제1항 및 이 조 제4항에 따라 감리를 수행하여야 한다.

[시행규칙] 제18조(감리원의 배치기준 등)

① 영 제47조제4항제1호에서 "국토교통부령으로 정하는 감리자격이 있는 자"란 다음 각 호의 구분에 따른 사람을 말한다. <개정 2019. 2. 25.>
　1. 감리업무를 총괄하는 총괄감리원의 경우
　　가. 1천세대 미만의 주택건설공사: 「건설기술 진흥법 시행령」 별표 1 제2호에 따른 건설사업관리 업무를 수행하는 특급기술인 또는 고급기술인. 다만, 300세대 미만의 주택건설공사인 경우에는 다음의 요건을 모두 갖춘 사람을 포함한다.
　　　1) 「건축사법」에 따른 건축사 또는 건축사보일 것
　　　2) 「건설기술 진흥법 시행령」 별표 1 제2호에 따른 건설기술인 역량지수에 따라 등급을 산정한 결과 건설사업관리 업무를 수행하는 특급기술인 또는 고급기술인에 준하는 등급에 해당할 것
　　　3) 「건설기술 진흥법 시행령」 별표 3 제2호나목에 따른 기본교육 및 전문교육을 받았을 것
　　나. 1천세대 이상의 주택건설공사: 「건설기술 진흥법 시행령」 별표 1 제2호에 따른 건설사업관리 업무를 수행하는 특급기술인
　2. 공사분야별 감리원의 경우: 「건설기술 진흥법 시행령」 별표 1 제2호에 따른 건설사업관리 업무를 수행하는 건설기술인. 다만, 300세대 미만의 주택건설공사인 경우에는 다음 각 목의 요건을 모두 갖춘 사람을 포함한다.
　　가. 「건축사법」에 따른 건축사 또는 건축사보일 것
　　나. 「건설기술 진흥법 시행령」 별표 1 제2호에 따른 건설기술인 역량지수에 따라 등급을 산정한 결과 건설사업관리 업무를 수행하는 초급 이상의 건설기술인에 준하는 등급에 해당할 것
　　다. 「건설기술 진흥법 시행령」 별표 3 제2호나목에 따른 기본교육 및 전문교육을 받았을 것
② 감리자는 사업주체와 협의하여 감리원의 배치계획을 작성한 후 사업계획승인권자 및 사업주체에게 각각 보고(전자문서에 의한 보고를 포함한다)하여야 한다. 배치계획을 변경하는 경우에도 또한 같다. <개정 2016. 12. 30.>

[시행령] 제48조(감리자의 교체)

① 법 제43조제2항에서 "업무 수행 중 위반 사항이 있음을 알고도 묵인하는 등 대통령령으로 정하는 사유에 해당하는 경우"란 다음 각 호의 어느 하나에 해당하는 경우를 말한다.
　1. 감리업무 수행 중 발견한 위반 사항을 묵인한 경우

2. 법 제44조제4항 후단에 따른 이의신청 결과 같은 조 제3항에 따른 시정 통지가 3회 이상 잘못된 것으로 판정된 경우
3. 공사기간 중 공사현장에 1개월 이상 감리원을 상주시키지 아니한 경우. 이 경우 기간 계산은 제47조제4항에 따라 감리원별로 상주시켜야 할 기간에 각 감리원이 상주하지 아니한 기간을 합산한다.
4. 감리자 지정에 관한 서류를 거짓이나 그 밖의 부정한 방법으로 작성·제출한 경우
5. 감리자 스스로 감리업무 수행의 포기 의사를 밝힌 경우

② 사업계획승인권자는 법 제43조제2항에 따라 감리자를 교체하려는 경우에는 해당 감리자 및 시공자·사업주체의 의견을 들어야 한다.

③ 사업계획승인권자는 제1항제5호에도 불구하고 감리자가 다음 각 호의 사유로 감리업무 수행을 포기한 경우에는 그 감리자에 대하여 법 제43조제2항에 따른 감리업무 지정제한을 하여서는 아니된다.
1. 사업주체의 부도·파산 등으로 인한 공사 중단
2. 1년 이상의 착공 지연
3. 그 밖에 천재지변 등 부득이한 사유

[시행규칙] 제18조의2(공사감리비의 예치 및 지급 등)

① 사업주체는 감리자와 법 제43조제3항에 따른 계약(이하 이 조에서 "계약"이라 한다)을 체결한 경우 사업계획승인권자에게 계약 내용을 통보하여야 한다. 이 경우 통보를 받은 사업계획승인권자는 즉시 사업주체 및 감리자에게 공사감리비 예치 및 지급 방식에 관한 내용을 안내하여야 한다.

② 사업주체는 해당 공사감리비를 계약에서 정한 지급예정일 14일 전까지 사업계획승인권자에게 예치하여야 한다.

③ 감리자는 계약에서 정한 공사감리비 지급예정일 7일 전까지 사업계획승인권자에게 공사감리비 지급을 요청하여야 하며, 사업계획승인권자는 제18조제3항에 따른 감리업무 수행 상황을 확인한 후 공사감리비를 지급하여야 한다.

④ 제2항 및 제3항에도 불구하고 계약에서 선급금의 지급, 계약의 해제·해지 및 감리 용역의 일시중지 등의 사유 발생 시 공사감리비의 예치 및 지급 등에 관한 사항을 별도로 정한 경우에는 그 계약에 따른다.

⑤ 사업계획승인권자는 제3항 또는 제4항에 따라 공사감리비를 지급한 경우 그 사실을 즉시 사업주체에게 통보하여야 한다.

⑥ 제1항부터 제5항까지에서 규정한 사항 외에 공사감리비 예치 및 지급 등에 필요한 사항은 시·도지사 또는 시장·군수가 정한다.

[본조신설 2018. 9. 14.]

> ☞ 관련 법령
>
> 「주택법」 제44조(감리자의 업무 등)
> ① 감리자는 자기에게 소속된 자를 대통령령으로 정하는 바에 따라 감리원으로 배치하고, 다음 각 호의 업무를 수행하여야 한다.
> 1. 시공자가 설계도서에 맞게 시공하는지 여부의 확인
> 2. 시공자가 사용하는 건축자재가 관계 법령에 따른 기준에 맞는 건축자재인지 여부의 확인
> 3. 주택건설공사에 대하여 「건설기술 진흥법」 제55조에 따른 품질시험을 하였는지 여부의 확인
> 4. 시공자가 사용하는 마감자재 및 제품이 제54조제3항에 따라 사업주체가 시장·군수·구청장에게 제출한 마감자재 목록표 및 영상물 등과 동일한지 여부의 확인
> 5. 그 밖에 주택건설공사의 시공감리에 관한 사항으로서 대통령령으로 정하는 사항
> ② 감리자는 제1항 각 호에 따른 업무의 수행 상황을 국토교통부령으로 정하는 바에 따라 사업계획승인권자(제66조제1항 또는 제2항에 따른 리모델링의 허가만 받은 경우는 허가권자를 말한다. 이하 이 조, 제45조, 제47조 및 제48조에서 같다) 및 사업주체에게 보고하여야 한다. <개정 2018. 3. 13.>

③ 감리자는 제1항 각 호의 업무를 수행하면서 위반 사항을 발견하였을 때에는 지체 없이 시공자 및 사업주체에게 위반 사항을 시정할 것을 통지하고, 7일 이내에 사업계획승인권자에게 그 내용을 보고하여야 한다.

④ 시공자 및 사업주체는 제3항에 따른 시정 통지를 받은 경우에는 즉시 해당 공사를 중지하고 위반 사항을 시정한 후 감리자의 확인을 받아야 한다. 이 경우 감리자의 시정 통지에 이의가 있을 때에는 즉시 그 공사를 중지하고 사업계획승인권자에게 서면으로 이의신청을 할 수 있다.

⑤ 제43조제1항에 따른 감리자의 지정 방법 및 절차와 제4항에 따른 이의신청의 처리 등에 필요한 사항은 대통령령으로 정한다.

⑥ 사업주체는 제43조제3항의 계약에 따른 공사감리비를 국토교통부령으로 정하는 바에 따라 사업계획승인권자에게 예치하여야 한다. <신설 2018. 3. 13.>

⑦ 사업계획승인권자는 제6항에 따라 예치받은 공사감리비를 감리자에게 국토교통부령으로 정하는 절차 등에 따라 지급하여야 한다. <개정 2018. 3. 13.>

[시행령] 제49조(감리자의 업무)

① 법 제44조제1항제5호에서 "대통령령으로 정하는 사항"이란 다음 각 호의 업무를 말한다. <개정 2020. 3. 10.>
  1. 설계도서가 해당 지형 등에 적합한지에 대한 확인
  2. 설계변경에 관한 적정성 확인
  3. 시공계획·예정공정표 및 시공도면 등의 검토·확인
  4. 국토교통부령으로 정하는 주요 공정이 예정공정표대로 완료되었는지 여부의 확인
  5. 예정공정표보다 공사가 지연된 경우 대책의 검토 및 이행 여부의 확인
  6. 방수·방음·단열시공의 적정성 확보, 재해의 예방, 시공상의 안전관리 및 그 밖에 건축공사의 질적 향상을 위하여 국토교통부장관이 정하여 고시하는 사항에 대한 검토·확인

② 국토교통부장관은 주택건설공사의 시공감리에 관한 세부적인 기준을 정하여 고시할 수 있다.

[시행규칙] 제18조(감리원의 배치기준 등)

③ 영 제49조제1항제4호에서 "국토교통부령으로 정하는 주요 공정"이란 다음 각 호의 공정을 말한다. <신설 2020. 4. 1.>
  1. 지하 구조물 공사
  2. 옥탑층 골조 및 승강로 공사
  3. 세대 내부 바닥의 미장 공사
  4. 승강기 설치 공사
  5. 지하 관로 매설 공사

④ 감리자는 법 제44조제2항에 따라 사업계획승인권자(법 제66조제1항에 따른 리모델링의 허가만 받은 경우는 허가권자를 말한다. 이하 이 조 및 제20조에서 같다) 및 사업주체에게 다음 각 호의 구분에 따라 감리업무 수행 상황을 보고(전자문서에 따른 보고를 포함한다)해야 하며, 감리업무를 완료하였을 때에는 최종보고서를 제출(전자문서에 따른 제출을 포함한다)해야 한다. <개정 2020. 4. 1.>
  1. 영 제49조제1항제4호의 업무: 예정공정표에 따른 제3항 각 호의 공정 완료 예정 시기
  2. 영 제49조제1항제5호의 업무: 공사 지연이 발생한 때. 이 경우 국토교통부장관이 정하여 고시하는 기준에 따라 보고해야 한다.
  3. 제1호 및 제2호 외의 감리업무 수행 상황: 분기별

[시행령] 제50조(이의신청의 처리)

사업계획승인권자는 법 제44조제4항 후단에 따른 이의신청을 받은 경우에는 이의신청을 받은 날부터 10일 이내에 처리 결과를 회신하여야 한다. 이 경우 감리자에게도 그 결과를 통보하여야 한다.

> ☞ 관련 법령
>
> 「주택법」 제45조(감리자의 업무 협조)
> ① 감리자는 「전력기술관리법」 제14조의2, 「정보통신공사업법」 제8조, 「소방시설공사업법」 제17조에 따라 감리업무를 수행하는 자(이하 "다른 법률에 따른 감리자"라 한다)와 서로 협력하여 감리업무를 수행하여야 한다.
> ② 다른 법률에 따른 감리자는 공정별 감리계획서 등 대통령령으로 정하는 자료를 감리자에게 제출하여야 하며, 감리자는 제출된 자료를 근거로 다른 법률에 따른 감리자와 협의하여 전체 주택건설공사에 대한 감리계획서를 작성하여 감리업무를 착수하기 전에 사업계획승인권자에게 보고하여야 한다.
> ③ 감리자는 주택건설공사의 품질·안전 관리 및 원활한 공사 진행을 위하여 다른 법률에 따른 감리자에게 공정 보고 및 시정을 요구할 수 있으며, 다른 법률에 따른 감리자는 요청에 따라야 한다.

[시행령] 제51조(다른 법률에 따른 감리자의 자료제출)

법 제45조제2항에서 "공정별 감리계획서 등 대통령령으로 정하는 자료"란 다음 각 호의 자료를 말한다.
1. 공정별 감리계획서
2. 공정보고서
3. 공사분야별로 필요한 부분에 대한 상세시공도면

> ☞ 관련 법령
>
> 「주택법」 제46조(건축구조기술사와의 협력)
> ① 수직증축형 리모델링(세대수가 증가되지 아니하는 리모델링을 포함한다. 이하 같다)의 감리자는 감리업무 수행 중에 다음 각 호의 어느 하나에 해당하는 사항이 확인된 경우에는 「국가기술자격법」에 따른 건축구조기술사(해당 건축물의 리모델링 구조설계를 담당한 자를 말하며, 이하 "건축구조기술사"라 한다)의 협력을 받아야 한다. 다만, 구조설계를 담당한 건축구조기술사가 사망하는 등 대통령령으로 정하는 사유로 감리자가 협력을 받을 수 없는 경우에는 대통령령으로 정하는 건축구조기술사의 협력을 받아야 한다.
> 1. 수직증축형 리모델링 허가 시 제출한 구조도 또는 구조계산서와 다르게 시공하고자 하는 경우
> 2. 내력벽(耐力壁), 기둥, 바닥, 보 등 건축물의 주요 구조부에 대하여 수직증축형 리모델링 허가 시 제출한 도면보다 상세한 도면 작성이 필요한 경우
> 3. 내력벽, 기둥, 바닥, 보 등 건축물의 주요 구조부의 철거 또는 보강 공사를 하는 경우로서 국토교통부령으로 정하는 경우
> 4. 그 밖에 건축물의 구조에 영향을 미치는 사항으로서 국토교통부령으로 정하는 경우
> ② 제1항에 따라 감리자에게 협력한 건축구조기술사는 분기별 감리보고서 및 최종 감리보고서에 감리자와 함께 서명날인하여야 한다.
> ③ 제1항에 따라 협력을 요청받은 건축구조기술사는 독립되고 공정한 입장에서 성실하게 업무를 수행하여야 한다.
> ④ 수직증축형 리모델링을 하려는 자는 제1항에 따라 감리자에게 협력한 건축구조기술사에게 적정한 대가를 지급하여야 한다.

[시행령] 제52조(건축구조기술사와의 협력)
① 법 제46조제1항 각 호 외의 부분 단서에서 "구조설계를 담당한 건축구조기술사가 사망하는 등 대통령령으로 정하는 사유로 감리자가 협력을 받을 수 없는 경우"란 다음 각 호의 어느 하나에 해당하는 경우를 말한다.
  1. 구조설계를 담당한 건축구조기술사(「국가기술자격법」에 따른 건축구조기술사로서 해당 건축물의 리모델링을 담당한 자를 말한다. 이하 같다)의 사망 또는 실종으로 감리자가 협력을 받을 수 없는 경우
  2. 구조설계를 담당한 건축구조기술사의 해외 체류, 장기 입원 등으로 감리자가 즉시 협력을 받을 수 없는 경우
  3. 구조설계를 담당한 건축구조기술사가 「국가기술자격법」에 따라 국가기술자격이 취소되거나 정지되어 감리자가 협력을 받을 수 없는 경우
② 법 제46조제1항 각 호 외의 부분 단서에서 "대통령령으로 정하는 건축구조기술사"란 리모델링주택조합 등 리모델링을 하는 자(이하 이 조에서 "리모델링주택조합등"이라 한다)가 추천하는 건축구조기술사를 말한다.
③ 수직증축형 리모델링(세대수가 증가하지 아니하는 리모델링을 포함한다)의 감리자는 구조설계를 담당한 건축구조기술사가 제1항 각 호의 어느 하나에 해당하게 된 경우에는 지체 없이 리모델링주택조합등에 건축구조기술사 추천을 의뢰하여야 한다. 이 경우 추천의뢰를 받은 리모델링주택조합등은 지체 없이 건축구조기술사를 추천하여야 한다.

[시행규칙] 제19조(건축구조기술사와의 협력)
① 법 제46조제1항제3호에서 "국토교통부령으로 정하는 경우"란 다음 각 호의 어느 하나에 해당하는 경우를 말한다. <개정 2018. 5. 21.>
  1. 내력벽(耐力壁), 기둥, 바닥, 보 등 건축물의 주요 구조부의 철거 공사를 하는 경우로서 철거 범위나 공법의 변경이 필요한 경우
  2. 내력벽, 기둥, 바닥, 보 등 건축물의 주요 구조부의 보강 공사를 하는 경우로서 공법이나 재료의 변경이 필요한 경우
  3. 내력벽, 기둥, 바닥, 보 등 건축물의 주요 구조부의 보강 공사에 신기술 또는 신공법을 적용하는 경우로서 법 제69조제3항에 따른 전문기관의 안전성 검토결과 「국가기술자격법」에 따른 건축구조기술사의 협력을 받을 필요가 있다고 인정되는 경우
② 법 제46조제1항제4호에서 "국토교통부령으로 정하는 경우"란 다음 각 호의 어느 하나에 해당하는 경우를 말한다.
  1. 수직·수평 증축에 따른 골조 공사시 기존 부위와 증축 부위의 접합부에 대한 공법이나 재료의 변경이 필요한 경우
  2. 건축물 주변의 굴착공사로 구조안전에 영향을 주는 경우

☞ 관련 법령

「주택법」 제47조(부실감리자 등에 대한 조치)
사업계획승인권자는 제43조 및 제44조에 따라 지정·배치된 감리자 또는 감리원(다른 법률에 따른 감리자 또는 그에게 소속된 감리원을 포함한다)이 그 업무를 수행할 때 고의 또는 중대한 과실로 감리를 부실하게 하거나 관계 법령을 위반하여 감리를 함으로써 해당 사업주체 또는 입주자 등에게 피해를 입히는 등 주택건설공사가 부실하게 된 경우에는 그 감리자의 등록 또는 감리원의 면허나 그 밖의 자격인정 등을 한 행정기관의 장에게 등록말소·면허취소·자격정지·영업정지나 그 밖에 필요한 조치를 하도록 요청할 수 있다.

☞ 관련 법령

「주택법」 제48조(감리자에 대한 실태점검 등)
① 사업계획승인권자는 주택건설공사의 부실방지, 품질 및 안전 확보를 위하여 해당 주택건설공사의 감리자를 대상으로 각종 시험 및 자재확인 업무에 대한 이행 실태 등 대통령령으로 정하는 사항에 대하여 실태점검(이하 "실태점검"이라 한다)을 실시할 수 있다.
② 사업계획승인권자는 실태점검 결과 제44조제1항에 따른 감리업무의 소홀이 확인된 경우에는 시정명령을 하거나, 제43조제2항에 따라 감리자 교체를 하여야 한다.
③ 사업계획승인권자는 실태점검에 따른 감리자에 대한 시정명령 또는 교체지시 사실을 국토교통부령으로 정하는 바에 따라 국토교통부장관에게 보고하여야 하며, 국토교통부장관은 해당 내용을 종합관리하여 제43조제1항에 따른 감리자 지정에 관한 기준에 반영할 수 있다.

[시행령] 제53조(감리자에 대한 실태점검 항목)
법 제48조제1항에서 "각종 시험 및 자재확인 업무에 대한 이행 실태 등 대통령령으로 정하는 사항"이란 다음 각 호의 사항을 말한다.
1. 감리원의 적정자격 보유 여부 및 상주이행 상태 등 감리원 구성 및 운영에 관한 사항
2. 시공 상태 확인 등 시공관리에 관한 사항
3. 각종 시험 및 자재품질 확인 등 품질관리에 관한 사항
4. 안전관리 등 현장관리에 관한 사항
5. 그 밖에 사업계획승인권자가 실태점검이 필요하다고 인정하는 사항

[시행규칙] 제20조(감리자에 대한 시정명령 또는 교체지시의 보고)
사업계획승인권자는 법 제48조제2항에 따라 감리자에 대하여 시정명령을 하거나 교체지시를 한 경우에는 같은 조 제3항에 따라 시정명령 또는 교체지시를 한 날부터 7일 이내에 국토교통부장관에게 보고하여야 한다.

☞ 「주택건설공사 감리업무 세부기준」

기출 및 예상문제

Ⅵ. 공사감리

1. 다음은 「건축법」 규정에 따른 내용이다. (   ) 안에 적당한 용어를 쓰시오. (3점)

연면적의 합계가 (①   ) 이상인 건축공사의 경우 공사감리자는 필요하다고 인정하면 (②   )에게 상세시공도면을 작성하도록 요청할 수 있다.

정답 1
① 5천 제곱미터(5,000m²)
② 공사시공자

2. 다음은 「건축법」 규정에 따른 내용이다. 감리 중간보고서를 작성하는 단계(경우) 중 나머지 단계를 기술하시오. (3점)

- 해당 건축물의 구조가 철근콘크리트조·철골철근콘크리트조·조적조 또는 보강콘크리트블럭조인 경우

① 기초공사 시 철근배치를 완료한 경우
② _____
③ _____

정답 2
② 지붕 슬래브 배근을 완료한 경우
③ 지상 5개 층마다 상부 슬래브 배근을 완료한 경우

3. 「건축법」 규정에 따른 공사감리자의 업무 내용 중 (   ) 안에 적정한 용어를 쓰시오. (5점)

1. (①   ) 및 대지가 이 법 및 관계 법령에 적합하도록 공사시공자 및 건축주를 지도
2. 시공계획 및 공사관리의 적정여부의 확인
3. 공사현장에서의 (②   )의 지도
4. (③   )의 검토
5. 상세시공도면의 검토·확인
6. 구조물의 위치와 규격의 적정여부의 검토·확인
7. (④   )의 실시여부 및 시험성과의 검토·확인
8. (⑤   )의 적정여부의 검토·확인
9. 기타 공사감리계약으로 정하는 사항

정답 3
① 건축물
② 안전관리
③ 공정표
④ 품질시험
⑤ 설계변경

기출 및 예상문제 — Ⅵ. 공사감리

4. 다음은 「주택법」 규정에 따른 감리자의 업무에 해당하는 규정이다. ( ) 안에 적당한 용어를 쓰시오. (3점)

- 감리자는 자기에게 소속된 자를 대통령령으로 정하는 바에 따라 감리원으로 배치하고, 다음의 업무를 수행하여야 한다.

1. 시공자가 (①)에 맞게 시공하는지 여부의 확인
2. 시공자가 사용하는 건축자재가 관계 법령에 따른 기준에 맞는 건축자재인지 여부의 확인
3. 주택건설공사에 대하여 「건설기술 진흥법」 제55조에 따른 (②)을 하였는지 여부의 확인
4. (③)가 사용하는 마감자재 및 제품이 제54조제3항에 따라 사업주체가 시장·군수·구청장에게 제출한 마감자재 목록표 및 영상물 등과 동일한지 여부의 확인
5. 그 밖에 주택건설공사의 시공감리에 관한 사항으로서 대통령령으로 정하는 사항

정답

정답 4
① 설계도서
② 품질시험
③ 시공자

07

부록1
실내건축기사 기출문제

- 반드시 문제를 주어진 시간에 풀어본 후에 답을 맞추어 보도록 한다.
  (풀어가는 도중에 답을 맞추지 않도록 한다!!)
- 틀린 문제, 확신이 안가는 문제에 대해서는 다시 복습하여 정리하도록
  한다.

01 2013년 과년도 기출문제
02 2014년 과년도 기출문제
03 2015년 과년도 기출문제
04 2016년 과년도 기출문제
05 2017년 과년도 기출문제
06 2018년 과년도 기출문제
07 2019년 과년도 기출문제
08 2020년 과년도 기출문제
09 2021년 과년도 기출문제
10 2022년 과년도 기출문제
11 2023년 과년도 기출문제
12 2024년 과년도 기출문제

실내건축기사 기출문제

1회 / 2013년 4월 21일 시행

수험생 기억에 의한 것으로 실제 기출문제와 다를 수 있습니다.

1. 다음은 석재의 가공 순서이다. 각 단계별 필요 공구를 괄호 안에 써 넣으시오. (5점)

   혹두기/(①) → 정다듬/(②) → 도드락다듬/(③) → 잔다듬/(④) → 물갈기/(⑤)

   ① _____ ② _____ ③ _____
   ④ _____ ⑤ _____

정답 1
① 쇠메
② 정
③ 도드락망치
④ 날망치
⑤ 숫돌

2. 조적공사시 테두리보를 설치하는 목적 3가지를 쓰시오. (3점)

   ① _____
   ② _____
   ③ _____

정답 2
① 하중을 균등히 분포시킨다.
② 수직 균열을 방지한다.
③ 세로 철근을 정착시킨다.
* 집중하중을 받는 부분을 보강한다.

3. 다음 〈보기〉의 미장재료 중 기경성 재료를 모두 고르시오. (3점)

   〈보기〉
   ① 진흙   ② 돌로마이트 플라스터   ③ 아스팔트 모르타르
   ④ 순석고 ⑤ 시멘트 모르타르   ⑥ 인조석 바름

   _____

정답 3
①, ②, ③

4. 조적조 공간 쌓기에 대하여 설명하시오. (2점)

   _____

정답 4
외벽에 방습, 방음, 단열 등의 목적으로 벽체의 중간에 공간을 두어 이중으로 쌓는 벽을 말하며, 공간에 단열재를 설치하는 것이 일반적이다.

5. 공사시 사용되는 연귀맞춤의 종류 4가지를 쓰시오. (단, 연귀맞춤은 채점에서 제외) (4점)

   ① _____ ② _____
   ③ _____ ④ _____

정답 5
① 반연귀
② 안촉연귀
③ 밖촉연귀
④ 사개연귀

6. 석고보드에 대한 특징을 간략히 서술하시오. (3점)

① 장점 : _____

② 단점 : _____

③ 시공시 주의사항 : _____

정답 6
① 내화 및 단열성능이 우수하고 표면이 고르고 평탄하기 때문에 마감바탕에 적합하다.
② 습기에 약하고 강도가 약하여 파손되기 쉽다.
③ 이음매 처리 작업 전에 필히 못이나 나사못 머리가 보드 표면과 일치 되었는가 확인한다.

7. 다음은 수성페인트의 시공 순서이다. 빈칸에 알맞은 공정을 써넣으시오. (3점)

<공정> 바탕만들기 → (①) → 초벌 → (②) → (③)

① _____ ② _____ ③ _____

정답 7
① 바탕누름
② 사포질(연마지 문지르기)
③ 정벌

8. 표준형 벽돌 1.0B 벽돌쌓기시 벽돌량과 모르타르량을 산출하시오. (벽길이 50m, 벽높이 2.6m, 개구부 1.5m×2m 10개) (3점)

정답 8
① 벽면적 : (50m×2.6m)
　　　　　 −(1.5m×2m×10)
　　　　　 =100m²
② 벽돌량 : 100×149=14,900(매)
③ 모르타르량 : $\frac{14,900}{1,000} \times 0.33$
　　　　　　　 ≒ 4.92(m³)

9. 알루미늄 창호를 철재창호와 비교할 때의 장점 3가지를 쓰시오. (3점)

① _____
② _____
③ _____

정답 9
① 비중이 철의 1/3 정도로 가볍다.
② 공작이 용이하다.
③ 잘 녹슬지 않아 사용 내구연한이 길다.
* 여닫음이 경쾌하다.

10. 벽타일 붙이기 시공순서이다. 〈보기〉에서 골라 그 번호를 나열하시오. (4점)

〈보기〉
① 타일나누기　② 치장줄눈　③ 보양
④ 벽타일붙이기　⑤ 바탕정리

정답 10
⑤ → ① → ④ → ② → ③

11. 다음 자료를 이용하여 네트워크(Network) 공정표를 작성하시오. (단, 주공정선은 굵은 선으로 표시한다.) (5점)

작업명	작업일수	선행작업	비고
A	2	–	각 작업의 일정계산 표시방법은 아래 방법으로 한다.
B	1	–	
C	4	–	
D	3	A, B, C	
E	6	B, C	
F	5	C	

- C.P : _____

[정답]

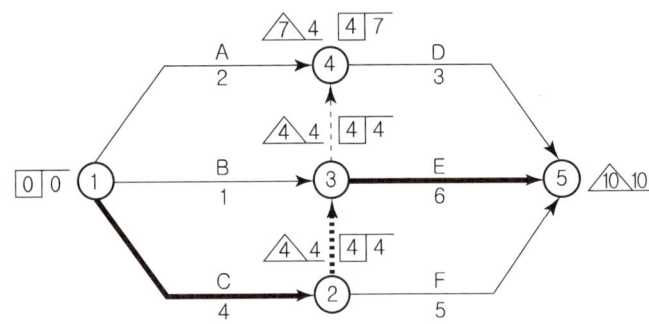

- C.P(주공정선) : ① → ② → ③ → ⑤

12. 목재의 인공건조법 3가지를 쓰시오. (3점)

① _____ ② _____ ③ _____

정답 12
① 증기법
② 훈연법
③ 열기법
* 진공법, 고주파 건조법, 자비법

실내건축기사 기출문제

2회 / 2013년 7월 13일 시행

수험생 기억에 의한 것으로 실제 기출문제와 다를 수 있습니다.

1. 타일공사에서 OPEN TIME를 설명하시오. (2점)

정답 1
타일의 접착력을 확보하기 위하여 모르타르를 바른 후 타일을 붙일 때까지 소요되는 시간

2. 벽 타일붙이기 시공순서이다. 〈보기〉에서 골라 그 번호를 나열하시오. (3점)

〈보기〉
① 타일나누기　② 치장줄눈　③ 보양
④ 벽타일나누기　⑤ 바탕정리

정답 2
⑤ → ① → ④ → ② → ③

3. 유리의 열손실을 막기 위한 방법을 2가지 정도 나열하시오. (4점)

①
②

정답 3
① 두 장의 유리사이에 건조공기를 넣은 복층유리를 사용한다.
② 복사열을 반사시키도록 유리표면에 특수 코팅된 유리를 사용한다.

4. 다음은 목공사에 관한 설명이다. 맞는 용어를 쓰시오. (2점)

① 구멍 뚫기, 홈파기, 면접기, 대패질 등으로 목재를 다듬는 일 :

② 목재를 크기에 따라 각 부재의 소요 길이로 잘라내는 것 :

정답 4
① 바심질
② 마름질

5. 건식 돌붙임 공법에서 석재를 고정하거나 지탱하는 공법 3가지를 쓰시오. (3점)

①　　　　② 　　　　③

정답 5
① 본드 공법
② 앵커긴결 공법
③ 강재트러스 지지공법

6. 금속재의 도장시 사전 바탕처리 방법 중 화학적 방법 3가지를 쓰시오. (3점)

①　　　　② 　　　　③

정답 6
① 탈지법
② 세정법
③ 피막법

실내건축기사 기출문제

7. 목재의 결함 3가지를 열거하시오. (3점)

① _____ ② _____ ③ _____

정답 7
① 옹이
② 갈라짐
③ 껍질박이(입피)
* 썩정이

8. 다음 각 재료에 대한 할증률이 큰 순서대로 나열하시오. (3점)

〈보기〉
① 블록   ② 시멘트 벽돌   ③ 유리   ④ 타일

정답 8
② → ① → ④ → ③

9. 길이 10m, 높이 2m, 1.0B 벽돌벽의 정미량을 산출하시오. (단, 벽돌규격은 표준형 임) (3점)

정답 9
① 벽 면적 : 10m×2m = 20(m²)
② 벽돌량 : 20(m²)×149(매/m²)
= 2,980(매)

10. 어느 인테리어 공사의 한 작업이 정상적으로 시공될 때 공사기일은 10일, 공사비는 10,000,000원이고, 특급으로 시공할 때 공사기일은 6일, 공사비는 14,000,000원이라 할 때 이 공사의 공기 단축시 필요한 비용구배(Cost Slope)를 구하시오. (4점)

정답 10
비용구배
$= \dfrac{14,000,000 - 10,000,000}{10 - 6}$
$= \dfrac{4,000,000}{4}$
$= 1,000,000(원/일)$

11. 싱크대 상판에 멜라민 수지를 발랐을 때의 장점을 쓰시오. (2점)

정답 11
① 무색투명하고 착색이 자유롭고 내수성, 내약품성, 내용제성이 뛰어나다.
② 내열성이 있다.
* 기계적 강도, 전기적 성질 및 내노화성이 우수하다.

12. 바닥면적 12m×10m에 타일 180mm×180mm, 줄눈간격 10mm로 붙일 때 필요한 타일의 수량을 정미량으로 산출하시오. (4점)

정답 12
타일량
$= \dfrac{12 \times 10}{(0.18+0.01) \times (0.18+0.01)}$
$= \dfrac{120}{0.19 \times 01.9} ≒ 3,325(매)$

13. 다음은 미장공사 시공순서이다. 〈보기〉의 시공순서를 바르게 나열하시오. (4점)

〈보기〉
고름질, 초벌바름 및 라스먹임, 정벌바름, 바탕처리, 재벌바름

정답 13
바탕처리 → 초벌바름 및 라스먹임 → 고름질 → 재벌바름 → 정벌바름

실내건축기사 기출문제

3회 / 2013년 11월 10일 시행

수험생 기억에 의한 것으로 실제 기출문제와 다를 수 있습니다.

1. 다음 석공사에 사용되는 손다듬기 방법 4가지를 쓰시오. (4점)

① _____ ② _____

③ _____ ④ _____

정답 1
① 혹두기
② 정다듬
③ 도드락다듬
④ 잔다듬

2. 다음 〈보기〉는 합성수지 재료이다. 열가소성수지와 열경화성수지로 나누어 나열하시오. (3점)

― 〈보기〉 ―
① 아크릴 ② 에폭시 ③ 멜라민
④ 페놀   ⑤ 폴리에틸렌 ⑥ 염화비닐

· 열가소성수지 : _____

· 열경화성수지 : _____

정답 2
· 열가소성수지 : ①, ⑤, ⑥
· 열경화성수지 : ②, ③, ④

3. 다음은 금속공사에 사용되는 재료이다. 간략히 기술하시오. (4점)

① 미끄럼막이(Non-slip) : _____

② 익스펜션 볼트(Expansion Bolt) : _____

정답 3
① 미끄럼 막이(Non-slip) : 계단을 오르내릴 때 미끄러지는 것을 방지하기 위하여 계단끝 부분에 설치하는 것
② 익스펜션 볼트(Expansion Bolt) : 콘크리트, 벽돌 등의 면에 띠장, 문틀 등의 다른 부재를 고정하기 위하여 묻어두는 특수 볼트

4. 다음공사의 공기단축시 필요한 비용구배(Cost slope)를 구하시오. (4점)

― 〈보기〉 ―
조건 A : 표준공기 12일, 표준비용 8만원, 급속공기 8일, 급속비용 15만원
조건 B : 표준공기 10일, 표준비용 6만원, 급속공기 6일, 급속비용 10만원

① 조건 A : _____

② 조건 B : _____

정답 4
① 조건 A :
$$비용구배 = \frac{150,000 - 80,000}{12 - 8}$$
$$= \frac{70,000}{4}$$
$$= 17,500(원/일)$$
② 조건 B :
$$비용구배 = \frac{100,000 - 60,000}{10 - 6}$$
$$= \frac{40,000}{4}$$
$$= 10,000(원/일)$$

5. 다음 괄호 안을 알맞은 용어와 규격으로 채우시오. (2점)

벽돌조 조적공사시 창호 상부에 설치하는 (①)는 좌우 벽면에 (②) 이상 겹치도록 한다.

① _____ ② _____

정답 5
① 인방(보)
② 20cm

6. 알루미늄 창호를 철재창호와 비교할 때의 장점 4가지를 쓰시오. (4점)

① _____
② _____
③ _____
④ _____

정답 6
① 비중이 철의 1/3 정도로 가볍다.
② 공작이 용이하다.
③ 잘 녹슬지 않아 사용 내구연한이 길다.
④ 여닫음이 경쾌하다.

7. 출입문의 규격이 900mm×2100mm이며 양판문이다. 전체 칠 면적을 산출하시오. (단, 문 매수는 40개의 간단한 구조의 양면칠) (2점)

정답 7
$0.9(m) \times 2.1(m) \times 40(개) \times 3(배)$
$= 226.8(m^2)$

8. 다음 창호공사에 관한 용어에 대해 설명하시오. (2점)

① 풍소란 : _____

② 마중대 : _____

정답 8
① 풍소란 : 창호가 닫혀졌을 때 틈새로 바람이 들어오지 않도록 덧대어 주는 것
② 마중대 : 미닫이 또는 여닫이 문짝이 서로 맞닿는 선대

9. 다음 용어를 설명하시오. (3점)

① 가새 : _____

② 버팀대 : _____

③ 귀잡이 : _____

정답 9
① 가새 : 목조 벽체가 수평력에 견디게 하기 위하여 사선방향으로 경사지게 설치하는 부재
② 버팀대 : 뼈대의 모서리를 고정시키기 위하여 빗대는 부재
③ 귀잡이 : 가로재(토대, 보, 도리 등)가 서로 수평으로 맞추어지는 귀를 안정한 삼각형의 구조로 하기 위하여 빗 방향 수평으로 대는 부재

10. 벽돌벽에서 발생할 수 있는 백화현상 방지대책 4가지를 쓰시오. (4점)

① _____
② _____
③ _____
④ _____

정답 10
① 소성이 잘된 양질의 벽돌을 사용한다.
② 줄눈 모르타르 사춤을 빈틈없이 다져 넣는다.
③ 벽돌 벽면을 파라핀 도료 등을 발라 방수처리 한다.
④ 벽면에 적절히 비막이 시설을 한다.

11. 다음 각 재료의 할증률을 써넣으시오. (4점)

― 〈보기〉 ―
① 목재(판재) - (   )   ② 붉은벽돌 - (   )
③ 유리 - (   )   ④ 크링커 타일 - (   )

① _____   ② _____
③ _____   ④ _____

정답 11
① 10%
② 3%
③ 1%
④ 3%

12. 다음은 목구조에 대한 설명이다. 괄호 안을 채우시오. (3점)

① 바닥에서 1m 정도 높이의 하부벽을 (   )(이)라 한다.
② 상부 기둥 위에 가로대어 지붕보 또는 양식 지붕틀의 평보를 받는 도리를 (   )라 한다.
③ 변두리 기둥에 얹히고 처마 서까래를 받는 도리를 (   )라 한다.

① _____   ② _____
③ _____

정답 12
① 징두리
② 깔도리
③ 처마도리

실내건축기사 기출문제

1회 / 2014년 4월 20일 시행

수험생 기억에 의한 것으로 실제 기출문제와 다를 수 있습니다.

1. 다음은 아치쌓기의 종류이다. 괄호 안을 채우시오. (4점)

〈보기〉
벽돌을 주문하여 제작한 것을 사용해서 쌓은 아치를 (①), 보통벽돌을 쐐기모양으로 다듬어 쓴 것을 (②), 현장에서 보통벽돌을 써서 줄눈을 쐐기모양으로 한 (③), 아치나비가 넓을 때에는 반장별로 층을 지어 겹쳐 쌓는 (④)가 있다.

① _____ ② _____
③ _____ ④ _____

정답 1
① 본 아치
② 막만든 아치
③ 거친 아치
④ 층두리 아치

2. 다음 용어를 간단히 설명하시오. (2점)
① 내력벽 : _____
② 장막벽 : _____

정답 2
① 내력벽: 상부의 고정하중(벽체, 바닥, 지붕 등의 무게) 및 적재하중(사람, 가구 등의 무게)을 받아 하부의 기초에 전달하는 벽
② 장막벽: 상부 하중을 받지 않고 자체의 하중만을 받는 벽

3. 벽돌쌓기 형식을 4가지 쓰시오. (4점)
① _____ ② _____
③ _____ ④ _____

정답 3
① 영식 쌓기
② 화란식 쌓기
③ 불식 쌓기
④ 미식 쌓기

4. 백화현상의 원인과 대책을 각각 2가지씩 쓰시오. (4점)
(1) 원인
  ① _____
  ② _____
(2) 대책
  ① _____
  ② _____

정답 4
(1) 원인
  ① 모르타르에 속의 소석회가 물과 공기 중의 탄산가스의 화학반응하여 발생한다.
  ② 벽돌 속의 황산나트륨이 공기 중의 탄산가스와 화학 반응하여 발생한다.
(2) 대책
  ① 소성이 잘된 양질의 벽돌을 사용한다.
  ② 줄눈 모르타르 사춤을 빈틈없이 다져 넣는다.
  * 벽돌 벽면을 파라핀 도료 등을 발라 방수 처리한다.
  * 벽면에 적절히 비막이 시설을 한다.

실내건축기사 기출문제

5. 석재의 표면 가공방법 4가지를 쓰시오. (4점)

① _____ ② _____

③ _____ ④ _____

정답 5
① 정다듬
② 도드락다듬
③ 잔다듬
④ 물갈기
* 혹두기

6. 다음 〈보기〉에서 흡음재를 골라 번호로 기입하시오. (3점)

―〈보기〉―
① 탄화코르크   ② 암면   ③ 어코스틱 타일   ④ 석면
⑤ 광재면   ⑥ 목재루버 ⑦ 알미늄루버   ⑧ 구멍합판

정답 6
③, ⑥, ⑧

7. 멤브레인 방수공법 3가지를 쓰시오. (3점)

① _____ ② _____ ③ _____

정답 7
① 아스팔트방수
② 도막방수
③ 시트방수

8. 정사각형 타일 108mm에 줄눈 5mm로 시공할 때 바닥면적 8m²에 필요한 타일수량을 산출하시오. (4점)

정답 8
타일량
= 시공면적×단위수량이므로
= $8m^2 \times \left\{ \dfrac{1m^2}{(0.108+0.005) \times (0.108+0.005)} \right\}$(장)
= $\dfrac{8}{0.113 \times 0.113}$ ≒ 626.52
→ ∴ 627(장)

9. 드라이비트(Dry-vit) 특징 3가지를 쓰시오. (3점)

① _____
② _____
③ _____

정답 9
① 시공이 용이하고 공기를 단축할 수 있어 경제적이다.
② 벽돌이나 타일을 사용하지 않으므로 건물의 하중을 줄일 수 있다.
③ 단열성능이 우수하고 결로방지에도 효과적이다.
* 별도의 마감재료가 필요 없다.
* 표면에 다양한 색상 및 질감표현으로 외관구성이 자유롭다.

10. 다음은 금속공사에 사용되는 철물의 용어이다. 간략히 설명하시오. (4점)

① 와이어메쉬 : _____

② 펀칭메탈 : _____

③ 메탈라스 : _____

④ 와이어라스 : _____

정답 10
① 와이어매쉬 : 연강철선을 직교시켜 전기 용접한 철선망
② 펀칭메탈 : 두께 1.2mm 이하의 박강판에 여러 가지 무늬로 구멍을 뚫어 만든 것
③ 메탈라스 : 박강판에 일정한 간격으로 자르는 자국을 내어 이것을 옆으로 잡아당겨 그물 모양으로 만든 것
④ 와이어라스 : 철선을 꼬아 만든 철망

11. 조적공사시 테두리보를 설치하는 이유 3가지를 쓰시오. (3점)

① _____
② _____
③ _____

정답 11
① 분산된 벽체를 일체로 하여 하중을 균등히 분포시킨다.
② 수직 균열을 방지 한다.
③ 세로 철근을 정착 시킨다.
* 집중하중을 받는 부분을 보강한다.

12. 어느 공사의 한 작업이 정상적으로 시공할 때 공사기일은 10일이 소요되고, 공사비는 100,000원이다. 특급으로 시공할 때 공사기일은 7일이 소요되며, 공사비는 30,000원이 추가 될 때 이 공사의 공기 단축시 필요한 비용구배(Cost sloop)를 구하시오. (2점)

_____

정답 12

비용구배

$= \dfrac{\text{특급공비} - \text{표준공비}}{\text{표준공기} - \text{특급공기}}(\text{원}/\text{일})$

$= \dfrac{(130{,}000\text{원} - 100{,}000\text{원})}{(10\text{일} - 7\text{일})}$

$= \dfrac{30{,}000\text{원}}{3\text{일}}$

$= 10{,}000(\text{원}/\text{일})$

실내건축기사 기출문제

2회 / 2014년 7월 5일 시행

수험생 기억에 의한 것으로 실제 기출문제와 다를 수 있습니다.

1. 다음 목재의 방부처리 방법 3가지를 쓰시오. (3점)

① _____ ② _____ ③ _____

정답 1
① 도포법
② 침지법
③ 상압 주입법
* 표면타화법, 가압 주입법

2. 현장에서 절단이 가능한 다음 유리의 절단 방법에 대하여 서술하고 현장에서 절단이 어려운 제품 2가지를 쓰시오. (4점)

① 접합유리 : _____

② 망입유리 : _____

③ _____ ④ _____

정답 2
① 접합유리 : 양면을 유리칼로 자르고, 필름은 면도칼로 절단한다.
② 망입유리 : 유리는 유리칼로 자르고, 철망은 꺽기를 반복하여 절단한다.
③ 강화유리 ④ 복층유리
* 유리블록

3. 다음은 시이트 방수공법이다. 순서에 맞게 나열하시오. (2점)

〈 보기 〉
① 접착제 칠   ② 프라이머 칠   ③ 마무리
④ 시이트 붙이기   ⑤ 바탕처리

정답 3
⑤ → ② → ① → ④ → ③

4. 미장공사 중 셀프 레벨링재에 대해 설명하고 혼합재료 두 가지를 쓰시오. (4점)

• 셀프 레벨링재 : _____

혼합재료 : ① _____ ② _____

정답 4
• 셀프 레벨링재 : 자체 유동성이 있기 때문에 평탄하게 되는 성질을 이용하여 바닥마름질 공사 등에 사용하는 재료로 석고계와 시멘트계로 분류된다.

혼합재료 : ① 유동화제
② 경화지연제

5. 다음 용어를 간략히 설명하시오. (4점)

① 방습층 :

② 벽량 :

정답 5
① 방습층 : 지반의 습기가 벽돌 벽체를 타고 상승하는 것을 막기 위해 지반과 마루 밑 또는 콘크리트 바닥 사이에 설치하는 방습성 층을 말한다.
② 벽량 : x(수평) 방향 또는 y(수직) 방향의 내력벽 길이의 합계를 그 층의 바닥 면적으로 나눈 값을 말한다.
※ (x, y방향) 벽량
$= \dfrac{\text{내력벽의 길이}}{\text{바닥면적}}$ (cm/m²)

6. 출입구 및 창호의 평면기호 중 여닫이문의 평면을 형태별로 구분하여 4가지로 작도하시오. (4점)

① 　　　　　　　　　②

③ 　　　　　　　　　④

[정답] 6

① 외여닫이문　② 쌍여닫이문

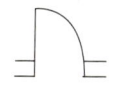 

③ 외여닫이자재문　④ 쌍여닫이자재문

 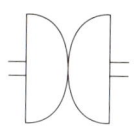

7. 길이 10m 높이 2.5m 1.5B 벽돌벽의 정미량과 모르타르량을 구하시오. (2점) (단, 표준형 시멘트 벽돌임)

[정답] 7

① 벽면적 : $10(m) \times 2.5(m) = 25(m^2)$

② 정미량 : $25(m^2) \times 224(매/m^2) = 5,600(매)$

③ 모르타르량 : $\dfrac{5,600}{1,000} \times 0.35 = 1.96(m^3)$

8. 정상적으로 시공될 때 공사기일은 15일, 공사비는 1,000,000원이고, 특급으로 시공할 때 공사기일은 10일, 공사비는 1,500,000원이라면 공기 단축 시 필요한 비용구배(Cost sloop)를 구하시오. (2점)

[정답] 8

비용구배

$= \dfrac{특급공비 - 표준공비}{표준공기 - 특급공기}$ (원/일)

$= \dfrac{(1,500,000원 - 1,0000,000원)}{(15일 - 10일)}$

$= \dfrac{500,000원}{5일}$

$= 100,000(원/일)$

9. 다음은 네트워크 공정표에 사용되는 용어이다. 괄호 안에 해당하는 용어를 찾아 넣으시오. (4점)

―〈보기〉―
- a. TF와 FF의 차
- b. 프로젝트의 지연 없이 시작될 수 있는 작업의 최대 늦은 시간
- c. 작업을 EST로 시작하고 LFT로 완료할 때 생기는 여유시간
- d. 개시결합점에서 종료결합점에 이르는 가장 긴 패스
- e. 후속작업의 EST에 영향을 주지 않는 범위 내에서 한 작업이 가질 수 있는 여유시간. 즉 각 작업의 지연가능일 수

① TF-(　)　② FF-(　)　③ DF-(　)
④ CP-(　)　⑤ LST-(　)

[정답] 9

① TF-(c.)　② FF-(e.)
③ DF-(a.)　④ CP-(d.)
⑤ LST-(b.)

10. 다음은 목공사에 관한 설명이다. 맞는 용어를 쓰시오. (3점)
① 구멍 뚫기, 홈파기, 면접기 및 대패질 등으로 목재를 다듬은 일 (   )
② 목재를 크기에 따라 각 부재의 소요 길이로 잘라내는 일 (   )
③ 올거미재나 판재를 틀짜기나 상자짜기를 할 때 끝 부분을 각 45°로 깎고, 이것을 맞대어 접합하는 것 (   )

정답 10
① 바심질 ② 마름질 ③ 연귀맞춤

11. 다음은 유리재에 대한 설명이다. 괄호 안을 채우시오. (2점)

〈보기〉
유리를 600℃로 고온 가열 후 급랭시킨 유리로 보통 유리의 충격 강도보다 3~5배 정도 크며 200℃ 이상의 고온에서도 형태 유지가 가능한 유리를 (   )유리라 하고, 파라핀을 바르고 철필로 무늬를 새긴 후 부식 처리한 유리를 (   )유리라 한다.

정답 11
① 강화 ② 부식

12. 멤브레인 방수공법 3가지를 쓰시오. (3점)
① _____ ② _____ ③ _____

정답 12
① 아스팔트방수
② 도막방수 ③ 시트방수

13. 다음은 도장공사에 관한 설명이다. O, ×로 구분하시오. (3점)
① 도료의 배합비율 및 신너의 희석비율은 부피로 표시한다. (   )
② 도장의 표준량은 평평한 면의 단위면적에 도장하는 재료의 양이고 실재의 사용량은 도장하는 바탕면의 상태 및 도장재료의 손실 등을 참작하여 여분을 생각해 두어야 한다. (   )
③ 롤러 도장은 붓 도장보다 도장 속도가 빠르다. 그러나 붓 도장 같이 일정한 도막 두께를 유지하기가 매우 어려우므로 표면이 거칠거나 불규칙한 부분에는 특히 주의를 요한다. (   )

정답 13
① ×   ② ○   ③ ○

실내건축기사 기출문제

3회 / 2014년 11월 1일 시행

수험생 기억에 의한 것으로 실제 기출문제와 다를 수 있습니다.

1. 다음은 금속공사에 사용되는 철물의 용어이다. 간략히 설명하시오. (4점)

① 와이어메쉬 : _____

② 메탈라스 : _____

정답 1
① 와이어메쉬 : 연강철선을 직교시켜 전기 용접한 철선망
② 메탈라스 : 박강판에 일정한 간격으로 자르는 자국을 내어 이것을 옆으로 잡아당겨 그물 모양으로 만든 것

2. 다음 용어를 간략히 설명하시오. (2점)

• 익스펜션 볼트(Expansion Bolt) : _____

정답 2
• 익스펜션 볼트(Expansion Bolt) : 콘크리트, 벽돌 등의 면에 띠장, 문틀 등의 다른 부재를 고정하기 위하여 묻어두는 특수 볼트

3. 건식 돌붙임공법에서 석재를 고정하거나 지탱하는 공법 3가지를 쓰시오. (3점)

① _____ ② _____ ③ _____

정답 3
① 본드 공법
② 앵커긴결 공법
③ 강재트러스 지지공법

4. 1층 납작마루의 시공순서를 쓰시오. (3점)

정답 4
동바리 돌 → 멍에 → 장선 → 마루널

5. 복층유리의 특징 3가지만 쓰시오. (3점)

①
②
③

정답 5
① 단열 성능이 있다.
② 방음에도 유효하다.
③ 결로 방지 효과가 있다.

6. 다음 〈보기〉의 합성수지의 성질을 구분하여 번호로 기입하시오. (6점)

〈보기〉
① 알키드   ② 실리콘   ③ 아크릴수지
④ 셀롤로이드 ⑤ 프란수지   ⑥ 폴리에틸렌수지
⑦ 염화비닐수지 ⑧ 페놀수지   ⑨ 에폭시   ⑩ 불소

• 열가소성수지

• 열경화성수지

정답 6
• 열가소성수지 : ③, ④, ⑥, ⑦, ⑩
• 열경화성수지 : ①, ②, ⑤, ⑧, ⑨

7. 다음 설명에 맞는 용어를 쓰시오. (2점)

① 나무나 석재의 면을 깎아 밀어서 두드러지게 또는 오목하게 하여 모양지게 하는 것 (　　　)

② 모서리 구석 등에 표면 마구리가 보이지 않도록 45° 각도로 빗잘라 대는 맞춤 (　　　)

③ 재료의 섬유방향과 평행으로 옆 대어 붙이는 것 (　　　)

정답 7

① 모접기　② 연귀맞춤　③ 쪽매

8. 석재를 가공할 때 쓰이는 특수공법의 종류 3가지와 방법을 쓰시오. (3점)

①

②

③

정답 8

① 모래 분사법 : 석재의 표면에 고압으로 모래를 분출시켜 면을 곱게 마무리하는 방법

② 화염 분사(버너구이)법 : 버너 등으로 석재면을 달군 다음 찬물을 뿌려 급랭시켜서 표면을 다소 거친면으로 마무리하는 방법

③ 플래너 마감법 : 석재 표면을 기계를 이용하여 매끄럽게 깎아내어 다듬는 방법

* 착색법 : 석재의 흡수성을 이용하여 석재의 내부까지 착색시키는 방법

9. 벽 타일붙이기 시공순서이다. 〈보기〉에서 골라 그 번호를 나열하시오. (3점)

〈보기〉

① 타일나누기　② 치장줄눈　③ 보양
④ 벽 타일붙이기　⑤ 바탕처리

정답 9

⑤ → ① → ④ → ② → ③

10. 다음 아래 조건의 평견규격을 기준으로 쌍줄비계를 설치할 때 외부비계 면적을 산출하시오. (4점)

〈보기〉

가로=30m, 세로=15m, 높이=20m의 건물

정답 10

A = {L+8×0.9}×H
　= {(30+15)×2+8×0.9}×20
　= 1,944(m²)

※ (부호) H : 건축물의 높이
　　　　L : 비계의 외주 길이

11. 다음 아래와 같은 공기단축 계획을 비용구배가 가장 큰 작업부터 순서대로 나열하시오. (4점)

구분	표준공기	표준비용	급속공기	급속비용
A	4	6,000	2	9,000
B	15	14,000	14	16,000
C	7	5,000	4	8,000

12. 다음 아래는 모르타르 배합비에 따른 재료량이다. 총 25m³ 시멘트 모르타르를 필요로 한다. 각 재료량을 구하시오. (3점)

배합용적비	시멘트(kg)	모래	인부(인)
1:3	510	1.1	1.0

① 시멘트량 : _____

② 모래량 : _____

③ 인부수 : _____

정답 11

B → A → C

$A = \dfrac{9,000 - 6,000}{4 - 2}$

$= \dfrac{3,000}{2}$

$= 1,500 (원/일)$

$B = \dfrac{16,000 - 14,000}{15 - 14}$

$= \dfrac{2,000}{1}$

$= 2,000 (원/일)$

$C = \dfrac{8,000 - 5,000}{7 - 4}$

$= \dfrac{3,000}{3}$

$= 1,000 (원/일)$

정답 12

① 시멘트량 : $510(kg) \times 25(m^3)$
  $= 12,750(kg) = 12.75(t)$
② 모래량 : $1.1 \times 25(m^3)$
  $= 27.5(m^3)$
③ 인부수 : $1.0 \times 25 = 25(인)$

실내건축기사 기출문제

1회 / 2015년 4월 8일 시행

수험생 기억에 의한 것으로 실제 기출문제와 다를 수 있습니다.

1. 미장공사 중 셀프 레벨링(self leveling)재에 대해 간략히 설명하시오. (3점)

정답 1
자체 유동성이 있기 때문에 평탄하게 되는 성질을 이용하여 바닥마름질 공사 등에 사용하는 재료로 석고계와 시멘트계로 분류된다.

2. 벽돌조 건물에서 시공상 결함에 의해 생기는 균열원인을 4가지 쓰시오. (4점)

① _____
② _____
③ _____
④ _____

정답 2
① 벽돌 및 모르타르 자체의 강도 부족과 신축성
② 벽돌벽의 부분적 시공 결함
③ 이질재와의 접합부
④ 칸막이 벽(장막벽) 상부의 모르타르 다져 넣기 부족
⑤ 모르타르 바름시 들뜨기

3. 타일의 동해 방지법 4가지를 쓰시오. (4점)

① _____
② _____
③ _____
④ _____

정답 3
① 소성온도가 높은 타일을 사용한다.
② 흡수성이 낮은 타일을 사용한다.
③ 붙임용 모르타르 배합비를 정확히 한다.
④ 줄눈 누름을 충분히 하여 빗물의 침투를 방지한다.

4. 목재 바니쉬칠 공정 작업순서를 바르게 나열하시오. (4점)

― 〈보기〉 ―
① 색올림   ② 왁스문지름   ③ 바탕처리   ④ 눈먹임

정답 4
③ → ④ → ① → ②

5. 다음 평면도와 같은 건물에 외부 외줄비계를 설치하고자 한다. 비계면적을 산출하시오. (단, 건물높이: 12m) (4점)

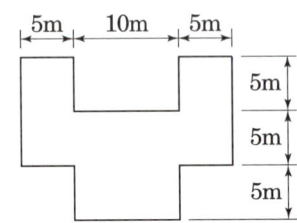

정답 5
A = {L + 8 × 0.45} × H
 = {(20 + 15 + 5) × 2 + 8 × 0.45} × 12
 = 1003.2 (m²)
※ (부호) H : 건축물의 높이
      L : 비계의 외주 길이

6. 도배시공에 관한 내용이다. 초배지 1회 바름시 필요한 도배면적을 산출하시오. (4점)

〈보기〉
바닥면적 : 4.5×6.0m, 높이 : 2.6m, 문크기 : 0.9×2.1m,
창문크기 : 1.5×3.6m

정답 6
① 천장면 = 4.5×6.0=27(m²)
② 벽면 = 2×{4.5×2.6+6×2.6} − {(0.9×2.1)+(1.5×3.6)}
=54.6-7.29 = 47.31(m²)
∴ 도배면적 = 천장면+벽면
= 27+47.31
= 74.31(m²)

7. 다음은 비닐페인트의 시공과정을 기술한 것이다. 시공순서에 맞게 번호를 나열하시오. (4점)

〈보기〉
① 이음매 부분에 대한 조인트 테이프를 붙인다.
② 샌딩작업을 한다.
③ 석고보드에 대한 면정화(표면정리 및 이어붙임)를 한다.
④ 조인트 테이프 위에 퍼티작업을 한다.
⑤ 비닐페인트를 도장한다.

정답 7
③ → ① → ④ → ② → ⑤

8. MCX(Minimum cost expediting) 이론에 대하여 간략히 설명하시오. (2점)

정답 8
최소비용으로 최적의 공기를 구하는 것으로 최적시공속도(경제속도)를 구하는 이론체계를 말한다.

9. 다음은 화살형 네트워크에 관한 설명이다. 해당되는 용어를 쓰시오. (2점)

〈보기〉
① 작업의 여유시간 (   )
② 결합점이 가지는 여유시간 (   )

정답 9
① 플로우트(Flot)
② 슬랙(Slack)

실내건축기사 기출문제

10. 품질관리 기법에 대한 설명이다. 해당되는 설명에 관계되는 용어를 쓰시오. (4점)

〈보기〉
① 모집단의 분포상태 막대그래프 형식 (　　　　)
② 층별 요인 특성에 대한 불량 점유율 (　　　　)
③ 특성 요인과의 관계 화살표 (　　　　)
④ 점검 목적에 맞게 미리 설계된 시트 (　　　　)

정답 10
① 히스토그램　② 층별
③ 특성요인도　④ 체크시이트

11. 현장에서 주문한 목재의 반입 검수시 가장 중요한 확인사항 2가지만 쓰시오. (2점)
①　　　　　　　　　　　
②　　　　　　　　　　　

정답 11
① 목재의 치수, 길이 및 수량이 맞는지를 확인한다.
② 목재에 옹이, 갈램 등 흠이 있는지를 확인한다.

12. 다음 용어 설명에 맞는 재료를 기입시오. (3점)

〈보기〉
① 3매 이상의 단판을 1매마다 섬유방향에 직교하도록 겹쳐 붙인 것
② 목재의 부스러기를 합성수지와 접착제를 썪어 가열 압축한 판재
③ 표면은 평평하고 유공질 판이어서 단열판, 열절연재로 사용

①　　　　　② 　　　　　③ 　　　　　

정답 12
① 합판
② 파티클보드
③ 코르크판

실내건축기사 기출문제

2회 / 2015년 7월 8일 시행

수험생 기억에 의한 것으로 실제 기출문제와 다를 수 있습니다.

1. 다음 강관비계 설치시 필요한 부속철물 종류 3가지만 쓰시오. (3점)

① _____ ② _____ ③ _____

정답 1
① 커플링(연결철물)
② 이음철물
③ 베이스(base)

2. 다음 벽돌줄눈의 특징 중 알맞은 것을 〈보기〉에서 고르시오. (4점)

〈보기〉
① 볼록줄눈 ② 오목줄눈 ③ 민줄눈 ④ 평줄눈 ⑤ 내민줄눈

	사용경우	의장성
(가)	벽돌의 형태가 고르지 않을 경우	질감(Texture)의 거침
(나)	면이 깨끗하고 반듯한 벽돌	순하고 부드러운 느낌, 여성적 선의 흐름
(다)	벽면이 고르지 않을 경우	줄눈의 효과를 확실히 함
(라)	면이 깨끗한 벽돌	약한 음영표시, 여성적 느낌, 평줄눈과 민줄눈의 중간적 성격
(마)	형태가 고르고 깨끗한 벽돌	질감을 깨끗하게 연출, 일반적인 형태

(가) ____ (나) ____ (다) ____ (라) ____ (마) ____

정답 2
(가)-④
(나)-①
(다)-⑤
(라)-②
(마)-③

3. 〈보기〉의 석재의 표면 가공에 따른 적절한 사용공구를 서로 연결하시오. (4점)

〈보기〉
① 메다듬 ② 정다듬 ③ 도드락다듬
④ 잔다듬 ⑤ 물갈기

(가) 날망치 (나) 도드락망치 (다) 금강사
(라) 쇠메   (마) 망치와 정

(가) ____ (나) ____ (다) ____ (라) ____ (마) ____

정답 3
(가)-④
(나)-③
(다)-⑤
(라)-①
(마)-②

4. 목재의 부패(腐敗)를 방지하기 위해 사용하는 유성(油性) 방부제의 종류를 4가지 쓰시오. (4점)

① _____ ② _____ ③ _____ ④ _____

정답 4
① 크레오소트
② 콜타르
③ PCP
④ 유성페인트

실내건축기사 기출문제

5. 강화유리의 특징 4가지를 쓰시오. (4점)

① _____

② _____

③ _____

④ _____

정답 5
① 파손시 모가 작아 안전하다.
② 강도가 일반 유리에 비해 크다.
③ 일반 유리에 비해 내열성이 있다.
④ 현장에서 재가공이 어렵다.

6. 벽타일 붙이기 시공 순서를 쓰시오. (4점)

(①) – (②) – (③) – (④) – (⑤)

① _____ ② _____

③ _____ ④ _____

⑤ _____

정답 6
① 바탕처리
② 타일나누기
③ 타일붙이기
④ 치장줄눈
⑤ 보양

7. 다음 보기 중에서 플라스틱의 종류 중 열가소성수지와 열경화성수지를 각각 4가지씩 쓰시오. (4점)

―〈보기〉―――――――――――
페놀수지   요소수지   염화비닐수지
멜라민수지   스티로폴수지 불소수지
초산비닐수지 실리콘수지

① 열가소성수지

_____

② 열경화성수지

_____

정답 7
① 열가소성수지 : 염화비닐수지, 스티로폴수지, 불소수지, 초산비닐수지
② 열경화성수지 : 페놀수지, 요소수지, 멜라민수지, 실리콘수지

8. 다음과 같은 건물을 대상으로 실내장식을 하려고 한다. 내부비계 면적을 산출하시오. (6점)

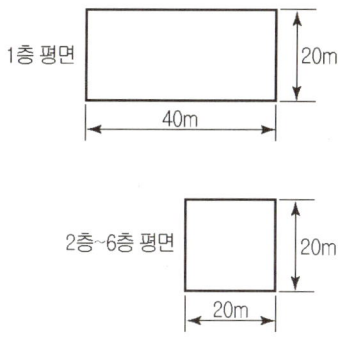
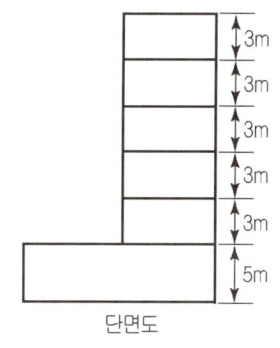

정답 8

내부 비계면적
=연면적×0.9(m²) 이므로
={(40m×20m×1개층)
　+(20m×20m×5개층)}×0.9
={800+2,000}×0.9
=2,800×0.9
=2,520(m²)

9. 타일의 크기가 10.5cm×10.5cm이며 줄눈 두께가 10mm일 때 120m²에 필요한 타일의 정미 수량(매수)은? (4점)

정답 9

타일량=시공면적×단위수량 이므로
① 시공면적=120(m²)
② 단위수량
$= \left(\dfrac{1m}{\text{타일 한 변의 크기}+\text{줄눈크기}}\right) \times \left(\dfrac{1m}{\text{타일 다른 변의 크기}+\text{줄눈크기}}\right)$
$= \left(\dfrac{1m}{0.105+0.01}\right) \times \left(\dfrac{1m}{0.105+0.01}\right)$
≒75.61(장/m²)
∴ 타일량=120(m²)×75.61(장/m²)
　　　　=9,073.2 → 9,074(장)

10. 다음 그림과 같은 평면도의 바닥에 아스팔트 타일로 마감하고 내벽에는 석고판을 본드로 접착하여 마감하였을 경우의 소요재료량을 산출하시오. (단, 벽두께는 30cm이고 벽 높이는 4.2m이다.) (4점)

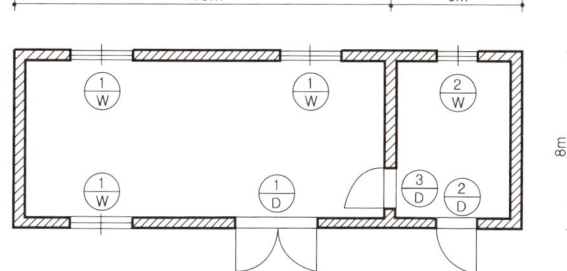

(창호의 규격)
①/D : 2,400×2,600
②/D : 1,200×2,500
③/D : 900×2,100
①/W : 1,500×1,500
②/W : 1,200×900

정답 10

(1) 아스팔트 타일 붙임면적
　= {(18−0.3)×(8−0.3)}+
　　{(6−0.3)×(8−0.3)}
　=180.18m²
석고판 붙임면적
　= {(24−0.3×2)×2+(8−0.3)
　　×4}×4.2
　−{(2.4×2.6)+(1.2×2.5)
　　+(0.9×2.1×2)+(1.5×1.5)
　　×3+(1.2×0.9)}
　= 305.07m²
(2) 재료량 산출
　① 아스팔트 타일
　　= 180.18×1.05=189.2m²
　　접착제
　　= 180.18×0.42≒75.7kg
　② 석고판
　　= 305.07×1.08≒331.99m²
　　석고본드
　　= 305.07×2.43≒741.32kg

11. 그림과 같은 목재 창의 목재량(才) 수를 산출하시오. (창문틀의 규격은 33mm×21mm 이다. 소수 4째 자리까지 산출하시오.) (5점)

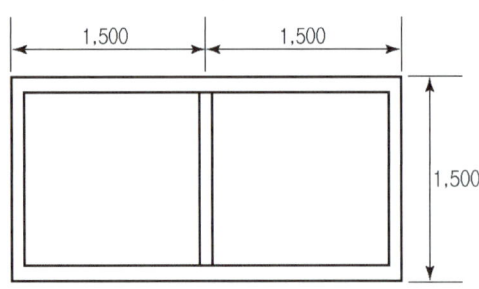

정답 11

먼저 도면의 mm 단위를 (치), (자)로 바꾸어서 계산한다.

① 수직재
$$= \frac{1.1(치) \times 0.7(치) \times 5(자)}{1(치) \times 1(치) \times 12(자)} \times 3(개)$$
$= 0.9625(才)$

② 수평재
$$= \frac{1.1(치) \times 0.7(치) \times 10(자)}{1(치) \times 1(치) \times 12(자)} \times 2(개)$$
$= 1.2833(才)$

∴ 부재의 합
= ① + ②
= 0.9625(才) + 1.2833(才)
= 2.2458(才)

12. 다음 주어진 데이터를 보고 네트워크 공정표를 작성하시오. (단, 주공정선은 굵은선으로 표시하시오.) (6점)

작업명	작업일수	선행작업	비 고
A	4	없음	
B	8	없음	
C	11	A	EST│LST △LFT│EFT△
D	2	C	
E	5	B, J	i ─작업명/공사일수→ j
F	14	A	
G	7	B, J	표기하고, 주공정선은 굵은선으로 표시하시오.
H	8	C, G	
I	9	D, E, F, H	
J	6	A	

정답 12

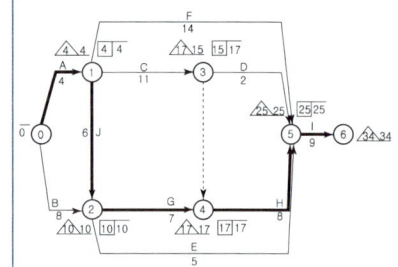

• C.P : A → J → G → H → I

실내건축기사 기출문제
3회 / 2015년 10월 14일 시행

수험생 기억에 의한 것으로 실제 기출문제와 다를 수 있습니다.

1. 벽돌공사시 지면에 접하는 방습층을 설치하는 목적과 위치, 재료에 대하여 간단히 설명하시오. (4점)

① 목적 : _____

② 위치 : _____

③ 재료 : _____

정답 1
① 목적 : 지반의 습기가 벽돌 벽체를 타고 상승하는 것을 막기 위해 설치한다.
② 위치 : 지반과 마루 밑 또는 콘크리트 바닥 사이에 설치한다.
③ 재료 : 방수 모르타르 또는 아스팔트 모르타르를 1~2cm 두께로 바른다.
* 아스팔트를 도포 후 아스팔트 펠트를 깐다.

2. 각 문제와 관련이 있는 것을 〈보기〉에서 골라 쓰시오. (4점)

〈보기〉
(가) 안장맞춤　(나) 엇빗이음　(다) 걸침턱　(라) 빗이음

① 반자틀, 반자살대 등에 쓰인다. (　　)
② 서까래, 지붕널 등에 쓰인다. (　　)
③ 지붕보와 도리, 층보와 장선 등의 맞춤에 쓰인다. (　　)
④ 평보와 ㅅ자보에 쓰인다. (　　)

① _____ ② _____ ③ _____ ④ _____

정답 2
①-(나)
②-(라)
③-(다)
④-(가)

3. 다음 보기에서 목공사의 시공 순서를 번호로 기입하시오. (3점)

〈보기〉
① 마름질　② 건조처리　③ 바심질　④ 먹매김

• 순서 : _____

정답 3
② → ④ → ① → ③

4. 미장공사의 치장마무리 방법을 5가지만 쓰시오. (5점)

① _____ ② _____
③ _____ ④ _____
⑤ _____

정답 4
① 시멘트 모르타르
② 회반죽
③ 돌로마이트 플라스터
④ 석고 플라스터
⑤ 인조석 바름

5. 다음은 금속공사에 사용되는 철물의 용어이다. 간략히 설명하시오. (4점)

(가) 와이어 매시 :

(나) 펀칭메탈 :

(다) 메탈라스 :

(라) 와이어 라스 :

정답 5
(가) 와이어 매시 : 연강선을 직교시켜 전기용접한 철선망
(나) 펀칭메탈 : 얇은 철판에 각종 모양을 도려낸 것
(다) 메탈라스 : 얇은 철판에 자른 금을 내어 당겨 늘린 것
(라) 와이어 라스 : 철선을 꼬아 만든 철망

6. 〈보기〉에서 열경화성, 열가소성수지를 구분해서 쓰시오. (4점)

〈보기〉
① 염화비닐수지 ② 멜라민수지 ③ 스티로폴수지
④ 아크릴수지   ⑤ 석탄산수지

(가) 열경화성수지

(나) 열가소성수지

정답 6
(가) 열경화성수지 : ②, ⑤
(나) 열가소성수지 : ①, ③, ④

7. 드라이비트(Dry-vit) 공법의 장점 3가지를 쓰시오. (4점)

①

②

③

정답 7
① 시공이 용이하고 경제적이다.
② 벽돌이나 타일을 사용하지 않으므로 건물의 하중을 줄일 수 있다.
③ 단열성능이 우수하고 결로방지에도 효과적이다.
* 별도의 마감재료가 필요 없다.
* 표면에 다양한 색상 및 질감표현으로 외관구성이 자유롭다.

8. 공사비 구성의 분류를 나타낸 것이다. 해당 번호에 적당한 용어를 쓰시오. (4점)

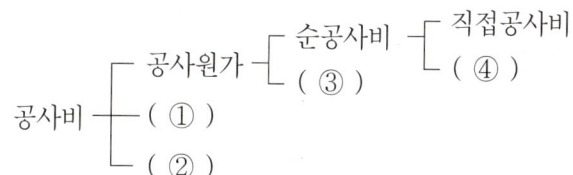

① _____ ② _____

③ _____ ④ _____

정답 8
① 부가이윤
② 일반관리비 부담금
③ 현장경비
④ 간접공사비

9. 다음과 같은 붉은 벽돌을 쌓기 위해서 구입해야 할 벽돌 매수(표준형, 정미량)와 쌓기 모르타르량을 산출하시오. (단, 벽두께 1.0B, 벽 길이 100m, 벽 높이 3m, 개구부크기 1.8×1.2m (10개), 줄눈나비 10mm) (4점)

(가) 벽돌량 :

(나) 모르타르량 :

정답 9
(가) 벽돌 매수(량)
= (벽면적 − 개구부 면적)
  × 149(장/m²)
= (100m×3m − 1.8m×1.2m×10)
  × 149
= 41,482(장)

(나) 모르타르량은 벽돌 1,000매당 0.33(m³) 이므로
∴ 모르타르량 = $\frac{41,482}{1,000}$ × 0.33
            = 13.69(m³)

10. 다음 작업의 네트워크 공정표를 작성하고 주공정선은 굵은 선으로 표시하시오. (5점)

작업명	선행작업	작업일수	비 고
A	없음	8	표기하고, 주공정선은 굵은선으로 표시 하시오.
B	없음	9	
C	A	9	
D	B, C	6	
E	B, C	5	
F	D, E	2	
G	D	5	
H	F	3	

[정답] ① 네트워크 공정표

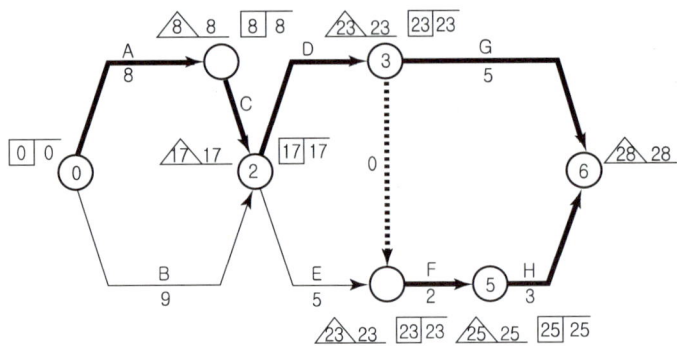

② 주공정선(C.P): 주공정선이 2개가 발생한다.
  ㉠ A→C→D→G
  ㉡ A→C→D→d→F→H

11. 정상공기가 13일일 때 공사비는 170,000원이고, 특급공사시 공사기일은 10일, 공사비는 320,000원이다. 이 공사의 공기 단축시 필요한 비용구배를 구하시오. (4점)

[정답] 11

비용구배
$= \dfrac{특급공비 - 표준공비}{표준공기 - 특급공기}$ (원/일)
$= \dfrac{(320,000원 - 170,000원)}{(13일 - 10일)}$
$= 50,000$ (원/일)

12. 품질관리에 쓰이는 Q.C 수법 도구명의 종류를 5가지만 쓰시오. (5점)

① _____ ② _____
③ _____ ④ _____
⑤ _____

[정답] 12

① 파레토(Pareto)도
② 특성요인도
③ 히스토그램(Histogram)
④ 관리도
⑤ 산포도(상관도)

실내건축기사 기출문제

1회 / 2016년 4월 17일 시행

수험생 기억에 의한 것으로 실제 기출문제와 다를 수 있습니다.

1. 그림과 같은 건물의 외부 쌍줄비계 면적을 산출하시오. (3점)

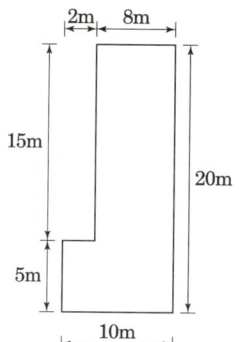

정답 1

쌍줄비계 면적
= {L+(8×0.9)} × H
= {2×(10+20)+7.2} × 3.5 × 8
= 1,881.6(m²)

2. 어느 공사의 한 작업이 정상적으로 시공할 때 13일, 공사비는 200,00원이고, 특급으로 공사할 때 공사기일은 10일, 공사비는 350,000원이라 할 때 이 공사의 공기단축 시 필요한 비용구배(cost slope)를 구하시오. (2점)

정답 2

비용구배(cost slope)
$= \dfrac{특급공비 - 표준공비}{표준공기 - 특급공기}$
$= \dfrac{350,000 - 200,000}{13 - 10}$
$= \dfrac{150,000}{3} = 50,000$(원/일)

3. 다음 아래는 목공사에 쓰이는 쪽매 형식이다. 그 이름을 쓰시오. (4점)

①    ②

③ _____   ④

① _____ ② _____

③ _____ ④ _____

정답 3

① 반턱쪽매
② 틈막이대쪽매
③ 딴혀쪽매
④ 제혀쪽매

4. 다음은 금속공사에 사용되는 철물이다. 해당 철물을 간략히 기술하시오. (3점)

① 메탈라스 : _____

② 코너비드 : _____

③ 인서어트 : _____

정답 4

① 메탈라스: 박강판에 일정한 간격으로 자르는 자국을 내어 이것을 옆으로 잡아당겨 그물 모양으로 만든 것
② 코너비드: 기둥이나 벽 등의 모서리를 보호하기 위해서 대는 것을 말한다.
③ 인서어트: 콘크리트 파닥판 밑에 설치하여 반자틀 등을 달아 매고자 할 때 볼트 또는 달대의 걸침이 되는 철물을 말한다.

실내건축기사 기출문제

5. 벽돌 벽에서 발생할 수 있는 백화현상의 방지대책 4가지를 쓰시오. (4점)
① _____
② _____
③ _____
④ _____

정답

[정답] 5
① 소성이 잘 된 양질의 벽돌을 사용한다.
② 줄눈 모르타르 사춤을 빈틈없이 다져 넣는다.
③ 벽돌 벽면을 파라핀 도료 등을 발라 방수처리 한다.
④ 벽면에 적절히 비막이 시설을 한다.

6. 미장공사시 균열을 방지하기 위한 대책을 쓰시오. (4점)
① _____   ② _____
③ _____   ④ _____

[정답] 6
① 철망(wire mesh) 매입
② 줄눈 설치
③ 배합비 준수
④ 혼화재 사용

7. 다음 용어에 대한 설치법 및 사용 목적을 기술하시오. (4점)
① 논슬립 : _____
② 익스펜션 볼트 : _____

[정답] 7
① 논슬립: 계단을 오르내릴 때 미끄러지는 것을 방지하기 위하여 계단 끝 부분에 설치하는 것
② 익스펜션 볼트: 콘크리트, 벽돌 등의 면에 띠장, 문틀 등의 다른 부재를 고정하기 위하여 묻어두는 특수 볼트

8. 테라쪼(Terrazzo) 현장갈기의 시공순서를 〈보기〉에서 골라 기호를 쓰시오. (2점)

─〈보기〉─
① 왁스칠   ② 시멘트 풀먹임   ③ 양생 및 경화
④ 초벌갈기   ⑤ 정벌갈기   ⑥ 테라쪼 종석 바름
⑦ 황동줄눈대 대기

[정답] 8
⑦ → ⑥ → ③ → ④ → ② → ⑤ → ①

9. 석재 표면을 가공할 때 쓰이는 특수공법 3가지를 쓰시오. (3점)
① _____ ② _____ ③ _____

[정답] 9
① 모래분사법
② 버너구이법
③ 플래너마감법

10. 안전유리로 분류할 수 있는 유리 3가지를 쓰시오. (3점)

① _____ ② _____ ③ _____

정답 10
① 강화유리
② 망입유리
③ 접합유리

11. 석재가공 시공순서를 5단계로 쓰시오. (3점)

(①) → (②) → (③) → (④) → (⑤)

정답 11
① 혹두기   ② 정다듬
③ 도드락다듬 ④ 잔다듬
⑤ 갈기 및 광내기

12. 목구조체의 횡력에 대한 변형, 이동을 방지하기 위한 대표적인 보강 방법을 3가지만 쓰시오. (3점)

① _____ ② _____ ③ _____

정답 12
① 가새 ② 버팀대 ③ 귀잡이(보)

13. 다음은 경량철골 천정틀 설치 순서이다. 시공 순서에 맞게 나열하시오. (2점)

① 달대 설치   ② 앵커 설치   ③ 텍스 붙이기   ④ 천정틀 설치

정답 13
② → ① → ④ → ③

실내건축기사 기출문제

2회 / 2016년 7월 8일 시행

수험생 기억에 의한 것으로 실제 기출문제와 다를 수 있습니다.

정답

1. 목재의 건조법 중 훈연법에 대하여 설명하시오. (3점)

정답 1
짚이나 톱밥 등을 태운 연기를 건조실에 도입하여 목재를 건조시키는 방법이다.

2. 길이 100m, 높이 2m, 1.0B 벽돌 벽의 정미량을 산출하시오. (3점)
(단, 벽돌 규격은 표준형임)

정답 2
① 벽면적
  = $100(m) \times 2(m)$
  = $200(m^2)$
② 정미량
  = $200(m^2) \times 149(매/m^2)$
  = $29,800(매)$

3. 다음 〈보기〉에서 수경성 미장 재료를 구하시오. (3점)

〈보기〉
① 돌로마이트 플라스터 ② 인조석 바름 ③ 시멘트 모르타르
④ 회반죽   ⑤ 킨즈시멘트

정답 3
②, ③, ⑤

4. 합판유리의 특성 3가지를 쓰시오. (3점)
①
②
③

정답 4
① 2장 이상의 유리판을 합성수지로 붙여 댄 것으로 강도가 크다.
② 두께가 두꺼운 것은 방탄 유리로 사용한다.
③ 여러 겹이라 다소 하중이 크지만 견고하다.
  * 절단이 용이하다.

5. 다음은 도장 공사에 사용되는 재료이다. 녹막이 방지를 위한 녹막이 도료 3가지를 고르시오. (2점)

〈보기〉
① 광명단   ② 아연분말 도료   ③ 에나멜 도료
④ 멜라민수지 도료

정답 5
① 광명단
② 아연분말 도료

6. 다음은 아치 쌓기의 종류이다. 괄호 안을 채우시오. (4점)

〈보기〉

벽돌을 주문하여 제작한 것을 사용하여 쌓은 아치를 (①), 보통 벽돌을 쐐기 모양으로 다듬어 쓴 것을 (②), 현장에서 보통 벽돌을 써서 줄눈을 쐐기 모양으로 한 (③), 아치 나비가 넓을 때에는 반장별로 층을 지어 겹쳐 쌓는 (④)가 있다.

① _____ ② _____ ③ _____ ④ _____

정답 6
① 본아치
② 막만든 아치
③ 거친 아치
④ 층두리 아치

7. 테라쪼(Terrazzo) 현장갈기의 시공순서를 〈보기〉에서 골라 기호를 쓰시오. (3점)

〈보기〉
① 왁스칠   ② 시멘트 풀먹임   ③ 양생 및 경화
④ 초벌갈기 ⑤ 정벌갈기   ⑥ 테라쪼 종석바름
⑦ 황동줄눈대 대기

정답 7
⑦ → ⑥ → ③ → ④ → ② → ⑤ → ①

8. 다음 내용에 알맞은 용어를 〈보기〉에서 골라 기호를 기입시오. (4점)

〈보기〉
㉮ 시험체의 단면적   ㉯ 최대 하중   ㉰ 시험체의 전단면적

① 벽돌의 압축강도 = ( ) / ( )   ② 블록의 압축강도 = ( ) / ( )

정답 8
① 벽돌의 압축강도 = (㉯)/(㉮)
② 블록의 압축강도 = (㉯)/(㉰)

9. 벽 타일 붙이기 시공순서이다. 〈보기〉에서 골라 그 번호를 나열하시오. (3점)

〈보기〉
① 타일 나누기   ② 치장줄눈   ③ 보양
④ 벽타일 붙이기 ⑤ 바탕처리

정답 9
⑤ → ① → ④ → ② → ③

실내건축기사 기출문제

10. 석재 표면을 가공할 때 쓰이는 특수공법 3가지와 방법을 쓰시오. (3점)

① _____

② _____

③ _____

11. 다음 용어를 설명하시오. (3점)

① 입주상량 : _____

② 듀벨 : _____

③ 바심질 : _____

12. 다음 〈보기〉의 각 재료에 대한 할증률이 큰 순서대로 나열하시오. (2점)

〈보기〉
① 블록   ② 시멘트 벽돌   ③ 유리   ④ 타일

13. 다음 철물의 사용 목적 및 위치를 쓰시오. (4점)

① 인서트 : _____

② 코너비드 : _____

정답

정답 10

① 모래분사법: 석재의 표면에 고압으로 모래를 분출시켜 면을 곱게 마무리하는 방법
② 버너구이법: 버너 등으로 석재 면을 달군 다음 찬물을 뿌려 급랭시켜 표면을 다소 거친면으로 마무리 하는 방법
③ 플래너 마감법: 석재 면을 가공기계를 이용하여 매끄럽게 깎아내어 다듬는 마감법

정답 11

① 입주상량 : 목재의 마름질, 바심질이 끝난 다음 기둥 세우기, 보, 도리 등의 짜 맞추기를 하는 것(일)
② 듀벨 : 목재에서 두 재의 접합부에 끼워 볼트와 같이 써서 전단력에 견디게 한 보강철물
③ 바심질 : 이음, 맞춤, 장부 등을 깎아내기 하고 구멍파기, 볼트구멍 뚫기, 대패질 등을 하는 것

정답 12

② → ① → ④ → ③

정답 13

① 인서트: 반자틀 기타 구조물 등을 달아매고자 할 때 볼트 또는 달대의 걸침이 되는 철물로 콘크리트 바닥판 밑에 설치한다.
② 코너비드: 기둥, 벽 등의 모서리 부분의 미장 바름 등을 보호하기 위하여 설치하는 철물로 각진 모서리 부분에 설치한다.

실내건축기사 기출문제

3회 / 2016년 10월 14일 시행

수험생 기억에 의한 것으로 실제 기출문제와 다를 수 있습니다.

1. 벽의 높이가 2.5m이고, 길이가 8m인 벽을 시멘트 벽돌로 1.5B 쌓을 때 소요량을 구하시오.(단, 벽돌은 표준형 190mm×90mm×57mm) (3점)

정답 1
① 벽면적
  = 2.5(m)×8(m) = 20(m²)
② 정미량
  = 20(m²)×224(매/m²)
  = 4,480(매)
∴ 소요량
  = 4,480(매)×1.05 = 4,704(매)

2. 철골구조물의 내화피복 공법 4가지를 쓰시오. (3점)

① _____ ② _____ ③ _____ ④ _____

정답 2
① 타설공법   ② 뿜칠공법
③ 미장공법   ④ 조적공법
* 건식 내화피복 공법

3. 벽돌조 건물에서 시공상 결함에 의해 생기는 균열원인 4가지를 쓰시오. (4점)

①
②
③
④

정답 3
① 벽돌 및 모르타르 자체의 강도 부족과 신축성
② 벽돌 벽의 부분적 시공결함
③ 이질재와의 접합부
④ 칸막이 벽(장막벽) 상부의 모르타르 다져 넣기 부족
* 모르타르 바름시 들뜨기

4. 경량기포 콘크리트에 대해서 간략히 설명하시오. (4점)

정답 4
콘크리트 속에 경량골재를 사용하고 기포제를 사용하여 다량의 기포를 만들어 무게를 가볍게 한 콘크리트로서, 특수콘크리트인 경량콘크리트의 한 종류이다. 흡습성과 건조수축이 보통 콘크리트보다 훨씬 크며 단열성과 차음성이 우수하다.

5. 자기질 타일과 도기질 타일의 특징을 쓰시오. (3점)

• 자기질 타일 : ① _____ ② _____
• 도기질 타일 : ① _____ ② _____

정답 5
• 자기질 타일
 ① 소성 온도가 가장 높다.
 ② 유약을 사용하여 표면이 매끄럽고 광택이 있다.
• 도기질 타일
 ① 소성 온도가 높은 편이다.
 ② 유약을 사용하지 않아 표면이 매끄럽지 않고 광택이 적다.

6. 목재 바니쉬 칠 공정 작업순서를 바르게 나열하시오. (4점)

〈보기〉
① 색올림   ② 왁스 문지름   ③ 바탕처리   ④ 눈먹임

정답 6
③ → ④ → ① → ②

7. 뿜칠(spray) 공법에 의한 도장 작업시 주의사항 3가지를 쓰시오. (3점)

① _____
② _____
③ _____

정답 7
① 스프레이 건(spray gun)의 위치는 면에 직각이 되도록 평행으로 이동시키며 운행한다.
② 뿜칠 거리는 약 30cm가 적당하다.
③ 운행시 약 1/3씩 겹쳐서 바르도록 한다.

8. 어느 건축공사의 한 작업이 정상적으로 시공할 때 공사기일은 10일, 공사비는 100,000원이고, 특급으로 시공할 때 공사기일은 7일, 공사비는 70,000원이라 할 때 이 공사의 공기단축 시 필요한 비용구배(cost slope)를 구하시오. (2점)

정답 8
비용구배(cost slope)
$= \dfrac{\text{특급공비} - \text{표준공비}}{\text{표준공기} - \text{특급공기}}$
$= \dfrac{100,000 - 70,000}{10 - 7}$
$= \dfrac{30,000}{3}$
$= 10,000 \text{(원/일)}$

9. 다음 〈보기〉에서 방음 재료를 골라 번호로 나열하시오. (3점)

〈보기〉
① 탄화 코르크   ② 암면   ③ 어코스틱 타일   ④ 석면
⑤ 광재면   ⑥ 목재 루버   ⑦ 알루미늄 판   ⑧ 구멍 합판

정답 9
③, ⑥, ⑧

10. 석공시에 석재의 접합에 사용되는 연결철물의 종류 3가지를 쓰시오. (3점)

① _____   ② _____   ③ _____

정답 10
① 은장
② 꺾쇠
③ 촉

11. 치장줄눈의 종류 4가지를 쓰시오. (3점)

① _____ ② _____ ③ _____ ④ _____

정답 11
① 평 줄눈 ② 볼록 줄눈
③ 내민 줄눈 ④ 오목 줄눈
* 빗 줄눈, 엇 빗 줄눈

12. 목구조체의 횡력에 대한 변형, 이동을 방지하기 위한 대표적인 보강 방법을 3가지만 쓰시오. (3점)

① _____ ② _____ ③ _____

정답 12
① 가새
② 버팀대
③ 귀잡이(보)

실내건축기사 기출문제

1회 / 2017년 4월 15일 시행

수험생 기억에 의한 것으로 실제 기출문제와 다를 수 있습니다.

1. 다음의 비계와 용도가 서로 관련 있는 것끼리 번호로 연결하시오. (4점)

① 외줄비계 (가) 고층 건물의 외벽에 중량의 마감공사
② 쌍줄비계 (나) 설치가 비교적 간단하고 외부공사에 이용
③ 틀비계   (다) 45m 이하의 높이로 현장조립이 용이
④ 달비계   (라) 외벽의 청소 및 마감 공사에 많이 이용
⑤ 말비계(발도음) (마) 내부 천정공사에 많이 이용
⑥ 수평비계 (바) 이동이 용이하며, 높지 않은 간단한 내부공사

① _____ ② _____ ③ _____
④ _____ ⑤ _____ ⑥ _____

정답 1
①-(나), ②-(가), ③-(다)
④-(라), ⑤-(바), ⑥-(마)

2. 다음 〈보기〉의 석재의 흡수율과 강도가 큰 순서의 번호를 쓰시오. (4점)

〈보기〉
(가) 화강석   (나) 응회암   (다) 대리석
(라) 안산암   (마) 사암

① 흡수율 : _____
② 강 도 : _____

정답 2
① 흡수율 : (나)-(마)-(라)-(가)-(다)
② 강도 : (가)-(다)-(라)-(마)-(나)

3. 다음 설명에 해당되는 용어를 기입하시오. (2점)

① 구멍뚫기, 홈파기, 면접기 및 대패질로 목재를 다듬은 일 ( )
② 목재를 크기에 따라 각 부재의 소요 길이로 잘라내는 일 ( )

① _____ ② _____

정답 3
① 바심질
② 마름질

4. 다음 유리의 특성을 쓰시오. (4점)

(가) 반사유리 :

(나) 접합유리 :

정답 4
(가) 반사유리 : 반사막이 광선을 차단, 반사시켜 실내에서 외부를 볼 때에는 전혀 지장이 없으나 외부에서는 거울처럼 보이게 되는 유리이다.
(나) 접합유리 : 2장 이상의 유리판을 합성수지로 붙여 댄 것으로 강도가 크며 두께가 두꺼운 것은 방탄유리로 사용된다.

(다) 강화유리 :

(라) 망입유리 :

정답
- (다) 강화유리 : 성형 판유리를 500 ~ 600℃로 가열한 후 압착하여 만든 유리로 강도가 보통 유리의 3~5배 크며 현장절단이 어렵다.
- (라) 망입유리 : 유리판 중간에 철선망을 넣어 만든 유리로 화재나 충격시 파편이 산란하는 위험을 방지하는 유리이다.

5. 다음의 보기 중에서 기경성인 재료를 모두 골라 번호를 기입하시오. (3점)

〈보기〉
① 킨즈시멘트   ② 아스팔트 모르타르   ③ 마그네샤 시멘트
④ 시멘트 모르타르   ⑤ 진흙질   ⑥ 소석회

정답 5
②, ⑤, ⑥

6. 타일의 동해 방지법 4가지만 쓰시오. (4점)
①
②
③
④

정답 6
① 소성온도가 높은 타일을 사용한다.
② 흡수성이 낮은 타일을 사용한다.
③ 붙임용 모르타르 배합비를 정확히 한다.
④ 줄눈 누름을 충분히 하여 빗물의 침투를 방지한다.

7. 합성수지계 접착제 종류를 4가지만 쓰시오. (4점)
①   ②
③   ④

정답 7
① 요소수지
② 페놀수지
③ 멜라민수지
④ 에폭시수지

8. 도료가 바탕에 부착을 저해하거나 부풀음, 터짐, 벗겨지는 원인이 될 수 있는 요소 4가지를 쓰시오. (3점)
①   ②
③   ④

정답 8
① 유분(기름기)
② 수분(물기)
③ 진(먼지)
④ 금속 녹

9. 철재 녹막이 칠에 쓰이는 도료의 종류 5가지만 쓰시오. (5점)

① _____ ② _____

③ _____ ④ _____

⑤ _____

정답 9
① 광명단
② 징크로메이트
③ 알루미늄 도료
④ 아연분말 도료
⑤ 산화철 녹막이

10. 다음 도면을 보고 사무실과 홀의 바닥에 필요한 재료량을 산출하시오. (단, 화장실은 제외) (6점)

(m² 당)

종류	수량
타일(60mm 각형)	260(매)
인부수	0.09인
도장공	0.03인
접착제	0.4kg

① 타일량 _____

② 인부수 _____

③ 도장공 _____

④ 접착제 _____

정답 10
① 타일량=바닥면적×단위수량
　　=사무실 면적+홀의 면적×단위수량
　　={(10×6)+(5×3)}×260
　　=19,500(매)
② 인부수=바닥면적×면적당 인부수
　　=75×0.09
　　=6.75 → 7(인)
③ 도장공=바닥면적×면적당 도장공
　　=75×0.03
　　=2.25 → 3(인)
④ 접착제=바닥면적×면적당 접착제량
　　=75×0.4
　　=30(kg)

11. 다음 가구의 목재량을 소수점 이하 끝까지 산출하시오. (단, 판재의 두께는 18mm이며, 각재의 단면은 30mm×30mm 이다.)

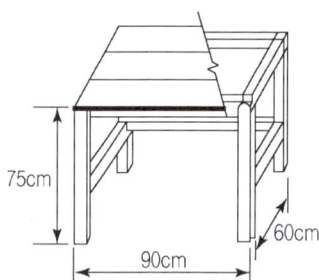

(가) 판재

_____

(나) 각재

_____

정답 11
(가) 판재
　　=(0.9m×0.6m×0.18m)
　　=0.00972(m³)
(나) 각재
　　=(수직재+가로재+세로재)
① 수직재
　　=(0.03m×0.03m×0.75m)×4개
　　=0.0027(m³)
② 가로재
　　=(0.03m×0.03m×0.9m)×3개
　　=0.00243(m³)
③ 세로재
　　=(0.03m×0.03m×0.6m)×4개
　　=0.00216(m³)
∴ 각재=①+②+③
　　=0.0027+0.00243+0.00216
　　=0.00729(m³)

12. 다음 데이터로 네트워크 공정표를 작성하고 주공정선은 굵은 선으로 표시하시오. (5점)

순위	작업명	선행작업	작업일수	비 고
1	A	없음	5	결합점 일정계산은 PERT 기법에 의거 다음과 같이 계산한다.
2	B	없음	8	
3	C	A	7	
4	D	A	8	
5	E	B, C	5	
6	F	B, C	4	
7	G	D, E	11	
8	H	F	5	

ET | LT

작업명 / 공사일수 → (i) → 작업명 / 공사일수

[정답] ① 네트워크 공정표

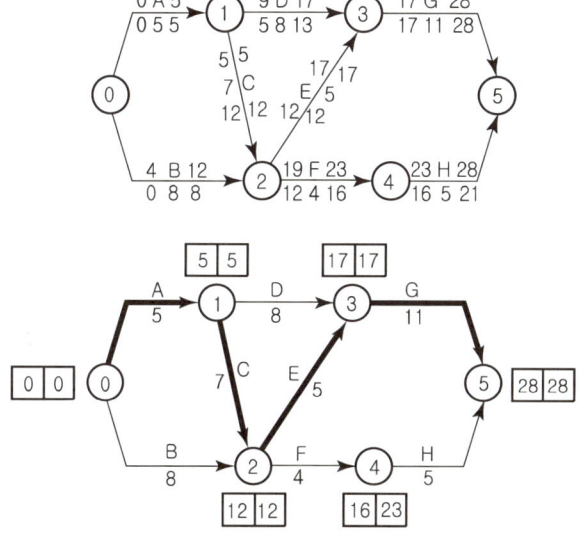

② C.P : A → C → E → G

13. 어느 건설공사의 한 작업이 정상적으로 시공할 때 공사기일은 10일, 공사비용은 600,000원이고 특급으로 시공할 때 공사기일은 6일, 공사비는 800,000원이라 할 때 이공사의 공기 단축시 필요한 비용구배(cost sloop)를 구하시오. (4점)

[정답] 12

① 타일량 = 바닥면적 × 단위수량
= 사무실 면적 + 홀의 면적 × 단위수량
= {(10×6) + (5×3)} × 260
= 19,500(매)

② 인부수 = 바닥면적 × 면적당 인부수
= 75 × 0.09
= 6.75 → 7(인)

③ 도장공 = 바닥면적 × 면적당 도장공
= 75 × 0.03
= 2.25 → 3(인)

④ 접착제 = 바닥면적 × 면적당 접착제량
= 75 × 0.4
= 30(kg)

[정답] 13

비용구배
$= \dfrac{특급공비 - 표준공비}{표준공기 - 특급공기}$ (원/일)
$= \dfrac{(800,000원 - 600,000원)}{(10일 - 6일)}$
= 50,000(원/일)

실내건축기사 기출문제

2회 / 2017년 6월 24일 시행

수험생 기억에 의한 것으로 실제 기출문제와 다를 수 있습니다.

1. 실내시공에서 간단히 조립 할 수 있는 강관틀 비계의 중요 부품을 3가지만 쓰시오. (3점)

① _____ ② _____ ③ _____

2. 다음은 조적조의 치장줄눈을 나타낸 것이다. 각각의 명칭을 쓰시오. (6점)

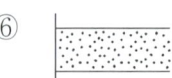

① _____ ② _____ ③ _____
④ _____ ⑤ _____ ⑥ _____

3. 다음 벽돌벽의 용어를 설명하시오. (3점)

① 내력벽 : _____
② 장막벽 : _____
③ 중공벽 : _____

4. 다음 보기에서 설명하는 내용의 용어를 쓰시오. (3점)

― 〈 보기 〉 ―
① 목재에서 두 재의 접합부에 끼워 볼트와 같이 써서 전단에 견디도록 한 보강철물
② 재와 서로 직각으로 접합하는 것 또는 그 자리
③ 재의 길이 방향으로 길게 접합하는 것 또는 그 자리

① _____ ② _____ ③ _____

정답

정답 1
① 수평틀(띠장틀)
② 세로틀
③ 교차가새
* 베이스(base)

정답 2
① 평줄눈   ② 내민줄눈
③ 내민둥근줄눈 ④ 엇빗줄눈
⑤ 홈(V)줄눈 ⑥ 민줄눈

정답 3
① 내력벽 : 상부의 고정하중 및 적재하중을 받아 하부의 기초에 전달하는 벽
② 장막벽 : 상부 하중을 받지 않고 자체의 하중만을 받는 벽
③ 중공벽 : 외벽에 방습, 방음, 단열 등의 목적으로 벽체의 중간에 공간을 두어 이중벽으로 쌓는 벽

정답 4
① 듀벨
② 맞춤
③ 이음

5. 안전유리의 종류를 3가지 쓰시오. (3점)

① _____ ② _____ ③ _____

정답 5
① 강화유리
② 망입유리
③ 접합유리

6. 미장공사시 모르타르 바름 순서를 보기에서 골라 나열하시오. (3점)

〈보기〉
① 바탕면 보수   ② 바탕 청소
③ 우묵한 곳 살 보충하기   ④ 넓은면 바르기
⑤ 모서리 및 교차부 바르기

_____

정답 6
② → ① → ③ → ⑤ → ④
※ 바닥면 바르기

7. 다음 보기 중에서 플라스틱의 종류 중 열가소성수지와 열경화성수지를 각각 4가지씩 쓰시오. (4점)

〈보기〉
① 페놀수지   ② 요소수지   ③ 염화비닐수지
④ 멜라민수지   ⑤ 스티로폴수지   ④ 불소수지
⑤ 초산비닐수지   ⑥ 실리콘수지

① 열가소성수지
_____

② 열경화성수지
_____

정답 7
① 열가소성수지 : 염화비닐수지, 스티로폴수지, 불소수지, 초산비닐수지
② 열경화성수지 : 페놀수지, 요소수지, 멜라민수지, 실리콘수지

8. 수성도료의 장점 4가지만 기술하시오. (4점)

① _____
② _____
③ _____
④ _____

정답 8
① 건조가 비교적 빠르다.
② 물을 용제로 사용하므로 경제적이고 공해가 없다.
③ 알칼리성 재료의 표면에 도포가 가능하다.
④ 도포방법이 간단하고 보관의 제약이 적다.
* 무광택으로 내수성이 없으므로 실내용으로 주로 사용된다.

9. 단열재가 되는 조건 4가지를 보기에서 고르시오. (3점)

<보기>
① 열전도율이 높다. ② 비중이 작다.
③ 내식성이 있다.   ④ 기포가 크다.
⑤ 내화성이 있다.   ⑥ 어느 정도 기계적 강도가 있어야 한다.
⑦ 흡수율이 작다.

[정답] 9
②, ⑤, ⑥, ⑦

10. 다음 그림은 건물의 평면도이다. 이 건물이 지상 5층일 때 내부비계 면적을 산출하시오. (4점)

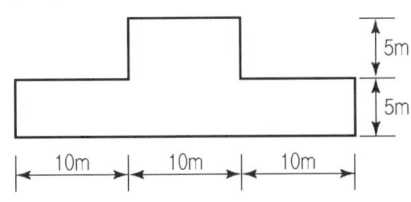

[정답] 10
내부 비계면적
= 연면적×0.9(m²) 이므로
= {(30×5)+(10×5)}×5개층×0.9
= {150+50}×5×0.9
= 900(m²)

11. 다음과 같은 화장실의 바닥에 사용되는 타일 수량을 산출하시오.
(단, 타일의 규격은 10cm×10cm이고, 줄눈 두께를 3mm로 한다.) (3점)

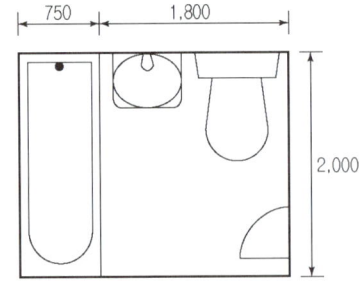

[정답] 11
타일량
=시공면적×단위수량 이므로
=(1.8m×2m)×
$\left\{\left(\dfrac{1m}{0.1+0.003}\right)\times\left(\dfrac{1m}{0.1+0.003}\right)\right\}$(장/m²)
=3.6(m²)×94.26(장/m²)
=339.34 → 340(장)

12. 그림과 같은 평면도의 바닥을 리놀륨 타일로 마감하였을 경우의 리놀륨 타일붙임에 소요되는 재료량을 산출하시오. (단, 벽두께는 20cm이다.) (4점)

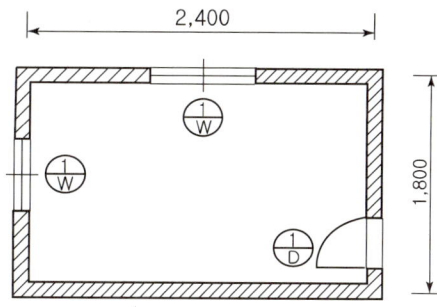

정답 12

(1) 리놀륨타일 붙임면적
= (2.4−0.2)×(1.8−0.2)
= 3.52m²

(2) 재료량 산출
① 리놀륨타일
= (붙임면적)×1.05
= 3.52×1.05 = 3.7m²
② 접착제 = (붙임면적)×0.42kg
= 3.52×0.42 = 1.48kg

---

13. 다음 용어를 설명하시오. (4점)

① EST _____

② LT _____

③ CP _____

④ FF _____

정답 13

① EST : 작업을 시작하는 가장 빠른 시간
② LT : 최종의 결합점에 이르는 가장 긴 경로를 통하여 종료시각에 도달할 수 있는 개시 시각
③ CP : 개시 결합점에서 종료 결합점에 이르는 가장 긴 패스
④ FF : 가장 빠른 개시시각(EST)에 작업을 시작하여 후속 작업을 가장 빠른 개시시각(EST)에 시작하여도 가능한 여유시간이다.

---

14. 품질관리에 쓰이는 Q.C 수법 도구명의 종류를 5가지만 쓰시오. (5점)

① _____ ② _____
③ _____ ④ _____
⑤ _____

정답 14

① 파레토(Pareto)도
② 특성요인도
③ 히스토그램(Histogram)
④ 관리도
⑤ 산포도(상관도)

실내건축기사 기출문제

3회 / 2017년 10월 14일 시행

수험생 기억에 의한 것으로 실제 기출문제와 다를 수 있습니다.

1. 아치의 모양에 따른 종류 4가지를 쓰시오. (4점)

① _____ ② _____

③ _____ ④ _____

2. 백화의 원인과 대책을 각각 2가지씩 쓰시오. (4점)

(가) 원인

① _____

② _____

(나) 대책

① _____

② _____

3. 다음 그림에 맞는 마루널 쪽매의 명칭을 쓰시오. (4점)

(가)   (나)   (다)   (라)

(가) _____ (나) _____ (다) _____ (라) _____

4. 목재반자틀 시공 순서를 보기에서 골라 기호를 순서대로 기입하시오. (3점)

―〈 보기 〉―
① 달대받이   ② 반자틀   ③ 반자틀받이
④ 달대   ⑤ 반자돌림대

• 순서 : _____

정답

정답 1
① 반원아치
② 결원아치
③ 평아치
④ 뾰족아치

정답 2
(가) 원인
① 줄눈 모르타르의 시멘트의 산화칼슘(CaO)이 물(H_2O)과 공기 중의 탄산가스(CO_2)에 의해 반응하여 희게 나타난다.
② 벽돌의 황산나트륨과 모르타르의 소석회가 화학반응을 일으켜서 나타나는 현상이다.
(나) 대책
① 소성이 잘된 양질의 벽돌을 사용한다.
② 줄눈 모르타르 사춤을 빈틈없이 다져 넣는다.
 * 벽돌 벽면을 파라핀 도료 등을 발라 방수처리 한다.
 * 벽면에 적절히 비막이 시설을 한다.

정답 3
(가) 반턱쪽매 (나) 틈막이대쪽매
(다) 딴혀쪽매 (라) 제혀쪽매

정답 4
① → ⑤ → ③ → ② → ④

5. 서로 관계있는 것끼리 번호로 연결하시오. (4점)

　(가) 유리블럭　　　　① 부식유리
　(나) 방탄유리　　　　② 거울유리
　(다) 장식장용 유리　　③ 복층유리
　(라) 단열용 유리　　　④ 프리즘유리
　(마) 갈은 유리　　　　⑤ 합판유리
　(바) 방화유리　　　　⑥ 망입유리

(가) _____　(나) _____　(다) _____
(라) _____　(마) _____　(바) _____

정답 5
(가) - ④
(나) - ⑤
(다) - ①
(라) - ③
(마) - ②
(바) - ⑥

6. 타일공법 중 압착공법의 장점에 대해 3가지를 기술하시오. (4점)

① _____
② _____
③ _____

정답 6
① 타일 이면에 공극이 적으므로 백화현상이 적다.
② 직접 붙임공법에 비해 숙련도를 요하지 않는다.
③ 작업속도가 빠르고 능률적이다.

7. 다음은 금속공사에 사용되는 철물의 용어이다. 간략히 설명하시오. (4점)

(가) 와이어 매시 :

(나) 펀칭메탈 :

(다) 메탈라스 :

(라) 와이어 라스 :

정답 7
(가) 와이어 매시 : 연강선을 직교시켜 전기용접한 철선망
(나) 펀칭메탈 : 얇은 철판에 각종 모양을 도려낸 것
(다) 메탈라스 : 얇은 철판에 자른 금을 내어 당겨 늘린 것
(라) 와이어 라스 : 철선을 꼬아 만든 철망

실내건축기사 기출문제

8. 도장공사에서 쓰이는 스프레이 건(gun) 사용시 주의사항을 3가지 쓰시오. (4점)

① _____

② _____

③ _____

정답 8
① 스프레이 건(gun)의 위치는 면에 직각이 되도록 평행으로 이동시키며 운행
② 뿜칠 거리는 약 30cm 정도가 적당
③ 운행시 약 1/3 씩 겹쳐서 바르도록 함
* 노즐 구경은 1.0~1.2mm 정도 가 사용

9. 장판지 붙이기의 시공순서를 〈보기〉에서 골라 기호를 쓰시오. (4점)

─ 〈보기〉 ─
① 재배   ② 걸레받이   ③ 장판지
④ 마무리칠   ⑤ 초배   ⑥ 바탕처리

• 순서 : _____

정답 9
⑥→⑤→①→③→②→④

10. 다음 도면과 같은 벽돌조 건물의 벽돌 소요량과 쌓기용 모르타르량을 산출하시오. (단, 벽돌수량은 소수점 아래 1자리에서, 모르타르량은 소수점 아래 셋째자리에서 반올림 한다.) (7점)

─ 〈조건〉 ─
① 벽돌벽의 높이 : 3m
② 벽 두께 : 1.0B
③ 벽돌 크기 : 210×100×60mm
④ 창호의 크기 : 출입문－1.0×2.0m, 창문－2.4×1.5m
⑤ 벽돌의 할증률 : 5%

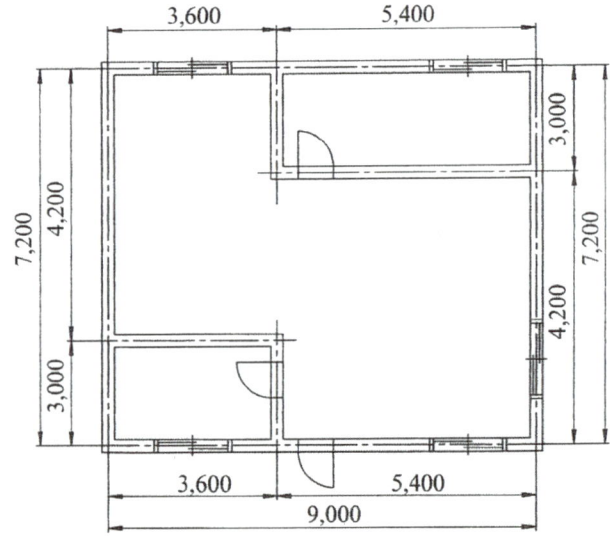

정답 10
(1) 산출요령
① 외벽과 내벽으로 나누어 산출한다.
② 외벽과 내벽이 만나는 부분에서 0.5B 길이만큼 공제한다.
(2) 외벽
① 벽돌량
=[(9+7.2)×2×3-{(1.0×2.0×1)+(2.4×1.5×1.5)}]×130×1.05
≒ 10,538(장)
② 모르타량
=$(\frac{10,036}{1,000})×0.37≒3.71(m^3)$
(3) 내벽
③ 벽돌량
=${(15-\frac{0.21}{2}×4)×3-(1.0×2×2)}$×130×1.05≒ 5,425(장)
④ 모르타량
=$(\frac{5,167}{1,000})×0.37≒ 1.91(m^3)$
∴ 합계
벽돌 소요량=①+③
=15,963(장)
모르타량=②+④=5.62(m^3)

(가) 벽돌 소요량 :

(나) 쌓기용 모르타르량 :

11. 아래 창호의 목재량(m³)을 구하시오. (3점)

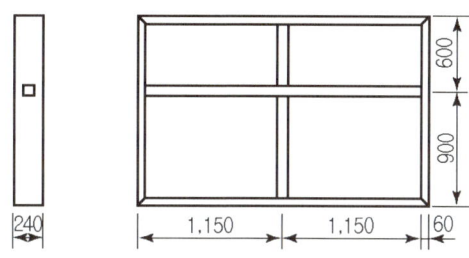

정답 11

목재량=수직재+수평재 이므로
=(0.24×0.06×1.5)×3개+
(0.24×0.06×2.3)×3개
=0.0648+0.09936
≒0.16(m³)

12. 다음 재료에 대한 적산시 할증률을 (　) 안에 써 넣으시오. (4점)

① 비닐타일 : (①)%　　② 리놀륨 : (②)%
③ 합판(수장용) : (③)%　④ 석고판(본드접착용) : (④)%
⑤ 발포폴리스틸렌 : (⑤)%　⑥ 단열시공 부위의 방습지 : (⑥)%

① _____　② _____　③ _____
④ _____　⑤ _____　⑥ _____

정답 12

① 5　② 5　③ 5
④ 8　⑤ 10　⑥ 15

13. 다음 자료를 이용하여 네트워크 공정표를 작성하시오. (단, 주공정선은 굵은 선으로 표시한다.) (6점)

작업명	작업일수	선행작업	비 고
A	1	없음	단, 각 작업의 일정계산 방법으로 아래와 같이 한다.
B	2	없음	
C	3	없음	
D	6	A, B, C	
E	5	B, C	
F	4	C	

- C.P :

【정답】

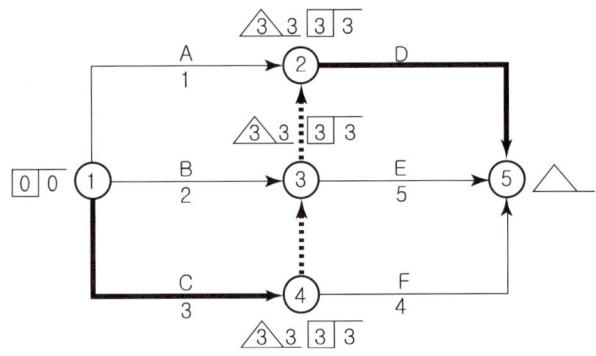

- C.P : C → D

14. 다음과 같은 작업 데이터에서 비용구배가 가장 작은 작업부터 순서대로 쓰시오. (4점)

작업명	정상 계획		급속 계획	
	공기(일)	비용(원)	공기(일)	비용(원)
A	4	60,000	2	90,000
B	15	140,000	14	160,000
C	7	50,000	4	80,000

(가) 산출근거

(나) 작업순서

【정답】 14

(가) 산출근거

$A = \dfrac{90,000-60,000}{4-2}$
$= 15,000$(원/일)

$B = \dfrac{160,000-140,000}{15-14}$
$= 20,000$(원/일)

$C = \dfrac{80,000-50,000}{7-4}$
$= 10,000$(원/일)

(나) 작업순서 : C→A→B

실내건축기사 기출문제

1회 / 2018년 4월 14일 시행

수험생 기억에 의한 것으로 실제 기출문제와 다를 수 있습니다.

1. 거푸집면 타일 먼저 붙이기 공법 2가지를 쓰시오. (4점)

① _____ ② _____

정답 1
① 타일 시트법
② 줄눈대법
* 줄눈틀법, 유니트 타일 붙이기법

2. 다음에서 설명하고 있는 석재를 〈보기〉에서 골라 쓰시오. (3점)

〈보기〉
화강암   안산암   사문암   사암   대리석   화산암

① 석회석이 변화하여 결정화한 것으로 강도는 높지만 내화성이 낮고 풍화되기 쉬우며 산에 약하기 때문에 실외용으로는 적합하지 않다. ( )

② 수성암의 일종으로 함유광물의 성분에 따라 암석의 질, 내구성, 강도에 따라 현저한 차이가 있다. ( )

③ 강도, 경도, 비중이 크고 내화력도 우수하여 구조용 석재로 쓰이지만 조직 및 색조가 균일하지 않고 석리가 있기 때문에 채석 및 가공이 용이하지만 대재를 얻기가 어렵다. ( )

① _____ ② _____ ③ _____

정답 2
① 대리석
② 사암
③ 안산암

3. 다음 용어를 차이점에 근거하여 쓰시오. (4점)

① 내력벽 : _____

② 장막벽 : _____

정답 3
① 내력벽 : 상부의 고정하중 및 적재하중을 받아 하부의 기초에 전달하는 벽
② 장막벽 : 상부의 하중을 받지 않고 자체의 하중만을 받는 벽

4. 단열공법 중 주입 단열공법과 붙임 단열공법을 설명하시오. (2점)

① 주입 단열공법 : _____

② 붙임 단열공법 : _____

정답 4
① 주입 단열공법 : 단열이 필요한 곳에 단열공간을 만들고 주입구멍과 공기구멍을 뚫어 발포성 단열재를 주입하여 충전하는 공법
② 붙임 단열공법 : 단열이 필요한 곳에 일정하게 성형된 판상의 단열재를 붙여서 단열성능을 갖도록 하는 방법

5. 다음 용어를 설명하시오. (3점)

① 짠마루 : _____

② 막만든 아치 : _____

③ 거친 아치 : _____

정답 5
① 짠마루 : 간 사이가 큰 경우에 사용되며 작은 보 위에 장선을 걸고 마루널을 까는 방식의 마루
② 막만든 아치 : 보통 벽돌을 쐐기 모양으로 다듬어 쌓은 아치
③ 거친 아치 : 아치 쌓기에서 보통 벽돌을 사용하고 줄눈을 쐐기 모양으로 하여 쌓은 아치

6. 다음 용어를 설명하시오. (2점)

① 와이어 메쉬 : _____

② 조이너 : _____

정답 6
① 와이어 메쉬 : 연강철선을 직교시켜 전기 용접한 철선망
② 조이너 : 텍스, 보드, 금속판 등의 이음새에 마감이 보기 좋도록 대어 붙이는 재료

7. 금속 부식방지법 3가지를 쓰시오. (3점)

① _____
② _____
③ _____

정답 7
① 상이한 성분의 금속은 서로 접촉시키지 않는다.
② 표면은 깨끗한 건조상태로 유지한다.
③ 도료 등 내식성이 큰 재료로 보호 피막을 만든다.

8. 도장공사에서 본타일 붙이기를 1-5단계로 설명하시오. (5점)

① _____ ② _____
③ _____ ④ _____
⑤ _____

정답 8
① 바탕처리
② 하도 1회(초벌)
③ 하도 2회(재벌)
④ 상도 1회(정벌 1회)
⑤ 상도 2회(정벌 2회)

9. 190×90×57 크기의 표준벽돌로 15m²를 2.0B 쌓기시 몰탈량과 벽돌 사용량을 구하시오. (단, 할증은 고려하지 않는다.) (4점)

① 벽돌량
  계산식 : _____
  정 답 : _____

② 몰탈량
  계산식 : _____
  정 답 : _____

정답 9
① 벽돌량
  계산식 : $15(m^2) \times 298(매/m^2)$
  $= 4,470(매)$
  정 답 : 4,470(매)
② 몰탈량
  계산식 :
  $(4470 \div 1000) \times 0.36(m^3)$
  $= 1.6092(m^3)$
  정 답 : $1.61(m^3)$

10. 타일의 동해방지를 위한 방법 4가지를 쓰시오. (4점)

① _____
② _____
③ _____
④ _____

11. 다음 아래는 공기단축의 공사계획이다. 비용구배가 가장 큰 작업 순서대로 나열하시오. (4점)

구분	표준공기(일)	표준비용(원)	급속공기(일)	급속비용(원)
A	4	6,000	2	9,000
B	15	14,000	14	16,000
C	7	5,000	4	8,000

12. 미장 공사 중 셀프 레벨링(Self Leveling)재에 대해 설명하시오. (4점)

_____

정답

정답 10

① 소성 온도가 높은 타일을 사용한다.
② 흡수성이 낮은 타일을 사용한다.
③ 붙임용 모르타르 배합비를 정확히 한다.
④ 줄눈 누름을 충분히 하여 빗물의 침투를 방지한다.

정답 11

B → A → C

$A = \dfrac{9{,}000 - 6{,}000}{4 - 2}$
$= 1{,}500(원/일)$

$B = \dfrac{16{,}000 - 14{,}000}{15 - 14}$
$= 2{,}000(원/일)$

$C = \dfrac{8{,}000 - 5{,}000}{7 - 4}$
$= 1{,}000(원/일)$

정답 12

셀프 레벨링(Self Leveling, SL)재는 석고계, 시멘트계가 있으며 자체 유동성이 있기 때문에 평탄하게 되는 성질을 이용하여 바닥 마름질 공사 등에 사용하는 재료이다. 셀프 레벨링재의 표면에 물결무늬가 생기지 않도록 창문 등을 밀폐하여 통풍과 기류를 차단하고 기온이 5℃ 이하가 되지 않도록 한다.

실내건축기사 기출문제

2회 / 2018년 6월 30일 시행

수험생 기억에 의한 것으로 실제 기출문제와 다를 수 있습니다.

1. 150mm×210mm×4800mm 각재 1000개의 체적을 구하시오. (3점)

2. 조적조에서 내력벽과 장막벽을 구분하여 기술하시오. (4점)

① 내력벽 : _____

② 장막벽 : _____

3. 인조석 표면 마감 방법 3가지를 기술하시오. (3점)

① _____ ② _____ ③ _____

4. 다음 설명하는 도료의 명칭을 쓰시오. (3점)

① 안료, 건성유, 희석제, 건조제를 조합해서 만든 페인트이다. (　　)
② 철체 등에 녹슬지 않게 도료를 칠하는 것으로 철의 표면에 칠하고 그 위에 다시 페인팅을 하는 것 (　　)
③ 천연수지와 휘발성 용제를 섞은 것으로 밑바탕이 보이는 투명한 도장재료 천연수지, 오일, 합성수지 등이 있다. (　　)

① _____ ② _____ ③ _____

5. 다음 쪽매의 명칭을 써 넣으시오. (4점)

① _____ ② _____

③ _____ ④ _____

정답

정답 1

$0.15 \times 0.21 \times 4.8 \times 1000$
$= 194.4 (m^3)$

정답 2

① 내력벽 : 상부의 고정하중 및 적재하중을 받아 하부의 기초에 전달하는 벽
② 장막벽 : 상부의 하중을 받지 않고 자체의 하중만을 받는 벽

정답 3

① 거친갈기
② 물갈기
③ 잔다듬

정답 4

① 유성페인트
② 녹막이칠
③ 바니쉬

정답 5

① 반턱쪽매
② 틈막이대쪽매
③ 딴혀쪽매
④ 제혀쪽매

6. 다음은 도배공사에 있어서 온도의 유지에 관한 내용이다. ( ) 안에 알맞은 수치를 넣으시오. (4점)

<보기>
도배지 평상시 보관 온도는 (①)℃ 이어야 하고, 시공 전 (②)시간 전부터는 (③)℃ 정도를 유지해야 하며, 시공 후 (④)시간까지는 (⑤)℃ 이상의 온도를 유지하는 것이 좋다.

① _____ ② _____ ③ _____

④ _____ ⑤ _____

[정답] 6
① 4
② 72
③ 5
④ 48
⑤ 16

7. 다음 공사의 공기 단축시 필요한 비용구배(cost slope)를 구하시오. (3점)

A : 표준공기 4일, 표준비용 6,000원, 급속공기 2일, 급속비용 9,000원이다.
B : 표준공기 15일, 표준비용 14,000원, 급속공기 14일, 급속비용 16,000원이다.
C : 표준공기 7일, 표준비용 5,000원, 급속공기 4일, 급속비용 8,000원이다.

A : _____, B : _____, C : _____

[정답] 7

$A = \dfrac{9,000-6,000}{4-2}$
$= 1,500(원/일)$

$B = \dfrac{16,000-14,000}{15-14}$
$= 2,000(원/일)$

$C = \dfrac{8,000-5,000}{7-4}$
$= 1,000(원/일)$

8. 벽돌 백화현상 원인 1가지와 방지대책 2가지를 쓰시오. (3점)

(가) 원인
① _____

(나) 대책
① _____
② _____

[정답] 8
(가) 원인
① 줄눈 모르타르의 성분 중 시멘트의 산화칼슘이 물과 공기 중의 탄산가스에 의해 반응하여 희게 나타난다.
(나) 대책
① 소성이 잘된 양질의 벽돌을 사용한다.
② 줄눈 모르타르 사춤을 빈틈없이 다져 넣는다.
* 벽돌 벽면을 파라핀 도료 등을 발라 방수처리 한다.
* 벽면에 적절히 비막이 처리 시설을 한다.

9. 장식용 테라코타의 용도 3가지를 쓰시오. (3점)

① _____ ② _____ ③ _____

[정답] 9
① 주두
② 난간벽
③ 돌림대

실내건축기사 기출문제

10. 다음은 석재 가공순서의 공정이다. 바르게 나열하시오. (4점)

─〈보기〉─
① 잔다듬   ② 정다듬   ③ 도드락다듬
④ 혹두기(혹떼기)   ⑤ 갈기

정답 10

④ → ② → ③ → ① → ⑤

11. 다음〈보기〉는 합성수지 재료이다. 열가소성수지와 열경화성수지로 나누어 분리하시오. (3점)

─〈보기〉─
① 아크릴수지   ② 에폭시수지   ③ 멜라민수지
④ 페놀수지   ⑤ 폴리에틸렌수지   ⑥ 염화비닐수지

• 열가소성수지 : _____
• 열경화성수지 : _____

정답 11

• 열가소성수지 : ①, ⑤, ⑥
• 열경화성수지 : ②, ③, ④

12. 아스팔트 프라이머(asphalt primer)에 대해 설명하시오. (3점)

정답 12

아스팔트를 휘발성 용제로 녹인 흑갈색의 액상으로 바탕면에 칠하여 아스팔트 등의 접착력을 높이기 위한 밑도료로 사용한다.

실내건축기사 기출문제

3회 / 2018년 11월 10일 시행

수험생 기억에 의한 것으로 실제 기출문제와 다를 수 있습니다.

1. 다음 벽돌공사의 용어를 간단히 설명하시오. (3점)

① 내력벽 : _____
② 장막벽 : _____
③ 중공벽 : _____

2. 타일 나누기 작업시 주의사항 3가지를 쓰시오. (3점)

① _____
② _____
③ _____

3. 조적조에서 공간 쌓기에 대하여 설명하시오. (3점)

_____

4. 바닥면적 10m×20m, 크링커 타일 180mm×180mm, 줄눈 간격 10mm로 붙일 때에 필요한 타일의 수량을 구하시오. (단, 할증은 고려하지 않음) (4점)

_____

5. 멤브레인 방수공법 3가지를 쓰시오. (3점)

① _____ ② _____ ③ _____

6. 다음은 벽돌쌓기에 관한 설명이다. 괄호 안에 알맞은 용어를 쓰시오. (2점)

① 한 켜에 마구리 면과 길이 면을 번갈아 쌓고, 끝을 이오 토막으로 처리한 쌓기 방법 (   )
② 한 켜에 마구리 면, 한 켜에 길이 면으로 쌓고, 끝은 이오 토막으로 처리한 쌓기 방법 (   )

① _____ ② _____

정답

정답 1
① 내력벽 : 상부의 고정하중 및 적재하중을 받아 하부의 구조체에 전달하는 벽
② 장막벽 : 상부의 하중을 받지 않고 자체의 하중만을 받는 벽
③ 중공벽 : 외벽에 방습, 방음, 단열 등의 목적으로 벽체의 중간에 공간을 두어 이중벽으로 쌓는 벽

정답 2
① 벽과 바닥을 동시에 계획하여 가능한 줄눈을 맞추도록 한다.
② 가능한 온장을 사용할 수 있도록 계획한다.
③ 수전 및 매설물의 위치를 파악한다.
* 모서리 및 개구부는 특수타일로 계획한다.

정답 3
외벽에 방습, 방음, 단열 효과를 갖게 하기 위하여 벽 사이를 5~10cm 정도 공간을 두고 쌓는 방법으로 두 벽체 사이에 연결재(철선, 벽돌 등)를 수직거리 45cm 이내, 수평거리 90~100cm 이내로 보강하여 쌓는다.

정답 4
타일량
$= \dfrac{10 \times 20}{(0.18+0.01) \times (0.18+0.01)}$
$= \dfrac{200}{0.19 \times 01.9}$
$≒ 5,540$(매)

정답 5
① 아스팔트 방수
② 시이트 방수
③ 도막방수

정답 6
① 불식 쌓기
② 영식 쌓기

7. 다음 각종 미장재료를 기경성 및 수경성 미장재료로 분류할 때 해당되는 재료명을 〈보기〉에서 골라 쓰시오. (4점)

〈보기〉
① 진흙　　　　　　② 순석고플라스터　　　③ 회반죽
④ 돌로마이트플라스터　⑤ 킨즈시멘트　　　　⑥ 인조석바름
⑦ 시멘트 모르타르

가. 기경성 미장재료 : _____

나. 수경성 미장재료 : _____

정답 7
가. 기경성 미장재료 : ①, ③, ④
나. 수경성 미장재료 : ②, ⑤, ⑥, ⑦

8. 다음 공사의 공기 단축시 필요한 비용구배(cost slope)를 구하시오. (4점)

① 조건 A) 표준공기 12일, 표준비용 8만원, 급속공기 8일, 급속비용 15만원

② 조건 B) 표준공기 10일, 표준비용 6만원, 급속공기 6일, 급속비용 10만원

정답 8
① 조건 A) 비용구배
$= \dfrac{150,000 - 80,000}{12 - 8}$
$= \dfrac{70,000}{4} = 17,500$(원/일)

② 조건 B) 비용구배
$= \dfrac{100,000 - 60,000}{10 - 6}$
$= \dfrac{40,000}{4} = 10,000$(원/일)

9. 다음 용어를 설명하시오. (3점)

① 훈연법 : _____

② 스티플 칠 : _____

정답 9
① 훈연법 : 짚이나 톱밥 등을 태운 연기를 건조실에 도입하여 목재를 건조시키는 방법
② 스티플 칠 : 표면에 자잘한 요철 모양이나 질감을 내도록 하는 특수도장 마감

10. 마루공사 시공순서를 〈보기〉에서 골라 나열하시오. (3점)

〈보기〉
바탕 합판, 장선, 멍에, 동바리, 마루널(상부 합판)

정답 10
동바리-멍에-장선-바탕 합판-마루널(상부 합판)

11. 석재면의 백화현상 발생원인 3가지를 쓰시오. (4점)

① _____　② _____　③ _____

정답 11
① 설계미비 원인
② 재료결함 원인
③ 시공불량 원인

12. 다음 아래 내용은 조적공사시의 방습층에 대한 내용이다. 괄호 안을 채우시오. (3점)

> <보기>
> (①) 줄눈 아래에 방습층을 설치하며, 시방서가 없을 경우 현장에서 현장관리 감독하는 책임자에게 허락을 맡아 (②)를 혼합한 모르타르를 (③)mm로 바른다.

① _____ ② _____ ③ _____

정답 12
① 수평
② 액체방수제
③ 10

실내건축기사 기출문제

1회 / 2019년 4월 13일 시행

수험생 기억에 의한 것으로 실제 기출문제와 다를 수 있습니다.

1. 비계의 용도에 대하여 3가지만 쓰시오. (3점)

① _____ ② _____ ③ _____

2. 다음 보기의 벽돌 쌓기와 서로 관련된 것을 연결하시오. (4점)

〈보기〉
① 영식쌓기   ② 불식쌓기   ③ 미식쌓기   ④ 화란식쌓기

(가) 한 켜는 마구리 쌓기, 한 켜는 길이 쌓기로 하고 이오토막을 사용한다. ( )

(나) 표면에 치장벽돌로 5켜 길이쌓기, 1켜는 마구리쌓기로 쌓는다. ( )

(다) 길이쌓기 모서리 층에 칠오토막을 사용한다. ( )

(라) 길이쌓기와 마구리쌓기가 번갈아 나오게 쌓는 방식이다. ( )

(가) _____ (나) _____ (다) _____ (라) _____

3. 다음 용어를 간단히 설명하시오. (4점)

① 널 결 : _____

② 곧은결 : _____

③ 엇 결 : _____

4. 다음 창호 철물 중 가장 관계가 큰 것 하나씩을 보기에서 골라 그 번호를 쓰시오. (3점)

〈보기〉
① 레일   ② 정첩   ③ 도르래   ④ 자유정첩   ⑤ 지도리

(가) 여닫이문 - ( )   (나) 자재문 - ( )

(다) 미닫이문 - ( )   (라) 회전문 - ( )

(가) _____ (나) _____ (다) _____ (라) _____

정답

정답 1
① 작업의 용이
② 재료의 운반
③ 작업원의 통로
* 작업발판

정답 2
(가)-①
(나)-③
(다)-④
(라)-②

정답 3
① 널결 : 원목을 나이테의 접선방향으로 켜서 나타나는 결
② 곧은결 : 원목을 반지름 방향으로 켜서 직선의 나이테가 평행으로 나란히 있는 결
③ 엇결 : 제재목의 결이 심히 경사진 결 (휘어진 나무를 켠 것)

정답 4
(가) - ②
(나) - ④
(다) - ①
(라) - ⑤

5. 벽타일 붙이기 시공 순서를 쓰시오. (4점)

< 보기 >
(①) - (②) - (③) - (④) - (⑤)

① _____ ② _____

③ _____ ④ _____

⑤ _____

정답 5
① 바탕처리
② 타일나누기
③ 타일붙이기
④ 치장줄눈
⑤ 보양

6. 다음 보기 중에서 플라스틱의 종류 중 열가소성수지와 열경화성수지를 각각 4가지씩 쓰시오. (4점)

< 보기 >
페놀수지	요소수지	염화비닐수지
멜라민수지	스티로폴수지	불소수지
초산비닐수지	실리콘수지	

① 열가소성수지
_____

② 열경화성수지
_____

정답 6
① 열가소성수지 : 염화비닐수지, 스티로폴수지, 불소수지, 초산비닐수지
② 열경화성수지 : 페놀수지, 요소수지, 멜라민수지, 실리콘수지

7. 수성페인트 바르는 순서를 나열하시오. (3점)

< 보기 >
① 페이퍼 문지름   ② 초벌   ③ 정벌
④ 바탕누름   ⑤ 바탕 만들기

정답 7
⑤ → ④ → ② → ① → ③

8. 단열재가 되는 조건 4가지를 보기에서 고르시오. (3점)

< 보기 >
① 열전도율이 높다.   ② 비중이 작다.
③ 내식성이 있다.   ④ 기포가 크다.
⑤ 내화성이 있다.   ⑥ 어느 정도 기계적 강도가 있어야 한다.
⑦ 흡수율이 작다.

정답 8
②, ⑤, ⑥, ⑦

실내건축기사 기출문제

9. 다음 각 재료의 할증률을 보기에서 골라 써넣으시오. (5점)

〈 보기 〉
① 3%   ② 5%   ③ 10%

(가) 목재 ( )%   (나) 수장재 ( )%
(다) 붉은 벽돌 ( )%   (라) 바닥타일 ( )%
(마) 시멘트벽돌 ( )% (바) 단열재 ( )%

(가) ____ (나) ____ (다) ____ (라) ____ (마) ____ (바) ____

정답 9
(가) - ②
(나) - ②
(다) - ①
(라) - ①
(마) - ②
(바) - ③

10. 다음 그림은 건물의 평면도이다. 이 건물이 지상 5층일 때 내부비계 면적을 산출하시오. (4점)

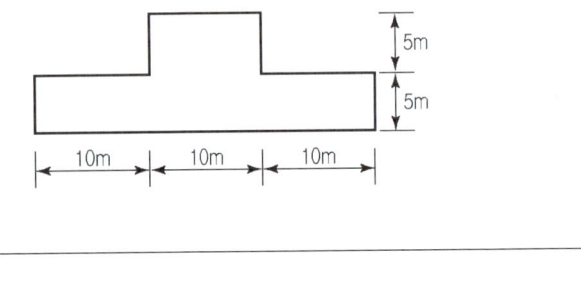

정답 10
내부 비계면적
= 연면적×0.9(m²) 이므로
= {(30×5)+(10×5)} ×5개층×0.9
= {150+50} ×5×0.9
= 900(m²)

11. 다음 도면을 보고 사무실과 홀의 바닥에 필요한 재료량을 산출하시오. (단, 화장실은 제외) (6점)

(m² 당)

종 류	수 량
타일(60mm 각형)	260(매)
인부수	0.09인
도장공	0.03인
접착제	0.4kg

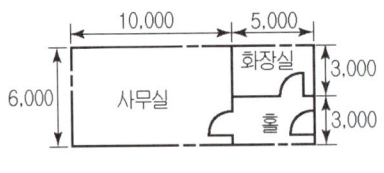

① 타일량 ____
② 인부수 ____
③ 도장공 ____
④ 접착제 ____

정답 11
① 타일량 = 바닥면적×단위수량
 = 사무실 면적+홀의 면적×단위수량
 = {(10×6)+(5×3)} ×260
 = 19,500(매)
② 인부수 = 바닥면적×면적당 인부수
 = 75×0.09
 = 6.75 → 7(인)
③ 도장공 = 바닥면적×면적당 도장공
 = 75×0.03
 = 2.25 → 3(인)
④ 접착제 = 바닥면적×면적당 접착제량
 = 75×0.4
 = 30(kg)

12. 다음 자료를 이용하여 네트워크 공정표를 작성하시오. (단, 주공정선은 굵은 선으로 표시한다.) (6점)

작업명	작업일수	선행작업	비 고
A	1	없음	단, 각 작업의 일정계산 방법으로 아래와 같이 한다.
B	2	없음	
C	3	없음	
D	6	A, B, C	
E	5	B, C	
F	4	C	

- C.P :

정답

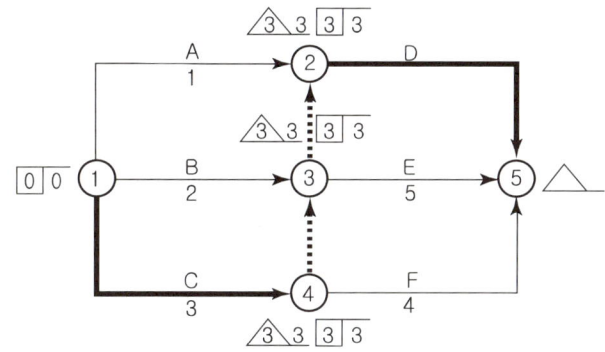

- C.P : C → D

13. 다음 그림은 C.P.M의 고찰에 의한 비용과 시간 증가율을 표시한 것이다. 오른편의 ( ) 속에 대응하는 용어를 기입하시오.

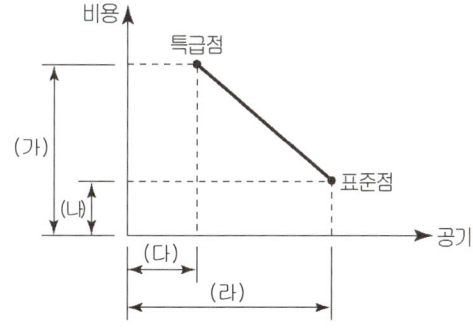

(가) _____ (나) _____
(다) _____ (라) _____

정답 13
(가) 특급비용(crash cost)
(나) 표준비용(normal cost)
(다) 특급공기(crash time)
(라) 표준공기(normal time)

실내건축기사 기출문제

2회 / 2019년 6월 29일 시행

수험생 기억에 의한 것으로 실제 기출문제와 다를 수 있습니다.

1. 다음 유리에 대해 설명하시오. (2점)
   - 로이(Low-e) 유리

정답 1
유리 표면에 금속 또는 금속산화물을 얇게 코팅하여 가시광선(빛)은 투과시키고 적외선(열선)은 방사하여 열의 이동을 최소화시켜주는 에너지 절약형 특수 유리이며 저방사 유리라고도 한다.

2. 다음에 마루널의 쪽매 방식 3가지 명칭 적으시오. (2점)
   ① _____ ② _____ ③ _____

정답 2
① 제혀쪽매
② 딴혀쪽매
③ 틈막이쪽매
* 반턱쪽매, 오늬쪽매, 빗쪽매, 맞댄쪽매

3. 벽타일 붙임공법 3가지를 쓰시오. (5점)
   ① _____ ② _____ ③ _____

정답 3
① 떠붙이기 공법
② 압착 붙이기 공법
③ 접착제 붙임 공법

4. 다음은 타일 나누기 순서이다. 알맞게 번호로 나열하시오. (3점)

   ─〈 보기 〉─
   ① 타일 나누기 ② 치장줄눈 ③ 보양 ④ 벽타일 붙이기
   ⑤ 바탕처리   ⑥ 청소

정답 4
⑤ → ① → ④ → ② → ③ → ⑥

5. 석재가공시 손다듬기 4가지를 쓰시오.
   ① _____ ② _____
   ③ _____ ④ _____

정답 5
① 혹두기(메다듬)
② 정다듬
③ 도드락다듬
④ 잔다듬

6. 표준형 벽돌을 이용하여 다음과 같이 1.0B 벽돌 쌓기시 벽돌량(정미량)을 산출하시오. (3점)

> 〈 보기 〉
>
> 벽길이 100m, 높이 3m, 개구부 1.8m×1.2m 10개,
> 줄눈 10mm

정답 6
① 벽면적
   : $(100 \times 3) - (1.8 \times 1.2 \times 10)$
   $= 278.4 (m^2)$
② 벽돌량(정미량)
   : $278.4 \times 149 = 41,481.6$
   $\therefore 41,482$(매)

7. 다음에 목구조의 횡력 보강재 3가지를 쓰시오. (3점)

① _____ ② _____ ③ _____

정답 7
① 가새
② 버팀대
③ 귀잡이

8. 다음에 조적조 테두리 보 설치 목적 3가지를 쓰시오. (3점)

① _____
② _____
③ _____

정답 8
① 분산된 벽체를 일체로 하여 하중을 분산시킴
② 수직 균열 방지
③ 세로 철근의 정착
* 집중하중을 받는 부분을 보강

9. 도배 공사시 도배지 보관방법 및 시공 전, 후의 주의 사항을 온도와 관련하여 2가지 쓰시오. (3점)

① _____
② _____

정답 9
① 도배지 평상시 보관 온도는 4℃가 적당하다.
② 시공 전 72시간(3일), 시공 후 48시간(2일) 경과까지는 16℃ 이상의 온도를 유지하는 것이 좋다.

10. 다음 미장공사의 순서를 알맞게 나열하시오. (3점)

> 〈 보기 〉
>
> ① 바탕처리 ② 초벌 라스먹임 ③ 재벌 ④ 정벌 ⑤ 고름질

정답 10
바탕처리 → 초벌 라스먹임 → 고름질 → 재벌 → 정벌

11. 다음 괄호 안에 알맞은 용어를 쓰시오. (2점)

① 보통 유리에 비해 강도가 3~5배 정도 크며 내열성이 있어 200℃ 정도에서도 깨지지 않고 파손 시 콩알만한 조각으로 깨어지는 유리
(   )

② 유리면에 부식액의 방호막(파라핀)을 바르고 이 막을 모양에 맞게 오려내고 그 부분에 유리 부식액을 발라 원하는 모양으로 만든 유리
(   )

① _____ ② _____

12. 다음 네트워크 공정표에 대한 주공정의 이벤트(Event)를 표시하고 총 소요일 수를 구하시오. (4점)

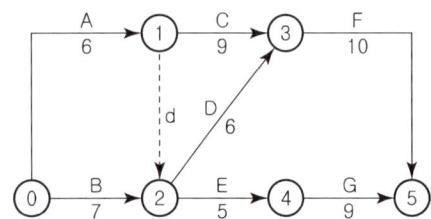

① 이벤트(Event) : _____

② 총 소요일 수 : _____

실내건축기사 기출문제

3회 / 2019년 11월 9일 시행

수험생 기억에 의한 것으로 실제 기출문제와 다를 수 있습니다.

1. ALC(경량기포콘크리트)의 일반적인 특징에 대하여 3가지만 쓰시오. (3점)

   ① _____
   ② _____
   ③ _____

정답 1
① 방음, 단열, 내화 성능이 우수하다.
② 경량이라 취급이 용이하며 현장에서 절단 및 가공이 용이하다.
③ 건조 수축률이 작고, 균열 발생이 적다.

2. 바닥 플라스틱재 타일 붙이기의 시공순서를 〈보기〉에서 골라 번호로 쓰시오. (3점)

   〈보기〉
   ① 타일붙이기   ② 접착제 도포
   ③ 타일면 청소   ④ 타일면 왁스 먹임
   ⑤ 콘크리트 바탕건조   ⑥ 콘크리트 바탕마무리
   ⑦ 프라이머 도포   ⑧ 먹줄치기

정답 2
⑥ → ⑤ → ⑦ → ⑧ → ② → ① → ③ → ④

3. 조적조 백화현상 원인 1가지와 방지대책 2가지를 쓰시오. (4점)

   〈원인〉 ① _____
   〈대책〉 ① _____
           ② _____

정답 3
〈원인〉
① 모르타르에 포함되어 있는 소석회가 공기 중위 탄산가스와 화학 반응하여 발생한다.
〈대책〉
① 소성이 잘된 양질의 벽돌을 사용한다.
② 모르타르 줄눈에 방수제를 사용하여 밀실 시공한다.

4. 멤브레인 방수공법 2가지를 쓰시오. (2점)

   ① _____
   ② _____

정답 4
① 아스팔트 방수 ② 도막 방수
* 시트 방수

5. 길이 100m, 높이 2m, 1.0B 벽돌벽의 정미량을 구하시오. (단, 벽돌규격은 표준형임) (3점)

정답 5
벽돌 정미량
= 100(m) × 2(m) × 149(매/m²)
= 29,800(매)

6. 미장공사에서 회반죽으로 마감할 때 주의사항 2가지를 쓰시오. (3점)

① _____

② _____

정답 6
① 심한 통풍이나 일사량은 피한다.
② 실내 온도가 2℃ 이하일 때는 공사를 중단하거나 난방하여 5℃ 이상으로 유지란다.

7. 다음 철물의 사용 목적 및 위치를 쓰시오. (4점)

① 코너비드 : _____

② 인서어트 : _____

정답 7
① 코너비드 : 기둥, 벽 등의 모서리 부분의 미장바름, 타일면 등을 보호하기 위해 설치하는 철물이다.
② 인서어트 : 콘크리트 바닥판 밑에 설치하여 반자틀 등을 달아 메고자 할 때 볼트 또는 달대의 걸침이 되는 철물이다.

8. 다음 그림에 맞는 돌쌓기의 종류를 쓰시오. (4점)

① _____
② _____
③ _____

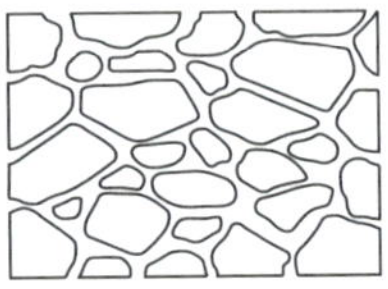

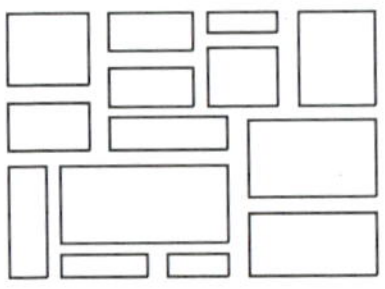

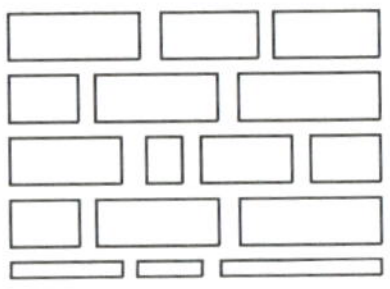

정답 8
① 막돌 쌓기 ② 다듬돌 쌓기
③ 바른층 쌓기 ④ 허튼층 쌓기

9. 유리공사시 친환경 측면(에너지 보호)에서 재료를 선정시 고려할 점 3가지를 쓰시오. (3점)

① _____
② _____
③ _____

정답 9
① 실내 보온, 단열 성능을 고려하여 선정한다.
② 태양복사열 차단 성능을 고려하여 선정한다.
③ 채광의 관점에서 조명의 전력 소비를 줄일 수 있는지 고려하여 선정한다.

10. 다음은 목공사에 대한 설명이다. 맞는 용어를 쓰시오. (3점)

① 마름질, 바심질하기 위해 먹줄 및 표시도구를 사용하여 가공형태를 도시(圖示)화하는 것. ( )

② 목재를 크기에 따라 각 부재의 소요 길이로 잘라 내는 것. ( )

③ 구멍뚫기, 홈파기, 면접기 및 대패질 등 목재를 다듬는 것. ( )

정답 10
① 먹매김 ② 마름질 ③ 바심질

11. 타일붙이기 시공방법 가운데 하나인 개량압착공법의 시공법을 설명하시오. (3점)

정답 11
바탕면에 모르타르를 나무흙손으로 바름한 후 타일면과 바름면에 붙임 모르타르를 발라서 눌러 붙여 타일 주변에 모르타르가 빠져나오게 하는 붙임 방법

12. 어느 공사의 한 작업이 정상적으로 시공할 때 공사기일은 10일 소요되고 공사비는 100,000원이다. 특급으로 시공할 때 공사기일은 7일이 소요되고 공사비는 30,000원이 추가 될 때 이 공사의 공기 단축시 필요한 비용구배(cost slope)를 구하시오. (3점)

정답 12
비용구배(cost slope)
$= \dfrac{130,000 - 100,000}{10 - 7}$
$= \dfrac{30,000}{3} = 10,000$ (원/일)

실내건축기사 기출문제

1회 / 2020년 5월 24일 시행

수험생 기억에 의한 것으로 실제 기출문제와 다를 수 있습니다.

1. 길이 10m, 높이 2.5m, 벽돌벽을 1.5B 두께로 쌓을 때 벽돌의 정미량, 소요량, 모르타르량을 구하시오. (단 표준형 시멘트 벽돌임) (3점)

① 벽돌 정미량 : _____

② 벽돌 소요량 : _____

③ 모르타르량 : _____

2. 모르타르나 회반죽 등에 유성페인트나 산성도료를 이용하여 도장할 때 완전히 건조하여 수분이 없는 상태에서 도장해야 하는 이유를 설명하시오. (3점)

3. 익스펜션 볼트(Expansion Bolt)에 대해 간략히 설명하시오. (3점)

4. 다음은 네트워크 공정표이다. EST, EFT, LST, LFT를 구하시오. (5점)

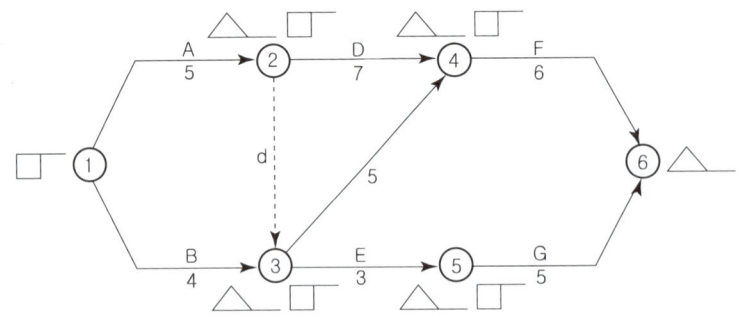

정답

정답 1

벽면적 = $10(m) \times 2.5(m)$
= $25(m^2)$

① 벽돌 정미량
= $25(m^2) \times 224(매/m^2)$
= $5,600(매)$

② 벽돌 소요량 = $5,600 \times 1.05$
= $5,880(매)$

③ 모르타르량
= $\frac{5,600}{1,000} \times 0.35 = 1.96(m^3)$

정답 2

페인트가 정상적으로 부착, 경화될 수 있는 수준은 함수율이 6% 이하로 건조되지 않은 상태에서는 도료의 수지 성분과 모르타르나 회반죽의 수분이 반응하여 정상적인 건조를 방해하여 끈적임, 부풀음 등 경화 불량 현상이 나타나고 건조되어도 도막이 하얗게 변하는 백화현상을 발생할 수 있다.

정답 3

콘크리트, 벽돌 등의 면에 띠장, 문틀 등의 다른 부재를 고정하기 위하여 묻어두는 특수 볼트로 확장 볼트 또는 팽창 볼트라고도 한다.

정답 4

① 네트워크에 EST, EFT을 전진계산에 의해서 구한다.
 (EFT, EST에 작업일수를 더하여 구한다.)

② 네트워크에 LST, LFT을 역진계산에 의해서 구한다.
 (LST은 LFT에 작업일수를 감하여 구한다.)

5. 안전유리 중 현장에서 절단이 가능한 유리의 절단 방법에 대하여 기술하고, 현장에서 절단이 어려운 유리 3가지를 쓰시오. (4점)

① _____

② _____

③ _____

정답 5
① 접합유리: 유리의 양면을 유리 칼로 자르고 필름은 면도칼로 절단한다.
② 망입유리: 유리는 유리 칼로 자르고 꺾기를 반복하여 철사를 절단한다.
③ 강화유리, 방탄유리

6. 목공사에 대한 다음 설명에 해당되는 용어를 쓰시오. (3점)

① 목재를 소요치수로 자르는 일 ( )
② 목재에 구멍뚫기, 홈파기, 대패질, 기타 다듬질하는 일 ( )
③ 모서리 등에 나무 마구리가 보이지 않게 귀 부분을 45 각도로 빗 잘라 대는 맞춤 ( )

정답 6
① 마름질
② 바심질
③ 연귀맞춤

7. 도장공사 시 스프레이 도장 방법을 설명하시오. (4점)

_____

_____

정답 7
① 스프레이 건(spray gun)은 면에 직각이 되도록 평행으로 이동시키며 운행한다.
② 뿜칠 거리는 약 30cm가 적당하며 운행 시 약 1/3씩 겹쳐 바르도록 한다.

8. 벽돌공사 시 지면에 접촉되는 부분의 벽돌벽에 방습층을 설치하는 목적과 설치 위치, 사용재료를 설명하시오. (3점)

① 목적 : _____

② 설치 위치 : _____

③ 사용 재료 : _____

정답 8
① 목적 : 지면으로부터 벽돌이나, 모르타르 등을 통하여 올라오는 습기(수분)을 차단하여 상부의 다른 재료 등을 습기(수분)으로부터 보호하여 내구성을 높이고자 함
② 설치 위치 : 지면으로부터 10~15cm 정도 높이의 벽돌벽 면
③ 사용 재료 : 아스팔트 펠트, PVC 시트, 방수모르타르, 금속판(동판, 납판)

9. 벽돌벽에서 발생할 수 있는 백화현상 방지법 3가지를 쓰시오. (3점)

① _____

② _____

③ _____

정답 9
① 소성이 잘된 양질의 벽돌을 사용한다.
② 모르타르에 방수제를 첨가하여 밀실하게 쌓는다.
③ 벽면에 파라핀 도료를 칠해준다.

실내건축기사 기출문제

10. 타일의 박락을 방지하기 위하여 시행하는 검사 중 시공 후 검사 방법 2가지를 쓰시오. (2점)

① _____

② _____

11. 벽타일 붙이기 시공순서를 쓰시오. (3점)

바탕처리 → (①) → (②) → (③) → 보양

12. 도배 공사에서 종이에 풀칠하여 붙이는 방법 2가지를 쓰고 설명하시오. (4점)

① _____

② _____

정답

정답 10
① 인장시험 검사
② 주입시험 검사

정답 11
① 타일나누기
② 타일붙이기
③ 치장줄눈

정답 12
① 봉투 바름 : 도배지 주위에 풀칠하여 붙이고 주름은 물을 뿜어둔다.
② 온통 바름 : 도배지 전면에 풀칠하며, 순서는 중간부터 갓 둘레로 칠해 나간다.
* 재벌정 바름 : 정배지 바로 밑에 바르며, 순서는 밑에서 위로 붙여 나간다.

실내건축기사 기출문제

2회 / 2020년 7월 25일 시행

수험생 기억에 의한 것으로 실제 기출문제와 다를 수 있습니다.

1. 다음 합성수지 재료를 열경화성 수지와 열가소성 수지로 구분하여 쓰시오. (4점)

   < 보기 >
   ① 에폭시수지   ② 멜라민수지   ③ 페놀수지
   ④ 폴리에틸렌수지 ⑤ 염화비닐수지 ⑥ 아크릴수지

   • 열경화성 수지 : _____
   • 열가소성 수지 : _____

정답 1
- 열경화성 수지 : ①, ②, ③
- 열가소성 수지 : ④, ⑤, ⑥

2. 목조주택에 주로 사용되는 OSB(Oriented Strand Board) 합판에 대하여 설명하시오. (3점)

정답 2
OSB(Oriented Strand Board) 합판 : 손가락 두 개 정도 크기의 얇은 나무 입자를 방수성 수지와 함께 압착하여 만든 인공 판재로 강도와 안정성이 우수하여 최근 목조주택 등의 지붕, 벽, 바닥 재료 등에 많이 사용되고 있다.

3. 미장 공사 중 회반죽 바름의 혼화재로 사용되는 여물의 종류 3가지를 쓰시오. (3점)

   ① _____ ② _____ ③ _____

정답 3
① 삼여물
② 종이여물
③ 흰털여물

4. 다음은 도배공사에 사용되는 특수 벽지이다. 서로 관계가 있는 것끼리 연결하시오. (3점)

   < 보기 >
   ① 종이벽지   ② 비닐벽지   ③ 섬유벽지   ④ 초경벽지
   ⑤ 목질계벽지 ⑥ 무기질벽지

   가. 지사벽지   나. 유리섬유벽지   다. 직물벽지.   라. 코르크벽지
   마. 발포벽지   바. 갈포벽지

정답 4
① → 가. ② → 마. ③ → 다.
④ → 바. ⑤ → 라. ⑥ → 나.

5. 석재공사 시 석재의 접합에 사용되는 연결철물의 종류 3가지를 쓰시오. (3점)

   ① _____
   ② _____
   ③ _____

정답 5
① 꺽쇠
② 꽃임촉
③ 은장

6.
다음 아래는 모르타르 배합비에 따른 재료량이다. 총 25m³의 시멘트 모르타르를 필요로 한다. 각 재료량을 구하시오. (5점)

배합 용적비	시멘트	모래	인부
1:3	510kg	1.10m³	1.0인

정답 6
① 시멘트량 = 510 × 25 = 12,750(kg)
② 모래 = 1.1 × 25 = 27.5(m³)
③ 인부 = 1.0 × 25 = 25(인)

7.
석재공사 시 치장줄눈의 종류 3가지를 쓰시오. (3점)

① _____ ② _____ ③ _____

정답 7
① 맞댄줄눈 ② 실줄눈 ③ 민줄눈
* 빗줄눈, 내민둥근줄눈

8.
다음 아래는 공기단축의 공사계획이다. 비용구배가 가장 큰 작업부터 나열하시오. (3점)

작업 구분	표준 공기(일)	표준 비용(원)	급속 공기(일)	급속 비용(원)
A	4	6,000	2	9,000
B	15	14,000	14	16,000
C	7	5,000	4	8,000

정답 8
B → A → C
A = $\dfrac{9,000-6,000}{4-2} = 1,500$(원/일)
B = $\dfrac{16,000-14,000}{15-14} = 2,000$(원/일)
C = $\dfrac{8,000-5,000}{7-4} = 1,000$(원/일)

9.
폴리 퍼티(poly putty)에 대하여 설명하시오. (3점)

정답 9
불포화 폴리에스테르 퍼티로 건조가 빠르고, 시공성, 후도막성이 우수하며 기포가 거의 없어 작업 공정을 크게 줄일 수 있는 경량퍼티이다. 후도막성이 우수하여 금속도장 시 바탕 퍼티 작업에 주로 사용된다.

10. 벽 타일 붙이기 시공순서를 〈보기〉에서 골라 그 번호를 나열하시오. (3점)

〈보기〉
① 타일 나누기 ② 치장줄눈 ③ 보양
④ 벽타일 붙이기 ⑤ 바탕처리

정답 10
⑤ → ① → ④ → ② → ③

11. 벽돌 및 벽돌이 접하는 구조체의 팽창, 수축에 따른 균열 등의 손상이 발생하지 않도록 미리 설치하여 탄력성을 갖게한 줄눈은? (2점)

정답 11
수축줄눈

12. 코너비드에 대한 설명에 답하고 ①은 보기에서 고르시오. (3점)

코너비드는 기둥이아 벽 등 모서리 부분의 미장바름을 보호하기 위한 철물로 〈보기〉 황동, 아연도금 철재, 스테인레스 스틸을 사용하고 특히 시방서에 정한바가 없으면 (①)으로 하고, 길이는 (   )mm로 한다.

정답 12
① 아연도금 철재
② 1800

실내건축기사 기출문제

3회 / 2020년 11월 14일 시행

수험생 기억에 의한 것으로 실제 기출문제와 다를 수 있습니다.

1. 벽돌쌓기에 대한 설명이다. ( ) 안에 알맞은 말을 써 넣으시오. (3점)

   〈보기〉
   벽돌 1일 쌓기 높이는 (①)m 이하, 보통 (②)m, 공간 쌓기 할 때는 (③)m 이하로 쌓는다.

   ① _____ ② _____ ③ _____

정답 1
① 1.2~1.5m
② 1.2m
③ 3.6m

2. 목재의 결점 중의 하나인 부식의 원인이 되는 요인을 4가지만 쓰시오. (3점)

   ① _____ ② _____ ③ _____ ④ _____

정답 2
① 온도
② 습기(수분)
③ 공기
④ 양분

3. 집성목재의 장점을 3가지만 쓰시오. (4점)

   ① _____
   ② _____
   ③ _____

정답 3
① 큰 단면, 긴 부재를 만드는 것이 가능하다.
② 필요에 따라 아치와 같은 굽은 부재를 만들 수 있다.
③ 목재의 강도를 인위적으로 조절할 수 있다.
  * 응력에 따라 필요한 단면을 만들 수 있다.

4. 안전유리의 종류를 3가지 쓰시오. (3점)

   ① _____ ② _____ ③ _____

정답 4
① 강화유리
② 망입유리
③ 접합유리

5. 타일공법 중 압착공법의 장점에 대해 3가지를 기술하시오. (4점)

   ① _____
   ② _____
   ③ _____

정답 5
① 타일 이면에 공극이 적으므로 백화현상이 적다.
② 직접 붙임공법에 비해 숙련도를 요하지 않는다.
③ 작업속도가 빠르고 능률적이다.

6. 다음은 비철금속에 대한 특징이다. ( ) 안에 적당한 비철금속의 명칭을 보기에서 고르시오. (4점)

> 〈보기〉
> (가) 납　　　　(나) 주석　　　　(다) 아연
> (라) 알루미늄　　(마) 청동

① 전성과 연성이 커서 주소성이 좋으며 청동의 제조에도 이용된다.( )
② 금속 중에서 가장 비중이 크고 연하며 X을 차단하는 성능이 있다.( )
③ 경금속으로 은백색의 광택이 있으며 창호 재료로 많이 이용된다.( )
④ 강도가 크고 연성 및 내식성이 양호하며 황동의 재료로도 이용된다.( )

① _____　② _____　③ _____　④ _____

정답 6
① - (나)
② - (가)
③ - (라)
④ - (다)

7. 수성도료의 장점 4가지만 기술하시오. (4점)

① _____
② _____
③ _____
④ _____

정답 7
① 건조가 비교적 빠르다.
② 물을 용제로 사용하므로 경제적이고 공해가 없다.
③ 알칼리성 재료의 표면에 도포가 가능하다.
④ 도포방법이 간단하고 보관의 제약이 적다.
＊무광택으로 내수성이 없으므로 실내용으로 주로 사용된다.

8. 실내공사에 필수적으로 발생하는 공사장 폐자재 처리시 유의사항을 3가지만 쓰시오. (3점)

① _____
② _____
③ _____

정답 8
① 재활용의 상태 유무에 따라 분류 및 처리한다.
② 운반시 분진오염·비산 방지를 위해 덮개를 씌운다.
③ 유독물 발생 폐자재는 별도 처리한다.
＊경제성이 있도록 재활용 한다.

9. 다음은 목재의 수량 산출시 쓰이는 할증률이다. 괄호 안을 채우시오. (3점)

> 〈보기〉
> 각재의 수량은 부재의 총길이로 계산하되, 이음 길이와 토막 남김을 고려하여 (①)%를 증산하며, 합판은 총 소요 면적을 한 장의 크기로 나누어 계산한다. 일반용은 (②)%, 수장용은 (③)%를 할증 적용한다.

① _____　② _____　③ _____

정답 9
① 5
② 3
③ 5

10. 다음 그림의 욕실에 소요되는 타일 면적(m²)과 붙임 모르타르량(m³)을 산출하시오. (단, 타일 붙임 모르타르 두께는 18mm로 한다.) (5점)

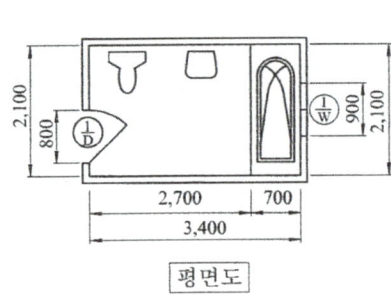 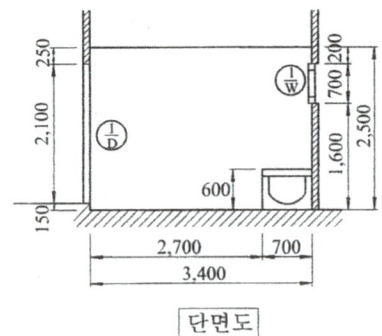

평면도   단면도

(가) 타일 면적(량) :

(나) 모르타르량 :

정답 10

(가) 타일 면적(량) (욕조 면적은 공제하도록 한다.)
① 바닥 = 3.4×2.1−(0.7×2.1)
 = 5.67(m²)
② 벽 = (3.4×2.5+2.1×2.5)×2−
 {(0.8×2.1+0.9×0.7)+
 (0.7×0.6×2+0.6×2.1)}
 = 23.09(m²)
∴ 타일 면적 = ①+② = 28.76(m²)

(나) 모르타르량 = 28.76×0.018
 ≒ 0.52(m³)

11. 다음 가구의 목재량을 소수점 이하 끝까지 산출하시오. (단, 판재의 두께는 18mm이며, 각재의 단면은 30mm×30mm 이다.)

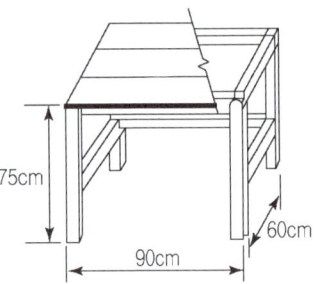

(가) 판재

(나) 각재

정답 11

(가) 판재
 = (0.9m×0.6m×0.18m)
 = 0.00972(m³)
(나) 각재
 = (수직재+가로재+세로재)
① 수직재
 = (0.03m×0.03m×0.75m)×4개
 = 0.0027(m³)
② 가로재
 = (0.03m×0.03m×0.9m)×3개
 = 0.00243(m³)
③ 세로재
 = (0.03m×0.03m×0.6m)×4개
 = 0.00216(m³)
∴ 각재 = ①+②+③
 = 0.0027+0.00243+0.00216
 = 0.00729(m³)

12. 다음 용어를 설명하시오. (4점)

① EST _____

② LT _____

③ CP _____

④ FF _____

정답 12
① EST : 작업을 시작하는 가장 빠른 시간
② LT : 최종의 결합점에 이르는 가장 긴 경로를 통하여 종료시각에 도달할 수 있는 개시 시각 시 결합점에서 종료 결합점에 이르는 가장 긴 패스
④ FF : 가장 빠른 개시시각(EST)에 작업을 시작하여 후속 작업을 가장 빠른 개시시각(EST)에 시작하여도 가능한 여유시간이다.

13. 다음과 같은 작업 데이터에서 비용구배가 가장 작은 작업부터 순서대로 쓰시오. (4점)

작업명	정상 계획		급속 계획	
	공기(일)	비용(원)	공기(일)	비용(원)
A	4	60,000	2	90,000
B	15	140,000	14	160,000
C	7	50,000	4	80,000

(가) 산출근거

(나) 작업순서

정답 13
(가) 산출근거
$$A = \frac{90,000-60,000}{4-2} = 15,000(원/일)$$
$$B = \frac{160,000-140,000}{15-14} = 20,000(원/일)$$
$$C = \frac{80,000-50,000}{7-4} = 10,000(원/일)$$
(나) 작업순서 : C→A→B

실내건축기사 기출문제

1회 / 2021년 4월 25일 시행

수험생 기억에 의한 것으로 실제 기출문제와 다를 수 있습니다.

1. 다음 〈보기〉 중 적합한 유리재를 ( ) 안에 넣으시오. (4점)

〈보기〉
① 자외선 차단유리 ② 자외선투과유리 ③ 스테인드글라스 ④ 골판유리
⑤ 형판유리 ⑥ 복층유리 ⑦ 망입유리 ⑧ 착색유리
⑨ 흐린유리 ⑩ 프리즘유리

(가) 염색품의 색이 바래는 것을 방지하고 채광을 요구하는 진열장 등에 이용된다. ( )
(나) 보온, 방음, 결로에 유리하다. ( )
(다) 방화, 방도 또는 진동이 심한 장소에 쓰인다. ( )
(라) 투고광선 방향을 변화시키거나 집중 또는 확산시킬 목적으로 만든 것으로 지하실 또는 채광용으로 쓰인다. ( )

정답 1
(가) - ①
(나) - ⑥
(다) - ⑦
(라) - ⑩

2. 벽돌조 건물에서 시공상 결함에 의해 생기는 균열의 원인을 4가지 쓰시오. (4점)

① _____
② _____
③ _____
④ _____

정답 2
① 벽돌 및 모르타르 자체의 강도 부족과 신축성
② 벽돌벽의 부분적 시공 결함
③ 이질재와의 접합부
④ 칸막이 벽(장막벽) 상부의 모르타르 다져 넣기 부족
* 모르타르 바름시 들뜨기

3. 다음이 설명하는 공정표를 쓰시오. (2점)

작업의 연관성을 나타낼 수 없으나, 공사의 기성고 표시에 대단히 편리하다. 공사지연에 대한 조속한 대처를 할 수 있으며, 절선공정표라고도 불린다.

정답 3
사선식공정표

4. 다음은 조적공사 중 돌쌓기에 대한 설명이다. 보기에서 골라 바르게 연결하시오. (3점)

〈보기〉
① 층지어쌓기 ② 바른층쌓기 ③ 허튼층쌓기

정답 4
(가) - ②
(나) - ③
(다) - ①

(가) 돌쌓기의 1켜는 모두 동일한 것을 쓰고 수평줄눈이 일직선으로 연결되게 쌓는 것
(나) 면이 네모진 돌을 수평줄눈이 부분적으로만 연속되게 쌓으며, 일부 상하 세로줄눈이 통하게 된 것
(다) 막돌, 둥근돌 등을 중간켜에서는 돌의 모양대로 수직, 수평줄눈에 관계없이 흐트려 쌓고 2~3켜 마다 수평줄눈이 일직선으로 연속되게 쌓는 것

(가) _____ (나) _____ (다) _____

5. 미서기창의 창호철물 3가지를 쓰시오. (3점)

① _____ ② _____ ③ _____

정답 5
① 레일
② 호차
③ 크레센트

6. 다음은 목구조에 대한 설명이다. 괄호 안을 채우시오. (3점)

㉮ 바닥에서 1m 정도 높이의 하부벽을 ( ) 이라 한다.
㉯ 상층 기둥 위에 가로대어 지붕보 또는 양식 지붕틀의 평보를 받는 도리를 ( )라 한다.
㉰ 변두리 기둥에 얹히고 처마 서까래를 받는 도리를 ( )라 한다.

㉮ _____ ㉯ _____ ㉰ _____

정답 6
㉮ 징두리판벽
㉯ 깔도리
㉰ 처마도리

7. 표준형 벽돌 1,000장을 갖고 1.5B 두께로 쌓을 수 있는 벽면적은 얼마인가? (단, 할증률은 고려하지 않는다.) (4점)

정답 7
벽면적 = $\dfrac{1,000}{224}$ = 4.46(m²)

8. 다음 설명은 내장판재에 대한 설명이다. 알맞게 연결하시오. (3점)

─ <보기> ─
① 코펜하겐리브 ② 합판 ③ 코르크판
④ 집성재 ⑤ 파티클보드 ⑥ 시멘트목질판

(가) 3장 이상의 단판을 3, 5, 7 등 홀수로 섬유방향에 직교하도록 접착한 것 ( )
(나) 제재판재 또는 소각재 등의 부재를 서로 섬유방향에 평행하게 하여 길이 나비 및 두께 방향으로 접착한 것 ( )
(다) 목재 및 기타 식물의 섬유질 소편에 합성수지 접착제를 도포, 가열 압착 성형한 판상의 재료 ( )

정답 8
(가)-②
(나)-④
(다)-⑤

9. 다음 용어를 설명하시오. (4점)

① 에어도어 : _____

② 멀리온 : _____

정답 9
① 건물의 출입구에서 상·하로 분리시킨 공기층을 이용하여 건물 내·외의 공기 유통을 차단하는 장치가 설치된 특수 문
② 창 면적이 클 때 기존 창틀(window frame)을 보강하는 중간 선대

10. 다음 보기에서 네트워크 수법의 공정계획 수립순서를 쓰시오. (2점)

〈보기〉
① 각 작업의 작업시간 작성 ② 전체 프로젝트를 단위작업으로 분해
③ 네트워크 작성 ④ 일정계산 ⑤ 공정도작성 ⑥ 공사기일의 조정

• 순서 : _____

정답 10
② → ③ → ① → ④ → ⑥ → ⑤

11. 다음은 타일공사에 관한 내용이다. 골호 안을 채우시오. (4점)

(가) 한중공사시 동해 및 급격한 온도변화의 손상을 피하도록 외기의 기온이 (①)℃ 이하일 때는 타일 작업장의 온도가 (②)℃ 이상 되도록 보온 및 난방 한다.
(나) 타일을 붙인 후 (③) 일간은 진동이나 보행을 금지한다.
(다) 줄눈을 넣은 후 경화불량 우려가 있거나 (④) 시간 이내에 비가 올 우려가 있는 경우 폴리에틸렌 필름 등으로 차단보양 한다.

① _____ ② _____ ③ _____ ④ _____

정답 11
① 2
② 10
③ 3
④ 24

12. 목재 방부제의 요구 성질 4가지를 쓰시오. (4점)

① _____
② _____
③ _____
④ _____

정답 12
① 목재에 침투가 잘 되고 효과가 강하며 영구적일 것
② 가격이 저렴하고 방부처리가 용이할 것
③ 인체, 가축 등에 피해가 없고, 금속을 부식 시키지 않을 것
④ 목재를 손상시키지 않고, 방부 처리 후 표면에 도장(칠)을 할 수 있을 것
 * 인화성과 흡수성이 적을 것

실내건축기사 기출문제

2회 / 2021년 7월 11일 시행

수험생 기억에 의한 것으로 실제 기출문제와 다를 수 있습니다.

1. 다음 설명에 맞는 재료를 〈보기〉에서 골라 번호로 쓰시오. (4점)

— 〈보기〉 —
① 유리면   ② 암면   ③ 세라믹파이버   ④ 펄라이트
⑤ 규산칼슘판   ⑥ 셀로로즈섬유판   ⑦ 연질섬유판
⑧ 경질우레탄폼   ⑨ 경량기포콘크리트   ⑩ 단열모르타르

(가) 암석으로부터 인공적으로 만들어진 내열성이 높은 광물섬유를 이용해서 만든 것
내화성이 우수하고, 가볍고 단열성이 뛰어남
(나) 보드형과 현장 발포식으로 나누어진다. 발포에 프레온 가스를 사용하기 때문에 열전도율이 낮은 것이 특징이다.
(다) 결로수가 부착되면 단열성이 떨어져서 방습성이 있는 비닐로 감싸서 사용한다.
(라) 1000℃ 이상 고온에서도 잘 견디며, 철골 내화피복에 많이 사용됨

(가) _____ (나) _____ (다) _____ (라) _____

정답 1
(가) → ②
(나) → ⑧
(다) → ①
(라) → ③

2. 석재를 가공하는 방법과 그 공정에서 사용되는 공구를 쓰시오. (4점)

가공방법	석공구
(가)	①
(나)	②
(다)	③
(라)	④

정답 2

가공방법	석공구
(1) 혹두기	① 쇠메
(2) 정다듬	② 정
(3) 도드락다듬	③ 도드락망치
(4) 잔다듬	④ 날망치

3. 다음 아래의 내용은 조적공사시의 방습층에 대한 내용이다. 괄호 안을 채우시오. (3점)

(①)줄눈 아래에 방습층을 설치하며, 시방서가 없는 경우 현장에서 현장관리 감독하는 책임자에게 허락을 맡아 (②)을 혼합한 모르타르를 (③)mm로 바른다.

① _____   ② _____   ③ _____

정답 3
① 수평
② 액체 방수제
③ 10

4. 인조석 표면 마감방법 3가지를 쓰시오. (3점)

① _____ ② _____ ③ _____

정답 4
① 잔다듬
② 물갈기
③ 씻어내기

5. 다음은 아치 쌓기 종류이다. 괄호 안을 채우시오. (4점)

벽돌을 주문하여 제작한 것을 사용해서 쌓은 아치를 (①), 보통벽돌을 쐐기 모양으로 다듬어 쓴 것을 (②), 현장에서 보통벽돌을 써서 줄눈을 쐐기 모양으로 한 (③), 아치너비가 넓을 때에는 반장별로 층을 지어 겹쳐 쌓는 (④)가 있다.

① _____ ② _____
③ _____ ④ _____

정답 5
① 본아치
② 막만든아치
③ 거친아치
④ 층두리아치

6. 현장에서 절단이 가능한 다음 유리의 절단 방법에 대하여 서술하고, 현장에서 절단이 어려운 유리제품 2가지를 쓰시오. (3점)

① 접합유리 : _____
② 망입유리 : _____
③ 현장에서 절단이 어려운 유리제품
  ㉠ _____ ㉡ _____

정답 6
① 접합 유리 : 양면을 유리칼로 자르고 필름은 면도칼로 절단하여 자른다.
② 망입 유리 : 유리는 유리칼로 자르고 꺾기를 수차례 반복하여 철망을 절단한다.
③ 현장에서 절단이 어려운 유리제품
  ㉠ 강화유리
  ㉡ 복층유리
  * 유리블록

7. 철골구조물의 내화피복 공법 4가지를 쓰시오. (4점)

① _____ ② _____
③ _____ ④ _____

정답 7
① 타설공법
② 뿜칠공법
③ 미장공법
④ 조적공법
* 건식공법

8. 타일의 박락을 방지하기 위해 시공 중 검사와 시공 후 검사가 있는데, 시공 후 검사 2가지를 쓰시오. (2점)

① _____ ② _____

정답 8
① 인장 시험법
② 주입 시험법

9. 목재 바니쉬칠 공정 작업순서를 바르게 나열하시오. (2점)

― 〈보기〉 ―
① 색올림   ② 왁스문지름   ③ 바탕처리   ④ 눈먹임

정답 9
③ → ④ → ① → ②

10. 창호의 종류 중 살창에 대해 설명하고, 살창의 종류 3가지를 쓰시오. (4점)

① 용 어 : _____

② 살창의 종류

㉠ _____   ㉡ _____

정답 10

① 용어 : 창 울거미를 짠 후 여러 개의 살들을 일정한 간격으로 모양을 내어 수직, 수평 방향 등으로 꽂아 만든 창이다.
② 살창의 종류
㉠ 띠살
㉡ 아자살
㉢ 완자살
＊ 용자살, 빗살 등

11. 다음 〈보기〉의 합성수지를 열가소성수지와 열경화성수지로 구분하여 기입하시오. (3점)

〈보기〉
① 페놀수지 ② 염화비닐수지 ③ 에폭시수지
④ 폴리에틸렌수지 ⑤ 아크릴수지 ⑥ 멜라민수지

(1) 열가소성수지 : _____

(2) 열경화성수지 : _____

정답 11

(1) 열가소성수지 : ②, ④, ⑤
(2) 열경화성수지 : ①, ③, ⑥

12. 벽 타일 시공순서를 〈보기〉에서 골라 그 번호를 나열하시오. (3점)

〈보기〉
① 벽타일 나누기 ② 치장줄눈 ③ 보양
④ 벽타일 붙이기 ⑤ 바탕처리

정답 12

⑤ → ① → ④ → ② → ③

실내건축기사 기출문제

3회 / 2021년 10월 17일 시행

수험생 기억에 의한 것으로 실제 기출문제와 다를 수 있습니다.

1. 다음은 금속공사에 사용되는 철물의 용어이다. 간략히 설명하시오. (4점)

① 와이어메쉬 : _____

② 펀칭메탈 : _____

③ 메탈라스 : _____

④ 와이어라스 : _____

정답 1
① 와이어메쉬(wire mesh) : 연강철선을 직교시켜 전기 용접한 철선 망
② 펀칭메탈(punching metal) : 두께 1.2mm 이하의 박강판에 여러 가지 무늬로 구멍을 뚫어 만든 것
③ 메탈 라스(metal lath) : 박강판에 일정한 간격으로 자르는 자국을 내어 이것을 옆으로 잡아당겨 그물 모양으로 만든 것
④ 와이어 라스(wire lath) : 철선을 꼬아 만든 철망

2. 일반적으로 못의 길이는 널두께의 2.5~(①)배, 재의 마구리 등에 박는 것은 3~(②)배로 한다. (2점)

① _____ ② _____

정답 2
① 3
② 3.5

3. 알루미늄 창호를 철재창호와 비교할 때의 장점 3가지를 쓰시오. (3점)

① _____
② _____
③ _____

정답 3
① 비중이 철재의 1/3로 경량이다.
② 녹슬지 않고, 사용연한이 길다.
③ 절단, 가공 등 공작이 용이하다.

4. 다음 철물의 사용목적 및 위치를 쓰시오. (2점)

① 코너비드 : _____
② 인서트 : _____

정답 4
① 기둥이나 벽 등의 모서리를 보호하기 위하여 대는 것
② 콘크리트 바닥판 밑에 매입하여 반자틀 등을 달아 매고자할 때 볼트 또는 달대의 걸침이 되는 철물

5. 건축공사에 사용되는 강화목재에 대하여 설명하시오. (3점)

_____
_____

정답 5
① 합판에 페놀수지 등을 침투시켜 고온에서 압착시킨 목재이다.
② 보통 목재의 3~4배 정도의 강도를 갖고 있으며 경도(硬度)가 높다.
  * 두랄루민보다 가벼우며, 형상을 마음대로 만들 수 있어 금속재 대용으로 사용하기도 한다.

6. 다음 조건으로 네트워크 공정표를 작성하시오. (4점)

작업명	선행작업	기간	비 고
A	-	5	각 작업의 일정계산 표시방법은 아래 방법으로 한다.
B	-	4	
C	-	3	
D	-	8	
E	A, B	2	
F	A	3	

• C.P : _____

[정답]

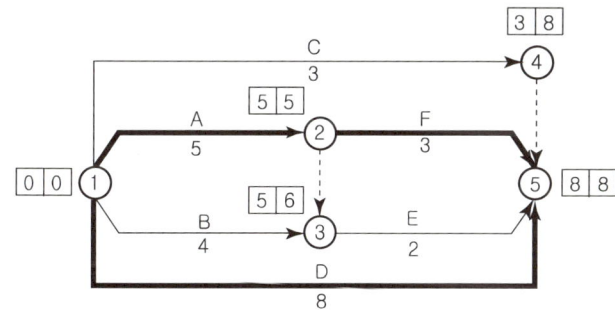

• C.P : (Activity) : A→F, D
(Event) : ①→②→⑤, ①→⑤

7. 벽의 높이가 2.5m 이고, 길이가 8m인 벽을 시멘트 벽돌로 1.5B 쌓을 때 소요량을 구하시오. (단, 벽돌은 표준형 190×60×57) (3점)

[정답] 7

① 벽면적 = 2.5(m) × 8(m)
= 20(m²)
② 정미량 = 20(m²) × 224(매/m²)
= 4,480(매)
∴ 소요량 = 4,480(매) × 1.05
= 4,704(매)

실내건축기사 기출문제

8. 다음은 타일붙이기 시공순서이다. 괄호 안을 채우시오. (3점)

바탕처리 → (①) → (②) → (③) → 보양

① _____ ② _____ ③ _____

정답 8
① 타일나누기
② 타일붙이기
③ 치장줄눈

9. 다음 〈보기〉의 내용을 서로 맞는 것끼리 연결하시오. (4점)

─── 〈보기〉 ───
(가) 목모시멘트판   (나) 석고판   (다) 합판
(라) 텍스   (마) 탄화코르크

① 나무를 둥글게 또는 평으로 켜서 직교하여 교착시킨 것
② 참나무 껍질의 부순 잔 알들을 압축 성형하여 고온에서 탄화 시킨 것
③ 소석고에 톱밥 등을 가하여 물 반죽 한 후 질긴 종이 사이에 끼어 성형 건조시킨 것
④ 식물섬유, 종이, 펄프 등에 접착제를 가하여 압축한 섬유판

① _____ ② _____ ③ _____ ④ _____

정답 9
① - (다)
② - (마)
③ - (나)
④ - (라)

10. 바닥플라스틱재 타일의 시공순서이다. 괄호 안을 채우시오. (3점)

바탕처리 → (①) → (②) → (③) → 타일붙임 → 청소 및 왁스 먹임

① _____ ② _____ ③ _____

정답 10
① 프라이머 도포
② 먹줄치기
③ 접착제 도포

11. 다음 사용 위치별 타일의 줄눈 두께를 쓰시오. (4점)

① (대형)외부타일   ② (대형)내부타일   ③ 소형타일   ④ 모자이크

① _____ ② _____ ③ _____ ④ _____

정답 11
① 9mm
② 6mm
③ 3mm
④ 2mm

12. 미장공사에서 회반죽으로 마감할 때 주의사항 2가지를 쓰시오. (2점)

① _____
② _____

정답 12
① 심한 통풍이나 강한 일사광선은 피한다.
② 실내온도가 2℃ 이하일 때는 공사를 중단하거나 난방을 하여 5℃ 이상으로 유지한다.
* 작업 중에는 가능한 통풍이 없게 한다.

13. 목구조의 횡력에 대한 변형, 이동 등을 방지하기 위한 보강방법 3가지를 쓰시오. (3점)

① _____ ② _____ ③ _____

정답 13
① 가새
② 버팀대
③ 귀잡이

실내건축기사 기출문제

1회 / 2022년 5월 7일 시행

수험생 기억에 의한 것으로 실제 기출문제와 다를 수 있습니다.

1. 석공사에 사용되는 손다듬기 방법을 3가지 쓰시오.

   ① _____ ② _____ ③ _____

정답 1
① 혹두기
② 정다듬
③ 도드락다듬
* 잔다듬

2. 다음 쪽매의 이름을 쓰시오.

   ① ②
   ③ ④

   ① _____ ② _____
   ③ _____ ④ _____

정답 2
① 반턱쪽매
② 틈막이대쪽매
③ 딴혀쪽매
④ 제혀쪽매

3. 창호공사에서 사용되는 다음의 용어에 대해 간략히 기술하시오. (3점)

   ① 마중대 : _____
   ② 풍소란 : _____

정답 3
① 마중대: 미닫이 여닫이 문짝이 서로 맞닫는 선대
② 풍소란: 창호가 닫혀졌을 때 틈새로 바람이 들어오지 않도록 덧대어 주는 것

4. 유리 끼우기 공법 4가지를 쓰시오.

   ① _____ ② _____
   ③ _____ ④ _____

정답 4
① 반죽퍼티 대기
② 나무퍼티 대기
③ 고무퍼티 대기
④ 실재(Sealant) 대기

5. 타일의 동해 방지법 4가지를 쓰시오.

   ① _____
   ② _____
   ③ _____
   ④ _____

정답 5
① 소성온도가 높은 타일을 사용한다.
② 흡수성이 낮은 타일을 사용한다.
③ 붙임용 모르타르 배합비를 정확히 한다.
④ 줄눈 누름을 충분히 하여 빗물의 침투를 방지한다.

실내건축기사 기출문제

6. 건축에서 일반적으로 사용하는 도장공법 4가지를 기술하시오.
① _____ ② _____
③ _____ ④ _____

정답 6
① 솔칠
② 롤러칠
③ 뿜칠
④ 문지름칠

7. 실내건축에서 사용되는 블라인드(blind)의 종류 3가지를 쓰시오.
① _____
② _____
③ _____

정답 7
① 수평 블라인드(Horizontal Blind)
② 수직 블라인드(Horizontal Blind)
③ 롤 블라인드(Roll Blind)
* 로만 블라인드(Roman Blind)

8. 배관이나 배선이 많은 전산실, 방송실 특수 목적의 강당 등의 바닥에 경량철골 구조물 등으로 공간을 두고 시공되는 공사를 무엇이라 하는가?

_____

정답 8
억세스 플로어(access floor) 공사

9. 공사비 구성의 분류를 나타낸 것이다. 해당 번호에 적당한 용어를 쓰시오. (4점)

```
                    ┌ 순공사비 ┬ 직접공사비
         ┌ 공사원가 ┤          └ ( ④ )
공사비 ──┤          └ ( ③ )
         ├ ( ① )
         └ ( ② )
```

① _____ ② _____
③ _____ ④ _____

정답 9
① 부가이윤
② 일반관리비 부담금
③ 현장경비
④ 간접공사비

10. 다음과 같은 화장실의 바닥에 사용되는 타일 수량을 산출하시오.
(단, 타일의 규격은 10cm×10cm이고, 줄눈 두께를 3mm로 한다.) (3점)

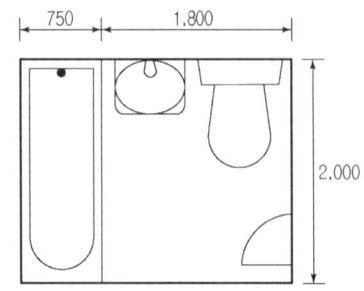

정답 10
타일량
=시공면적×단위수량 이므로
=(1.8m×2m)×
$\left\{\left(\dfrac{1m}{0.1+0.003}\right)\times\left(\dfrac{1m}{0.1+0.003}\right)\right\}$(장/m²)
=3.6(m²)×94.26(장/m²)
=339.34 → 340(장)

11. 다음은 재해의 형태별 분류에 일부 내용이다. (   ) 안에 알맞은 용어를 기재하시오. (2점)

(①)	물건이 주체가 되어 사람이 맞은 경우
(②)	물건에 끼워진 상태, 말려든 상태

정답 11
① 낙하, 비래
② 협착

12. 다음은 「건축법」 규정에 따른 내용이다. 감리 중간보고서를 작성하는 단계(경우) 중 나머지 단계를 기술하시오. (3점)

- 해당 건축물의 구조가 철근콘크리트조·철골철근콘크리트조·조적조 또는 보강콘크리트블럭조인 경우

① 기초공사 시 철근배치를 완료한 경우

② _____

③ _____

정답 12
② 지붕 슬래브 배근을 완료한 경우
③ 지상 5개 층마다 상부 슬래브 배근을 완료한 경우

실내건축기사 기출문제

2회 / 2022년 7월 24일 시행

수험생 기억에 의한 것으로 실제 기출문제와 다를 수 있습니다.

1. 백화의 원인과 대책을 각각 2가지씩 쓰시오. (4점)

   (가) 원인
   ① _____
   ② _____

   (나) 대책
   ① _____
   ② _____

2. 석재의 표면 마무리 특수공법을 3가지만 쓰시오. (3점)

   ① _____ ② _____ ③ _____

3. 다음 ( ) 안에 알맞은 말을 쓰시오. (3점)

   재의 길이방향으로 주재를 길게 접합 하는 것 또는 그 자리를 (①)(이)라고 하고, 재와 서로 직각으로 접합하는 것 또는 그 자리를 (②)(이)라 한다. 또 재를 섬유방향과 평행으로 옆 대어 넓게 붙이는 것을 (③)(이)라 한다.

   ① _____ ② _____ ③ _____

4. 안전유리의 종류를 3가지 쓰시오. (3점)

   ① _____ ② _____ ③ _____

5. 벽타일 붙이기 시공 순서를 쓰시오. (4점)

   (①) - (②) - (③) - (④) - (⑤)

   ① _____ ② _____
   ③ _____ ④ _____
   ⑤ _____

정답

정답 1
(가) 원인
① 줄눈 모르타르의 시멘트의 산화칼슘(CaO)이 물(H_2O)과 공기 중의 탄산가스(CO_2)에 의해 반응하여 희게 나타난다.
② 벽돌의 황산나트륨과 모르타르의 소석회가 화학반응을 일으켜서 나타나는 현상이다.
(나) 대책
① 소성이 잘된 양질의 벽돌을 사용한다.
② 줄눈 모르타르 사춤을 빈틈없이 다져 넣는다.
* 벽돌 벽면을 파라핀 도료 등을 발라 방수처리 한다.
* 벽면에 적절히 비막이 시설을 한다.

정답 2
① 모래 분사법
② 화염 분사(버너구이)법
③ 착색법

정답 3
① 이음
② 맞춤
③ 쪽매

정답 4
① 강화유리
② 망입유리
③ 접합유리

정답 5
① 바탕처리
② 타일나누기
③ 타일붙이기
④ 치장줄눈
⑤ 보양

6. 다음은 금속공사에 사용되는 철물의 용어이다. 간략히 설명하시오. (4점)

(가) 와이어 매시 :

(나) 펀칭메탈 :

(다) 메탈라스 :

(라) 와이어 라스 :

정답 6
(가) 와이어 매시 : 연강선을 직교시켜 전기용접한 철선망
(나) 펀칭메탈 : 얇은 철판에 각종 모양을 도려낸 것
(다) 메탈라스 : 얇은 철판에 자른 금을 내어 당겨 늘린 것
(라) 와이어 라스 : 철선을 꼬아 만든 철망

7. 다음 보기 중에서 플라스틱의 종류 중 열가소성수지와 열경화성수지를 각각 4가지씩 쓰시오. (4점)

〈 보기 〉
페놀수지   요소수지   염화비닐수지
멜라민수지 스티로폴수지 불소수지
초산비닐수지 실리콘수지

① 열가소성수지

② 열경화성수지

정답 7
① 열가소성수지 : 염화비닐수지, 스티로폴수지, 불소수지, 초산비닐수지
② 열경화성수지 : 페놀수지, 요소수지, 멜라민수지, 실리콘수지

8. 수성도료의 장점 4가지만 기술하시오. (4점)

①
②
③
④

정답 8
① 건조가 비교적 빠르다.
② 물을 용제로 사용하므로 경제적이고 공해가 없다.
③ 알칼리성 재료의 표면에 도포가 가능하다.
④ 도포방법이 간단하고 보관의 제약이 적다.
＊무광택으로 내수성이 없으므로 실내용으로 주로 사용된다.

실내건축기사 기출문제

9. 단열재가 되는 조건 4가지를 보기에서 고르시오. (3점)

〈보기〉
① 열전도율이 높다. ② 비중이 작다.
③ 내식성이 있다. ④ 기포가 크다.
⑤ 내화성이 있다. ⑥ 어느 정도 기계적 강도가 있어야 한다.
⑦ 흡수율이 작다.

10. 석고보드의 이음새 시공순서를 〈보기〉에서 골라 쓰시오. (3점)

〈보기〉
① Tape 붙이기 ② 샌딩 ③ 상도
④ 중도 ⑤ 하도 ⑥ 바탕처리

· 순서 : _____

11. 시방서 작성시에 주의해야 할 사항 3가지만 쓰시오. (4점)

① _____
② _____
③ _____

12. 다음 아래 〈보기〉의 자료에 의한 공사원가, 총공사비를 산출하시오. (3점)

〈보기〉
㉠ 자재비: 60,000,000원
㉡ 노무비: 20,000,000원
㉢ 현장경비 : 10,000,000원
㉣ 간접공사비: 20,000,000원
㉤ 일반관리비 부담금 : 10,000,000원
㉥ 이윤 : 10,000,000원

정답

정답 9
②, ⑤, ⑥, ⑦

정답 10
⑥ → ⑤ → ① → ④ → ③ → ②

정답 11
① 공사 전반에 걸쳐 시공순서에 맞게 빠짐없이 기재한다.
② 오자, 오기가 없고 도면과 중복하지 않게 간단명료하게 기재하도록 한다.
③ 재료, 공법을 정확하게 지시하고 도면과 시방서가 상이하지 않게 작성한다.

정답 12
① 공사원가
계산식: 자재비 + 노무비 + 간접공사비 + 현장경비
= 60,000,000 + 20,000,000 + 20,000,000 + 10,000,000
답: 110,000,000원
② 총공사비
계산식: 공사원가 + 일반관리비 부담금 + 이윤
= 110,000,000 + 10,000,000 + 10,000,000
답: 130,000,000원

① 공사원가

계산식: _____

답: _____

② 총공사비

계산식: _____

답: _____

실내건축기사 기출문제

3회 / 2022년 11월 19일 시행

수험생 기억에 의한 것으로 실제 기출문제와 다를 수 있습니다.

1. 석재의 표면 마무리 특수공법을 3가지만 쓰시오. (3점)

① _____ ② _____ ③ _____

2. 실내마감 목공사인 수장 공사에 사용하는 부재에 요구되는 사항 4가지를 기입하시오. (4점)

① _____
② _____
③ _____
④ _____

3. 셀프 레벨링(Self Leveling, SL)재에 대해 간단히 설명하시오. (3점)

_____
_____

4. 안전유리의 종류를 3가지 쓰시오. (3점)

① _____ ② _____ ③ _____

5. 다음 용어에 대해 간단히 기술하시오. (4점)

① Non Slip
_____

② Coner bead
_____

6. 합성수지계 접착제 종류를 4가지만 쓰시오. (4점)

① _____ ② _____
③ _____ ④ _____

정답

정답 1
① 모래 분사법
② 화염 분사(버너구이)법
③ 착색법

정답 2
수장용 목재의 요구 성능
① 결, 무늬, 빛깔 등이 아름다울 것
② 변형(굽음, 비틀림, 수축 등)이 없을 것
③ 재질감이 우수할 것
④ 건조가 잘 된 것일 것

정답 3
셀프 레벨링(SL)재는 석고계, 시멘트계가 있으며 자체 유동성이 있기 때문에 평탄하게 되는 성질을 이용하여 바닥마름질 공사 등에 사용하는 재료이다.

정답 4
① 강화유리
② 망입유리
③ 접합유리

정답 5
① Non Slip : 계단을 오르내릴 때 미끄러지는 것을 방지하기 위하여 계단 끝 부분에 설치하는 것
② Corner bead : 기둥이나 벽 등의 모서리를 보호하기 위하여 대는 것

정답 6
① 요소수지
② 페놀수지
③ 멜라민수지
④ 에폭시수지

7. 다음 목부 바탕 만들기 공정 순서이다. 순서대로 번호를 기입하시오. (3점)

〈보기〉
① 송진처리   ② 구멍 땜   ③ 옹이 땜
④ 연마지 닦기   ⑤ 오염, 부착물 제거

• 순서 : _____

[정답] 7
⑤ → ① → ④ → ③ → ②

8. 단열재가 되는 조건 4가지를 보기에서 고르시오. (3점)

〈보기〉
① 열전도율이 높다.   ② 비중이 작다.
③ 내식성이 있다.   ④ 기포가 크다.
⑤ 내화성이 있다.   ⑥ 어느 정도 기계적 강도가 있어야 한다.
⑦ 흡수율이 작다.

[정답] 8
②, ⑤, ⑥, ⑦

9. 표준형 벽돌로 10m²를 1.5B 보통쌓기할 때의 벽돌량과 모르타르량을 산출하시오. (단, 할증률은 고려하지 않음) (4점)

(가) 벽돌량 :

(나) 모르타르량 :

[정답] 9
(가) 벽돌량 = 벽면적 × 단위수량
= 10(m²) × 224(장/m²)
= 2,240(장)

(나) 모르타르량
= $\dfrac{벽돌의\ 정미량}{1,000장}$ × 단위수량
= $\dfrac{2,240}{1,000}$ × 0.35(m³)
= 0.784(m³)

10. 플로트(C.P.M 네트워크 공정표에서 각 작업이 소유할 수 있는 여유)의 종류 3가지를 기술하시오. (3점)

① _____ ② _____ ③ _____

[정답] 10
① TF(총여유)
② FF(자유여유)
③ DF(간섭여유)

11. 건설현장의 안전시설물 중 추락방지 안전시설 5종류, 낙하·비례사고 방지시설 3종류를 기술하시오. (3점)

① 추락사고 방지시설:

② 낙하·비례사고 방지시설:

정답 11
① 추락사고 방지시설: 작업발판, 난간대(이동식 난간대), 추락방지망(안전방망), 안전네트망, 개구부 덮개, (방호)울타리 등
② 낙하·비례사고 방지시설: 낙하물방지망, 수직방망, 방호선반 등

12. 「건축법」 규정에 따른 공사감리자의 업무 내용 중 ( ) 안에 적정한 용어를 쓰시오. (5점)

1. (①) 및 대지가 이 법 및 관계 법령에 적합하도록 공사시공자 및 건축주를 지도
2. 시공계획 및 공사관리의 적정여부의 확인
3. 공사현장에서의 (②)의 지도
4. (③)의 검토
5. 상세시공도면의 검토·확인
6. 구조물의 위치와 규격의 적정여부의 검토·확인
7. (④)의 실시여부 및 시험성과의 검토·확인
8. (⑤)의 적정여부의 검토·확인
9. 기타 공사감리계약으로 정하는 사항

정답 12
① 건축물
② 안전관리
③ 공정표
④ 품질시험
⑤ 설계변경

실내건축기사 기출문제

1회 / 2023년 5월 7일 시행

수험생 기억에 의한 것으로 실제 기출문제와 다를 수 있습니다.

1. 어떤 공사의 표준공기가 13일일 때 공사비는 200,000원이고, 특급공기가 10일일 때 공사비는 350,000원이라면 이 공사의 공기단축 시 필요한 비용구배를 구하시오. (3점)

- 계산식: _____
- 답: _____

정답 1

비용구배
$= \dfrac{\text{특급공비} - \text{표준공비}}{\text{표준공기} - \text{특급공기}}$ (원/일)
$= \dfrac{(350,000원 - 200,000원)}{(13일 - 10일)}$
$= 50,000$ (원/일)

2. 다음은 목공사에 사용되는 용어에 대한 설명이다. ( ) 안에 알맞은 용어를 쓰시오. (3점)

가. ( ) : 나무나 석재의 모나 면을 깎거나 밀어서 두드러지거나 오목하게 하는 가공

나. ( ) : 모서리·구석 등에 표면 마구리가 보이지 않게 45° 각도로 빗잘라 대는 맞춤

다. ( ) : 목재의 접합 방법 중 좁은 폭의 널을 옆으로 붙여, 그 폭을 넓게 하는 것

정답 2

(가) 모접기(면접기)
(나) 연귀맞춤   (단) 쪽매

3. 보기는 품질관리 기법에 대한 설명이다. 각각의 설명에 알맞은 기법을 쓰시오. (4점)

〈 보기 〉
① 모집단의 분포상태, 분포의 중심위치 등을 쉽게 파악할 수 있도록 막대그래프 형식으로 작성한 도수분포도
② 층별 요인이나 특성에 대한 불량점유율을 나타낸 그림
③ 특성과 요인 간의 관계, 요인 간의 상호관계를 쉽게 이해할 수 있도록 화살표를 이용하여 나타낸 그림
④ 일상의 관리 개선을 위한 데이터 수집이나 점검의 목적에 맞게 미리 설계된 시트

① _____ ② _____
③ _____ ④ _____

정답 3

① 히스토그램(Histogram)
② 층별
③ 특성요인도
④ 체크시트(check sheet)

4. 다음 자료를 이용하여 네트워크 공정표를 작성하시오. (단, 주공정선은 굵은 선으로 표시한다.) (6점)

작업명	작업일수	선행작업	비 고
A	1	없음	단, 각 작업의 일정계산 방법으로 아래와 같이 한다.
B	2	없음	
C	3	없음	
D	6	A, B, C	
E	5	B, C	
F	4	C	

• C.P : _____

정답

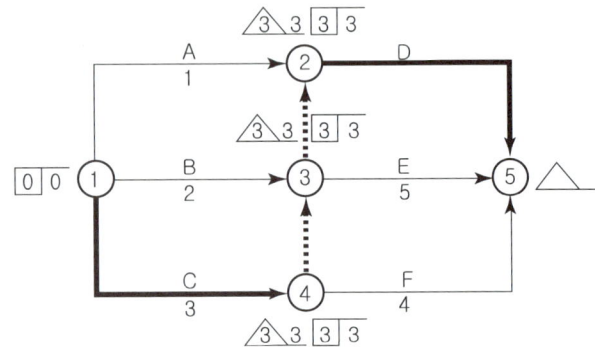

• C.P : C → D

5. 안전점검의 시기적인 분류에 따른 종류 4가지를 기술하시오. (3점)

① _____ ② _____
③ _____ ④ _____

정답 5
① 수시점검
② 정기점검
③ 특별점검
④ 임시점검

6. 다음 조건의 벽돌 쌓기 면적 및 벽돌의 소요량을 산출하시오. (4점)

〈조건〉
• 길이 4m, 높이 2.5m의 내부칸막이 벽체를 1.0B 시멘트벽돌 쌓기로 구획
• 표준형 벽돌 사용
• 해당 벽체에 1.0m×2.0m 크기의 출입문 1개소를 설치할 계획
• 시멘트 벽돌의 소요량은 정수로 작성

• 계산식: _____

• 답: _____

정답 6
① 벽 면적=(벽 길이× 벽 높이)
－(개구부 면적)
=(4m×2.5m)－(1m×2m)
=8(m²)
② 벽돌의 정미량=8(m²)×149(매/m²)=1,192(매)

7. 석재마무리 시 활용 가능한 특수공법을 2가지만 쓰시오. (3점)

① _____

② _____

정답 7
① 모래분사법
② 화염 분사(버너구이)법
* 플래너 마감법, 착색법

8. 도배공사에서 도배지 보관 시 유의사항을 2가지만 쓰시오. (3점)

① _____

② _____

정답 8
① 오염물이 묻거나 구겨지지 않도록 한다.
② 보관 온도에 주의한다.
(4℃가 적당, 공사 전 3일, 공사 후 2일 16℃ 이상 온도 유지)

9. 벽돌벽의 표면에 생기는 백화현상의 발생원인 1가지와 대책을 2가지만 쓰시오. (4점)

(가) 원인
① _____

(나) 대책
① _____

② _____

정답 9
(가) 원인
① 줄눈 모르타르의 시멘트의 산화칼슘(CaO)이 물(H_2O)과 공기 중의 탄산가스(CO_2)에 의해 반응하여 희게 나타난다.
② 벽돌의 황산나트륨과 모르타르의 소석회가 화학반응을 일으켜서 나타나는 현상이다.
(나) 대책
① 소성이 잘 된 양질의 벽돌을 사용한다.
② 줄눈 모르타르 사춤을 빈틈없이 다져 넣는다.
* 벽돌 벽면을 파라핀 도료 등을 발라 방수처리 한다.
* 벽면에 적절히 비막이 시설을 한다.

10. KCS에 따른 테라조 바름의 시공순서에 맞게 번호를 나열하시오. (3점)

〈보기〉
① 줄눈대의 설치   ② 초벌바름
③ 마감   ④ 정벌바름
⑤ 재료의 비빔

정답 10
① → ⑤ → ② → ④ → ③

11. 코너 비드(Corner bead)에 대하여 설명하시오. (2점)

_____

정답 11
기둥이나 벽 등의 모서리를 보호하기 위해 대는 것으로 알루미늄, 스텐레스 제품이 많이 사용된다.

12. 창호공사에서 시공상세도의 구성 자료를 3가지만 쓰시오. (3점)
(예시 : 창호배치도, 예시는 정답에서 제외)

① _____ ② _____ ③ _____

정답 12
① 재질
② 치수
③ 부속철물 * 부호

실내건축기사 기출문제

2회 / 2023년 8월 6일 시행

> 수험생 기억에 의한 것으로 실제 기출문제와 다를 수 있습니다.

1. 공기단축의 필요성에 따라 정상공기가 10일, 단축공기를 7일로 하는 공사의 비용구배(Cost slope)를 구하시오. (단, 정상공기에 투입되는 비용은 100,000원이고, 단축 후 추가되는 비용이 30,000원으로 한다.) (3점)

- 계산식: _____
- 답: _____

정답

정답 1

비용구배
$= \dfrac{\text{특급공비} - \text{표준공비}}{\text{표준공기} - \text{특급공기}}$ (원/일)

$= \dfrac{(130,000원 - 100,000원)}{(10일 - 7일)}$

$= 10,000$ (원/일)

2. 외단열공법으로 사용되는 드라이비트의 장점을 3가지만 쓰시오. (3점)

① _____
② _____
③ _____

정답 2

① 시공이 용이하고 경제적이다.
② 벽돌이나 타일을 사용하지 않으므로 건물의 하중을 줄일 수 있다.
③ 단열성능이 우수하고 결로방지에도 효과적이다.
  * 별도의 마감재료가 필요 없다.
  * 표면에 다양한 색상 및 질감표현으로 외관구성이 자유롭다.

3. 아래와 같은 조건에서 1.0B 벽돌쌓기 시 벽돌량을 산출하시오. (4점)

───〈조건〉───
- 벽돌의 종류 : 표준형 벽돌
- 벽의 길이 : 100m
- 벽의 높이 : 3m
- 개구부의 크기 : 1.8×1.2m
- 개구부의 수 : 10개소
- 기타 조건 : 벽돌량은 정미량으로 산출하며, 올림하여 정수매로 표기

- 계산식: _____
- 답: _____

정답 3

① 벽 면적 = (벽 길이 × 벽 높이) − (개구부 면적)
= (100m × 3m) − (1.8m × 1.2m) × 10 = 278.4 (m²)
② 벽돌의 정미량
= 278.4 (m²) × 149 (매/m²)
= 41,481.6 (매) → 41,482 (매)

4. 다음은 표준시방서에 따른 금속제 천장틀의 달대볼트 설치에 관한 사항이다. ( ) 안에 알맞은 내용을 쓰시오. (3점)

〈보기〉
- 달대볼트는 주변부의 단부로부터 150mm 이내에 배치하고 간격은 (①)mm 정도로 한다.
- 천장 깊이가 1.5m 이상인 경우에는 가로, 세로 (②)m 정도의 간격으로 달대볼트의 흔들림방지용 보강재를 설치한다.

①
②

[정답] 4
① 900mm
② 1.8m

5. 미장공사에서 사용되는 셀프 레벨링(Self-leveling)재에 대하여 설명하시오. (3점)

[정답] 5
셀프 레벨링(SL)재는 석고계, 시멘트계가 있으며 자체 유동성이 있기 때문에 평탄하게 되는 성질을 이용하여 바닥마름질 공사 등에 사용하는 재료이다.

6. 다음은 표준시방서에 따른 타일 공사의 타일붙이기 일반사항 중 치장줄눈에 관한 사항이다. ( ) 안에 알맞은 내용을 쓰시오. (3점)

〈보기〉
가. 타일을 붙이고, (①)시간이 경과한 후 줄눈파기를 하여 줄눈부분을 충분히 청소하며, (②)시간이 경과한 뒤 붙임 모르타르의 경화 정도를 보아, 작업직전에 줄눈 바탕에 물을 뿌려 습윤케 한다.
나. 치장줄눈의 폭이 (③)mm 이상일 때는 고무흙손으로 충분히 눌러 빈틈이 생기지 않게 시공한다.

①
②
③

[정답] 6
① 3
② 24
③ 5

7. 금속재의 도장 바탕처리 방법 중 화학적 방법을 3가지만 쓰시오. (3점)

①
②
③

[정답] 7
① 탈지법
② 세정법
③ 피막법

8. 다음 ( ) 안에 알맞은 용어를 쓰시오. (3점)

<보기>
목재의 접합부에 끼워 볼트와 같이 사용하며 전단에 견디도록 하는 철물을 (①)이라 하고 두 재를 서로 직각으로 접합하는 것을 (②)이라 하며, 재의 길이방향으로 길게 접합하는 것을 (③)이라 한다.

① _____
② _____
③ _____

정답 8
① 듀벨
② 맞춤
③ 이음

9. 로이(Low-E)유리에 대하여 설명하시오. (3점)

정답 9
유리 표면에 금속 또는 금속산화물을 얇게 코팅하여 가시광성(빛)은 투과시키고 적외선(열선)은 방사하여 열의 이동을 최소화 시켜주는 에너지 절약형 특수 유리이며 저방사 유리라고도 한다.

10. 수량 산출 시 할증률이 작은 재료부터 큰 재료의 순으로 번호를 나열하시오. (3점)

<보기>
① 시멘트 벽돌   ② 자기타일
③ 유리   ④ 목재(판재)

정답 10
③ 유리(1%) → ② 자기타일(3%) → ① 시멘트 벽돌(5%) → ④ 목재(판재)(10%)

11. 유리공사와 관련된 아래 용어에 대하여 설명하시오. (4점)

가. 샌드 블라스트(Sand blaster) 가공

나. 세팅블록

정답 11
① 모래나 기타 연마제를 물이나 압축 공기로 노즐을 통해 고속 분출하여 유리면 등의 표면을 다소 거친 면으로 처리하는 방법
② 창틀에 유리판을 끼워 넣을 때 유리판의 파손을 방지하기 위하여 하단 아래쪽에 미리 삽입하는 나무, 고무, 합성수지 등의 재료에 의한 끼움재

12. 목재 인공건조법의 종류를 3가지만 쓰시오. (3점)

① _____

② _____

③ _____

정답 12
① 증기법
② 훈연법
③ 열기법
  * 진공법, 고주파 건조법, 자비법

실내건축기사 기출문제

3회 / 2023년 11월 17일 시행

수험생 기억에 의한 것으로 실제 기출문제와 다를 수 있습니다.

1. 다음 자료를 이용하여 네트워크 공정표를 작성하시오. (단, 주공정선은 굵은 선으로 표시한다.) (6점)

작업명	작업일수	선행작업	비 고
A	1	없음	단, 각 작업의 일정계산 방법으로 아래와 같이 한다.
B	2	없음	
C	3	없음	
D	6	A, B, C	
E	5	B, C	
F	4	C	

- C.P : _____

[정답]

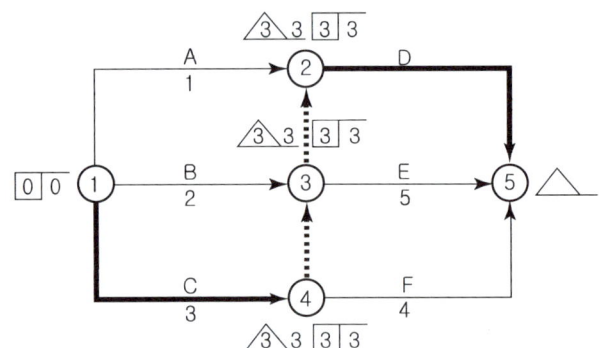

- C.P : C → D

2. KCS에 따른 셀프 레벨링재의 종류 2가지를 쓰시오. (2점)

① _____ ② _____

[정답] 2
① 석고계
② 시멘트계

3. ALC(경량기포콘크리트) 제품의 일반적 특징에 대하여 3가지만 쓰시오. (3점)

① _____
② _____
③ _____

[정답] 3
ALC 블록의 특징
① 기건 비중은 콘크리트의 1/4정도로 가볍다.
② 열전도율은 보통 콘크리트의 1/10 정도로 단열 효과가 좋다.
③ 흡음성, 차음성이 우수하다.
④ 불연재료인 동시에 내화구조 재료이다.
  * 경량으로 취급이 용이하며 현장에서 절단 및 가공이 용이하다.

4. 다음 보기에서 열경화성 수지에 해당되는 번호를 모두 골라 쓰시오. (3점)

〈보기〉
① 페놀수지   ② 아크릴수지   ③ 알키드수지
④ 폴리에틸렌수지   ⑤ 초산비닐수지

정답 4
①, ③

5. 다음은 유리공사에서 사용되는 부속자재에 대한 설명이다. 각 자재에 해당하는 설명을 찾아 그 번호를 쓰시오. (3점)

〈보기〉
① 새시 하단부의 유리끼움용 부재료로서 유리의 자중을 지지하는 고임재
② 유리 끼우기 홈의 측면과 유리면 사이의 간격을 주며, 유리의 위치를 고정하는 블록
③ 실링 시공인 경우 부재의 측면과 유리면 사이의 간격부위에 연속적으로 충진하여 유리를 고정하는 재료

가. 스페이서 : (_____)
나. 백업재 : (_____)
다. 세팅블록 : (_____)

정답 5
가. (②)
나. (③)
다. (①)

6. 목재면 바니쉬칠 공정의 작업순서를 보기에서 골라 순서대로 번호를 나열하시오. (3점)

〈보기〉
① 색올림   ② 바탕처리   ③ 왁스문지름   ④ 눈먹임

정답 6
② → ④ → ① → ③

7. 타일 공사 시 현장 실측 결과를 토대로 작성하는 타일나누기도에 포함되어야 할 주의사항을 4가지만 쓰시오. (4점)

① _____
② _____
③ _____
④ _____

정답 7
① 벽과 바닥을 동시에 계획하여 가능한 줄눈을 맞추도록 한다.
② 가능한 온장을 사용할 수 있도록 계획한다.
③ 수전 및 매설물의 위치를 파악한다.
④ 모서리 및 개구부는 특수타일로 계획한다.

8. 목공사와 관련된 용어 중 바심질과 마름질에 대하여 설명하시오. (3점)

가. 바심질

나. 마름질

정답 8
가. 바심질 : 이음, 맞춤, 장부 등을 깎아내기 하고, 구멍파기, 볼트구멍 뚫기, 대패질 등을 하는 것을 말한다.
나. 마름질 : 목재를 크기에 따라 소요 치수로 자르는 것을 말한다.

9. 다음은 어느 건설공사의 공기와 관련된 비용을 나타낸 표이다. 이 공사의 공기 단축 시 필요한 비용구배(cost slope)를 구하시오. (4점)

표준시간	표준비용	특급시간	특급비용
13일	170,000원	10일	320,000원

- 계산식:
- 답:

정답 9

비용구배
$= \dfrac{\text{특급공비} - \text{표준공비}}{\text{표준공기} - \text{특급공기}}$ (원/일)
$= \dfrac{(320,000원 - 170,000원)}{(13일 - 10일)}$
$= \dfrac{150,000원}{3일}$
$= 50,000$ (원/일)

10. 다음은 KCS에 따른 타일 붙임 공법 중 하나에 대한 설명이다. 설명에 해당하는 공법의 명칭을 쓰시오. (3점)

〈보기〉

먼저 시공된 모르타르 바탕면에 붙임 모르타르를 도포하고, 타일 속면에도 같은 모르타르를 도포하여 타일을 눌러 붙여 벽 또는 바닥 타일을 붙이는 공법

정답 10
개량압착공법

11. 조적조에서 테두리보를 설치하는 목적을 3가지 쓰시오. (3점)

①
②
③

정답 11
① 분산된 벽체를 일체로 하여 하중을 균등히 분포시킨다.
② 수직 균열 방지
③ 세로 철근의 장착
 * 집중하중을 받는 부분을 보강

12. 다음 ( ) 안에 들어갈 알맞은 용어를 쓰시오. (2점)

<보기>
( )은/는 여러 가지 온도에 연화되도록 만들어진 59종의 각 추가 있고 어떤 온도에서 각 추의 윗부분이 숙여지면 그 추의 번호로 소성온도를 나타내는데, 측정범위가 600~2000℃이다.

정답 12
제거 콘(Seger cone)

실내건축기사 기출문제

1회 / 2024년 4월 27일 시행

수험생 기억에 의한 것으로 실제 기출문제와 다를 수 있습니다.

1. 다음 데이터를 이용하여 네트워크 공정표를 작성하고, 각 작업별 여유시간을 산출하시오. (6점)

작업명	선행작업	작업일수	비 고
A	없음	2	단, 주공정선은 굵은선으로 표시하고 결합점에서는 다음과 같이 표기한다.
B	없음	5	
C	없음	3	
D	A, B	4	
E	B, C	3	

① 네트워크 공정표

② 여유시간

작업명	TF	FF	DF	C.P
A				
B				
C				
D				
E				

정답 1

① 네트워크 공정표

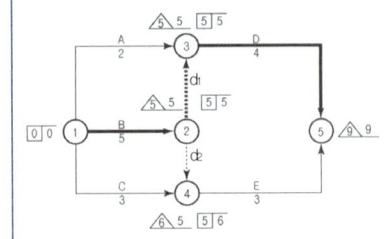

※ C.P : B→d_1→D

② 여유시간

작업명	TF	FF	DF	C.P
A	3	3	0	
B	0	0	0	*
C	3	2	1	
D	0	0	0	*
E	1	1	0	

2. 도료가 바탕에 부착을 저해하거나 부풀음, 터짐, 벗겨지는 원인이 될 수 있는 요소 4가지를 쓰시오. (3점)

① _____ ② _____

③ _____ ④ _____

정답 2

① 유분(기름기)
② 수분(물기)
③ 진(먼지)
④ 금속 녹

3. 표준형 벽돌 1,000장으로 1.5B 벽두께로 벽체를 쌓을수 있는 벽면적은 얼마인가? (3점) (단, 할증률은 고려하지 않음)

___

정답 3

벽면적 $= \dfrac{1,000}{224} ≒ 4.46(\text{m}^2)$

4. 블라인드 종류 3가지를 쓰시오. (2점)

① _____ ② _____ ③ _____

정답 4

① 수평블라인드
② 수직블라인드
③ 롤블라인드
　* 로만블라인드, *베네치안블라인드

5. 석재가공시 사용되는 손다듬 종류 3가지를 쓰시오. (3점)

① _____ ② _____ ③ _____

정답 5

① 혹두기
② 정다듬
③ 도드락다듬 * 잔다듬

6. 다음 창호공사에 관한 용어에 대해 설명하시오. (2점)

① 풍소란 : _____

② 마중대 : _____

정답 6

① 풍소란 : 창호가 닫혀졌을 때 틈새로 바람이 들어오지 않도록 덧대어 주는 것
② 마중대 : 미닫이 또는 여닫이 문짝이 서로 맞닿는 선대

7. 다음 괄호 안에 알맞은 용어와 규격으로 채우시오. (2점)

벽돌조 공사시 개구부 상단에 설치하는 (①)는 좌, 우면에 (②)mm 이상 걸치도록 설치하도록 한다.

정답 7

① 인방보
② 200

8. 다음 쪽매의 이름을 쓰시오.

①  ②

③ 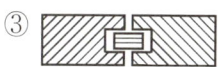 ④

① _____ ② _____
③ _____ ④ _____

정답 8

① 반턱쪽매
② 틈막이대쪽매
③ 딴혀쪽매
④ 제혀쪽매

9. 아래 설명에 맞는 공법이나 명칭을 쓰시오. (3점)

① 병원이나 컴퓨터 서버룸 등 민감한 전자기계 장치가 있는 크린룸 공간에 사용되는 타일 (①)
② 콘크리트 바닥 등에 10~30cm 높이의 지지대를 설치한 후 그 위에 바닥을 시공하는 공법으로 전산실 등에서 설비적 목적으로 사용하는 바닥공법 (②)
③ 소석회 또는 석고를 주원료로 하여 대리석 가루 및 점토분 등을 흙손, 뿜칠 마감하는 것 (③)

정답 9
① 전도성 타일
② 억세스 플로어
③ 스타코 마감

10. 다음에서 설명하고 있는 석재를 〈보기〉에서 골라 쓰시오. (3점)

〈보기〉
화강암 안산암 사문암 사암 대리석 화산암

① 석회석이 변화하여 결정화한 것으로 강도는 높지만 내화성이 낮고 풍화되기 쉬우며 산에 약해기 때문에 실외용으로는 적합하지 않다.
( )
② 수성암의 일종으로 함유광물의 성분에 따라 암석의 질, 내구성, 강도에 따라 현저한 차이가 있다.
( )
③ 강도, 경도, 비중이 크고 내화력도 우수하여 구조용 석재로 쓰이지만 조직 및 색조가 균일하지 않고 석리가 있기 때문에 채석 및 가공이 용이하지만 대재를 얻기가 어렵다. ( )

① _____ ② _____ ③ _____

정답 10
① 대리석
② 사암
③ 안산암

11. 유리공사 시 친환경(에너지 절약) 측면에서 재료를 선정 시 고려해야할 사항 2가지를 쓰시오. (4점)

① _____
② _____

정답 11
① 실내 보온, 단열 및 태양 복사열 차단이 가능한지를 고려한다.
② 채광의 관점에서 조명에 따른 전력소비를 줄일수 있는지를 고려한다.

12. 타일의 종류별 줄눈 치수를 ( ) 안에 쓰시오. (3점)

대형타일(내장)	소형타일	모자이크 타일
(①)mm	(②)mm	(③)mm

정답 12
① 6
② 3
③ 2

실내건축기사 기출문제

2회 / 2024년 7월 28일 시행

수험생 기억에 의한 것으로 실제 기출문제와 다를 수 있습니다.

1. 다음은 인조대리석 습식 시공에 대한 설명이다. ( ) 안에 알맞은 말을 써넣으시오. (4점)

   인조대리석 바닥시공 시 모르타르 두께는 (①)mm 정도 바르고 붙임용 페이스트를 뿌린 후 (②)로 타격하여 고정 시킨다. 모래는 양질의 (③)를 사용하며 해사를 사용하지 않는다.

   ① _____ ② _____ ③ _____

   정답 1
   ① 30
   ② 고무망치
   ③ 강모래

2. 벽의 높이가 2.5m 이고, 길이가 8m인 벽을 시멘트 벽돌로 1.5B 쌓을 때 소요량을 구하시오. (단, 벽돌은 표준형 190×60×57) (3점)

   정답 2
   ① 벽면적=2.5(m)×8(m)
   　　　　=20(m²)
   ② 정미량=20(m²)×224(매/m²)
   　　　　=4,480(매)
   ∴ 소요량=4,480(매)×1.05
   　　　　=4,704(매)

3. 다음 설명에 맞는 용어를 쓰시오. (2점)

   ① 나무나 석재의 면을 깎아 밀어서 두드러지게 또는 오목하게 하여 모양지게 하는 것 ( )
   ② 모서리 구석 등에 표면 마구리가 보이지 않도록 45° 각도로 빗잘라 대는 맞춤 ( )
   ③ 재료의 섬유방향과 평행으로 옆 대어 붙이는 것 ( )

   정답 3
   ① 모접기
   ② 연귀맞춤
   ③ 쪽매

4. 석재 가공시 특수공구 3가지를 쓰고 각각에 대해 설명을 쓰시오. (3점)
   ① _____
   ② _____
   ③ _____

   정답 4
   ① 쇠메 : 건친 돌을 제일 처음 다듬을 때 사용하는 공구로 다듬은 표면은 양감이 있다.
   ② 도드락망치 : 망치의 표면에 여러 개의 작은 돌기가 있으며 표면이 다소 거치나 평평하게 다듬을 때 사용한다.
   ③ 날망치 : 도끼처럼 날이 있으며 돌의 표면을 일정한 방향으로 쪼아 곱게 다듬을 때 사용한다.

5. 코너비드에 대하여 설명하시오. (2점)

   정답 5
   Corner bead : 기둥이나 벽 등의 모서리를 보호하기 위하여 대는 것

6. 백화의 원인과 대책을 각각 2가지씩 쓰시오. (4점)

(가) 원인
① _____
② _____

(나) 대책
① _____
② _____

정답 6

(가) 원인
① 줄눈 모르타르의 시멘트의 산화칼슘(CaO)이 물(H_2O)과 공기 중의 탄산가스(CO_2)에 의해 반응하여 희게 나타난다.
② 벽돌의 황산나트륨과 모르타르의 소석회가 화학반응을 일으켜서 나타나는 현상이다.

(나) 대책
① 소성이 잘된 양질의 벽돌을 사용한다.
② 줄눈 모르타르 사춤을 빈틈없이 다져 넣는다.
  * 벽돌 벽면을 파라핀 도료 등을 발라 방수처리 한다.
  * 벽면에 적절히 비막이 시설을 한다.

7. 석재 가공시 특수공구 3가지를 쓰고 각각에 대해 설명을 쓰시오. (3점)

① _____
② _____
③ _____

정답 7

① 쇠메 : 건친 돌을 제일 처음 다듬을 때 사용하는 공구로 다듬은 표면은 양감이 있다.
② 도드락망치 : 망치의 표면에 여러 개의 작은 돌기가 있으며 표면이 다소 거치나 평평하게 다듬을 때 사용한다.
③ 날망치 : 도끼처럼 날이 있으며 돌의 표면을 일정한 방향으로 쪼아 곱게 다듬을 때 사용한다.

8. 안전유리의 종류를 3가지 쓰시오. (3점)

① _____ ② _____ ③ _____

정답 8

① 강화유리
② 망입유리
③ 접합유리

9. 다음은 도배공사에 있어서 온도 유지에 관한 사항이다. ( ) 안에 알맞은 수치를 넣으시오. (4점)

도배지의 평상시 보관온도는 (①)℃ 이어야 하고, 시공 전 (②)시간 전부터, 시공 후 (③)시간까지는 (④)℃ 이상의 온도를 유지하여야 한다.

① _____ ② _____ ③ _____ ④ _____

정답 9

① 4
② 72
③ 48
④ 16

10. 테라조(Terazzo) 현장갈기 시공순서를 보기에서 골라 쓰시오. (4점)

―〈 보기 〉――
① 왁스칠　② 시멘트풀 먹임　③ 양생 및 경화
④ 초벌갈기　⑤ 정벌갈기　⑥ 테라조 종석바름
⑦ 황동줄눈대 대기

정답 10
⑦ → ⑥ → ③ → ④ → ② → ⑤ → ①

11. 정상공기가 13일일 때 공사비는 170,000원이고, 특급공사시 공사기일은 10일, 공사비는 320,000원이다. 이 공사의 공기 단축시 필요한 비용구배를 구하시오. (4점)

정답 11
비용구배
$= \dfrac{특급공비 - 표준공비}{표준공기 - 특급공기}$ (원/일)
$= \dfrac{(320{,}000원 - 170{,}000원)}{(13일 - 10일)}$
$= 50{,}000$ (원/일)

실내건축기사 기출문제

3회 / 2024년 10월 19일 시행

수험생 기억에 의한 것으로 실제 기출문제와 다를 수 있습니다.

1. 다음 유리에 대해 설명하시오. (2점)
- 로이(Low-e) 유리

2. 표준형 벽돌 1.0B쌓기, 벽길이 100m, 벽 높이 3m, 개구부 면적 1.8m×1.2m, 10개, 줄눈나비 10mm일 때 정미량과 모르타르량을 산출하시오. (6점)

3. 목재 건조법 중 인공건조법 3가지를 쓰시오. (3점)
① _____ ② _____ ③ _____

4. 어느 건설공사의 한 작업이 정상적으로 시공할 때 공사기일은 10일, 공사비용은 600,000원이고 특급으로 시공할 때 공사기일은 6일, 공사비는 800,000원이라 할 때 이공사의 공기 단축시 필요한 비용구배(cost sloop)를 구하시오. (4점)

5. 금속재의 도장 바탕처리 방법 중 화학적 방법을 3가지만 쓰시오. (3점)
① _____
② _____
③ _____

정답

정답 1
유리 표면에 금속 또는 금속산화물을 얇게 코팅하여 가시광선(빛)은 투과시키고 적외선(열선)은 방사하여 열의 이동을 최소화시켜주는 에너지 절약형 특수 유리이며 저방사 유리라고도 한다.

정답 2
벽 면적 = (벽 길이 × 벽 높이)
　　　　 − (개구부 면적)
= (100m × 3m) − (1.8m × 1.2m × 10)
= 278.4(m²)
① 벽돌의 정미량 = 278.4 × 149
　　　　　　　　 = 41,481.6(매)
② 모르타르량은 벽돌 1,000매당 0.33(m³) 이므로
∴ 모르타르량
= 41,481.6 × 0.33 ÷ 1,000
= 13.69(m³)

정답 3
① 증기법
② 훈연법
③ 열기법
　* 진공법, 고주파 건조법, 자비법

정답 4
비용구배
$= \dfrac{\text{특급공비} - \text{표준공비}}{\text{표준공기} - \text{특급공기}}$ (원/일)
$= \dfrac{(800,000원 - 600,000원)}{(10일 - 6일)}$
= 50,000(원/일)

정답 5
① 탈지법
② 세정법
③ 피막법

6. 다음 유리공사에 대한 용어이다. 용어를 간단히 설명하시오. (3점)

① 샌드 블라스트(sand blast) :

② 세팅 블록(setting block) :

정답 6
① 모래나 기타 연마제를 물이나 압축 공기로 노즐을 통해 고속 분출하여 유리면 등의 표면을 다소 거친 면으로 처리하는 방법
② 창틀에 유리판을 끼워 넣을 때 유리판의 파손을 방지하기 위하여 하단 아래쪽에 미리 삽입하는 나무, 고무, 합성수지 등의 재료에 의한 끼움재

7. 드라이비트(Dry-vit) 공법의 장점 3가지를 쓰시오. (4점)

①
②
③

정답 7
① 시공이 용이하고 경제적이다.
② 벽돌이나 타일을 사용하지 않으므로 건물의 하중을 줄일 수 있다.
③ 단열성능이 우수하고 결로방지에도 효과적이다.
 * 별도의 마감재료가 필요 없다.
 * 표면에 다양한 색상 및 질감표현으로 외관구성이 자유롭다.

8. 미장 공사 중 셀프 레벨링(Self Leveling)재에 대해 설명하시오. (4점)

정답 8
셀프 레벨링(Self Leveling, SL)재는 석고계, 시멘트계가 있으며 자체 유동성이 있기 때문에 평탄하게 되는 성질을 이용하여 바닥 마름질 공사 등에 사용하는 재료이다. 셀프 레벨링재의 표면에 물결무늬가 생기지 않도록 창문 등을 밀폐하여 통풍과 기류를 차단하고 기온이 5℃ 이하가 되지 않도록 한다.

9. 다음 보기에서 골라 할증률이 작은 것부터 큰 것 순으로 번호를 적으시오. (3점)

─── 〈보기〉 ───
① 단열재   ② 시멘트 벽돌   ③ 유리   ④ 타일

정답 9
③ → ④ → ② → ①

10. 벽타일 붙이기 시공 순서를 쓰시오. (4점)

(①) - (②) - (③) - (④) - (⑤)
①   ②
③   ④
⑤

정답 10
① 바탕처리
② 타일나누기
③ 타일붙이기
④ 치장줄눈
⑤ 보양

11. 다음은 표준시방서에 따른 금속제 천장틀의 달대볼트 설치에 관한 사항이다. ( ) 안에 알맞은 내용을 쓰시오. (3점)

<보기>
- 달대볼트는 주변부의 단부로부터 150mm 이내에 배치하고 간격은 (①)mm 정도로 한다.
- 천장 깊이가 1.5m 이상인 경우에는 가로, 세로 (②)m 정도의 간격으로 달대볼트의 흔들림방지용 보강재를 설치한다.

① _____
② _____

정답 11
① 900mm
② 1.8m

12. 다음 보기에서 설명하는 내용의 용어를 쓰시오. (3점)

<보기>
① 목재에서 두 재의 접합부에 끼워 볼트와 같이 써서 전단에 견디도록 한 보강철물
② 재와 서로 직각으로 접합하는 것 또는 그 자리
③ 재의 길이 방향으로 길게 접합하는 것 또는 그 자리

① _____ ② _____ ③ _____

정답 12
① 듀벨
② 맞춤
③ 이음

08

부록2
실내건축산업기사 기출문제

- 반드시 문제를 주어진 시간에 풀어본 후에 답을 맞추어 보도록 한다.
  (풀어가는 도중에 답을 맞추지 않도록 한다!!)
- 틀린 문제, 확신이 안가는 문제에 대해서는 다시 복습하여 정리하도록 한다.

01 2018년 과년도 기출문제
02 2019년 과년도 기출문제
03 2020년 과년도 기출문제
04 2021년 과년도 기출문제
05 2022년 과년도 기출문제
06 2023년 과년도 기출문제
07 2024년 과년도 기출문제

실내건축산업기사 기출문제

1회 / 2018년 4월 15일 시행

수험생 기억에 의한 것으로 실제 기출문제와 다를 수 있습니다.

1. 조적공사 시 세로기준틀에 기입해야할 사항 4가지를 쓰시오. (4점)
   ①
   ②
   ③
   ④

정답 1
① 쌓기단수 및 줄눈표시
② 창문틀의 위치 및 규격
③ 매립철물 및 나무벽돌의 위치
④ 테두리보 설치 위치

2. 접합유리의 특징 2가지를 쓰시오. (3점)
   ①
   ②

정답 2
① 외부충격에도 쉽게 파손되지 않는 안전유리의 일종이다.
② 2장의 판유리 사이에 필름이 있어 파손시 비산을 방지한다.

3. 네트워크 공정표의 특징 3가지를 기술하시오. (4점)
   ①
   ②
   ③

정답 3
① 공사계획의 전모와 공사전체의 파악을 용이하게 한다.
② 각 작업의 흐름과 작업의 상호관계가 명확하다.
③ 주공정선(C.P)의 파악이 용이하다.
* 계획단계에서 공정상의 문제점이 명확히 파악되고 작업 전에 수정을 가할 수 있다.

4. 조적공사에서 사용되는 치장줄눈의 종류 5가지를 쓰시오. (5점)
   ① ②
   ③ ④
   ⑤

정답 4
① 평줄눈 ② 민줄눈
③ 볼록줄눈 ④ 오목줄눈
⑤ 내민줄눈
* 빗줄눈, 엇빗줄눈

5. 목재의 방부처리법 3가지를 쓰시오. (3점)
   ① ② ③

정답 5
① 도포법
② 침지법
③ 상압주입법
* 가압주입법, 생리적주입법, 표면탄화법

6. 아래 목재 창호틀의 목재량(m³)을 산출하시오. (소수 셋째 자리에서 반올림하여 소수 둘째 자리까지 구하시오.) (3점)

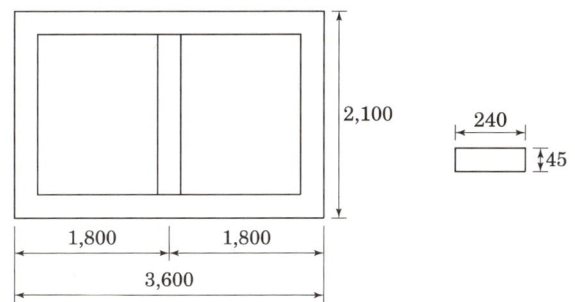

정답 6

목재량 = 수직재 + 수평재이므로
= (0.045×0.24×2.1)×3개 +
 (0.045×0.24×3.6)×2개
≒ 0.068 + 0.078 ≒ 0.146(m³)
→ 0.15(m³)

7. 집성목재의 장점 3가지를 쓰시오. (3점)

① _____
② _____
③ _____

정답 7

① 큰 단면, 긴 부재를 만드는 것이 가능하다.
② 필요에 따라 아치와 같은 굽은 부재를 만들 수 있다.
③ 목재의 강도를 인위적으로 조절할 수 있다.
* 응력에 따라 필요한 단면을 만들 수 있다.

8. 다음 내용이 설명하는 명칭을 쓰시오. (2점)

―〈보기〉――――――――――――――――
널 한쪽에 홈을 파고, 딴 쪽에 혀를 내어 물리고, 혀 위에서 빗못질하므로 진동이 있는 마루널에도 못이 빠져나올 우려가 없다.
――――――――――――――――――――

정답 8

제혀쪽매

9. 다음은 타일 붙이기의 시공순서이다. 괄호 안을 채우시오. (3점)

(①) → (②) → 타일붙이기 → (③) → 보양

정답 9

① 바탕처리
② 타일나누기
③ 치장줄눈

10. 다음은 목공사의 단면치수 표기법이다. 괄호 안에 알맞은 용어를 쓰시오. (3점)

―〈보기〉――――――――――――――――
목재의 단면을 표시하는 치수는 특별한 지침이 없는 경우 구조재, 수장재는 모두 (①) 치수로 하고, 창호재, 가구재의 치수는 (②)로 한다. 또 제재목을 지정치수대로 한 것을 (③) 치수라 한다.
――――――――――――――――――――

정답 10

① 제재치수
② 마무리치수
③ 정미

11. 다음 합성수지 재료를 열경화성 수지와 열가소성 수지로 구분하여 쓰시오. (4점)

― 〈보기〉 ―
① 아크릴수지   ② 에폭시수지
③ 멜라민수지   ④ 페놀수지
⑤ 폴리에틸렌수지 ⑥ 염화비닐수지
⑦ 폴리우레탄

- 열경화성 수지 : _____
- 열가소성 수지 : _____

정답 11
- 열경화성 수지 : ②, ③, ④, ⑦
- 열가소성 수지 : ①, ⑤, ⑥

12. 도배시공 방법 중 밀착초배와 공간초배에 대하여 기술하시오. (4점)
① 밀착초배 : _____
② 공간초배 : _____

정답 12
① 밀착초배 : 시공바탕 면인 콘크리트, 합판, 석고보드면 등에 벽지가 잘 붙도록 밀착하여 붙이는 작업
② 공간초배 : 요철이 심한 면에 부직포를 먼저 붙여 고르고 평탄하게 면을 조성하여 붙이는 작업

실내건축산업기사 기출문제

2회 / 2018년 7월 1일 시행

수험생 기억에 의한 것으로 실제 기출문제와 다를 수 있습니다.

1. 수성페인트를 바르는 순서이다. ( ) 안에 알맞은 용어를 쓰시오. (4점)

(①) → (②) → 초벌 → (③) → (④)

정답 1
① 바탕만들기
② 바탕누름
③ 연마지 닦기(사포질)
④ 정벌

2. 철재녹막이 도료의 종류 3가지를 쓰시오. (3점)

① _____ ② _____ ③ _____

정답 2
① 광명단
② 징크로메이트
③ 아연분말 도료

3. 다음 〈보기〉의 타일을 흡수성이 큰 순서대로 배열하시오. (3점)

〈보기〉
① 자기질   ② 토기질   ③ 도기질   ④ 석기질

정답 3
② → ③ → ④ → ①

4. 대리석의 갈기공정에 대한 마무리 종류를 괄호 안에 써넣으시오. (3점)

① ( ) : #180 카아버런덤 숫돌로 간다.

② ( ) : #220 카아버런덤 숫돌로 간다.

③ ( ) : 고운숫돌, 숫가루를 사용, 원반에 걸어 마무리 한다.

정답 4
① 거친갈기
② 물갈기
③ 본갈기

5. 타일의 종류 중 표면을 특수 처리한 타일의 종류 3가지를 쓰시오. (3점)

① _____ ② _____ ③ _____

정답 5
① 스크래치 타일
② 테피스트리 타일
③ 천무늬 타일

6. 다음 재료의 할증률을 써넣으시오. (4점)

① 붉은벽돌 : _____

② 시멘트벽돌 : _____

정답 6
① 붉은벽돌 : 3%
② 시멘트벽돌 : 5%

실내건축산업기사 기출문제

7. 다음을 설명하시오. (4점)

① 층단 떼어쌓기 : _____

② 켜걸름 들여쌓기 : _____

정답 7

① 층단 떼어쌓기 : 연속되는 벽체를 하루에 다 쌓을 수 없을 때 중간을 계단처럼 남겨 놓고 쌓는 방법이다.

② 켜걸름 들여쌓기 : 교차벽 등에서 하루에 다 쌓을 수 없을 때 한쪽 벽을 남겨 두고 쌓는 방법이다.

8. 다음 (   ) 안에 알맞은 말을 써넣으시오. (3점)

① (   ) : 방음, 방습, 단열의 목적으로 벽체의 공간을 띄워 쌓는 쌓기법

② (   ) : 상부에서 오는 수직압력이 아치의 축선을 따라 좌우로 나뉘어져 밑으로 인장력이 생기지 않고 압축력만이 전달되게 하는 쌓기법

정답 8

① 공간쌓기
② 아치쌓기

9. 두께 30mm, 너비 25cm, 길이 7m의 목재 200개를 만들 때 사용되는 목재량(m^3)을 구하시오. (3점)

정답 9

목재량
= 0.03(m)×0.25(m)×7(m)
×200(개) = 10.5(m^3)

10. 다음 (   ) 안에 알맞은 용어를 써넣으시오. (3점)

① (   ) : 압축공기를 빌려 망치대신 사용하는 공구

② (   ) : 목재의 몰딩이나 홈을 팔 때 쓰이는 연장

정답 10

① 에어타카
② 홈대패

11. 다음은 목조 2층 마루 중 짠마루의 시공순서이다. 순서대로 바르게 나열하시오. (3점)

─〈보기〉─
작은보, 장선, 큰보, 마루널

정답 11

큰보 → 작은보 → 장선 → 마루널

12. 다음 용어를 설명하시오. (4점)

① 논슬립 : _____

② 코너비드 : _____

정답 12

① 논슬립 : 계단을 오르내릴 때 미끄러지는 것을 방지하기 위하여 계단(디딤판) 끝부분에 설치하는 것

② 코너비드 : 기둥이나 벽 등의 모서리를 보호하기 위하여 대는(설치하는) 것

실내건축산업기사 기출문제

3회 / 2018년 10월 13일 시행

수험생 기억에 의한 것으로 실제 기출문제와 다를 수 있습니다.

1. 천연 아스팔트의 종류 3가지를 쓰시오. (3점)

   ① _____ ② _____ ③ _____

   정답 1
   ① 레이크(Lake) 아스팔트
   ② 로크(Rock) 아스팔트
   ③ 아스팔트 타이트(Tite)

2. 방수공사에서 사용되는 방근재에 대해 설명하시오. (3점)

   정답 2
   식물의 뿌리가 건설재료를 손상시켜 성능이 저하되는 것을 방지하기 위해 설치하는 시트 및 도막 형태의 재료를 말한다.

3. 다음 〈보기〉에 설명하는 것이 무엇에 대한 것인지 재료명을 쓰시오. (3점)

   〈보기〉
   자토와 도토를 혼합소성한 것으로 가압성형, 압출성형, 석고형으로 주조되며 대표적인 분류로 구조용과 장식용이 있으며, 장식용은 평판물과 조형물로 나뉜다.

   정답 3
   테라코타

4. 다음 쪽매의 이름을 써넣으시오. (5점)

   ① ②
   ③ ④
   ⑤

   정답 4
   ① 반턱쪽매 ② 틈막이쪽매
   ③ 반혀쪽매 ④ 제혀쪽매
   ⑤ 오늬쪽매

5. 네트워크에 사용되는 더미(dummy)에 대하여 간략히 기술하시오. (3점)

   정답 5
   작업 사이의 관련성만을 표현할 때 이용되며 소요일수는 없으며 점선의 화살표로 표현한다.

6. 타일의 박리 원인에 대하여 4가지를 쓰시오. (4점)

   ① _____ ② _____
   ③ _____ ④ _____

   정답 6
   ① 붙임시간의 불이행
   ② 바름두께의 불균형
   ③ 붙임 모르타르의 접착강도 부족
   ④ 모르타르 충진 불충분
   * 붙임 후 보양 불량

실내건축산업기사 기출문제

7. 다음은 미장공사 중 석고플라스터의 마감 시공순서이다. ( ) 안을 채우시오. (3점)

바탕정리 → (①) → (②) → 고름질 및 재벌바름 → (③)

정답 7
① 재료반죽
② 초벌바름
③ 정벌바름

8. 바닥에 설치하는 줄눈대의 설치 목적 3가지를 쓰시오. (3점)

①
②
③

정답 8
① 미장재료의 수축 및 팽창변화에 따른 대처
② 연속파손 방지와 보수에 용이
③ 바름구획의 구분

9. 목재의 방부처리법 3가지를 쓰시오. (3점)

① _____ ② _____ ③ _____

정답 9
① 도포법
② 침지법
③ 상압주입법
* 가압주입법, 생리적주입법, 표면탄화법

10. 다음 그림과 같은 목재 창문틀에 소요되는 목재량(m^3)을 구하시오. (4점)
(단, 목재의 단면 치수는 90mm×90mm이다.)

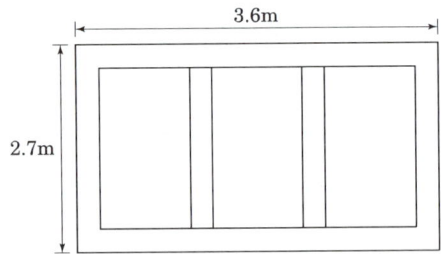

해설 10
목재량 = 수직재 + 수평재이므로
= (0.09×0.09×2.7)×4개
+ (0.09×0.09×3.6)×2개
≒ 0.08748 + 0.05832
≒ 0.1458(m^3) → 0.146(m^3)

11. 취성(Brittle)을 보강할 목적으로 사용되는 유리 중 안전유리로 분류될 수 있는 유리의 명칭 3가지를 쓰시오. (3점)

① _____ ② _____ ③ _____

해설 11
① 강화유리
② 접합유리
③ 망입유리

12. 다음 목재의 접합에 대한 설명 중 (   ) 안에 알맞은 용어를 써넣으시오. (3점)

<보기>

재의 길이 방향으로 두 재를 길게 접합하는 것 또는 그 자리를 (①)이라 하고, 재와 서로 직각으로 접합하는 것 또는 그 자리를 (②)이라 한다. 또 재를 섬유 방향과 평행으로 옆대어 넓게 붙이는 것을 (③)이라 한다.

해설 12

① 이음   ② 맞춤   ③ 쪽매

실내건축산업기사 기출문제
1회 / 2019년 4월 13일 시행

수험생 기억에 의한 것으로 실제 기출문제와 다를 수 있습니다.

1. 다음 〈보기〉 중에서 열가소성 수지를 고르시오. (2점)

〈보기〉
아크릴, 염화비닐, 폴리에틸렌, 멜라민, 페놀, 에폭시, 스티로폴

2. 다음 〈보기〉 중에서 수성 페인트 바르는 순서를 바르게 나열하시오. (2점)

〈보기〉
초벌, 연마지 닦기(사포질), 정벌, 바탕처리

3. 다음은 네트워크 공정표에 관련된 용어이다. 각 용어에 대한 정의를 기술하시오. (3점)

① EST : _____
② C.P : _____
③ FF : _____

4. 다음 용어에 대하여 설명하시오. (3점)

① 논슬립 : _____
② 코너비드 : _____

5. 다음 용어를 간략히 설명하시오. (3점)

① 본 아치 : _____
② 막만든 아치 : _____
③ 층두리 아치 : _____

정답

[해설] 1
아크릴, 염화비닐, 폴리에틸렌, 스티로폴

[해설] 2
바탕처리 → 초벌 → 연마지 닦기(사포질) → 정벌

[해설] 3
① EST : 작업개시가 가능한 가장 빠른 시간이다.
② C.P : 네트워크 상에 전체 공기를 지배하는 가장 긴 시간이다.
③ FF : 가장 빠른 개시시간(EST)에 작업을 시작하여 후속 작업도 가장 빠른 개시시간(EST)에 시작하여도 생기는 여유시간이다.

[해설] 4
① 논슬립 : 계단을 오르내릴 때 미끄러지는 것을 방지하기 위하여 계단 끝 부분에 설치하는 것
② 코너비드 : 기둥이나 벽 등의 모서리를 보호하기 위하여 대는 것

[해설] 5
① 본 아치 : 아치 벽돌을 공장에서 특별히 주문 제작한 벽돌로 쌓은 아치
② 막만든 아치 : 보통 벽돌을 쐐기 모양으로 다듬어 쌓은 아치
③ 층두리 아치 : 아치 나비가 넓은 경우에 반장정도 층을 지어 겹쳐 쌓는 아치

6. 석재의 건식 시공방법 2가지를 쓰시오. (3점)

① _____ ② _____

[해설] 6
① 본드 공법 ② 앵커긴결 공법
* 강재트러스 지지공법

7. 마루널 2중 깔기 순서이다. 괄호 안에 알맞은 용어를 쓰시오. (3점)

〈보기〉

주춧돌 설치 → (①) → 멍에 → (②) → (③) → 방수지 깔기 → (④)

[해설] 7
① 동바리
② 장선
③ 밑창널 깔기
④ 마루널 깔기

8. 타일 붙이기 시공방법 중 개량 압착붙임공법에 대하여 서술하시오. (3점)

[해설] 8
바탕면에 모르타르를 나무흙손으로 바름한 후 타일면과 바름면에 붙임 모르타르를 발라서 눌러 붙여 타일 주변에 모르타르가 빠져나오게 하는 방법이다.

9. 직접공사비 3가지를 기술하시오. (2점)

① _____ ② _____ ③ _____

[해설] 9
① 재료비
② 노무비
③ 경비
* 외주비

10. 내화 벽돌의 S.K의 의미를 쓰시오. (2점)

[해설] 10
내화 벽돌의 S.K는 내화 벽돌의 내화도를 나타내는 번호를 의미한다.

11. 다음 중 〈보기〉의 재료를 할증율이 큰 순서대로 나열하시오. (2점)

〈보기〉

유리, 도료, 테라코타, 시멘트 벽돌

[해설] 11
시멘트 벽돌(4%), 테라코타(3%), 도료(2%), 유리(1%)

12. 길이 10m, 높이 2m, 1.0B 벽돌을 이용하여 벽체를 쌓을 경우 벽돌의 정미량과 모르타르량을 구하시오. (단, 벽돌 규격은 표준형임) (3점)

① 벽돌의 정미량 : _____

② 모르타르량 : _____

정답

해설 12

① 벽돌의 정미량 :
$10(m) \times 2(m) \times 149(매/m^2)$
$= 2,980(매)$

② 모르타르량 :
$(2,980 \div 1,000) \times 0.33$
$= 0.9834(m^3) \rightarrow 0.98(m^3)$

실내건축산업기사 기출문제

2회 / 2019년 6월 29일 시행

수험생 기억에 의한 것으로 실제 기출문제와 다를 수 있습니다.

1. 다음 석재의 특징에 대하여 간략히 설명하시오. (4점)

   ① 화강암 : _____

   ② 점판암 : _____

2. 다음 용어를 간단히 설명하시오. (4점)

   ① 내력벽 : _____

   ② 중공벽 : _____

3. 다음 그림은 장부 맞춤의 한 종류이다. 그 명칭을 쓰시오. (2점)

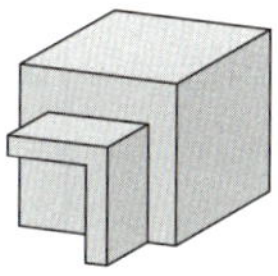

4. 다음은 아치 쌓기의 종류이다. 괄호 안을 채우시오. (4점)

   ① 벽돌을 주문 제작한 것을 사용하여 쌓은 아치 (   )

   ② 보통 벽돌을 쐐기 모양으로 다듬어 만든 것을 사용하여 쌓은 아치
      (   )

   ③ 현장에서 보통 벽돌을 써서 줄눈을 쐐기 모양으로 하여 쌓은 아치
      (   )

   ④ 아치 나비가 넓은 경우 반장 정도 층을 지어 겹쳐 쌓은 아치
      (   )

   ① _____ ② _____
   ③ _____ ④ _____

정답

해설 1
① 화강암 : 화성암의 일종으로 내구성과 압축강도가 우수하여 내·외장용으로 널리 사용한다.
② 점판암 : 수성암의 일종으로 얇게 쪼개지는 성질이 있어 지붕재료 등에 쓰인다.

해설 2
① 내력벽 : 상부의 고정하중 및 적재하중을 받아 하부의 기초에 전달하는 벽
② 중공벽 : 외벽에 방습, 방음, 단열 등의 목적으로 벽체의 중간에 공간을 두어 이중벽으로 쌓는 벽

해설 3
ㄱ자 장부 맞춤

해설 4
① 본아치
② 막만든 아치
③ 거친 아치
④ 층두리 아치

5. 알루미늄 창호 공사 시 주의 사항 2가지를 서술하시오. (4점)

① _____
② _____

해설 5
① 강도가 약하므로 취급 시 주의한다.
② 모르타르, 회반죽 등 알카리성에 약하므로 직접적인 접촉은 피한다.
* 이질 금속재와 접촉하면 부식하므로 나사못, 창호철물은 동질의 것을 사용한다.

6. 공사현장에서 사용되는 시방서의 종류 3가지를 쓰시오. (3점)

① _____ ② _____ ③ _____

해설 6
① 일반시방서
② 표준시방서
③ 전문시방서
* 자료시방서, 특기시방서

7. 타일 시방서에 나와 있는 타일 붙임공법 3가지를 쓰시오. (3점)

① _____ ② _____ ③ _____

해설 7
① 떠붙이기 공법
② 압착 붙이기 공법
③ 접착제 붙임 공법

8. 표준형 벽돌(190mm×90mm×57mm)을 이용하여 외 벽돌 1.0B, 내 벽돌 1.5B, 단열재가 50mm일 때 벽체의 총 두께는 얼마인가? (3점)

해설 8
$190+90+50 = 330(mm)$

9. 도장공사시 에나멜페인트 시공순서를 적으시오. (3점)

─〈보기〉─
① 페이퍼 문지름(연마지 딲기) ② 초벌 ③ 정벌
④ 바탕누름 ⑤ 바탕만들기

해설 9
바탕만들기 → 바탕누름 → 초벌 → 페이퍼 문지름(연마지 딲기) → 정벌

10. 다음 〈보기〉 중에서 수경성 미장재료를 고르시오. (2점)

─〈보기〉─
① 인조석 바름   ② 시멘트 모르타르
③ 돌로마이트 플라스터   ④ 회반죽

해설 10
① 인조석 바름
② 시멘트 모르타르

11. 길이 100m, 높이 2.4m 블록벽 시공시 블록 장수를 구하시오. (3점)
(블럭의 규격은 390mm×190mm×150mm, 할증률은 4% 포함.)

12. 다음 네트워크의 주공정선의 이벤트(Event) 순서를 나열하시오. (3점)

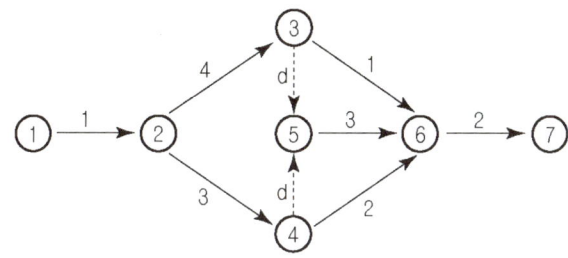

13. 목재 방부제 처리방법 3가지를 적으시오. (3점)
① _____ ② _____ ③ _____

[해설] 11

100×2.4×13=3120(장)

[정답] 12

개시 결합점에서 종료 결합점에 이르는 경로(패스) 중 소요시간이 가장 긴 경로를 택한다.
①-②-③-⑥-⑦ : 8일
①-②-③-⑤-⑥-⑦ : 10일
①-②-④-⑤-⑥-⑦ : 9일
①-②-④-⑥-⑦ : 8일
∴주공정선(CP)
   ①-②-③-⑤-⑥-⑦

[해설] 13

① 도포법
② 침지법
③ 상압 주입법
 * 가압 주입법, 생리적 주입법

실내건축산업기사 기출문제

3회 / 2019년 10월 12일 시행

수험생 기억에 의한 것으로 실제 기출문제와 다를 수 있습니다.

1. 다음 그림을 보고 조적 줄눈의 명칭을 쓰시오. (3점)

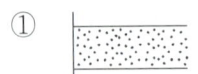  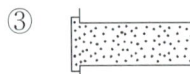

① _____ ② _____ ③ _____

정답 1
① 민줄눈
② 엇빗줄눈
③ 내민줄눈

2. 다음 그림은 나무 모접기이다. 보기에서 알맞은 것을 골라 연결하시오. (4점)

─〈보기〉─
① 큰모   ② 실모   ③ 쌍모접기   ④ 뺨모접기

(가)   (나)    (다)    (라)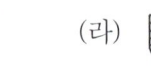

(가) _____ (나) _____ (다) _____ (라) _____

정답 2
(가)-③
(나)-①
(다)-②
(라)-④

3. 목재 가공시 사용되는 쪽매이다. 이름을 쓰시오. (4점)

①    ②

③    ④

① _____ ② _____
③ _____ ④ _____

정답 3
① 반턱쪽매
② 틈막이대쪽매
③ 딴혀쪽매
④ 제혀쪽매

4. 강화유리의 특징 4가지를 쓰시오. (4점)

①　_____
②　_____
③　_____
④　_____

정답 4
① 파손시 모가 작아 안전하다.
② 강도가 일반 유리에 비해 크다.
③ 일반 유리에 비해 내열성이 있다.
④ 현장에서 재가공이 어렵다.

5. 타일의 동해 방지법 4가지만 쓰시오. (4점)

① _____
② _____
③ _____
④ _____

정답 5
① 소성온도가 높은 타일을 사용한다.
② 흡수성이 낮은 타일을 사용한다.
③ 붙임용 모르타르 배합비를 정확히 한다.
④ 줄눈 누름을 충분히 하여 빗물의 침투를 방지한다.

6. 다음은 금속공사에 사용되는 철물의 용어이다. 간략히 설명하시오. (4점)

(가) 와이어 매시 : _____

(나) 펀칭메탈 : _____

(다) 메탈라스 : _____

(라) 와이어 라스 : _____

정답 6
(가) 와이어 매시 : 연강선을 직교시켜 전기용접한 철선망
(나) 펀칭메탈 : 얇은 철판에 각종 모양을 도려낸 것
(다) 메탈라스 : 얇은 철판에 자른 금을 내어 당겨 늘린 것
(라) 와이어 라스 : 철선을 꼬아 만든 철망

7. 합성수지계 접착제 종류를 4가지만 쓰시오. (4점)

① _____ ② _____
③ _____ ④ _____

정답 7
① 요소수지
② 페놀수지
③ 멜라민수지
④ 에폭시수지

8. 도료가 바탕에 부착을 저해하거나 부풀음, 터짐, 벗겨지는 원인이 될 수 있는 요소 4가지를 쓰시오. (3점)

① _____ ② _____
③ _____ ④ _____

정답 8
① 유분(기름기)
② 수분(물기)
③ 진(먼지)
④ 금속 녹

9.
다음은 경량철골 천정틀 붙이기 순서이다. 시공순서대로 나열하시오. (5점)

< 보기 >
① 달볼트 ② 클립 ③ 캐링찬넬 ④ 조절 행거
⑤ MW(MS)BAR ⑥ 인서트 ⑦ 천정판

• 순서 : _____

정답 9
⑥→①→④→③→②→⑤→⑦

10.
적산시 할증률을 ( ) 안에 써 넣으시오. (4점)

< 보기 >
(가) 붉은 벽돌 : (   )%   (나) 시멘트 벽돌 : (   )%
(다) 블록 : (   )%   (라) 타일 : (   )%

(가) _____ (나) _____ (다) _____ (라) _____

정답 10
(가) 3
(나) 5
(다) 4
(라) 3

11.
폭 4.5m, 높이 2.5m의 벽에 1.5×1.2m의 창이 있을 경우 19cm×9cm×5.7cm의 붉은 벽돌을 줄눈나비 10mm로 쌓고자 한다. 이때 붉은 벽돌의 소모량은 얼마인가? (단, 벽돌쌓기는 0.5B이며 할증은 고려치 않는다.) (4점)

정답 11
벽면적
$= (4.5m \times 2.5m) - (1.5m \times 1.2m)$
$= 11.25 - 1.25 = 9.45 (m^2)$
벽돌량
$= 9.45(m^2) \times 75(장/m^2)$
$= 708.75 \to 709(장)$

12.
어느 건설공사의 한 작업이 정상적으로 시공할 때 공사기일은 10일, 공사비용은 600,000원이고 특급으로 시공할 때 공사기일은 6일, 공사비는 800,000원이라 할 때 이공사의 공기 단축시 필요한 비용구배(cost sloop)를 구하시오. (4점)

정답 12
비용구배
$= \dfrac{특급공비 - 표준공비}{표준공기 - 특급공기}$ (원/일)
$= \dfrac{(800,000원 - 600,000원)}{(10일 - 6일)}$
$= 50,000(원/일)$

실내건축산업기사 기출문제

1회 / 2020년 5월 24일 시행

수험생 기억에 의한 것으로 실제 기출문제와 다를 수 있습니다.

1. 조적조에서 테두리보를 설치하는 목적 3가지만 쓰시오. (3점)

① _____
② _____
③ _____

2. 목재의 부패(腐敗)를 방지하기 위해 사용하는 유성(油性) 방부제의 종류를 4가지 쓰시오. (4점)

① _____ ② _____
③ _____ ④ _____

3. 유리 끼우기 공법 4가지를 쓰시오. (4점)

① _____ ② _____
③ _____ ④ _____

4. 바닥에 설치하는 줄눈대의 목적을 2가지만 쓰시오. (2점)

① _____
② _____

5. 다음 설명이 의미하는 철물명을 쓰시오. (4점)

― 〈보기〉 ―
1. 철선을 꼬아 만든 철망 : (①)
2. 얇은 철판에 각종 모양을 도려낸 것 : (②)
3. 얇은 철판에 자른 금을 내어 당겨 늘린 것 : (③)
4. 연강선을 직교시켜 전기용접한 철선망 : (④)

① _____ ② _____
③ _____ ④ _____

정답

정답 1
① 분산된 벽체를 일체로 하여 하중을 균등히 분포시킴
② 수직 균열 방지
③ 세로 철근의 장착
 * 집중하중을 받는 부분을 보강

정답 2
① 크레오소트
② 콜타르
③ PCP
④ 유성페인트

정답 3
① 반죽퍼티 대기
② 나무퍼티 대기
③ 고무퍼티 대기
④ 실재(Sealant) 대기

정답 4
① 재료의 수축, 팽창에 대한 균열방지
② 바름 구획의 구분
 * 보수용이

정답 5
① 와이어 라스
② 펀칭메탈
③ 메탈라스
④ 와이어 매시

6. 보기에서 열경화성, 열가소성수지를 구분해서 쓰시오. (4점)

<보기>
① 염화비닐수지   ② 멜라민수지   ③ 스티로폴수지
④ 아크릴수지   ⑤ 석탄산수지

1. 열경화성수지

2. 열가소성수지

정답 6
1. 열경화성수지 : ②, ⑤
2. 열가소성수지 : ①, ③, ④

7. 바니쉬에 대한 설명이다. 괄호 안을 채우시오. (4점)

바니쉬는 천연수지와 (①)을 섞어 투명 담백한 막으로 되고 기름이 산화되어 (②) 바니쉬, (③) 바니쉬, (④) 바니쉬로 나뉜다.

① _____   ② _____
③ _____   ④ _____

정답 7
① 휘발성 용제
② 휘발성
③ 기름
④ 래커

8. 다음 용어에 맞는 재료를 보기에서 골라 쓰시오. (4점)

<보기>
① 합판   ② 화이버보드
③ 코르크판   ④ 목모 시멘트판

(가) 3매 이상의 단판을 1매 마다 섬유 방향에 직교하도록 접착제로 눌러 붙인 것

(나) 표면은 평평하고 유공질 판이어서 단열관, 열 절연재로 사용

(다) 목재를 얇은 오리로 만들어 액진을 제거하고, 시멘트로 교착하여 가압 성형한 것

(라) 식물 섬유질을 주원료로 하여 이를 섬유화, 펄프화하여 접착제를 섞어 판으로 만든 것

(가) _____ (나) _____ (다) _____ (라) _____

정답 8
(가) – ①
(나) – ③
(다) – ④
(라) – ②

9. 적산시 할증률을 ( ) 안에 써 넣으시오. (4점)

(가) 붉은 벽돌 : ( )% (나) 시멘트 벽돌 : ( )%
(다) 블록 : ( )% (라) 타일 : ( )%

(가) _____ (나) _____ (다) _____ (라) _____

정답 9
(가) 3 (나) 5
(다) 4 (라) 3

10. 다음과 같은 붉은 벽돌을 쌓기 위해서 구입해야 할 벽돌 매수(표준형, 정미량)와 쌓기 모르타르량을 산출하시오. (단, 벽두께 1.0B, 벽 길이 100m, 벽 높이 3m, 개구부크기 1.8×1.2m (10개), 줄눈나비 10mm) (4점)

정답 10
① 벽돌 매수
= (벽면적−개구부 면적) × 149(장/m²)
= (100m×3m−1.8m×1.2m×10) × 149
= 41,482(장)
② 모르타르량은 벽돌 1,000매당 0.33(m³) 이므로
∴ 모르타르량 = $\frac{41,482}{1,000} \times 0.33$
= 13.69(m³)

11. 아래 창호의 목재량(m³)을 구하시오. (3점)

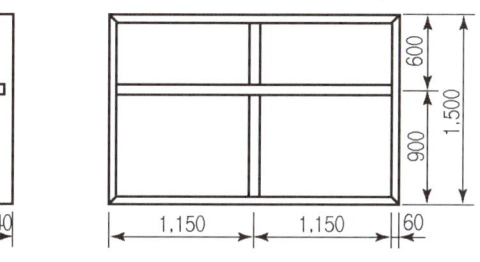

정답 11
목재량 = 수직재 + 수평재 이므로
= (0.24×0.06×1.5)×3개 + (0.24×0.06×2.3)×3개
= 0.0648 + 0.09936
≒ 0.16(m³)

12. 다음 설명이 뜻하는 용어를 쓰시오. (4점)

① 네트워크 공정표에서 개시 결합점에서 종료 결합점에 이르는 가장 긴 패스는?
② 네트워크 공정표에서 작업의 상호관계를 연결시키는데 사용되는 점선 화살선은?
③ 공정에서 가장 빠른 개시시각에 작업을 시작하여 후속작업도 가장 빠른 개시시기에 시작해도 존재하는 여유시간은?
④ 가장 빠른 개시시각에 시작하여 가장 늦은 종료 시각으로 완료할 때 생기는 여유시간은?

① _____ ② _____
③ _____ ④ _____

정답 12
① Critical Path(C.P)
② Dummy
③ Free Float(FF)
④ Total Float(TF)

실내건축산업기사 기출문제

2회 / 2020년 7월 25일 시행

수험생 기억에 의한 것으로 실제 기출문제와 다를 수 있습니다.

1. 아치 쌓기에 알맞은 내용을 (   ) 안에 기입하시오. (4점)

   1. 주문 제작하여 쌓는 아치 (①)
   2. 보통 벽돌을 쐐기 모양으로 다듬어 쌓는 아치 (②)
   3. 보통 벽돌을 사용하고 줄눈을 쐐기 모양으로 쌓는 아치 (③)
   4. 층지게 쌓는 아치 (④)

   ① _____ ② _____
   ③ _____ ④ _____

2. 다음 그림은 나무 모접기이다. 보기에서 알맞은 것을 골라 연결하시오. (4점)

   ─〈 보기 〉─
   ① 큰모   ② 실모
   ③ 쌍모접기   ④ 뺨모접기

   (가)   (나)
   (다)   (라)

   (가) _____ (나) _____ (다) _____ (라) _____

3. 안전유리의 종류를 3가지 쓰시오. (3점)

   ① _____
   ② _____
   ③ _____

4. 미장공사의 치장 마무리 방법 4가지를 쓰시오. (4점)

   ① _____ ② _____
   ③ _____ ④ _____

정답

정답 1
① 본 아치
② 막만든 아치
③ 거친 아치
④ 층두리 아치

정답 2
(가) - ③
(나) - ①
(다) - ②
(라) - ④

정답 3
① 강화유리
② 망입유리
③ 접합유리

정답 4
① 뿜칠 마무리
② 긁어내기
③ 흙손 마무리
④ 리신(규산석회) 마무리
※ 색 모르타르 바름

5. 동물성 단백질계 접착제 종류를 3가지 쓰시오. (3점)

① _____ ② _____ ③ _____

정답 5
① 카제인
② 아교
③ 알부민

6. 도료가 바탕에 부착을 저해하거나 부풀음, 터짐, 벗겨지는 원인이 될 수 있는 요소 4가지를 쓰시오. (3점)

① _____
② _____
③ _____
④ _____

정답 6
① 유분(기름기)
② 수분(물기)
③ 진(먼지)
④ 금속 녹

7. 석고보드의 사용용도에 따른 분류 3가지를 쓰시오. (3점)

① _____
② _____
③ _____

정답 7
① 일반석고 보드
② 방화석고 보드
③ 방수석고 보드
* 미장석고 보드

8. 다음 그림은 건물의 평면도이다. 이 건물이 지상 5층일 때 내부비계 면적을 산출하시오. (4점)

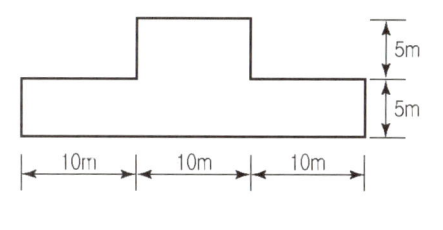

정답 8
내부 비계면적
=연면적×0.9(m²) 이므로
={(30×5)+(10×5)}×5개층×0.9
={150+50}×5×0.9
=900(m²)

9. 표준형 벽돌로 10m²를 1.5B 보통쌓기할 때의 벽돌량과 모르타르량을 산출하시오. (단, 할증률은 고려하지 않음) (4점)

(가) 벽돌량 :
_____

(나) 모르타르량 :
_____

정답 9
(가) 벽돌량 = 벽면적×단위수량
= 10(m²)×224(장/m²)
= 2,240(장)

(나) 모르타르량
= $\frac{벽돌의\ 정미량}{1,000장}$ × 단위수량
= $\frac{2,240}{1,000}$ × 0.35(m³)
= 0.784(m³)

실내건축산업기사 기출문제

10. 다음 재료에 대한 적산시 할증률을 ( ) 안에 써 넣으시오. (4점)

① 비닐타일 : (①)%   ② 리놀륨 : (②)%
③ 합판(수장용) : (③)%   ④ 석고판(본드접착용) : (④)%
⑤ 발포폴리스틸렌 : (⑤)%   ⑥ 단열시공 부위의 방습지 : (⑥)%

① _____   ② _____   ③ _____

④ _____   ⑤ _____   ⑥ _____

정답 10
① 5
② 5
③ 5
④ 8
⑤ 10
⑥ 15

11. 다음 ( ) 안에 알맞은 용어를 쓰시오. (3점)

1. 화살표형 Network에서 정상 표현할 수 없는 작업의 상호관계를 표시하는 파선으로 된 화살표 ( )
2. 작업을 시작하는 가장 빠른 시간 ( )
3. 가장 빠른 개시시간에 시작해 가장 늦은 종료시간으로 종료할 때 생기는 여유시간 ( )

① _____   ② _____   ③ _____

정답 11
① Dummy
② EST
③ TF

12. 어느 건설공사의 한 작업이 정상적으로 시공할 때 공사기일은 10일, 공사비용은 600,000원이고 특급으로 시공할 때 공사기일은 6일, 공사비는 800,000원이라 할 때 이공사의 공기 단축시 필요한 비용구배(cost sloop)를 구하시오. (4점)

정답 12
비용구배
$= \dfrac{특급공비 - 표준공비}{표준공기 - 특급공기}(원/일)$
$= \dfrac{(800,000원 - 600,000원)}{(10일 - 6일)}$
$= 50,000(원/일)$

실내건축산업기사 기출문제
3회 / 2020년 11월 14일 시행

수험생 기억에 의한 것으로 실제 기출문제와 다를 수 있습니다.

1. 다음 그림을 보고 조적 줄눈의 명칭을 쓰시오. (3점)

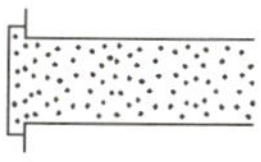

① _____ ② _____ ③ _____

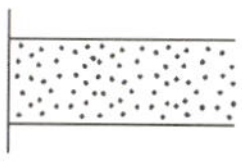

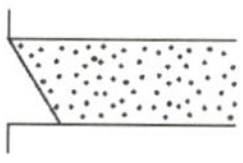

2. 다음 목재의 먹매김 표시기호와 일치하는 것을 아래 〈보기〉에서 골라 번호를 쓰시오. (5점)

― 〈보기〉 ―
(가) 중심먹   (나) 먹지우기   (다) 볼트구멍
(라) 내다지장부구멍   (마) 반내다지장부구멍   (바) 절단
(사) 북 방향으로 위치   (아) 잘못된 먹매김 위치표시

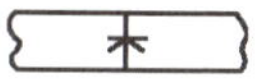

① _____ ② _____ ③ _____
④ _____ ⑤ _____ ⑥ _____

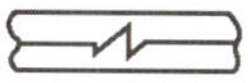

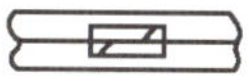

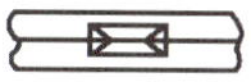

3. 강화유리의 특징 4가지를 쓰시오. (4점)

①
②
③
④

4. 내부 바닥용 타일이 갖추어야 할 성질 4가지를 쓰시오. (4점)

①
②
③
④

정답

정답 1
① 민줄눈
② 엇빗줄눈
③ 내민줄눈

정답 2
① -(가)
② -(다)
③ -(나)
④ -(라)
⑤ -(마)
⑥ -(바)

정답 3
① 파손시 모가 작아 안전하다.
② 강도가 일반 유리에 비해 크다.
③ 일반 유리에 비해 내열성이 있다.
④ 현장에서 재가공이 어렵다.

정답 4
① 단단하고 내구성이 강한 것
② 흡수성이 적은 것
③ 내마모성이 좋고, 충격에 강한 것
④ 표면이 미끄럽지 않은 것

5. 합성수지계 접착제 종류를 4가지만 쓰시오. (4점)

① _____ ② _____

③ _____ ④ _____

정답 5
① 요소수지
② 페놀수지
③ 멜라민수지
④ 에폭시수지

6. 유성페인트는 (①), 건성유 및 (②), (③)를 조합해서 만든 페인트이다.

① _____

② _____

③ _____

정답 6
① 안료
② 희석제
③ 건조제

7. 도배공사 시공순서를 보기에서 찾아 나열하시오. (4점)

― 〈보기〉 ―
① 정배지 바름   ② 초배지 바름   ③ 재배지 바름
④ 바탕처리   ⑤ 굽도리

_____

정답 7
④ → ② → ③ → ① → ⑤

8. 다음 그림과 같은 건물을 실내장식을 하기 위한 내부 비계면적을 구하시오. (단, 각 층높이는 3.6m이다.) (5점)

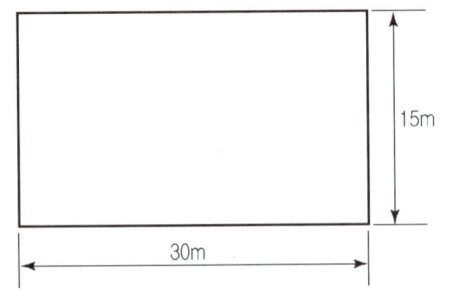

정답 8
내부 비계면적
=연면적×0.9(m²) 이므로
=(30m×15m)×6개층×0.9
=2,430(m²)

9. 표준형 벽돌 1.0B쌓기, 벽길이 100m, 벽 높이 3m, 개구부 면적 1.8m×1.2m, 10개, 줄눈나비 10mm일 때 정미량과 모르타르량을 산출하시오. (6점)

정답 9
벽 면적 = (벽 길이 × 벽 높이) − (개구부 면적)
= (100m × 3m) − (1.8m × 1.2m × 10)
= 278.4(m²)
① 벽돌의 정미량 = 278.4 × 149 = 41,481.6(매)
② 모르타르량은 벽돌 1,000매당 0.33(m³) 이므로
∴ 모르타르량 = 41,481.6 × 0.33 ÷ 1,000 = 13.69(m³)

10. 다음 용어를 설명하시오. (4점)
① EST
② LT
③ CP
④ FF

정답 10
① EST : 작업을 시작하는 가장 빠른 시간
② LT : 최종의 결합점에 이르는 가장 긴 경로를 통하여 종료시각에 도달할 수 있는 개시 시각
③ CP : 개시 결합점에서 종료 결합점에 이르는 가장 긴 패스
④ FF : 가장 빠른 개시시각(EST)에 작업을 시작하여 후속 작업을 가장 빠른 개시시각(EST)에 시작하여도 가능한 여유시간이다.

11. 정상공기가 13일일 때 공사비는 170,000원이고, 특급공사시 공사기일은 10일, 공사비는 320,000원이다. 이 공사의 공기 단축시 필요한 비용구배를 구하시오. (4점)

정답 11
비용구배
$= \dfrac{특급공비 − 표준공비}{표준공기 − 특급공기}$ (원/일)
$= \dfrac{(320,000원 − 170,000원)}{(13일 − 10일)}$
= 50,000(원/일)

12. 다음 데이터로 네트워크 공정표를 작성하고 주공정선은 굵은 선으로 표시하시오. (5점)

순 위	작업명	선행작업	작업일수	비 고
1	A	없음	5	결합점 일정계산은 PERT 기법에 의거 다음과 같이 계산한다.
2	B	없음	8	
3	C	A	7	
4	D	A	8	
5	E	B, C	5	
6	F	B, C	4	
7	G	D, E	11	
8	H	F	5	

정답

해설 12

① → (Activity, 작업)하단에 EST, EFT을 전진계산에 의해서 구한다.

② → (Activity, 작업)상단에 LST, LFT을 역진계산에 의해서 구한다.

③ 결합점(Event) 위에 ET = EST, LT = LFT 관계를 고려하여 ET LT 를 구한다.

정답 ① 네트워크 공정표

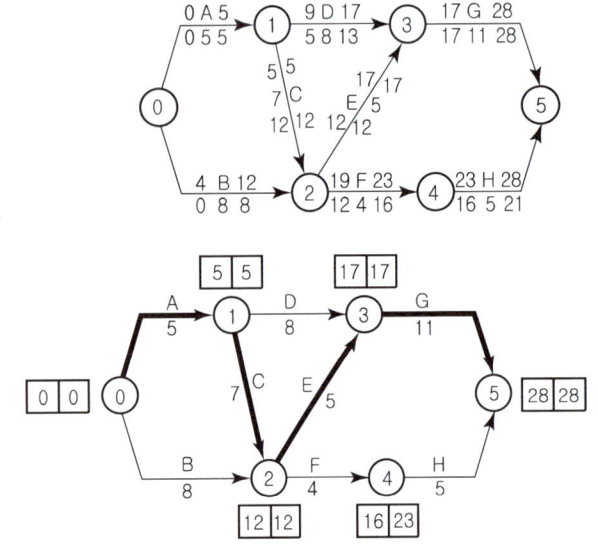

② C.P : A→C→E→G

실내건축산업기사 기출문제

1회 / 2021년 4월 24일 시행

수험생 기억에 의한 것으로 실제 기출문제와 다를 수 있습니다.

1. 장식용 테라코타의 용도 3가지를 쓰시오. (3점)

① _____ ② _____ ③ _____

2. 석재공사시 시공상 유의사항 4가지를 쓰시오.

① _____
② _____
③ _____
④ _____

3. 다음 그림을 보고 조적 줄눈의 명칭을 쓰시오. (3점)

① ② ③

① _____ ② _____ ③ _____

4. 다음 벽돌벽의 용어를 설명하시오. (3점)

① 내력벽 : _____
② 장막벽 : _____
③ 중공벽 : _____

5. 다음의 용어를 기술하시오. (3점)

① 이음 : _____
② 맞춤 : _____

6. 안전유리의 종류를 3가지 쓰시오. (3점)

① _____ ② _____ ③ _____

정답

정답 1
① 주두
② 돌림대
③ 난간두겁

정답 2
① 인장력에는 약하므로 압축력을 받는 곳에만 사용한다.
② 석재는 중량이 크므로 운반, 취급상의 제한을 고려하여 최대치수를 정한다.
③ 산지에 따라 같은 부류의 돌이라도 성분과 색상 등이 차이가 있으므로 공급량을 확인한다.
④ 1m³ 이상이 되는 석재는 높은 곳에 사용하지 않는다.
* 내화성능이 필요한 곳에는 열에 강한 것을 사용한다.
* 가공시 예각을 피한다.

정답 3
① 민줄눈
② 엇빗줄눈
③ 내민줄눈

정답 4
① 내력벽 : 상부의 고정하중 및 적재하중을 받아 하부의 기초에 전달하는 벽
② 장막벽 : 상부 하중을 받지 않고 자체의 하중만을 받는 벽
③ 중공벽 : 외벽에 방습, 방음, 단열 등의 목적으로 벽체의 중간에 공간을 두어 이중벽으로 쌓는 벽

정답 5
① 이음 : 재의 길이 방향으로 길게 접합하는 것 또는 그 자리
② 맞춤 : 재와 서로 직각으로 접합하는 것 또는 그 자리

정답 6
① 강화유리
② 망입유리
③ 접합유리

실내건축산업기사 기출문제

7. 다음의 미장재료 중에서 수경성인 재료를 보기에서 골라 기호를 쓰시오. (4점)

〈보기〉
① 인조석 바름   ② 시멘트 바름
③ 회반죽   ④ 돌로마이트 플라스터

정답 7
①, ②

8. 타일의 동해 방지법 4가지만 쓰시오. (4점)

①
②
③
④

정답 8
① 소성온도가 높은 타일을 사용한다.
② 흡수성이 낮은 타일을 사용한다.
③ 붙임용 모르타르 배합비를 정확히 한다.
④ 줄눈 누름을 충분히 하여 빗물의 침투를 방지한다.

9. 건축공사에서 공사원가를 구성하는 직접공사비에 해당하는 비목의 종류 4가지를 쓰시오.

①   ②
③   ④

정답 9
① 재료비
② 노무비
③ 외주비
④ 경비

10. 표준형 벽돌로 10m²를 1.5B 보통쌓기할 때의 벽돌량과 모르타르량을 산출하시오. (단, 할증률은 고려하지 않음) (4점)

(가) 벽돌량 :

(나) 모르타르량 :

정답 10
(가) 벽돌량 = 벽면적 × 단위수량
= 10(m²) × 224(장/m²)
= 2,240(장)

(나) 모르타르량
$= \dfrac{벽돌의\ 정미량}{1,000장} \times 단위수량$
$= \dfrac{2,240}{1,000} \times 0.35(m^3)$
$= 0.784(m^3)$

11. 공정표의 종류를 4가지 쓰시오. (4점)

①   ②
③   ④

정답 11
① 사선식 공정표
② 횡선식 막대 공정표
③ 열기식 공정표
④ 네트워크식 공정표

12. 정상공기가 13일일 때 공사비는 170,000원이고, 특급공사시 공사기일은 10일, 공사비는 320,000원이다. 이 공사의 공기 단축시 필요한 비용구배를 구하시오. (4점)

정답 12

비용구배
$= \dfrac{\text{특급공비} - \text{표준공비}}{\text{표준공기} - \text{특급공기}}$ (원/일)

$= \dfrac{(320,000원 - 170,000원)}{(13일 - 10일)}$

$= 50,000$ (원/일)

실내건축산업기사 기출문제

2회 / 2021년 7월 10일 시행

수험생 기억에 의한 것으로 실제 기출문제와 다를 수 있습니다.

1. 아치 쌓기에 대한 설명이다. ( ) 안에 알맞은 말을 써 넣으시오. (3점)

   벽돌의 아치 쌓기는 상부에서 오는 하중을 아치축선에 따라 (①)으로 작용하도록 하고, 아치 하부에 (②)이 작용하지 않도록 하는데 이 때 아치의 모든 줄눈은 (③)에 모이도록 한다.

   ① _____ ② _____ ③ _____

   정답 1
   ① 압축력
   ② 인장력
   ③ 원호 중심

2. 다음 〈보기〉의 암석 종류를 성인별로 찾아 기호를 쓰시오. (4점)

   〈보기〉
   ① 점판암 ② 화강암 ③ 대리석 ④ 사문석
   ⑤ 석회암 ⑥ 현무암 ⑦ 안산암 ⑧ 사암

   (가) 화성암 : _____ (나) 수성암 : _____ (다) 변성암 : _____

   정답 2
   (가) ②, ⑥, ⑦
   (나) ①, ⑤, ⑧
   (다) ③, ④

3. 파티클 보드(Particle Board)의 특징 4가지를 쓰시오.

   ① _____ ② _____
   ③ _____ ④ _____

   정답 3
   ① 강도의 방향성이 없다.
   ② 큰 면적의 판을 제작할 수 있다.
   ③ 표면이 평탄하고 균질한 판재를 만들 수 있다.
   ④ 가공성이 양호하다.
   * 방충 및 방부성이 있다.

4. 집성목재의 장점을 3가지만 쓰시오. (4점)

   ① _____
   ② _____
   ③ _____

   정답 4
   ① 큰 단면, 긴 부재를 만드는 것이 가능하다.
   ② 필요에 따라 아치와 같은 굽은 부재를 만들 수 있다.
   ③ 목재의 강도를 인위적으로 조절할 수 있다.
   * 응력에 따라 필요한 단면을 만들 수 있다.

5. 복층유리의 특징 3가지만 쓰시오. (3점)

   ① _____ ② _____ ③ _____

   정답 5
   ① 단열
   ② 방음
   ③ 결로 방지

6. 미장공사의 치장 마무리 방법 4가지를 쓰시오. (4점)

   ① _____ ② _____
   ③ _____ ④ _____

   정답 6
   ① 뿜칠 마무리
   ② 긁어내기
   ③ 흙손 마무리
   ④ 리신(규산석회) 마무리

7. 다음은 벽 타일붙이는 순서이다. 알맞게 번호로 나열하시오. (3점)

〈보기〉
① 치장줄눈　② 타일 나누기　③ 벽타일 붙이기
④ 바탕처리　⑤ 보양

정답 7
④ → ② → ③ → ① → ⑤

8. 다음 용어를 간략히 설명하시오. (2점)

조이너 :

정답 8
조이너(joiner) : 텍스, 보드, 금속판 등의 이음새에 마감이 보기 좋도록 대어 붙이는 것

9. 〈보기〉에서 열경화성, 열가소성수지를 구분해서 쓰시오. (4점)

〈보기〉
① 염화비닐수지　② 멜라민수지　③ 스티로폴수지
④ 아크릴수지　⑤ 석탄산수지

(가) 열경화성수지

(나) 열가소성수지

정답 9
(가) 열경화성수지 : ②, ⑤
(나) 열가소성수지 : ①, ③, ④

10. 철재 녹막이 칠에 쓰이는 도료의 종류 5가지만 쓰시오. (5점)

①　　　　　　②
③　　　　　　④

정답 10
① 광명단
② 징크로메이트
③ 알루미늄 도료
④ 아연분말 도료
* 산화철 녹막이

11. 다음 도면과 같은 벽돌조 건물의 벽돌 소요량과 쌓기용 모르타르량을 산출하시오. (단, 벽돌수량은 소수점 아래 1자리에서, 모르타르량은 소수점 아래 셋째자리에서 반올림 한다.) (7점)

＜조건＞
① 벽돌벽의 높이 : 3m
② 벽 두께 : 1.0B
③ 벽돌 크기 : 210×100×60mm
④ 창호의 크기 : 출입문-1.0×2.0m, 창문- 2.4×1.5m
⑤ 벽돌의 할증률 : 5%

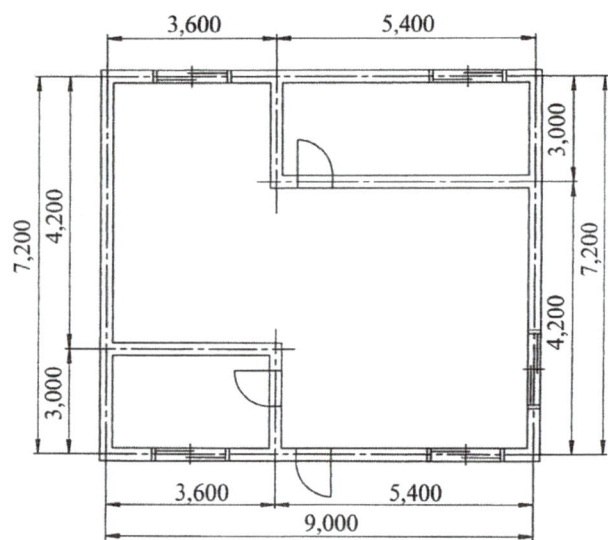

(가) 벽돌 소요량 :

(나) 쌓기용 모르타르량 :

정답 11
(1) 산출요령
  ① 외벽과 내벽으로 나누어 산출한다.
  ② 외벽과 내벽이 만나는 부분에서 0.5B 길이만큼 공제한다.
(2) 외벽
  ① 벽돌량
  $= [(9+7.2) \times 2 \times 3 - \{(1.0 \times 2.0 \times 1) + (2.4 \times 1.5 \times 5)\}] \times 130 \times 1.05$
  $≒ 10,538$(장)
  ② 모르타량
  $= (\frac{10,036}{1,000}) \times 0.37 ≒ 3.71(m^3)$
(3) 내벽
  ③ 벽돌량
  $= \{(15 - \frac{0.21}{2} \times 4) \times 3 - (1.0 \times 2 \times 2)\} \times 130 \times 1.05$
  $≒ 5,425$(장)
  ④ 모르타량
  $= (\frac{5,167}{1,000}) \times 0.37 ≒ 1.91(m^3)$
∴ 합계
  벽돌 소요량=①+③
    $=15,963$(장)
  모르타량=②+④=$5.62(m^3)$

12. 다음 ( ) 안에 알맞은 용어를 쓰시오. (3점)

① 화살표형 Network에서 정상 표현할 수 없는 작업의 상호관계를 표시하는 파선으로 된 화살표 ( )
② 작업을 시작하는 가장 빠른 시간 ( )
③ 가장 빠른 개시시간에 시작해 가장 늦은 종료시간으로 종료할 때 생기는 여유시간 ( )

① _____ ② _____ ③ _____

정답 12
① Dummy
② EST
③ TF

실내건축산업기사 기출문제

3회 / 2021년 10월 16일 시행

수험생 기억에 의한 것으로 실제 기출문제와 다를 수 있습니다.

1. 다음은 아치 쌓기의 종류이다. 용어들을 간단히 설명하시오. (4점)

(가) 본아치 : _____

(나) 막만든아치 : _____

(다) 거친아치 : _____

(라) 층두리아치 : _____

2. 석재 판석의 시공시 앵커 긴결공법의 특징 3가지를 쓰시오.

① _____
② _____
③ _____

3. 건축공사에 이용되는 ALC 블록의 특징을 4가지만 쓰시오. (4점)

① _____
② _____
③ _____
④ _____

4. 실내마감 목공사인 수장 공사에 사용하는 부재에 요구되는 사항 4가지를 기입하시오. (4점)

① _____
② _____
③ _____
④ _____

정답

정답 1

(가) 본아치 : 아치 벽돌을 공장에서 특별히 주문 제작한 벽돌로 쌓은 아치

(나) 막만든 아치 : 보통 벽돌을 쐐기 모양으로 다듬어 쌓은 아치

(다) 거친아치 : 아치 쌓기에서 보통 벽돌을 사용하고 줄눈을 쐐기 모양으로 하여 쌓은 아치

(라) 층두리아치 : 아치 나비가 넓은 경우에 반장정도 층을 지어 겹쳐 쌓는 아치

정답 2

① 석재면 뒤에 모르타르를 충진하지 않으므로 동절기 시공이 가능하며 백화현상 방지에 유리하다.

② 파스너(Fastener) 설치 방식에 따라 싱글 파스너(Single Fastener), 더블 파스너(Double Fastener) 방식으로 구분할 수 있다.

③ 실링재의 내구성, 내후성 등을 검토할 필요가 있다.

＊ 구조체와 석재면 사이에는 70~80mm 정도의 간격이 필요하므로 사전에 공간 치수에 대한 배려가 필요하다.

정답 3

ALC 블록의 특징

① 기건 비중은 콘크리트의 1/4정도로 가볍다.

② 열전도율은 보통 콘크리트의 1/10 정도로 단열 효과가 좋다.

③ 흡음성, 차음성이 우수하다.

④ 불연재료인 동시에 내화구조 재료이다.

＊ 경량으로 취급이 용이하며 현장에서 절단 및 가공이 용이하다.

정답 4

수장용 목재의 요구 성능

① 결, 무늬, 빛깔 등이 아름다울 것

② 변형(굽음, 비틀림, 수축 등)이 없을 것

③ 재질감이 우수할 것

④ 건조가 잘 된 것일 것

5. 다음 유리에 대하여 설명하시오.

• Loe-e 유리 :

정답 5
① 유리 표면에 금속 또는 금속산화물을 얇게 코팅하여 가시광선(빛)은 투과시키고 적외선(열선)은 방사하여 열의 이동을 최소화시켜주는 에너지 절약형 특수 유리이며 저방사 유리라고도 한다.
② 특성상 단판으로 사용하기보다는 복층으로 가공하며, 코팅면이 내판 유리의 바깥쪽으로 오도록 만든다.

6. 바닥에 설치하는 줄눈대의 목적을 2가지만 쓰시오. (2점)

①
②

정답 6
① 재료의 수축, 팽창에 대한 균열방지
② 바름 구획의 구분
 * 보수용이

7. 스티플 칠(Stipple Coating)에 대하여 간단히 쓰시오. (2점)

정답 7
표면에 자잘한 요철 모양이나 질감을 내도록 하는 특수도장 마감

8. 다음 용어에 맞는 재료를 보기에서 골라 쓰시오. (4점)

〈보기〉
① 합판   ② 화이버보드
③ 코르크판   ④ 목모 시멘트판

(가) 3매 이상의 단판을 1매 마다 섬유 방향에 직교하도록 접착제로 눌러 붙인 것 : ( )
(나) 표면은 평평하고 유공질 판이어서 단열관, 열 절연재로 사용 : ( )
(다) 목재를 얇은 오리로 만들어 액진을 제거하고, 시멘트로 교착하여 가압 성형한 것 : ( )
(라) 식물 섬유질을 주원료로 하여 이를 섬유화, 펄프화하여 접착제를 섞어 판으로 만든 것 : ( )

정답 8
(가) - ①
(나) - ③
(다) - ④
(라) - ②

9. 경량 철골 천정틀 다는 순서를 바르게 나열하시오. (3점)

〈보기〉
① 달대   ② 인서트 매입   ③ 행거   ④ 경량 구조틀

정답 9
② → ① → ③ → ④

10. 적산시 할증률을 ( ) 안에 써 넣으시오. (4점)

(가) 붉은 벽돌 : ( )%   (나) 시멘트 벽돌 : ( )%
(다) 블록 : ( )%   (라) 타일 : ( )%

(가) _____ (나) _____ (다) _____ (라) _____

정답 10
(가) 3
(나) 5
(다) 4
(라) 3

11. 타일의 크기가 10.5cm×10.5cm이며 줄눈 두께가 10mm일 때 120m²에 필요한 타일의 정미 수량(매수)은? (4점)

정답 11

타일량 = 시공면적 × 단위수량 이므로
① 시공면적 = 120(m²)
② 단위수량
$= \left(\dfrac{1m}{\text{타일 한 변의 크기} + \text{줄눈크기}}\right) \times \left(\dfrac{1m}{\text{타일 다른 변의 크기} + \text{줄눈크기}}\right)$
$= \left(\dfrac{1m}{0.105+0.01}\right) \times \left(\dfrac{1m}{0.105+0.01}\right)$
≒ 75.61(장/m²)
∴ 타일량 = 120(m²) × 75.61(장/m²)
= 9,073.2 → 9,074(장)

12. 횡선식 공정표의 특성을 3가지 쓰시오. (4점)

① _____
② _____
③ _____

정답 12
① 작성이 비교적 쉽고, 초보자도 이해하기 쉽다.
② 각 공정별 공사와 전체의 공정시기 등이 일목요연하다.
③ 작업간의 상호관계를 나타내기가 어렵다.
* 각 공정별 공사의 착수 및 완료일이 명시되어 판단이 용이하다.
* 주공정선(C.P)을 파악할 수 없으므로 관리통제가 어렵다.

실내건축산업기사 기출문제
3회 / 2022년 10월 16일 시행

수험생 기억에 의한 것으로 실제 기출문제와 다를 수 있습니다.

1. 벽돌 쌓기법 중 엇모쌓기에 대하여 설명하시오. (3점)

2. 다음 작업의 네트워크 공정표를 작성하고 주공정선은 굵은 선으로 표시하시오. (5점)

작업명	선행작업	작업일수	비 고
A	없음	8	
B	없음	9	표기하고, 주공정선은 굵은선으로 표시하시오.
C	A	9	
D	B, C	6	EST│LST △LFT EFT
E	B, C	5	
F	D, E	2	ⓘ ─작업명/공사일수→ ⓙ
G	D	5	
H	F	3	

정답

정답 1
45° 각도로 모서리가 벽면에서 나오도록 쌓는다.

정답

① 네트워크 공정표

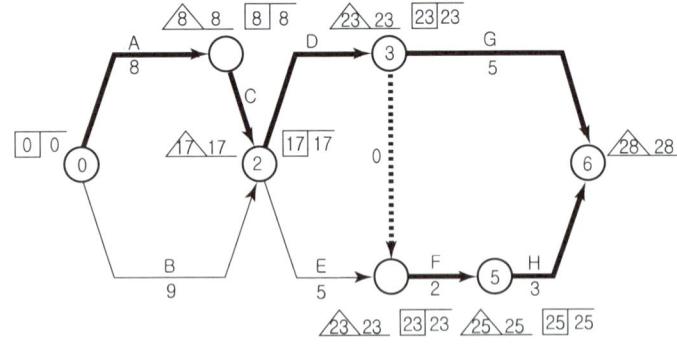

② 주공정선(C.P): 주공정선이 2개가 발생한다.
 ㉠ A→C→D→G
 ㉡ A→C→D→d→F→H

3. 시트방수의 시공 순서대로 보기의 번호를 나열하시오. (3점)

─── 〈보기〉 ───
① 보호층 바름　② 바탕처리
③ 프라이머 도포　④ 시트 접착

정답 3
② → ③ → ④ → ①

4. 다음 보기는 타일의 종류를 나열한 것이다. 흡수율이 큰 것부터 작은 순서대로 번호를 나열하시오. (3점)

─── 〈보기〉 ───
① 자기질　② 도기질
③ 석기질　④ 토기질

정답 4
④ → ② → ③ → ①

5. 다음 설명이 의미하는 철물을 (　) 안에 쓰시오. (3점)

가. 벽, 기둥 등의 모서리에 대어 미장바름을 보호하는 철물 (　　　)

나. 얇은 철판에 자름금을 내어서 당겨 만든 것으로 벽, 천장의 미장 바름에 사용되는 철물 (　　　)

다. 아연 도금한 굵은 철선을 엮어 그물같이 만든 철망 (　　　)

정답 5
가. 코너비드
나. 메탈 라스
다. 와이어 라스

6. 콘크리트의 응결과 경화에 대한 내용을 구분하여 설명하시오. (4점)

가. 응결

나. 경화

정답 6
가. 응결: 반죽상태의 콘크리트(레미콘) 속의 시멘트와 물이 수화반응을 하여 굳어가는 과정을 말한다.
나. 경화: 굳어진 콘크리트가 강도를 발휘하는 과정을 말한다.

7. 벽돌공사에서 벽길이 150m, 벽높이 3m인 벽체를 벽두께 1.0B로 쌓을 때 벽돌량을 정미수량으로 산출하고, 할증을 고려한 벽돌의 소요수량도 산출하시오. (단, 표준형 벽돌(190×90×57mm) 규격의 시멘트 벽돌사용, 벽돌량 산출 시 소수점 이하는 올림하여 정수로 표기) (5점)

가. 정미수량
- 계산식: _____
- 답: _____

나. 소요수량
- 계산식: _____
- 답: _____

정답 7

가. 정미수량
① 벽 면적=(벽 길이× 벽 높이)
 －(개구부 면적)
 =(150m×3m)=450(m^2)
② 벽돌의 정미량=450(m^2)×
 149(매/m^2)=67,050(매)

나. 소요수량=정미수량× 할증률
 =67,050(매) × 1.05
 =70,420.5
 → 70,421(매)

8. 다음은 마루널쪽매의 단면도이다. 각 쪽매의 명칭을 쓰시오. (3점)

〈보기〉
가. / 나. / 다. / 라. / 마.

가. _____ 나. _____
다. _____ 라. _____
마. _____

정답 8

가. 반턱쪽매
나. 틈막이대쪽매
다. 딴혀쪽매
라. 오니쪽매
마. 제혀쪽매

9. 천연 아스팔트의 종류를 2가지만 쓰시오. (3점)

① _____ ② _____

정답 9

① 레이크(Lake) 아스팔트
② 로크(Rock) 아스팔트
 * 아스팔트 타이트(Tite)

10. 벽의 타일붙이기 시공순서에 맞게 번호를 순서대로 나열하시오. (3점)

〈보기〉
① 치장줄눈 ② 타일 나누기 ③ 벽타일 붙이기
④ 바탕처리 ⑤ 보양

정답 10

④ → ② → ③ → ① → ⑤

11. 목구조 짠마루 시공순서에 맞게 번호를 나열하시오. (3점)

〈보기〉
① 마루널   ② 작은보
③ 큰보   ④ 장선

정답 11
③ → ② → ④ → ①

12. 건축공사에서 사용되는 재료의 소요량은 손실량을 고려하여 할증률을 사용하고 있는데 다음 항목별 할증률(3%, 5%)에 해당되는 재료를 보기에서 모두 골라 ( ) 안에 번호를 쓰시오. (4점)

〈보기〉
① 원형 철근   ② 이형 철근   ③ 붉은 벽돌
④ 시멘트 벽돌   ⑤ 모자이크 타일   ⑥ 기와

가. 3%의 할증율 (_____)

나. 5%의 할증율 (_____)

정답 12
가. 3%의 할증율 (②, ③, ⑤)
나. 5%의 할증율 (①, ④, ⑥)

실내건축산업기사 기출문제

2회 / 2023년 7월 22일 시행

수험생 기억에 의한 것으로 실제 기출문제와 다를 수 있습니다.

1. 다음 용어를 설명하시오. (2점)

   더미(Dummy):

   _____

   _____

2. 목재의 결함 중 강도에 영향을 미치는 흠을 3가지 쓰시오. (3점)

   ① _____ ② _____ ③ _____

3. Network 공정표의 특징을 3가지 쓰시오. (4점)

   ① _____
   ② _____
   ③ _____

4. 비계공사에 사용되는 외부비계(3종)와 내부비계(1종)를 쓰시오. (4점)

   (가) 외부비계 : ① _____ ② _____ ③ _____

   (나) 내부비계 : ④ _____

5. 다음 도배지 풀칠 방법을 설명하시오. (3점)

   ① 온통 바름:

   _____

   ② 봉투 바름:

   _____

정답

정답 1
네트워크 공정표에서 작업 사이의 관련성만을 표현할 때 이용되며 소요 일수는 없다. 점선의 화살표로 표현한다.

정답 2
① 옹이
② 갈라짐
③ 껍질박이
* 썩정이 * 죽(피죽)

정답 3
① 공사 계획의 전모와 공사전체의 파악을 용이하게 할 수 있다.
② 각 작업의 흐름과 작업의 상호관계가 명확하다.
③ 다른 공정표보다 복잡하므로 사전지식이 필요하다.
* 주공정선(C.P)의 파악이 용이하다.
* 작성시간이 오래 걸릴 수 있다.

정답 4
(가) 외부비계 : ① 외줄비계
               ② 겹비계
               ③ 쌍줄비계
(나) 내부비계 : ④ 수평비계
               * 말비계

정답 5
① 온통 바름: 종이 전부에 풀칠하며, 순서는 중앙부터 갓 둘레로 칠해 나간다.
② 봉투 바름: 종이 주위에 풀칠하여 붙이고, 주름은 물을 뿜어둔다.

6. 철재(금속재) 녹막이 칠에 쓰이는 종류 4가지를 쓰시오. (4점)

① _____ ② _____
③ _____ ④ _____

정답 6
① 광명단   ② 징크로메이트
③ 알루미늄도료 ④ 아연분말 도료
* 산화철 녹막이 도료

7. 미장공사 중 회반죽에 사용되는 여물 3가지를 쓰시오. (3점)

① _____ ② _____ ③ _____

정답 7
① 짚여물
② 삼여물
③ 종이여물
* 털여물

8. 다음의 용어를 기술하시오. (3점)

① 이음 : _____
② 맞춤 : _____

정답 8
① 이음 : 재의 길이 방향으로 길게 접합하는 것 또는 그 자리
② 맞춤 : 재와 서로 직각으로 접합하는 것 또는 그 자리

9. 타일의 박리현상 3가지를 쓰시오. (3점)

① _____
② _____
③ _____

정답 9
① 붙임시간(open time)의 불이행
② 바름 두께의 불균형
③ 붙임 모르타르 자체의 접착 강도 부족
* 모르타르 충진 불량
* 붙임 후 보양 불량

10. 다음 벽돌벽의 용어를 설명하시오. (3점)

① 내력벽 : _____
② 장막벽 : _____
③ 중공벽 : _____

정답 10
① 내력벽 : 상부의 고정하중 및 적재하중을 받아 하부의 기초에 전달하는 벽
② 장막벽 : 상부 하중을 받지 않고 자체의 하중만을 받는 벽
③ 중공벽 : 외벽에 방습, 방음, 단열 등의 목적으로 벽체의 중간에 공간을 두어 이중벽으로 쌓는 벽

11. 표준형 벽돌을 이용하여 다음과 같이 1.0B 벽돌 쌓기시 벽돌량(정미량)을 산출하시오. (3점)

〈보기〉
벽길이 100m, 높이 3m, 개구부 1.8m×1.2m 10개, 줄눈 10mm

정답 11
① 벽면적
 : $(100 \times 3) - (1.8 \times 1.2 \times 10)$
 $= 278.4(m^2)$
② 벽돌량(정미량)
 : $278.4 \times 149 = 41,481.6$
 ∴ 41,482(매)

12. 다음 자료를 이용하여 네트워크 공정표를 작성하시오. (단, 주공정선은 굵은 선으로 표시한다.) (6점)

작업명	작업일수	선행작업	비 고
A	1	없음	단, 각 작업의 일정계산 방법으로 아래와 같이 한다.
B	2	없음	
C	3	없음	
D	6	A, B, C	
E	5	B, C	
F	4	C	

• C.P :

정답

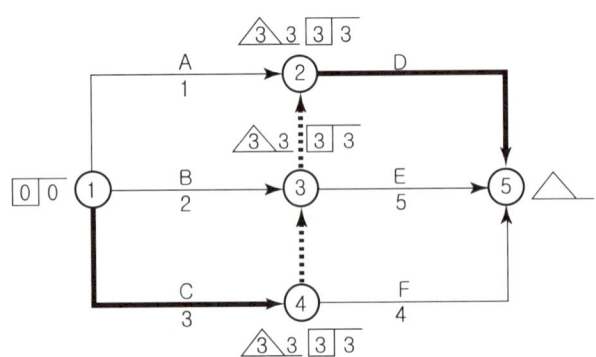

• C.P : C → D

실내건축산업기사 기출문제

1회 / 2024년 4월 27일 시행

수험생 기억에 의한 것으로 실제 기출문제와 다를 수 있습니다.

1. 달비계에 관해 기술 하시오. (4점)

정답 1

• 달비계
건물에 고정된 돌출보 등에서 와이어로프(wire rope)로 매단 작업대로 동력 윈치(winch)로 상·하로 이동할 수 있도록 되어 있으며 외부 마감공사, 외벽 청소 등의 고층 건물 유지관리에 편리한 비계의 일종이다.

2. 다음 ( ) 안에 알맞은 답을 쓰시오. (6점)

(가) 가설공사 중에서 강관비계 기둥의 간격은 (①) 이고 간사이 방향으로 (②)로 한다.
(나) 가새의 수평간격은 (③) 내외로 하고, 각도는 (④)로 걸쳐대고 비계기둥에 결속한다.
(다) 띠장의 간격은 (⑤) 내외로 하고, 지상 제1 띠장은 지상에서 (⑥) 이하의 위치에 설치한다.

① _____ ② _____ ③ _____
④ _____ ⑤ _____ ⑥ _____

정답 2

① 1.5~1.8m
② 0.9~1.5m
③ 14m
④ 45°
⑤ 1.5m
⑥ 2m

3. 다음 그림을 보고 조적 줄눈의 명칭을 쓰시오. (3점)

① _____ ② 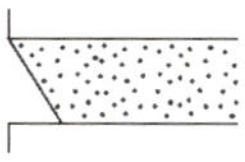 _____ ③ _____

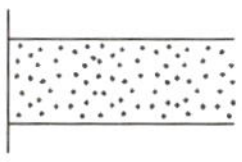

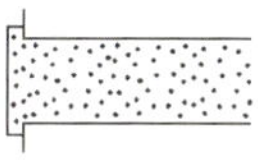

정답 3

① 민줄눈
② 엇빗줄눈
③ 내민줄눈

4. 다음 목공사에 쓰이는 연귀맞춤에 대하여 간략히 기술하시오. (2점)

정답 4

직교되거나 경사로 교차되는 부재의 마구리가 보이지 않게 45°로 빗 잘라 대는 맞춤

실내건축산업기사 기출문제

5. 다음 〈보기〉에서 목조건물의 뼈대 세우기 순서를 쓰시오. (2점)

　　〈보기〉
　　인방보, 기둥, 큰보, 층도리

정답 5
기둥 → 인방보 → 층도리 → 큰보

6. 다음은 석재 가공 순서이다. 빈칸에 알맞은 순서를 〈보기〉에서 고르시오. (3점)

　　〈보기〉
　　표면처리, 마무리, 자르기

Gang saw 절단 → (①) → (②) → (③) → 운반

① _____ ② _____ ③ _____

정답 6
① 표면처리
② 자르기
③ 마무리

7. 다음에서 설명하고 있는 석재를 〈보기〉에서 골라 ( ) 안에 쓰시오. (3점)

　　〈보기〉
　　화강암, 편마암, 대리석, 응회암, 점판암

① 석회석이 변화되어 결정화한 것으로 강도는 매우 높지만 내화성이 낮고 풍화되기 쉬우며 산에 약하기 때문에 실외용으로 적합하지 않다.
　　　　　　　　　　　　　　　　　　　　　　　　(　　　　)

② 석질이 치밀하고 막판으로 채취할 수 있으므로 슬레이트 지붕, 외벽 등에 쓰인다.　　　　　　　　　　　(　　　　)

③ 화산에서 돌출된 마그마가 급속히 냉각되어 가스가 방출되면서 응고된 다공질의 유리질로서 부석이라고도 불리며 경량콘크리트 골재, 단열재로도 사용한다.　　　　　　　　　　(　　　　)

정답 7
① 대리석
② 점판암
③ 응회암

8. 철재 녹막이 칠에 쓰이는 도료의 종류 4가지만 쓰시오. (4점)

① _____ ② _____
③ _____ ④ _____

정답 8
① 광명단
② 징크로메이트
③ 알루미늄 도료
④ 아연분말 도료
* 산화철 녹막이

9. 다음의 유리가 가장 많이 사용되는 장소를 가지씩 쓰시오. (3점)

① 프리즘 유리 : _____

② 자외선 투과유리 : _____

③ 자외선 차단유리 : _____

정답 9
① 지하실 채광용
② 온실, 병원의 일광욕실
③ 상점, 박물관의 진열장

10. 벽의 높이가 2.5m 이고, 길이가 8m인 벽을 시멘트 벽돌로 1.5B 쌓을 때 소요량을 구하시오. (단, 벽돌은 표준형 190×60×57) (3점)

정답 10
① 벽면적 = 2.5(m) × 8(m)
       = 20(m²)
② 정미량 = 20(m²) × 224(매/m²)
       = 4,480(매)
∴ 소요량 = 4,480(매) × 1.05
       = 4,704(매)

실내건축산업기사 기출문제

2회 / 2024년 7월 28일 시행

수험생 기억에 의한 것으로 실제 기출문제와 다를 수 있습니다.

1. 다음의 용어를 기술하시오. (3점)

① 이음 : _____

② 맞춤 : _____

정답 1
① 이음 : 재의 길이 방향으로 길게 접합하는 것 또는 그 자리
② 맞춤 : 재와 서로 직각으로 접합하는 것 또는 그 자리

2. ( ) 안에 벽돌쌓기 방식을 쓰시오. (4점)

① 한 켜는 마구리쌓기, 다음 켜는 길이쌓기로 하고, 마구리쌓기 층의 모서리에 이오토막을 사용한다. ( )
② 영식 쌓기와 같으나 길이 층 모서리에 칠오토막을 사용한다. ( )
③ 매 켜에 길이쌓기와 마구리쌓기가 번갈아 나오게 쌓는 방식이다. ( )

① _____ ② _____ ③ _____

정답 2
① 영식쌓기
② 화란식쌓기
③ 불식쌓기

3. 다음 유리공사에 대한 용어이다. 용어를 간단히 설명하시오. (3점)

① 샌드 블라스트(sand blast) :

_____

_____

② 세팅 블록(setting block) :

_____

_____

정답 3
① 모래나 기타 연마제를 물이나 압축 공기로 노즐을 통해 고속 분출하여 유리면 등의 표면을 다소 거친 면으로 처리하는 방법
② 창틀에 유리판을 끼워 넣을 때 유리판의 파손을 방지하기 위하여 하단 아래쪽에 미리 삽입하는 나무, 고무, 합성수지 등의 재료에 의한 끼움재

4. 다음 석재의 특징에 대하여 간략히 설명하시오. (4점)

① 화강암 : _____

② 점판암 : _____

정답 4
① 화강암 : 화성암의 일종으로 내구성과 압축강도가 우수하여 내·외장용으로 널리 사용한다.
② 점판암 : 수성암의 일종으로 얇게 쪼개지는 성질이 있어 지붕재료 등에 쓰인다.

5. 타일 시공시 타일나누기 주의사항 3가지를 쓰시오. (3점)

① _____

② _____

③ _____

정답 5
① 벽과 바닥을 동시에 계획하여 가능한 줄눈을 맞추도록 한다.
② 가능한 온장을 사용할 수 있도록 계획한다.
③ 수전 및 매설물 등의 위치를 파악한다.
  * 모서리 및 계구부는 특수타일로 계획한다.

6. 다음 용어에 대하여 간략히 설명하시오. (4점)

① 코펜하겐리브 : _____

② 코너비드 : _____

③ 조이너 : _____

④ 듀벨 : _____

정답 6
① 코펜하겐리브: 목재의 긴 판에 표면을 여러 가지 형태로 가공하여 강당, 극장, 집회장 등에 음향조절 효과와 장식효과로 사용하는 것
② 코너비드: 기둥이나 벽 등의 모서리를 보호하기 위해서 대는 것
③ 조이너: 텍스, 보드, 금속판 등의 이음새에 마감이 보기 좋게 대어 붙이는 재료
④ 듀벨: 목재에서 두재의 접합부에 끼워 볼트와 같이 써서 전단력에 견디게 한 보강철물

7. 다음 합성수지 재료 중 열가소성수지를 고르시오. (3점)

① 아크릴   ② 염화비닐   ③ 폴리에틸렌
④ 페놀   ⑤ 에폭시

정답 7
①, ②, ③

8. 다음 아래 도면과 같은 철근콘크리트 건물에서 벽체와 기둥의 콘크리트량을 산출하시오.

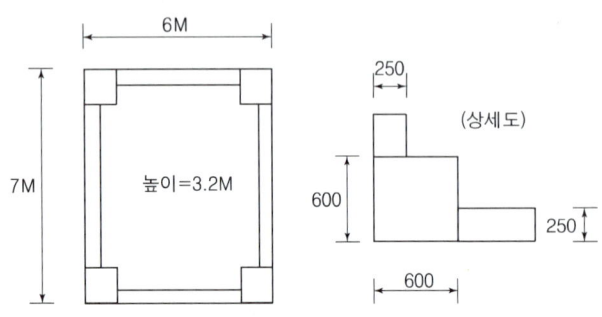

정답 8

① 기둥의 콘크리트량 :
0.6m×0.6m×3.2m×4
= 4.608(m³) → 4.61(m³)

② 벽체의 콘크리트량 :
(6−1.2)m×3.2m×0.25m×2
+(7−1.2)m×3.2m×0.25m×2
= 16.96(m³)

9. 다음 〈보기〉는 경량철골 천장과 관련된 용어이다. 시공 순서에 맞게 번호를 나열하시오. (3점)

―〈보기〉―
① 행거볼트   ② 캐링채널   ③ M-Bar   ④ 석고보드   ⑤ 인서트

정답 9

⑤ → ① → ② → ③ → ④

10. 다음은 적산과 관련된 설명이다. (   ) 안에 해당하는 명칭을 써넣으시오. (2점)

(①   )이란 한 공사단위에 필요한 표준적 재료수량 및 노무량을 말하며 이는 일반적으로 단가의 산출에 사용된다. 제시된 재료량 및 노무량에 각각 해당하는 단가를 곱하여 재료비, 노무비를 산출하고 또한 이에 소요되는 소모품비와 사용기계·공구의 손료 등을 산출하여 이를 집계해서 단위당 공사비를 계산하는 것을 (②   )라 한다.

① _____   ② _____

정답 10

① 품셈
② 일위대가

11. 도막 방수재의 종류 3가지를 쓰시오. (3점)

① _____ ② _____ ③ _____

정답 11
① 우레탄 고무계
② 아크릴 고무계
③ 아크릴 수지계
* 에폭시계

12. 다음 자료를 이용하여 네트워크(Network) 공정표를 작성하시오. (단, 주공정선은 굵은 선으로 표시한다.) (5점)

작업명	작업일수	선행작업	비고
A	2	–	각 작업의 일정계산 표시방법은 아래 방법으로 한다.
B	1	–	
C	4	–	
D	3	A, B, C	EST|LST LFT|EFT
E	6	B, C	ⓘ →작업명/공사일수→ ⓙ
F	5	C	

• C.P : _____

정답

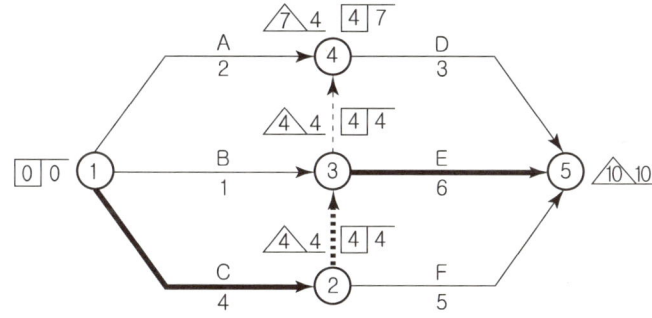

• C.P(주공정선) : ① → ② → ③ → ⑤

[참고문헌]

- 실내건축시공실무   김태민, 전영숙   성안   2020년
- 실내건축기사 2차   동방디자인학원   동방디자인   2018년
- 건축시공학   강경인 외 7인   대가   2010년
- 건축재료학   안동훈   예문사   2020년
- 최신 건축적산   조준현 외 4인   기문당   2010년
- 건설안전기사(필기)   김동철 외 3인   한솔아카데미   2016년
- 건축기사실기 2   한규대 외 3인   한솔아카데미   2019년
- 건축물의 공사감리   양성희 외 2인   한솔아카데미   2015년
- 품질/안전/환경관리   한민철 외 5인   KICEM   2019년
- 건설관리학   고성석 외 17인   사이텍미디어   2006년
- 건축법규   최한석, 김수영   한솔아카데미   2021년
- 법제처 인터넷 사이트   https://www.moleg.go.kr/

시공실무
실내건축기사 · 산업기사 실기

———————————————— 定價 31,000원

저 자 안 　 동 　 훈
　　　 이 　 병 　 억
발행인 이 　 종 　 권

2022年　3月　30日　초 판 발 행
2023年　3月　20日　1차개정발행
2024年　3月　13日　2차개정발행
2025年　3月　12日　3차개정발행

發行處　**㈜ 한솔아카데미**

(우)06775 서울시 서초구 마방로10길 25 트윈타워 A동 2002호
　　TEL : (02)575-6144/5　　FAX : (02)529-1130
　　　　〈1998. 2. 19 登錄 第16-1608號〉

※ 본 교재의 내용 중에서 오타, 오류 등은 발견되는 대로 한솔아
　카데미 인터넷 홈페이지를 통해 공지하여 드리며 보다 완벽한
　교재를 위해 끊임없이 최선의 노력을 다하겠습니다.
※ 파본은 구입하신 서점에서 교환해 드립니다.
　　　　www.inup.co.kr / www.bestbook.co.kr

ISBN 979-11-6654-661-7　13540